物理场数学模型的数值求解

Numerical Methods for Solving Mathematical Models of Physical Fields

杨文明 / 编著

化学工业出版社
·北京·

内容简介

本书以作者多年从事计算多物理场的科研实践为基础，系统介绍了典型物理场的一般数学模型、有限体积法的基本原理、求解代数方程组的基本方法，将物理场数学模型的有限体积离散原理与数值计算的OpenFOAM程序实现方法相结合，论述了不可压缩流体流场、静磁场、热场、两相流流场、铁磁流体磁-流耦合流动流场等典型物理场的求解计算方法，有助于启发读者针对特定工程问题建立数学模型和编制相应的OpenFOAM求解器。

本书可作为高等院校机械工程、动力工程及工程热物理、航空航天、计算力学等专业研究生的参考教材，也可作为其他相近专业的学习参考书，同时可供从事计算多物理场等相关领域的科研人员和工程技术人员参考。

图书在版编目（CIP）数据

物理场数学模型的数值求解/杨文明编著．—北京：化学工业出版社，2024.5（2025.6重印）

ISBN 978-7-122-45312-9

Ⅰ.①物…　Ⅱ.①杨…　Ⅲ.①物理学-数学模型-数值计算-研究　Ⅳ.①O411

中国国家版本馆CIP数据核字（2024）第063040号

责任编辑：张海丽　　装帧设计：刘丽华

责任校对：李露洁

出版发行：化学工业出版社

（北京市东城区青年湖南街13号　邮政编码100011）

印　　装：北京天宇星印刷厂

787mm×1092mm　1/16　印张14¾　彩插2　字数343千字

2025年6月北京第1版第2次印刷

购书咨询：010-64518888　　售后服务：010-64518899

网　　址：http://www.cip.com.cn

凡购买本书，如有缺损质量问题，本社销售中心负责调换。

定　　价：118.00元

前言

工程实际中广泛存在同时发生的多种物理现象以及它们之间的耦合，如热流体、磁场作用下的铁磁流体流动等。为了有效解决工程实际问题，明晰其物理本质，需通过对物理现象特性的分析，根据物理上已经总结出来的普遍定律，建立描述物理现象的数学模型，通过求解数学模型，揭示由解表示出来的物理量的变化规律，指导工程设计。其中，物理场数学模型建模和求解是关键基础问题。

如今，数值计算方法已成为求解物理场数学模型的必要手段，其中的有限体积法是流体流动、电磁场、热场等物理场的常用求解方法，也是近年来用于求解热-流耦合、磁-流耦合、电-流耦合、流-声耦合等复杂多物理场问题的有效方法。OpenFOAM 是基于有限体积法的物理场操作和处理的开源 C++应用程序库，它为求解单一或多物理场提供了底层框架，已成为工程和科学计算的有力工具。本书将物理场数学模型的有限体积离散原理与数值计算的 OpenFOAM 程序实现方法相结合，系统阐述几种典型物理场的求解计算方法。本书的部分内容建立在作者多年科研和工程计算实践积累成果的基础上，既是对已经完成工作的总结，也是研究成果和经验的分享。

全书围绕物理场数学模型及其求解方法的主题组织内容，共分 8 章：第 1 章介绍流场、电磁场、热场、两相流和铁磁流体磁-流耦合流动等几种典型物理场的一般数学模型，并总结物理场控制方程的一般形式，概述数学模型的求解方法；第 2 章介绍有限体积网格，给出基于有限体积法离散物理场控制方程中各项的方法；第 3 章阐述控制方程离散后所得代数方程组的求解方法；第 4～8 章分别论述不可压缩流体流场、静磁场、热场、两相流流场、铁磁流体磁-流耦合流动流场等几种典型单一或多物理场的求解算法，实现相应算法的 OpenFOAM 求解器的编制方法，并给出相应物理问题计算实例。

本书的出版得到了国家自然科学基金（52375164、52005033）、北京市自然科学基金（3214048）和北京科技大学研究生教材建设项目（2023JCB009）的资助，在此深表谢意！

限于作者的学识水平，书中难免存在疏漏、欠妥之处，恭请读者批评指正！

编著者

2024 年 1 月

目录

第1章　物理场的数学模型 ········ 001

1.1　典型物理场的数学模型 ········ 001

1.1.1　物质导数 ········ 001

1.1.2　流体流场数学模型 ········ 002

1.1.3　电磁场数学模型 ········ 007

1.1.4　热场数学模型 ········ 009

1.1.5　多相流数学模型 ········ 010

1.1.6　铁磁流体磁-流耦合流动数学模型 ········ 014

1.2　物理场控制方程的一般形式 ········ 016

1.3　数学模型求解方法概述 ········ 017

第2章　控制方程的有限体积法离散 ········ 019

2.1　有限体积网格 ········ 019

2.1.1　结构化网格 ········ 020

2.1.2　非结构化网格 ········ 021

2.2　有限体积离散方法 ········ 025

2.2.1　以单元为中心的有限体积法 ········ 025

2.2.2　有限体积法的基本思想 ········ 026

2.2.3　离散格式需满足的基本原则 ········ 029

2.3　扩散项的离散 ········ 031

2.3.1　二维规则笛卡儿网格内部单元上的离散 ········ 031

2.3.2　二维规则笛卡儿网格边界单元上的离散 ········ 033

2.3.3　非均匀扩散系数的处理 ········ 035

2.3.4　扩散项离散方法举例——二维区域上的无源稳态热传导 ········ 036

2.3.5　非正交非结构化网格时的离散 ········ 039

2.3.6　非正交网格时的边界条件 ········ 041

2.3.7　网格偏斜时的离散 ········ 042

2.3.8　各向异性扩散 ········ 042

2.4　梯度计算 ········ 043

2.4.1　非结构化网格上的梯度计算——Green-Gauss 梯度 ········ 043

2.4.2 非结构化网格上的梯度计算——最小二乘梯度 …… 046
2.4.3 由单元质心上的梯度插值得到单元面的上梯度 …… 047
2.5 对流项的离散 …… 047
2.5.1 一维网格时的中心差分法 …… 048
2.5.2 一维网格时的迎风格式 …… 049
2.5.3 一维网格时的顺风格式 …… 049
2.5.4 一维网格时的截断误差 …… 050
2.5.5 数值稳定性 …… 051
2.5.6 高阶格式 …… 051
2.5.7 二维稳态对流项的离散 …… 056
2.5.8 非结构化网格上的高阶离散方法 …… 058
2.5.9 迁延修正法 …… 059
2.6 对流项离散的高精度格式 …… 060
2.6.1 NVF …… 060
2.6.2 对流有界性准则 …… 062
2.6.3 NVF 框架下的 HR 格式 …… 063
2.6.4 TVD 及 TVD 框架下的 HO 和 HR 格式 …… 066
2.6.5 非结构化网格中的 HR 格式 …… 068
2.6.6 HR 格式的迁延修正、DWF 和 NWF 方法 …… 070
2.6.7 对流边界条件 …… 075
2.7 瞬态项的离散 …… 076
2.7.1 有限差分法 …… 076
2.7.2 有限体积法 …… 081
2.7.3 非均匀时间步时的离散 …… 086
2.8 源项的离散 …… 089

第 3 章 代数方程组的数值求解 …… 091

3.1 直接法 …… 092
3.1.1 高斯消元法 …… 092
3.1.2 LU 分解法 …… 092
3.1.3 三对角矩阵法（TDMA） …… 094
3.1.4 五对角矩阵法（PDMA） …… 095
3.2 迭代法 …… 096
3.2.1 迭代法综述 …… 096
3.2.2 Jacobi 法 …… 098
3.2.3 Gauss-Seidel 法 …… 099

3.2.4 迭代法的预处理…… 099
3.2.5 梯度法…… 101
3.2.6 多重网格法…… 104
3.3 求解代数方程组的松弛技术…… 106
3.3.1 Patankar 欠松弛 …… 107
3.3.2 E 因子欠松弛…… 107
3.3.3 伪瞬态欠松弛…… 108
3.4 方程的残差…… 108
3.5 计算精度和网格无关性…… 110

第 4 章 不可压缩流体流场的求解计算 …… 112

4.1 流场求解方法概述…… 112
4.1.1 流场求解计算的难点…… 112
4.1.2 流场求解计算方法…… 113
4.2 不可压缩流体流场的求解算法…… 113
4.2.1 流场控制方程的有限体积法离散…… 114
4.2.2 压力修正方程…… 117
4.2.3 基于同位网格的 SIMPLE 和 SIMPLEC 算法 …… 120
4.2.4 PISO 算法 …… 122
4.3 流场的 OpenFOAM 求解器 …… 123
4.3.1 simpleFoam 求解器 …… 123
4.3.2 icoFoam 求解器 …… 126
4.4 不可压缩流体流场求解实例…… 127
4.4.1 问题描述…… 127
4.4.2 OpenFOAM 算例程序 …… 127
4.4.3 计算结果…… 131

第 5 章 静磁场的求解计算 …… 133

5.1 静磁场的求解算法…… 133
5.1.1 静磁场控制方程的有限体积法离散…… 133
5.1.2 同种磁介质内网格单元面上相对磁导率的表示…… 134
5.1.3 不同磁介质间界面上边界条件的表示…… 136
5.2 静磁场的 OpenFOAM 求解器 …… 138
5.2.1 magenticMultiRegionFoam 求解器的总体组成 …… 138
5.2.2 magenticMultiRegionFoam 求解器说明 …… 139

5.2.3 定义边界条件类 …… 143
5.3 静磁场求解计算实例 …… 148
5.3.1 问题描述 …… 148
5.3.2 OpenFOAM 算例程序 …… 150
5.3.3 计算结果 …… 155

第6章 热场的求解计算 …… 157

6.1 热场的求解算法 …… 157
6.1.1 可压缩流体动量守恒方程的离散 …… 157
6.1.2 可压缩流体流动的压力修正方程 …… 158
6.1.3 流体能量守恒方程的离散 …… 160
6.1.4 总体求解过程 …… 161
6.2 热场的 OpenFOAM 求解器 chtMultiRegionFoam …… 163
6.2.1 chtMultiRegionFoam 求解器的总体组成 …… 163
6.2.2 chtMultiRegionFoam 求解器的主程序 …… 165
6.2.3 固体区域控制方程的求解 …… 166
6.2.4 流体区域控制方程的求解 …… 167
6.3 热场求解计算实例 …… 173
6.3.1 问题描述 …… 173
6.3.2 OpenFOAM 算例程序 …… 173
6.3.3 计算结果 …… 182

第7章 两相流流场的求解计算 …… 184

7.1 两相流流场的求解算法 …… 184
7.1.1 相体积分数方程及其有限体积法离散 …… 184
7.1.2 动量守恒方程的有限体积法离散 …… 186
7.1.3 总体求解过程 …… 188
7.2 两相流流场的 OpenFOAM 求解器 interFoam …… 188
7.2.1 interFoam 求解器的总体组成 …… 188
7.2.2 interFoam 求解器的主程序 …… 190
7.2.3 相体积分数方程的求解 …… 192
7.2.4 动量守恒方程的求解 …… 194
7.3 两相流流场求解实例 …… 196
7.3.1 问题描述 …… 196
7.3.2 OpenFOAM 算例程序 …… 196

7.3.3 计算结果…………………………………………………………………………………………… 201

第8章 铁磁流体磁-流耦合流动流场的求解计算 ………………………… 204

8.1 铁磁流体磁-流耦合流动的求解算法 ……………………………………………………… 204
8.1.1 磁场方程的有限体积法离散…………………………………………………………… 205
8.1.2 动量守恒方程的有限体积法离散……………………………………………………… 206
8.1.3 磁化方程的有限体积法离散…………………………………………………………… 210
8.1.4 总体求解过程…………………………………………………………………………… 211
8.2 铁磁流体磁-流耦合流动的 OpenFOAM 求解器 ……………………………………… 212
8.2.1 fhdFoam 求解器的总体组成 …………………………………………………………… 212
8.2.2 fhdFoam 求解器说明 ……………………………………………………………………… 213
8.2.3 后处理程序说明………………………………………………………………………… 215
8.3 铁磁流体磁-流耦合流动求解计算实例 …………………………………………………… 216
8.3.1 问题描述………………………………………………………………………………… 216
8.3.2 OpenFOAM 算例程序 ……………………………………………………………………… 218
8.3.3 计算结果………………………………………………………………………………… 223

参考文献 ……………………………………………………………………………………… 226

第1章

物理场的数学模型

大量工程实际问题中，广泛存在流体流动、电磁、传热传质等物理过程，它们在其中往往起着非常重要的作用。为了理解工程问题的物理本质，需要预测和估计这些物理过程的变化规律，给出那些与控制有关过程的变量值，说明其中每个物理量随几何条件、物质特性等参数的变化规律。而理论计算是预测物理过程的重要方法，它来自对数学模型的求解结果。物理过程的数学模型由控制方程、边界条件和初始条件组成，其中，控制方程一般是将基本物理原理应用于物理模型得到的表达基本物理原理的方程，这些方程一般为偏微分方程。本章给出几种典型物理场的数学模型。

1.1 典型物理场的数学模型

1.1.1 物质导数

许多物理场的数学模型中常常应用物质导数，因此这里首先给出物质导数的含义及其物理意义。物质导数也被称为随体导数，表示运动物质单元上的物理量随时间的变化率，表示为$\frac{\mathrm{D}}{\mathrm{D}t}$。以随物质一起运动的无限小的物质单元为物理模型，如图1-1所示。图1-1中，从$t=t_1$时刻至$t=t_2$时刻，物质单元从位置1运动至位置2，$\boldsymbol{v}_1$和$\boldsymbol{v}_2$分别为$t=t_1$时刻位置1处和$t=t_2$时刻位置2处的物质速度，符号$\boldsymbol{e}_i$、$\boldsymbol{e}_j$、$\boldsymbol{e}_k$分别表示笛卡儿坐标系中坐标x、y和z方向上的单位矢量。

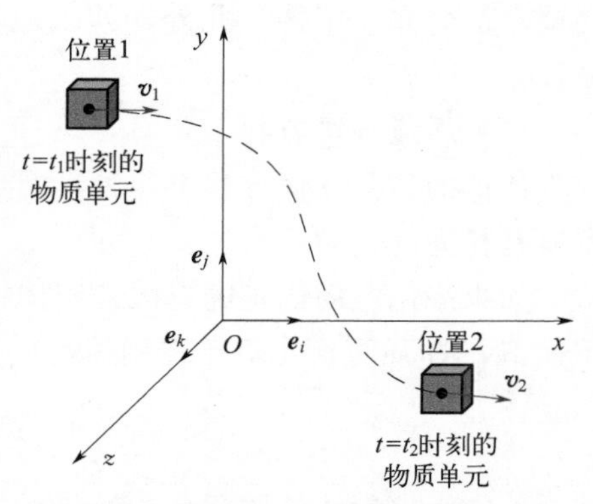

图1-1 随物质一起运动的物质单元

对于某一与物质特性相关的物理量$\mathcal{R}$，它是空间位置和时间的函数$\mathcal{R}(x,y,z,t)$，该函数在位置2处的值可根据位置1处的值由Taylor级数展开表示为

$$\mathcal{R}_2=\mathcal{R}_1+\left(\frac{\partial \mathcal{R}}{\partial x}\right)_1(x_2-x_1)+\left(\frac{\partial \mathcal{R}}{\partial y}\right)_1(y_2-y_1)+\left(\frac{\partial \mathcal{R}}{\partial z}\right)_1(z_2-z_1)+\left(\frac{\partial \mathcal{R}}{\partial t}\right)_1(t_2-t_1)+\text{高阶项}$$

对该式两端同时除以（t_2-t_1），并忽略高阶小量，得

$$\frac{\mathcal{R}_2-\mathcal{R}_1}{t_2-t_1}=\left(\frac{\partial \mathcal{R}}{\partial x}\right)_1\frac{x_2-x_1}{t_2-t_1}+\left(\frac{\partial \mathcal{R}}{\partial y}\right)_1\frac{y_2-y_1}{t_2-t_1}+\left(\frac{\partial \mathcal{R}}{\partial z}\right)_1\frac{z_2-z_1}{t_2-t_1}+\left(\frac{\partial \mathcal{R}}{\partial t}\right)_1$$

该式两端同时取极限，使得 t_2 无限接近 t_1，有

$$\frac{\mathrm{D}\mathcal{R}}{\mathrm{D}t}=\lim_{t_2\to t_1}\frac{\mathcal{R}_2-\mathcal{R}_1}{t_2-t_1}=\left(\frac{\partial \mathcal{R}}{\partial x}\right)_1 v_x+\left(\frac{\partial \mathcal{R}}{\partial y}\right)_1 v_y+\left(\frac{\partial \mathcal{R}}{\partial z}\right)_1 v_z+\left(\frac{\partial \mathcal{R}}{\partial t}\right)_1 \tag{1-1}$$

可见，$\frac{\mathrm{D}\mathcal{R}}{\mathrm{D}t}$表示当物质单元经过位置 1 时变量 $\mathcal{R}$ 随时间的瞬时变化率，它是 $\mathcal{R}$ 的物质导数。相比而言，$\left(\frac{\partial \mathcal{R}}{\partial t}\right)_1$ 为局部导数，表示固定在位置 1 处的物质单元，其变量 $\mathcal{R}$ 随时间的变化率，它是变量场中由于瞬时脉动而引起的 $\mathcal{R}$ 的变化。从式(1-1) 可得到物质导数的表达式：

$$\frac{\mathrm{D}}{\mathrm{D}t}\equiv\frac{\partial}{\partial t}+\boldsymbol{v}\cdot\nabla \tag{1-2}$$

其中，∇为 Hamiltonian 算子，在笛卡儿坐标系中被定义为

$$\nabla=\boldsymbol{e}_i\frac{\partial}{\partial x}+\boldsymbol{e}_j\frac{\partial}{\partial y}+\boldsymbol{e}_k\frac{\partial}{\partial z} \tag{1-3}$$

式(1-2) 中，将 $\boldsymbol{v}\cdot\nabla$称为迁移导数，表示因不同空间位置所具有的不同物质特性，使得物质单元在变量场中从一个位置运动到另一个位置而引起的物理量随时间的变化率。

1.1.2 流体流场数学模型

将基本物理原理应用于流体流场中具有固定空间位置的有限控制体，可得到流体运动方程的积分形式，对这些积分方程应用高斯定理等数学原理，可得到偏微分形式的流动控制方程，而且它们是守恒型控制方程。流体流动遵守的基本物理守恒定律包括：质量守恒定律、动量守恒定律和能量守恒定律。如果流场中存在不同成分的混合或相互作用，流体还遵守组分守恒定律。此外，如果流动为紊流，描述流体运动还需增加附加的紊流输运方程。

(1) 质量守恒方程

流体的质量守恒方程有四种不同形式，这是因采用不同的流动模型导致的，但它们的实质是相同的。

如果采用空间固定的有限控制体模型，相应的质量守恒定律表述为：通过控制体的封闭面 S 的净质量流出等于控制体内质量随时间的减小量，表示为

$$\iint_S \rho\boldsymbol{v}\cdot\mathrm{d}\boldsymbol{S}=-\frac{\partial}{\partial t}\iiint_V \rho\,\mathrm{d}V \tag{1-4}$$

其中，V 为控制体的体积，ρ 为流体的密度。

如果采用随流体一起运动的有限控制体模型，将质量守恒原理应用于该流动模型，得到表述：随流体一起运动的控制体内的质量不随时间变化，利用随体导数表示为

$$\frac{\mathrm{D}}{\mathrm{D}t}\iiint_V \rho \mathrm{d}V = 0 \tag{1-5}$$

空间固定的无限小体积元模型是许多流体力学教材中经常采用的模型，与该模型相应的质量守恒原理表述为：通过体积元的净质量流出等于体积元中质量随时间的减小量，表示为

$$\frac{\partial \rho}{\partial t} + \nabla \cdot (\rho \boldsymbol{v}) = 0 \tag{1-6}$$

如果采用随流体一起运动的无限小流体元模型，根据质量守恒定律，该流体元中的质量随时间的变化率为零，即

$$\frac{\mathrm{D}(\delta m)}{\mathrm{D}t} = 0 \tag{1-7}$$

其中，δm 为流体元内的质量。根据 $\delta m = \rho \delta V$，方程(1-7) 成为

$$\frac{\mathrm{D}(\rho \delta V)}{\mathrm{D}t} = \delta V \frac{\mathrm{D}\rho}{\mathrm{D}t} + \rho \frac{\mathrm{D}(\delta V)}{\mathrm{D}t} = 0$$

两端同除以 δV，得

$$\frac{\mathrm{D}\rho}{\mathrm{D}t} + \rho \left[\frac{1}{\delta V} \times \frac{\mathrm{D}(\delta V)}{\mathrm{D}t}\right] = 0 \tag{1-8}$$

方程(1-8) 左端中括号中的项表示随流体一起运动的流体元体积随时间的相对变化率，即速度的散度$\nabla \cdot \boldsymbol{v}$，故方程(1-8) 成为

$$\frac{\mathrm{D}\rho}{\mathrm{D}t} + \rho \nabla \cdot \boldsymbol{v} = 0 \tag{1-9}$$

质量守恒方程也称为连续性方程，方程(1-4)～方程(1-6) 和方程(1-9) 是连续性方程的不同表达形式，其中的任意一个均可由其他形式推导得到。可以看出，四种形式的方程有两种是积分方程，两种为微分方程，其中积分形式的方程允许空间固定的控制体内部存在变量的不连续，但微分形式的控制方程要求流动变量可微，所以该变量必然连续。

如果流体不可压缩，有$\frac{\mathrm{D}\rho}{\mathrm{D}t}=0$，表明每一个流体微元在运动时保持其原来的密度，可得到

$$\nabla \cdot \boldsymbol{v} = 0 \tag{1-10}$$

此即不可压缩流体的质量守恒方程。

(2) 动量守恒方程

对于随流体一起运动的无限小流体元，动量守恒定律表明，流体元中流体动量的时间变化率等于外界作用在该流体元上的体积力和表面力之和，其实质为牛顿第二定律，表示为

$$\rho \frac{\mathrm{D}\boldsymbol{v}}{\mathrm{D}t} = \boldsymbol{f}_s + \rho \boldsymbol{f}_b \tag{1-11}$$

其中，$\boldsymbol{f}_s$ 为表面力（单位体积），是直接作用在流体元表面上的力，它包括热力学压力、作用在表面上的切应力和法向应力，后两者为流体元外部的流体通过摩擦作用在流体元表面上的拉力和推力；$\boldsymbol{f}_b$ 为体积力（单位质量），是直接作用在流体元内质量上的力，如重力、电磁力等。

由于

$$\rho\frac{\mathrm{D}\boldsymbol{v}}{\mathrm{D}t}=\rho\frac{\partial\boldsymbol{v}}{\partial t}+\rho\boldsymbol{v}\cdot\nabla\boldsymbol{v}$$

可根据矢量恒等式

$$\frac{\partial(\rho\boldsymbol{v})}{\partial t}=\rho\frac{\partial\boldsymbol{v}}{\partial t}+\boldsymbol{v}\frac{\partial\rho}{\partial t}$$

和

$$\nabla\cdot(\rho\boldsymbol{v}\boldsymbol{v})=\boldsymbol{v}\nabla\cdot(\rho\boldsymbol{v})+(\rho\boldsymbol{v})\cdot\nabla\boldsymbol{v}\tag{1-12}$$

表示为

$$\rho\frac{\mathrm{D}\boldsymbol{v}}{\mathrm{D}t}=\frac{\partial(\rho\boldsymbol{v})}{\partial t}-\boldsymbol{v}\left[\frac{\partial\rho}{\partial t}+\nabla\cdot(\rho\boldsymbol{v})\right]+\nabla\cdot(\rho\boldsymbol{v}\boldsymbol{v})$$

根据方程(1-6)，式中等号右端中括号中的项为零，故有

$$\rho\frac{\mathrm{D}\boldsymbol{v}}{\mathrm{D}t}=\frac{\partial(\rho\boldsymbol{v})}{\partial t}+\nabla\cdot(\rho\boldsymbol{v}\boldsymbol{v})\tag{1-13}$$

表面力 $\boldsymbol{f}_s$ 可表示为

$$\boldsymbol{f}_s=-\nabla p+\nabla\cdot\boldsymbol{\tau}\tag{1-14}$$

其中，p 为热力学压力，$\boldsymbol{\tau}$ 为剪切应力张量

$$\boldsymbol{\tau}=\begin{bmatrix}\tau_{xx} & \tau_{xy} & \tau_{xz}\\ \tau_{yx} & \tau_{yy} & \tau_{yz}\\ \tau_{zx} & \tau_{zy} & \tau_{zz}\end{bmatrix}$$

根据式(1-13) 和式(1-14) 的表示，动量守恒方程(1-11) 成为

$$\frac{\partial(\rho\boldsymbol{v})}{\partial t}+\nabla\cdot(\rho\boldsymbol{v}\boldsymbol{v})=-\nabla p+\nabla\cdot\boldsymbol{\tau}+\rho\boldsymbol{f}_b\tag{1-15}$$

该方程也被称为 Navier-Stokes 方程。

对于牛顿流体，其剪切应力张量为

$$\boldsymbol{\tau}=\eta\left[\nabla\boldsymbol{v}+(\nabla\boldsymbol{v})^{\mathrm{T}}\right]-\frac{2}{3}\eta(\nabla\cdot\boldsymbol{v})\mathbf{I}\tag{1-16}$$

其中，$\mathbf{I}$ 为单位张量，η 为流体的动力黏度。则剪切引起的表面力为

$$\boldsymbol{f}_{s,1}=\nabla\cdot\boldsymbol{\tau}=\nabla\cdot\{\eta\left[\nabla\boldsymbol{v}+(\nabla\boldsymbol{v})^{\mathrm{T}}\right]\}-\frac{2}{3}\nabla\left[\eta(\nabla\cdot\boldsymbol{v})\right]$$

相应的牛顿流体的动量守恒方程成为

$$\frac{\partial(\rho\boldsymbol{v})}{\partial t}+\nabla\cdot(\rho\boldsymbol{v}\boldsymbol{v})=-\nabla p+\nabla\cdot\{\eta\left[\nabla\boldsymbol{v}+(\nabla\boldsymbol{v})^{\mathrm{T}}\right]\}-\frac{2}{3}\nabla\left[\eta(\nabla\cdot\boldsymbol{v})\right]+\rho\boldsymbol{f}_b\tag{1-17}$$

对于不可压缩的牛顿流体，应用式(1-10)，方程(1-17) 成为

$$\frac{\partial(\rho\boldsymbol{v})}{\partial t}+\nabla\cdot(\rho\boldsymbol{v}\boldsymbol{v})=-\nabla p+\nabla\cdot\{\eta\left[\nabla\boldsymbol{v}+(\nabla\boldsymbol{v})^{\mathrm{T}}\right]\}+\rho\boldsymbol{f}_b\tag{1-18}$$

有时为了在方程求解过程中表示方便，令

$$\boldsymbol{Q}^v=\nabla\cdot\left[\eta(\nabla\boldsymbol{v})^{\mathrm{T}}\right]+\rho\boldsymbol{f}_b$$

从而可将方程(1-18) 重新写为

$$\frac{\partial(\rho\boldsymbol{v})}{\partial t}+\nabla\cdot(\rho\boldsymbol{v}\boldsymbol{v})=-\nabla p+\nabla\cdot(\eta\nabla\boldsymbol{v})+\boldsymbol{Q}^v\tag{1-19}$$

对于恒定黏度的不可压缩牛顿流体，动量守恒方程进一步简化为

$$\frac{\partial(\rho \boldsymbol{v})}{\partial t}+\nabla\cdot(\rho\boldsymbol{v}\boldsymbol{v})=-\nabla p+\eta\nabla^2\boldsymbol{v}+\rho\boldsymbol{f}_b \tag{1-20}$$

而且对于不可压缩流体，应用式(1-12)，方程(1-18)～方程(1-20) 等号左端的第二项可表示为 $\rho\boldsymbol{v}\cdot\nabla\boldsymbol{v}$。

(3) 能量守恒方程

对于随流体一起运动的无限小流体元，动量守恒原理实际上是热力学第一定律，它表述为：流体元内能量随时间的变化率等于流入流体元内的净热量与体积力和表面力对流体元所做功功率之和，表示为

$$\frac{\mathrm{D}(\rho e)}{\mathrm{D}t}=\rho\dot{q}_V+\dot{q}_S+\boldsymbol{f}_s\cdot\boldsymbol{v}+\rho\boldsymbol{f}_b\cdot\boldsymbol{v} \tag{1-21}$$

其中，e 为流体元内单位质量的总能量，$\dot{q}_V$ 为流体元经由热辐射等物理过程吸收或散发的热量的增长率（单位质量），$\dot{q}_S$ 为经由流体元表面单位体积的热传导量。式(1-21) 中等号右端的最后两项分别表示表面力和体积力对流体元做功功率。

流体元的总能量包括其内分子随机运动的内能 $\hat{u}$（单位质量）和由于流体元平动产生的动能，即

$$e=\hat{u}+\frac{1}{2}\boldsymbol{v}\cdot\boldsymbol{v} \tag{1-22}$$

对于热传导量 $\dot{q}_S$，根据 Fourier 热传导定律，表示为

$$\dot{q}_S=\nabla\cdot(k\nabla T) \tag{1-23}$$

其中，T 为温度，k 为热传导率。

对于表面力做功功率 $\boldsymbol{f}_s\cdot\boldsymbol{v}$，可根据流体的应力张量 $\boldsymbol{\tau}$ 表示为

$$\boldsymbol{f}_s\cdot\boldsymbol{v}=\nabla\cdot[(-p\mathbf{I}+\boldsymbol{\tau})\cdot\boldsymbol{v}] \tag{1-24}$$

将式(1-22)～式(1-24) 代入方程(1-21)，得到能量守恒方程

$$\frac{\mathrm{D}}{\mathrm{D}t}(\rho\hat{u}+\frac{1}{2}\rho\boldsymbol{v}\cdot\boldsymbol{v})=\rho\dot{q}_V+\nabla\cdot(k\nabla T)+\nabla\cdot[(-p\mathbf{I}+\boldsymbol{\tau})\cdot\boldsymbol{v}]+\rho\boldsymbol{f}_b\cdot\boldsymbol{v} \tag{1-25}$$

对方程(1-15) 两端同时点乘 $\boldsymbol{v}$，将得到的方程与方程(1-25) 相减，可得由比内能表示的能量守恒方程

$$\frac{\mathrm{D}(\rho\hat{u})}{\mathrm{D}t}=\rho\dot{q}_V+\nabla\cdot(k\nabla T)-p\ \nabla\cdot\boldsymbol{v}+\boldsymbol{\tau}:\nabla\boldsymbol{v} \tag{1-26}$$

此外，用总比焓 $\hat{h}$ 表示的能量守恒方程为

$$\frac{\mathrm{D}(\rho\hat{u})}{\mathrm{D}t}=\rho\dot{q}_V+\nabla\cdot(k\nabla T)+\frac{\partial p}{\partial t}+\nabla\cdot(\boldsymbol{\tau}\cdot\boldsymbol{v})+\rho\boldsymbol{f}_b\cdot\boldsymbol{v} \tag{1-27}$$

对于方程(1-26) 和方程(1-27)，其等号左端的项可由得到式(1-13) 时类似的方法表示为

$$\frac{\mathrm{D}(\rho\hat{u})}{\mathrm{D}t}=\frac{\partial(\rho\hat{u})}{\partial t}+\nabla\cdot(\rho\hat{u}\boldsymbol{v})$$

对于牛顿流体，用温度表示的能量守恒方程成为

$$C_p\left[\frac{\partial(\rho T)}{\partial t}+\nabla\cdot(\rho T\boldsymbol{v})\right]=\rho\dot{q}_V+\nabla\cdot(k\nabla T)-\frac{\partial\ln\rho}{\partial\ln T}\times\frac{\mathrm{D}p}{\mathrm{D}t}+\boldsymbol{\tau}:\nabla\boldsymbol{v} \tag{1-28}$$

其中，C_p 为流体的定压比热容。将式(1-16) 表示的应力张量代入，该方程成为

$$C_p\left[\frac{\partial(\rho T)}{\partial t}+\nabla\cdot(\rho T\boldsymbol{v})\right]=\rho\dot{q}_V+\nabla\cdot(k\nabla T)-\frac{\partial\ln\rho}{\partial\ln T}\times\frac{\mathrm{D}p}{\mathrm{D}t}+\lambda\Psi+\eta\Phi \tag{1-29}$$

其中，$\lambda=-(2/3)\eta$。在正交笛卡儿坐标系中，有

$$\Psi=\left(\frac{\partial v_x}{\partial x}+\frac{\partial v_y}{\partial y}+\frac{\partial v_z}{\partial z}\right)^2$$

$$\Phi=2\left[\left(\frac{\partial v_x}{\partial x}\right)^2+\left(\frac{\partial v_y}{\partial y}\right)^2+\left(\frac{\partial v_z}{\partial z}\right)^2\right]+\left(\frac{\partial v_x}{\partial y}+\frac{\partial v_y}{\partial x}\right)^2+\left(\frac{\partial v_x}{\partial z}+\frac{\partial v_z}{\partial x}\right)^2+\left(\frac{\partial v_y}{\partial z}+\frac{\partial v_z}{\partial y}\right)^2$$

Φ 也被称为黏性耗能系数，只有在流体中存在较大的速度梯度时才会考虑。

对于各向同性的不可压缩牛顿流体，能量守恒方程为

$$\frac{\partial(\rho C_p T)}{\partial t}+\nabla\cdot(\rho C_p T\boldsymbol{v})=\rho\dot{q}_V+\nabla\cdot(k\nabla T)+\rho T\frac{\mathrm{D}C_p}{\mathrm{D}t} \tag{1-30}$$

如果 C_p 为常数，该方程成为

$$\frac{\partial(\rho T)}{\partial t}+\nabla\cdot(\rho T\boldsymbol{v})=\nabla\cdot(k\nabla T)+\frac{\rho}{C_p}\dot{q}_V \tag{1-31}$$

(4) 化学组分守恒方程

在流体元内，如果存在质量交换，或者存在多种化学组分，每一种化学组分均遵守质量守恒定律，所以化学组分守恒实质上是质量守恒。组分质量守恒定律表述为：流体元内某种化学组分的质量的时间变化率，等于通过流体元界面的扩散通量与通过化学反应产生的该组分生成率之和。令 c_l 表示某混合物中化学组分 l 的体积分数，c_l 计算为一定体积中组分 l 的体积与该体积中混合物的总体积之比，则组分 l 的守恒方程表示为

$$\frac{\partial(\rho c_l)}{\partial t}+\nabla\cdot(\rho\boldsymbol{v}c_l+\boldsymbol{J}_l)=R_l \tag{1-32}$$

其中，ρ 为混合物的密度，$\boldsymbol{J}_l$ 为扩散通量密度，R_l 为单位体积内化学组分 l 的生成率。

方程(1-32) 中等号左端第一项表示单位体积内化学组分 l 的质量随时间的变化率，量 $\rho\boldsymbol{v}c_l$ 为组分 l 的对流通量密度，也即由流场携带的通量密度。扩散通量密度 $\boldsymbol{J}_l$ 通常由 l 的梯度引起，用 Fick 扩散定律表示扩散通量密度，为

$$\boldsymbol{J}_l=-\Gamma^l\nabla c_l \tag{1-33}$$

其中，Γ^l 为扩散系数。将式(1-33) 代入方程(1-32) 中，得 c_l 的守恒方程为

$$\frac{\partial(\rho c_l)}{\partial t}+\nabla\cdot(\rho\boldsymbol{v}c_l)=\nabla\cdot(\Gamma^l\nabla c_l)+R_l \tag{1-34}$$

对流体元中的每一种组分，均遵守守恒方程(1-34)，各守恒方程之和即连续性方程，且有 $\sum R_l=0$，所以对于由 n 个组分组成的混合物，只可得到 $n-1$ 个相互独立的组分守恒方程。

(5) 流场的边界条件

流场的控制方程由前述三种方程组成，但对于特定流动问题，其特解由相应的边界条件加上初始条件决定。对于与固体壁面重合的流体表面，一种边界条件为无滑移条件，即在该表面上流体与固壁间的相对速度为零，即

$$\boldsymbol{v}=\boldsymbol{v}_0,\text{在固体壁面上} \tag{1-35}$$

其中，$\boldsymbol{v}_0$ 为壁面的运动速度。

入口边界条件为在流体入口处指定速度分布，

$$\boldsymbol{v}=\boldsymbol{v}_{\text{in}}\text{，在入口处} \tag{1-36}$$

其中，$\boldsymbol{v}_{\text{in}}$ 为入口流速。

出口边界条件为指定出口断面上的剪切力为零，表示为

$$\frac{\partial \boldsymbol{v}}{\partial n}=0\text{，在出口处} \tag{1-37}$$

设置出口边界条件的依据是认为出口对上游流动的影响几乎为零。一般设置在流动接近于单向流动且表面应力为已知的位置上，尤其是那些流动状态得到充分发展的位置，此时在流动方向上各变量的梯度变化为零。但是，当出口边界处于旋涡、大曲率或较大压力梯度的区域时，流体可能会重新进入计算域中，出现流出信息返回到计算域中的非物理反射，这将影响数学模型求解过程的收敛性。对于该类问题，可采用压力场径向平衡或无反射边界条件。

恒定压力边界条件用于流速分布不确定而压力为定值的边界，如自由表面流、绕固体的外流等，表示为

$$p=p_0\text{，在界面上} \tag{1-38}$$

对称边界条件用于存在对称性的流动问题，应用该条件后，可只针对对称线或对称面一侧的区域求解。在对称边界上，垂直于对称边界的流速为零，而其他场变量的值在边界两侧相等。表示为

$$v_n=0\text{，在对称界面上} \tag{1-39}$$

上述边界条件常常组合使用，但这种组合不能随意进行，常用可行的组合边界条件有：只有壁面无滑移条件；壁面、入口和至少一个出口边界条件；壁面、入口和至少一个恒压边界条件；壁面和恒压边界条件。其中，出口边界条件只有在给定进口边界条件时才能使用，且仅在只有一个出口的计算域中使用。另外，边界条件应尽量设置在远离感兴趣区域，并避免设置在区域几何形状变化剧烈或者有循环尾迹的区域。

1.1.3　电磁场数学模型

（1）麦克斯韦方程组

麦克斯韦方程组是经典电磁场的基本方程，也是电磁场的基本数学模型，其微分形式为

$$\nabla\times\boldsymbol{H}=\boldsymbol{j}_0+\frac{\partial \boldsymbol{D}}{\partial t} \tag{1-40}$$

$$\nabla\times\boldsymbol{E}=-\frac{\partial \boldsymbol{B}}{\partial t} \tag{1-41}$$

$$\nabla\cdot\boldsymbol{B}=0 \tag{1-42}$$

$$\nabla\cdot\boldsymbol{D}=\rho_{e0} \tag{1-43}$$

其中，$\boldsymbol{H}$ 为磁场强度，$\boldsymbol{E}$ 为电场强度，$\boldsymbol{B}$ 为磁感应强度，$\boldsymbol{D}$ 为电位移矢量，$\boldsymbol{j}_0$ 为传导电流密度，ρ_{e0} 为自由电荷体密度。有时将以上四个方程依次称为麦克斯韦第一、二、三、四方程。第一方程是安培环路定理在非恒定电磁场情况下的推广，表示传导电流和随时间

变化的位移电流是磁场的源。第二方程为法拉第电磁感应定律，表示某一点电场的旋度等于该点处磁感应强度的时间变化率的负值。第三方程为磁场的高斯定理，表明磁感应强度的散度为零，描述了磁场的性质。第四方程为电场的高斯定理，表明某一点处电位移矢量的散度等于该点处的自由电荷体密度，描述了电场的性质。

电磁场模型中有时会用到电流连续性方程，它可由方程(1-40)和方程(1-43)导出，表示为

$$\nabla \cdot \boldsymbol{j}_0+\frac{\partial \rho_{e0}}{\partial t}=0 \tag{1-44}$$

它是电荷守恒定律的直接结果。

麦克斯韦方程组适用于任何媒质，但上述方程组尚不封闭，需补充本构关系方程。对于线性和各向同性介质，它们是

$$\boldsymbol{D}=\varepsilon_r\varepsilon_0\boldsymbol{E} \tag{1-45}$$

$$\boldsymbol{B}=\mu_r\mu_0\boldsymbol{H}=\mu_0(\boldsymbol{H}+\boldsymbol{M}) \tag{1-46}$$

$$\boldsymbol{j}_0=\sigma\boldsymbol{E} \tag{1-47}$$

其中，ε_r 和 ε_0 分别为相对和真空介电常数，μ_r 和 μ_0 分别为相对和真空磁导率，σ 为电导率，$\boldsymbol{M}$ 为磁化强度。式(1-47)实质是欧姆定律的微分形式。

对于静电场，基本方程成为

$$\nabla\times\boldsymbol{E}=0,\nabla\cdot\boldsymbol{D}=\rho_{e0} \tag{1-48}$$

并根据该方程组的第一式，引入电位函数 φ_e，且有

$$\boldsymbol{E}=-\nabla\varphi_e \tag{1-49}$$

将式(1-45)代入方程(1-49)，并应用方程(1-48)，可得

$$\nabla^2\varphi_e=\frac{\rho_{e0}}{\varepsilon_r\varepsilon_0} \tag{1-50}$$

它为电位函数满足的泊松方程。如果空间内没有体电荷分布，方程(1-50)可进一步简化为拉普拉斯方程

$$\nabla^2\varphi_e=0 \tag{1-51}$$

求解电场时可由电位函数满足的微分方程解出 φ_e，再根据式(1-49)计算 $\boldsymbol{E}$。

对于静磁场，基本方程成为

$$\nabla\cdot\boldsymbol{B}=0,\nabla\times\boldsymbol{H}=\boldsymbol{j}_0 \tag{1-52}$$

根据该方程的第一式，引入矢量磁位 $\boldsymbol{A}$，它与磁感应强度间的关系为

$$\boldsymbol{B}=\nabla\times\boldsymbol{A} \tag{1-53}$$

并规定 $\nabla\cdot\boldsymbol{A}=0$，将式(1-46)代入该方程，并应用方程(1-52)，可得 $\boldsymbol{A}$ 满足的微分方程

$$\nabla^2\boldsymbol{A}=-\mu_r\mu_0\boldsymbol{j}_0 \tag{1-54}$$

该方程也称为矢量磁位的泊松方程。如果空间内无自由电流，方程(1-54)可进一步简化为

$$\nabla^2\boldsymbol{A}=\boldsymbol{0} \tag{1-55}$$

即矢量磁位的拉普拉斯方程。

在无自由电流的空间，方程(1-40)简化为

$$\nabla\times\boldsymbol{H}=0 \tag{1-56}$$

此时可定义标量磁位 φ_m，且有

$$\boldsymbol{H}=-\nabla\varphi_m \tag{1-57}$$

将式(1-42）代入其中，并应用方程(1-42)，可得 φ_m 满足的微分方程为

$$\nabla^2\varphi_m=\nabla\cdot\boldsymbol{M} \tag{1-58}$$

实际中，常由标量磁位满足的微分方程解出 φ_m，再根据式(1-57）计算 $\boldsymbol{H}$。

(2）电磁场边界条件

在两种不同介质的分界面上，由于两介质的电磁特性参数不同，需定义相应的边界条件。

对于恒定磁场中的磁介质分界面，磁感应强度的法向分量和磁场强度的切向分量分别是连续的，分别表示为

$$\boldsymbol{n}\cdot(\boldsymbol{B}_2-\boldsymbol{B}_1)=0,\text{或 } B_{1n}=B_{2n} \tag{1-59}$$

$$\boldsymbol{n}\times(\boldsymbol{H}_2-\boldsymbol{H}_1)=0,\text{或 } H_{1\tau}=H_{2\tau} \tag{1-60}$$

其中，下标 n 和 τ 分别表示界面法向和切向，1 和 2 分别代表界面两侧的两种磁介质。如果应用矢量磁位，其对应的边界条件为

$$\boldsymbol{A}_2=\boldsymbol{A}_1,\frac{1}{\mu_1}(\nabla\times\boldsymbol{A}_1)_\tau=\frac{1}{\mu_2}(\nabla\times\boldsymbol{A}_2)_\tau \tag{1-61}$$

而如果应用标量磁位，其边界条件为

$$\varphi_{m1}=\varphi_{m2},\mu_1\frac{\partial\varphi_{m1}}{\partial n}=\mu_2\frac{\partial\varphi_{m2}}{\partial n} \tag{1-62}$$

对于恒定电场中的电介质分界面，电位移的法向分量和电场强度的切向分量分别是连续的，分别表示为

$$\boldsymbol{n}\cdot(\boldsymbol{D}_2-\boldsymbol{D}_1)=0,\text{或 } D_{1n}=D_{2n} \tag{1-63}$$

$$\boldsymbol{n}\times(\boldsymbol{E}_2-\boldsymbol{E}_1)=0,\text{或 } E_{1\tau}=E_{2\tau} \tag{1-64}$$

如果应用标量电位，相应的边界条件为

$$\varphi_{e1}=\varphi_{e2},\varepsilon_1\frac{\partial\varphi_{e1}}{\partial n}=\varepsilon_2\frac{\partial\varphi_{e2}}{\partial n} \tag{1-65}$$

1.1.4　热场数学模型

(1）热场控制方程

热场的控制方程实质上是能量守恒方程，如果传热媒质为流体，该控制方程与 1.1.2 节的能量守恒方程一致，这里不再赘述。由于热能的传递方式有三种：热传导、热对流和热辐射，这里分别给出每一种传热方式对应的控制方程。

① 热传导是静态介质中因温度梯度引起的传热现象。对于各向同性的不可压缩牛顿流体，且其定压比热 C_p 为常数，如果流体微元内只有热传导，热场控制方程为

$$\frac{\partial(\rho T)}{\partial t}=\nabla\cdot(\alpha\nabla T)+\frac{\rho}{C_p}\dot{q}_V \tag{1-66}$$

其中，$\dot{q}_V$ 此时表示流体内热能的生成率，α 为热扩散率。

如果流体的热扩散率 α 恒定，流体无内热源，定常条件下的热传导控制方程退化为拉普拉斯方程

$$\nabla^2 T=0 \tag{1-67}$$

在各向同性的固体内，也有形如方程(1-66)的热传导方程。

② 热对流仅发生在流体中，它是由于流体的宏观运动引起流体各部分间发生相对位移，冷、热流体相互掺混导致的传热过程。由于存在流体的运动，所以热对流的控制方程包含质量守恒方程、动量守恒方程和能量守恒方程。其中，前两个方程与1.1.2节的相应方程相同；对于只有热对流传热现象的流体，其能量守恒方程为

$$\frac{\partial(\rho T)}{\partial t}+\nabla\cdot(\rho T\boldsymbol{v})=\nabla\cdot(k\nabla T) \tag{1-68}$$

其中，方程中等号左端第二项即纯对流引起的热量传递。

由于热对流同时伴随有热传导现象，所以方程(1-68)中包含了描述热传导的扩散项，它是方程中等号右端的项。

③ 热辐射是通过电磁波传递能量的方式，实际计算中通常将其作为一种热源来处理，如1.1.2节中的 $\dot{q}_V$。

如果传热媒质为固体，忽略热辐射的影响时，其中只存在热传导的传热方式，其控制方程只有与方程(1-66)相同的一种表达形式。

(2) 热场边界条件

在分界面上温度也有无滑移边界条件，即紧贴界面的媒质层的温度与界面温度相同，即

$$T=T_w\text{，在分界面上} \tag{1-69}$$

其中，T_w 为界面温度。

如果分界面温度未知，有时根据热通量给定温度法向梯度边界条件

$$\frac{\partial T}{\partial n}=-\frac{\dot{q}_w}{k}\text{，在分界面上} \tag{1-70}$$

其中，$\dot{q}_w$ 为流经界面的热通量。如果界面为绝热壁面，因 $\dot{q}_w=0$，此时边界条件(1-34)成为

$$\frac{\partial T}{\partial n}=0\text{，在绝热壁面上} \tag{1-71}$$

1.1.5 多相流数学模型

多相流是动力学性质存在差别的两种或两种以上物质的流动，如气-液、液-液、气-液-固等流动。由于描述多相流的参数较多，每一相都有各自的流动变量，使得多相流的数学模型较普通流体复杂。

多相流的理论模型主要包括：单流体模型、多流体模型和分散颗粒群轨迹模型等。在处理方法上，目前应用最广泛的是：从连续介质模型出发得到每一相流动的基本方程组，认为每一相都由连续的质点组成，反映大量微观粒子的统计平均特性，相与相的分界面看作间断面，每相仍服从质量守恒定律、动量守恒定律、能量守恒定律。但由于除各相的守恒方程外，相间相互作用的处理方法不同，不同方法对应的多相流控制方程有所差别。以两相流为例，除了采用独立的守恒方程描述各相的流动特征外，同时需增加两相交界面上的动量控制方程和热传输方程。本节针对多相流模拟中应用较多的VOF（Volume of

Fluid）和 Level Set 两种界面处理方法，分别给出两相流的数学模型。

（1）VOF 方法中的两相流模型

VOF 方法中的两相流控制方程包括质量守恒方程、动量守恒方程、界面控制方程。以图 1-2 所示的计算域 Ω 为例介绍这些控制方程。

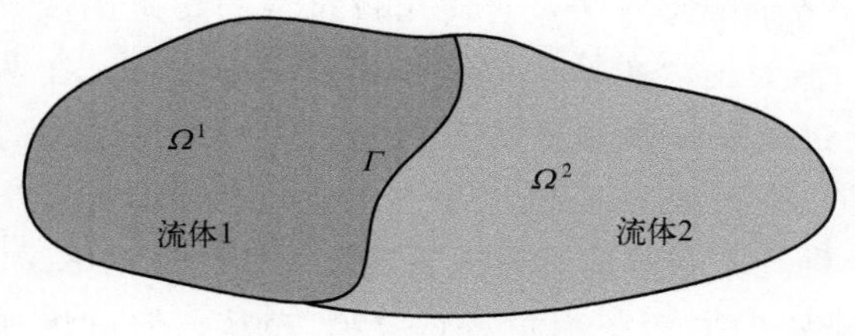

图 1-2　两相流计算域

考虑由两种互不相溶的不可压缩流体构成的流动体系，其质量守恒方程仍由方程(1-10)表示，其动量守恒方程表示为

$$\frac{\partial(\rho \boldsymbol{v})}{\partial t}+\nabla\cdot(\rho \boldsymbol{v}\boldsymbol{v})=-\nabla p+\nabla\cdot\{\eta[\nabla \boldsymbol{v}+(\nabla \boldsymbol{v})^{\mathrm{T}}]\}+\rho \boldsymbol{f}_b+\int_\Gamma \gamma\kappa\delta(\boldsymbol{x}-\boldsymbol{x}_s)\boldsymbol{n}\,\mathrm{d}\Gamma(\boldsymbol{x}_s) \tag{1-72}$$

该方程与普通流体的动量守恒方程的区别是在其等号右端增加了表示表面张力的项(等号右端的最后一项)。其中，γ 为界面张力系数，κ 为界面曲率，$\boldsymbol{n}$ 为界面的单位法矢，$\boldsymbol{x}$ 表示计算域 Ω 内某一点的空间位置矢量，$\delta(\boldsymbol{x}-\boldsymbol{x}_s)$ 为三维 Dirac delta 函数，定义为

$$\delta(\boldsymbol{x}-\boldsymbol{x}_s)=\begin{cases}0, & \boldsymbol{x}-\boldsymbol{x}_s\neq 0\\ \infty, & \boldsymbol{x}-\boldsymbol{x}_s=0\end{cases}$$

$$\int_\Gamma \delta(\boldsymbol{x}-\boldsymbol{x}_s)\mathrm{d}x=\begin{cases}0, & \boldsymbol{x}_s \text{ 不在边界上}\\ 1, & \boldsymbol{x}_s \text{ 在边界上}\end{cases}$$

在方程(1-72) 中加入表示界面张力的奇异项后，使得该方程对整个流场有效，包括界面上密度场 ρ 和黏度场 η 不连续变化的流动。

如何处理界面张力项是求解动量守恒方程的关键，需应用界面的几何特性，如界面法线、界面曲率等进一步表示该项，并定义相分布函数 F，它是某一相介质占据计算域网格面积或体积的比例分数。利用相分布函数 F 将界面上的单位法矢表示为

$$\boldsymbol{n}=\frac{\nabla F}{|\nabla F|} \tag{1-73}$$

界面曲率表示为

$$\kappa=-\nabla\cdot\boldsymbol{n} \tag{1-74}$$

从而可将界面张力项表示为

$$\int_\Gamma \gamma\kappa\delta(\boldsymbol{x}-\boldsymbol{x}_s)\boldsymbol{n}\,\mathrm{d}\Gamma(\boldsymbol{x}_s)=-\int_\Gamma \gamma\delta(\boldsymbol{x}-\boldsymbol{x}_s)\frac{\nabla F}{|\nabla F|}\nabla\cdot\left(\frac{\nabla F}{|\nabla F|}\right)\mathrm{d}\Gamma(\boldsymbol{x}_s) \tag{1-75}$$

VOF 方法应用相函数 F 表示界面，在一种流体相中，相函数取值为 1，在另一种流体相中取值为 0，相函数取 0 到 1 之间的数值的位置即相界面位置。相函数满足方程

$$\frac{\partial F}{\partial t}+\nabla\cdot(\boldsymbol{v}F)=0 \tag{1-76}$$

此外，根据项分布函数，可将密度、黏度等物性参数表示为

$$\rho=\rho_1 F+\rho_2(1-F) \tag{1-77}$$

$$\eta=\eta_1 F+\eta_2(1-F) \tag{1-78}$$

（2）Level Set 方法中的两相流模型

Level Set 方法属于界面捕捉方法，它使用带符号的距离函数 $\hat{d}$ 区分不同流体，在一种流体区域，函数 $\hat{d}$ 的值为正，在另一种流体区域中则为负，在两种流体相界面上 $\hat{d}$ 的值为零。相界面移动通过求解 $\hat{d}$ 的输运方程得到，并需周期性地对 ϕ 进行初始化使其保持距离特性。Level Set 方法中的两相流控制方程也包括质量守恒方程、动量守恒方程和界面控制方程，对于两种互不相溶的不可压缩流体构成的流动体系，其质量守恒方程仍由方程(1-10）表示，动量守恒方程仍由方程(1-72）表示，但可将其中的界面张力项根据 Dirac delta 函数的性质表示为 $\gamma\kappa\delta(\hat{d})\boldsymbol{n}$，下面主要给出其界面控制方程。

仍以图 1-2 所示的计算域 Ω 为例。将相界面 Γ 表示为函数 $\hat{d}$ 的零等值线，也即 Level-Set 函数，有

$$\Gamma(t)=\{\boldsymbol{x}\in\Omega : \hat{d}(\boldsymbol{x},t)=0\} \tag{1-79}$$

定义函数 $\hat{d}$ 为

$$\hat{d}(\boldsymbol{x},t)=\begin{cases} d(\boldsymbol{x},\Gamma(t)), & \boldsymbol{x}\in\Omega^1 \\ 0, & \boldsymbol{x}\in\Gamma(t) \\ -d(\boldsymbol{x},\Gamma(t)), & \boldsymbol{x}\in\Omega^2 \end{cases} \tag{1-80}$$

其中，$d(\boldsymbol{x},\Gamma(t))$表示 t 时刻 $\boldsymbol{x}$ 到 $\Gamma(t)$ 的欧几里得距离。

描述界面变形的 Level Set 函数满足方程

$$\frac{\partial\hat{d}}{\partial t}+\boldsymbol{v}\cdot\nabla\hat{d}=0 \tag{1-81}$$

由方程(1-81）求解 Level Set 函数 $\hat{d}$ 时，往往经过几个时间步的运算后，由于数值计算过程中的数值耗散和误差等的影响，Level Set 函数将不再是距离函数，需进行初始化，使其在不改变零等值面位置的前提下重新成为距离函数。重新初始化步骤通过求解以下偏微分方程实现：

$$\frac{\partial\psi_d}{\partial\tau}+\operatorname{sgn}(\hat{d})(|\nabla\psi_d|-1)=0 \tag{1-82}$$

该方程将 Level Set 函数 $\hat{d}$ 转换为距离函数 ψ_d，其初始条件为

$$\psi_d(\boldsymbol{x},0)=\hat{d}(\boldsymbol{x})$$

方程(1-82）的稳定解即与 $\hat{d}$ 具有相同零等值面的新 Level Set 距离函数值 ψ_d。参数 τ 表示虚拟时间，它控制 Level Set 函数为零值时对应界面的宽度。sgn 为符号函数，定义为

$$\operatorname{sgn}(\hat{d})=\begin{cases} 1, & \hat{d}>0 \\ 0, & \hat{d}=0 \\ -1, & \hat{d}<0 \end{cases} \tag{1-83}$$

为了进一步表示界面张力，借助 Level Set 函数，将相界面法向向量表示为

$$\boldsymbol{n}=\frac{\nabla\hat{d}}{|\nabla\hat{d}|} \tag{1-84}$$

界面曲率表示为

$$\kappa=\nabla \cdot \frac{\nabla \hat{d}}{|\nabla \hat{d}|} \tag{1-85}$$

从而将相界面上的界面张力表示为

$$\gamma\kappa\delta_{\varepsilon}(\hat{d})\boldsymbol{n}=\gamma\delta_{\varepsilon}(\hat{d})\frac{\nabla \hat{d}}{|\nabla \hat{d}|}\nabla \cdot \left(\frac{\nabla \hat{d}}{|\nabla \hat{d}|}\right) \tag{1-86}$$

$\delta_{\varepsilon}(\hat{d})$为规整后的 Delta 函数，定义为

$$\delta_{\varepsilon}(\hat{d})=\begin{cases}\dfrac{1}{2\varepsilon}\left(1+\cos\dfrac{\pi\hat{d}}{\varepsilon}\right), & |\hat{d}|<\varepsilon \\ 0, & |\hat{d}|\geqslant\varepsilon\end{cases} \tag{1-87}$$

其中，ε 为一小参数，总为正，表示界面的半宽。Delta 函数 $\delta_{\varepsilon}(\hat{d})$具有如图 1-3 所示的分布。

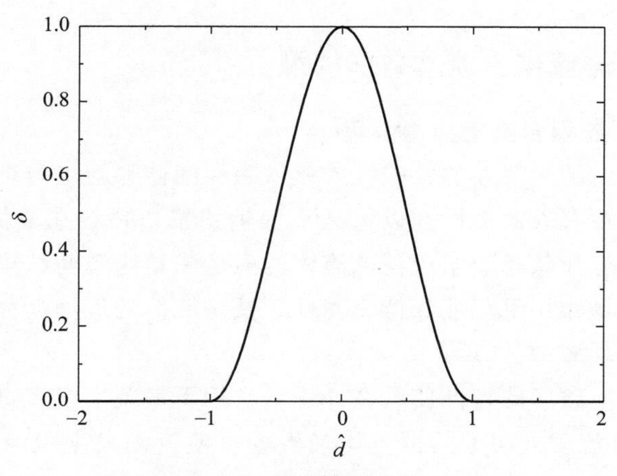

图 1-3　Delta 函数的分布（$\varepsilon=1$）

为了使物性参数在相界面上连续光滑变化，可利用 Level Set 函数和 Heaviside 函数 H 表示这些参数，如对于密度和黏度，分别表示为

$$\rho(\boldsymbol{x})=\rho_1+(\rho_2-\rho_1)H(\hat{d}(\boldsymbol{x})) \tag{1-88}$$

$$\eta(\boldsymbol{x})=\eta_1+(\eta_2-\eta_1)H(\hat{d}(\boldsymbol{x})) \tag{1-89}$$

其中，Heaviside 函数定义为

$$H(\hat{d}(\boldsymbol{x}))=\begin{cases}0, & \phi<-\varepsilon \\ \dfrac{\hat{d}+\varepsilon}{2\varepsilon}+\dfrac{1}{2\pi}\sin\dfrac{\pi\hat{d}}{\varepsilon}, & |\phi|\leqslant\varepsilon \\ 1, & \phi>\varepsilon\end{cases} \tag{1-90}$$

图 1-4 为 Heaviside 函数的分布，可以看出，除了界面附近一个很小的区域宽度 2ε 之外，Heaviside 函数在界面的一侧恒为 1，在界面的另一侧恒为 0，在界面附近一个很小区域宽度 2ε 内，Heaviside 函数值从 0 逐渐过渡至 1。所以，Heaviside 函数可以作为区分不同流体区域的指标。

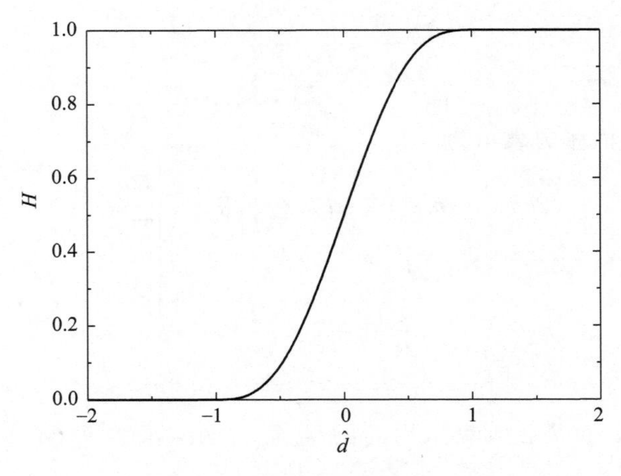

图 1-4 Heaviside 函数的分布（$\varepsilon=1$）

1.1.6 铁磁流体磁-流耦合流动数学模型

（1）铁磁流体磁-流耦合流动控制方程

铁磁流体是一种由纳米尺寸的铁磁性或亚铁磁性固体颗粒均匀悬浮于载液中形成的胶状溶液，颗粒表面包覆有表面活性剂以保证不发生团聚，颗粒在液体中的 Brownian 运动使它们能够长期保持悬浮状态。组成铁磁流体的磁性颗粒为单畴结构，流体整体上表现为超顺磁性，在强外磁场作用下仍能保持流动性。铁磁流体的流动性和磁性使其广泛应用于密封、润滑、减振等领域中。

铁磁流体能够响应磁场的特性使其在外磁场作用下表现出诸多奇特现象。在 Couette-Poiseuille 流中，垂直流动方向上的恒定均匀磁场可使流动发生阻滞和入口区变短，恒定梯度磁场会促使流量增大。在管流中，恒定轴向磁场作用会引起绕轴线的旋转流，轴向交变磁场作用则引起表观黏度减小、流量增大。

在连续介质的假设条件下，如果假设流体恒温、均质、不可压缩、不导电，描述铁磁流体运动的控制方程包括质量守恒方程、动量守恒方程、角动量守恒方程、磁化方程和静磁场方程。

铁磁流体的质量守恒方程与方程(1-10）相同，静磁场方程由方程(1-46）和方程(1-58）组成。铁磁流体的动量和角动量守恒方程分别由宏观的动量和角动量守恒方程推导得到，其中，动量守恒方程为

$$\rho\left[\frac{\partial \boldsymbol{v}}{\partial t}+(\boldsymbol{v}\cdot\nabla)\boldsymbol{v}\right]=-\nabla p+\eta\nabla^{2}\boldsymbol{v}+\mu_{0}\boldsymbol{M}\cdot\nabla\boldsymbol{H}+\frac{\mu_{0}}{2}\nabla\times(\boldsymbol{M}\times\boldsymbol{H}) \tag{1-91}$$

与普通恒定黏度不可压缩牛顿流体的动量守恒方程(1-20）相比，这里增加了等号右端的第二项和第三项，它们分别表示磁体积力和磁力矩，这是由于铁磁流体的 Cauchy 应力张量 $\boldsymbol{T}$ 区别于普通流体的应力张量引起的，Cauchy 应力张量计算为

$$\boldsymbol{T}=-p\mathbf{I}+\eta\left[\nabla\boldsymbol{v}+(\nabla\boldsymbol{v})^{\mathrm{T}}\right]+2\zeta\boldsymbol{\epsilon}\cdot(\boldsymbol{\Omega}-\boldsymbol{\omega}_{\mathrm{p}})+\lambda(\nabla\cdot\boldsymbol{v})\mathbf{I} \tag{1-92}$$

其中，$\boldsymbol{\Omega}=(\nabla\times\boldsymbol{v})/2$ 为流动涡量；$\boldsymbol{\epsilon}$ 为单位三阶张量；λ 和 ζ 分别为块体和涡旋黏度，其中 $\zeta=1.5\eta\phi$，ϕ 为铁磁流体中磁性颗粒的体积分数。

铁磁流体的角动量守恒方程为

$$\rho I \frac{\mathrm{D}\boldsymbol{\omega}_{\mathrm{p}}}{\mathrm{D}t}=\eta'\nabla^2\boldsymbol{\omega}_{\mathrm{p}}+(\eta'+\lambda')\nabla(\nabla\cdot\boldsymbol{\omega}_{\mathrm{p}})+4\zeta(\boldsymbol{\Omega}-\boldsymbol{\omega}_{\mathrm{p}})+\mu_0\boldsymbol{M}\times\boldsymbol{H} \tag{1-93}$$

其中，I 为惯性矩密度，$\boldsymbol{\omega}_{\mathrm{p}}$ 为铁磁流体中颗粒的旋转速度，η' 和 λ' 分别为剪切和块体自旋黏度系数。

为了描述铁磁流体的磁化动力学，研究人员提出了多种磁化方程，其中应用最广的为 Shliomis 的唯象磁化方程 I，表示为

$$\frac{\partial \boldsymbol{M}}{\partial t}+(\boldsymbol{v}\cdot\nabla)\boldsymbol{M}=\boldsymbol{\Omega}\times\boldsymbol{M}-\frac{1}{\tau_B}(\boldsymbol{M}-\boldsymbol{M}_0)-\frac{\mu_0}{4\zeta}\boldsymbol{M}\times(\boldsymbol{M}\times\boldsymbol{H}) \tag{1-94}$$

其中，τ_B 为 Brownian 磁化弛豫时间，表征当磁矩固结在颗粒上时外磁场方向改变后颗粒磁矩转向外磁场方向所用的时间；$\boldsymbol{M}_0$ 为平衡磁化强度，其方向与外磁场方向相同，其大小表示为

$$M_0=M_S\left(\coth\alpha-\frac{1}{\alpha}\right)=M_S L(\alpha),\alpha=\mu_0\overline{m}H/(k_{\mathrm{B}}T) \tag{1-95}$$

其中，$L(\alpha)$ 为 Langevin 函数；M_S 为铁磁流体的饱和磁化强度；k_{B} 为 Boltzmann 常数；$\overline{m}$ 为单个颗粒的磁矩，计算为 $\overline{m}=M_d V_p$，M_d 和 V_p 分别为颗粒块材的磁化强度和颗粒的体积。方程(1-94) 适用于弱的磁场和 $\boldsymbol{\Omega}\tau_B\ll 1$ 时的铁磁流体流动。

能够在全磁场强度范围内有效描述铁磁流体磁化动力学的方程则是 Shliomis 的微观磁化方程，表示为

$$\frac{\partial \boldsymbol{M}}{\partial t}+\boldsymbol{v}\cdot\nabla\boldsymbol{M}=\boldsymbol{\Omega}\times\boldsymbol{M}-\frac{1}{\tau_B}\left(\boldsymbol{M}-M_S\frac{L(\zeta)}{\zeta}\boldsymbol{\alpha}\right)-\frac{\mu_0}{L(\zeta)}\left(\frac{1}{L(\zeta)}-\frac{3}{\zeta}\right)\frac{\boldsymbol{M}\times(\boldsymbol{M}\times\boldsymbol{H})}{6\eta\phi} \tag{1-96}$$

其中，$\boldsymbol{M}$ 可看作在某有效场 $\boldsymbol{H}_e$ 作用下的平衡磁化强度，它们之间的关系由 Langevin 方程表示为

$$\boldsymbol{M}=\frac{M_S L(\zeta)\zeta}{\zeta}=\frac{M_S\zeta}{\zeta}\left(\coth\zeta-\frac{1}{\zeta}\right),\zeta=\mu_0\overline{m}\boldsymbol{H}_{\mathrm{e}}/(k_{\mathrm{B}}T) \tag{1-97}$$

其中，$\boldsymbol{\zeta}$ 为无量纲有效场。

应用微观磁化方程时磁化强度 $\boldsymbol{M}$ 的变化由方程(1-96) 和方程(1-97) 隐式决定，但与流体速度 $\boldsymbol{v}$ 和外磁场 $\boldsymbol{H}$ 间相互耦合。

组成铁磁流体动力学的各方程间通过诸多物理量相互耦合，如图 1-5 所示。磁场和磁化场通过磁体积力和磁力矩影响铁磁流体流动，而流场通过对流影响铁磁流体内的磁化强度分布；此外，磁化强度对流成为一种磁场源。

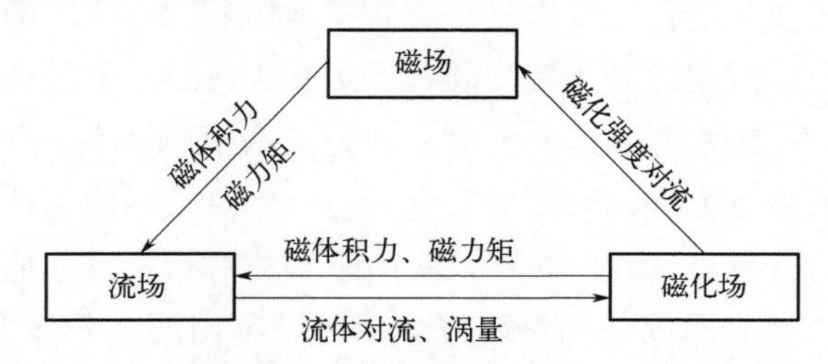

图 1-5　铁磁流体动力学方程组中各方程间的耦合关系

(2) 铁磁流体磁-流耦合流动边界条件

铁磁流体磁-流耦合流动的边界条件除1.1.2节介绍的与流速有关的边界条件和1.1.3节介绍的与磁场有关的边界条件外，还需给定磁化强度 $\boldsymbol{M}$ 和角动量 $\boldsymbol{\omega}_{\mathrm{p}}$ 的边界条件。

对于磁化强度 $\boldsymbol{M}$，其边界条件的选取需满足静磁场边界条件（1-59）和（1-60），表示为

$$\boldsymbol{n}\cdot(\boldsymbol{M}_2-\boldsymbol{M}_1)=-\boldsymbol{n}\cdot(\boldsymbol{H}_2-\boldsymbol{H}_1),\text{在边界上} \tag{1-98}$$

对于角动量 $\boldsymbol{\omega}_{\mathrm{p}}$，其边界条件可通过指定应力张量的反对称部分来给定，可得到两种边界条件。第一种类似于流速的无滑移边界条件，也称为“自旋无滑移”条件，表示为

$$\boldsymbol{\omega}_{\mathrm{p}}=\boldsymbol{0},\text{在边界上} \tag{1-99}$$

第二种指定边界上的反对称应力为零，表示为

$$\boldsymbol{\omega}_{\mathrm{p}}=\boldsymbol{\Omega},\text{在边界上} \tag{1-100}$$

两种边界条件虽然表达形式不同，但在多数情况下，同一流动问题使用这两种边界条件时得到的流速分布和自旋速度分布几乎相同（除边界处的值不同外）。

1.2 物理场控制方程的一般形式

考查1.1节中各物理场的控制方程可以发现，它们具有相似的形式。引入通用变量 ϕ，各物理场的控制方程可写成如下一般形式：

$$\frac{\partial(\rho\phi)}{\partial t}+\nabla\cdot(\rho\boldsymbol{v}\phi)=\nabla\cdot(\Gamma^{\phi}\nabla\phi)+Q^{\phi} \tag{1-101}$$

其中，$\boldsymbol{v}$ 为物质运动速度，Γ^{ϕ} 为 ϕ 在控制体面上的扩散系数，Q^{ϕ} 为控制体单位体积内 ϕ 的产生或消失量。该方程中的四项从左至右依次为瞬态项、对流项、扩散项和源项。其中的因变量 ϕ 可以代表不同的物理量，如速度、温度、标量磁势等。

根据矢量恒等式

$$\nabla\cdot(\rho\boldsymbol{v}\phi)=\rho\phi\ \nabla\cdot\boldsymbol{v}+\boldsymbol{v}\cdot\nabla(\rho\phi)$$

和

$$\nabla\cdot(\rho\boldsymbol{v}\boldsymbol{A})=\rho\boldsymbol{A}\ \nabla\cdot\boldsymbol{v}+\boldsymbol{v}\cdot\nabla(\rho\boldsymbol{A})$$

可知，对于满足 $\nabla\cdot\boldsymbol{v}=0$ 条件的物质，方程(1-101) 等号左端第二项可表示为

$$\nabla\cdot(\rho\boldsymbol{v}\phi)=\boldsymbol{v}\cdot\nabla(\rho\phi)$$

这样，方程(1-101) 就可用来表示磁化方程(1-94)、方程(1-96) 和界面控制方程(1-81)，虽然它们并不是根据守恒方程推导得到的。

可以将描述物理场变化的任意特定微分方程写成方程(1-101) 的形式，该过程相当于将有关因变量的瞬态项、对流项和扩散项转换为方程(1-101) 中的标准形式，将因变量的梯度项的系数取为 Γ^{ϕ} 的表达式，其余各项之和定义为源项 Q^{ϕ}。描述传热传质、流体流动、电磁等物理现象的微分方程均可以看作通用方程(1-101) 的具体化。这样，在确立数值求解方法时只需针对方程(1-101) 即可，写出求解方程(1-101) 的源程序，对不同意义的 ϕ 只需重复使用该方法和重复调用该程序，但对于不同的 ϕ 需要对相应的 Γ^{ϕ} 和 Q^{ϕ} 赋予各自合理的表达式，以及给定合适的初始条件和边界条件。

1.3　数学模型求解方法概述

对于描述物理场的一般控制微分方程(1-101)，在大多数工程问题中，通过采用经典的数学物理方法求解该方程几乎是不可能的，只有对一些极其特殊的物理场并在非常简单的边界条件时才可以得到解析解，而且这些解中往往包含无穷级数、特殊函数、超越方程等，求取具体结果仍需依赖于数值计算。

物理场数学模型的数值求解方法可概括为如图 1-6 所示的总体过程。

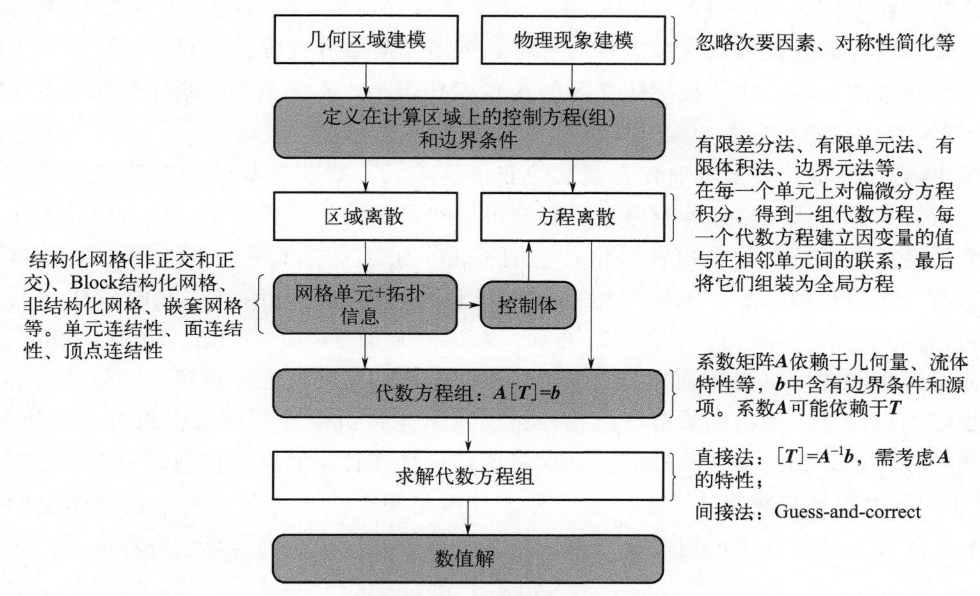

图 1-6　物理场数学模型数值求解的总体过程

首先，需要对所研究的物理现象及其所在的几何区域进行建模，物理现象建模在某种程度上是物理场计算的核心。为了便于用数学模型表示和求解，物理现象建模中通常忽略次要因素，并考虑几何区域的对称性，将实际的三维问题转换为二维问题或减小区域的大小。通过两方面的建模得到定义在计算区域上的控制方程(组）及其边界条件。

其次，数值求解物理场控制方程的目的是寻找计算区域内给定点（网格单元质心或网格节点）上的因变量 ϕ 的离散值，从而可用来构建它在整个计算区域上的分布。为了实现这一目的，需要将原始计算区域离散化为一组不重叠的离散单元，这一过程称为划分网格，得到离散网格单元和网格单元的拓扑信息。

再次，将组成数学模型的控制偏微分方程转换为一组离散因变量 ϕ 值满足的代数方程组，这一过程称为离散化过程。实现该转换过程的具体方法包括有限差分法、有限单元法、有限体积法、边界元法等。不同的离散方程得到的代数方程组不同，因为它们关于网格节点之间 ϕ 的变化方式的假设不同。

最后，选用合适的方法求解离散过程得到的代数方程组，得到控制方程的数值解。

可以看出，数值方法实际是将计算区域内有限数量网格节点上因变量的值当作基本未知量来处理，用这些离散值代替偏微分方程的连续精确解，数值方法的任务是提供一组关于这些未知量的更容易求解的代数方程，并选定求解这组方程的合适算法。

关于上述求解过程有如下几点说明：

① 离散化得到的代数方程组是连接一组控制体间 ϕ 值的代数关系式，它们由控制偏微分方程推导而来，包含控制偏微分方程中的全部信息。在离散化过程中，需要假设相邻控制体之间 ϕ 如何变化，一般选择分段的简单变化关系，用该简单关系表示段内及段边界控制体质心上 ϕ 值的变化规律。正因如此，一般情况下，离散得到的某一个代数方程只与少数几个相邻控制体有关，在一个控制体质心处的 ϕ 值只影响与其相邻的一些控制体上的 ϕ 分布。而且，一般将计算区域划分为一定数量的单元，基于单元确定控制体，每一个或几个相邻控制体内假设 ϕ 值有独立分布。可以预见，当划分计算区域所得的单元数量非常大时，离散得到的代数方程的解将趋近于相应微分方程的精确解，这是因为随着网格单元越来越靠近，相邻控制体之间的 ϕ 值变化很小，ϕ 在相邻控制体间如何变化的假设关系已变得无关紧要。

② 网格划分将计算区域细分为离散的非重叠单元，要求这些单元能够完全填充计算区域，所有单元组成网格或网格系统。网格可以按照结构化、正交性、块、单元形状、是否可变等性质分类，但无论何种网格，它们都由一组顶点定义并以面为界的离散单元组成。数值计算过程中，除了需要网格的几何信息外，还需要与网格单元的拓扑相关的信息，包括单元间的关系、面与单元的关系、表面的几何信息、单元的质心和体积、面质心、面的面积和法线方向等，这些信息通常根据基本网格数据推导得到。对于某些网格拓扑，如结构化网格，网格的细节可以很容易地从单元索引中推断出来；而对于其他网格，如非结构化网格，则必须在离散后主动构建这些信息并将它们存储在列表中以供检索。

③ 控制方程经离散得到一组代数方程，其中每一个代数方程将一个控制体上的因变量值和与其相邻控制体上的值联系起来。所有代数方程可组装为全局矩阵和向量，表示为

$$\mathbf{A}\left[\phi\right]=\boldsymbol{b} \tag{1-102}$$

并且将每个方程的系数存储在对应于各控制体索引的行和列的位置。

④ 对于由离散控制方程得到的代数方程组，必须通过对其求解获得因变量 ϕ 的离散值。这些方程的系数可能与因变量无关或者随因变量变化，前者称为线性代数方程，后者称为非线性代数方程。求解代数方程组的方法独立于离散方法，它可大致分为直接法和迭代法两类。在直接法中，代数方程组的解是通过应用相对复杂的算法（如矩阵求逆）获得的，与迭代法相比，对于给定的一组系数，它只需一次计算即可获得解。但矩阵求逆过程的计算量和存储量极大，尤其是非线性问题，使用直接法求解将更加耗时，所以在物理场求解中很少采用，其他实际问题中也几乎从不使用这样的方法。因此，在物理场数学模型的数值求解中，迭代法是求解代数方程组的主要方法，但在选择具体的迭代求解方法时，需考虑系数矩阵 $\mathbf{A}$ 的特殊结构，因为物理场控制方程离散后得到的代数方程组的系数矩阵 $\mathbf{A}$ 一般为稀疏矩阵。例如，对于结构化网格，$\mathbf{A}$ 具有带状结构，对于某些类型的方程（如纯扩散），系数矩阵 $\mathbf{A}$ 具有对称结构。

第2章

控制方程的有限体积法离散

有限体积法（Finite Volume Method，FVM）是一种数值计算方法，广泛用于流场、传热、电磁等领域的控制方程离散。FVM 的基本思路是：首先将计算区域离散为网格，得到互不重叠的单元，根据网格单元定义控制体，将待求因变量设置在控制体质心上；然后在每个控制体上对控制方程积分，在假定因变量值在相邻控制之间变化规律的基础上，将控制方程转换为代数方程组，求解代数方程组得到每个单元上因变量的值。本章将阐释有限体积网格和控制方程离散等方面的内容。

2.1 有限体积网格

在求解数学模型的过程中，通过网格划分将连续计算域离散为由一组连续的非重叠单元或由一组面分隔的单元组成的离散网格，并通过标记边界面定义物理边界，随后在该网格上定义控制体用于离散控制方程。网格划分结果包含非重叠单元和其他相关几何实体的集合，如图 2-1 所示，以及生成的关于它们几何属性的信息，还包括有关它们之间关系的拓扑信息。由几何信息和拓扑信息定义了有限体积网格。

在有限体积法中，所需要的单元信息有：索引、质心、边界面列表和相邻单元列表；

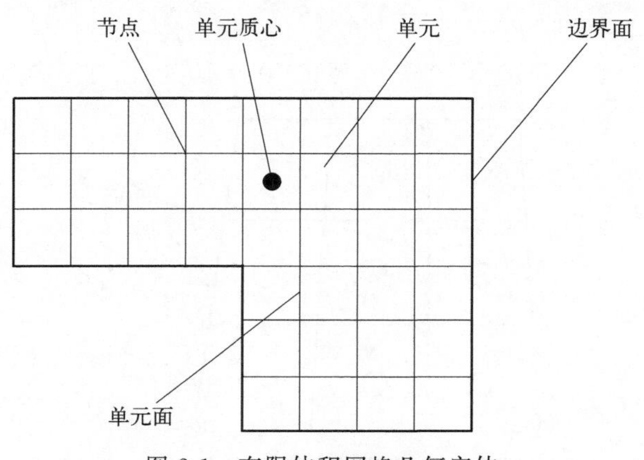

图 2-1　有限体积网格几何实体

面的信息有：定义面的顶点列表、面的索引、质心、面矢量、所属的相邻单元列表；还需要有关计算域边界的信息，即定义每个边界的边界面；除此之外，还需确定单元面法向量的方向。

网格单元的拓扑信息指的是与单元相关的连结性，如单元连结性、面连结性和顶点连结性。单元连结性用于将控制方程在每个单元上的积分与全局系数矩阵联系起来，通常包括单元到单元、单元到面和单元到顶点的连结性，它们分别将单元与相邻单元、边界面和顶点相关联。顶点连结性通常包括具有公共顶点的单元和面的链表，常用在后处理和梯度计算中。

通常可将区域离散后的网格分为结构化网格和非结构化网格两类。结构化网格具有求解程序编制简单和计算精度相对较高等方面的优点，但几何灵活性有限。非结构化网格采用基于连通性表和几何实体索引的显式拓扑信息表示，在有限体积法中应用广泛，但其计算效率低于结构化网格。

2.1.1 结构化网格

结构化网格的特点是它的每个内部单元都拥有相同数量的相邻单元。这些相邻单元可以分别使用 x、y 和 z 坐标方向上的索引 i、j 和 k 来标记，并且可以通过递增或递减各自的索引值直接访问，也即已知某个单元的索引值后，可很容易得出其相邻单元的索引值。由于结构化网格的拓扑信息可通过索引关系推导出来，因此，这种网格可以降低内存使用量，提高缓存利用率。

在结构化网格中，将每个单元与一组有序的索引（i,j,k）相关联，其中每个索引值在确定的范围内变化，并且相邻单元的索引相差 1。对于三维计算域的结构化网格，每个单元为具有 6 个面和 8 个顶点的六面体，每个内部单元有 6 个相邻单元。对于二维计算域的结构化网格，单元为具有 4 个面和 4 个顶点的四边形，每个内部单元有 4 个相邻单元。

访问结构化网格单元几何信息的方法非常简单，对于如图 2-2 所示的单元（i,j），包围该单元的面的面矢量分别为 $\boldsymbol{S}_1(i,j)$、$\boldsymbol{S}_2(i,j)$、$\boldsymbol{S}_1(i+1,j)$ 和 $\boldsymbol{S}_2(i,j+1)$。由于单元面矢量指向单元的外部，有关系式

$$\boldsymbol{S}_{i-1/2,j}=-\boldsymbol{S}_1(i,j),\boldsymbol{S}_{i,j-1/2}=-\boldsymbol{S}_2(i,j),$$
$$\boldsymbol{S}_{i+1/2,j}=\boldsymbol{S}_1(i+1,j),\boldsymbol{S}_{i,j+1/2}=\boldsymbol{S}_2(i,j+1)$$

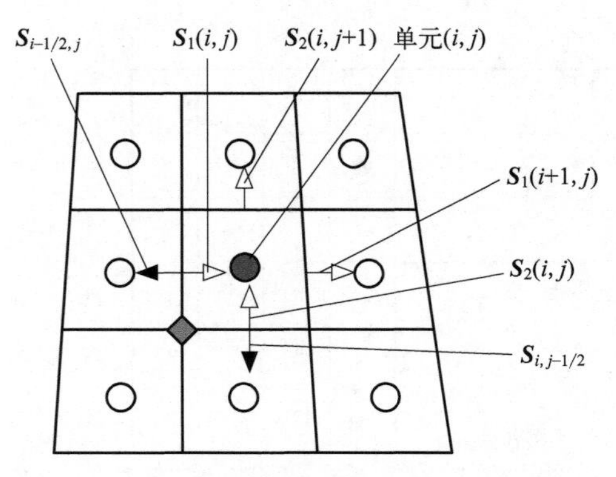

图 2-2 结构化网格的几何信息

其中，下标 $i-1/2$ 表示第 $i-1$ 个单元在 i 方向上的第 2 个面，$\boldsymbol{S}_1$ 为第（i,j）个单元在 i 方向左侧的面，$\boldsymbol{S}_2$ 为第（i,j）个单元在 j 方向下侧的面。

由于每一个 $\boldsymbol{S}$ 为单元面上垂直于表面且指向外部的矢量，而除了计算域边界外，每个面均由两个相邻单元共享，所以，一个单元的向外方向将代表另一个单元的向内方向。而计算程序在单元交界面处只计算和存储一个面矢量，如只存储 i 或 j 增加方向上的那个矢量。对于任意单元（i,j），索引大于 i 或 j 的面矢量为正，而索引小于 i 或 j 的面矢量为负。

二维或三维结构化网格中的单元集合可分别定义为大小为 $N_x \times N_y$ 或 $N_x \times N_y \times N_z$ 的数组，其中，N_x、N_y 和 N_z 分别表示在 x、y 和 z 方向上的单元数量，这样访问单元上的值及其相邻单元的值也相对容易。例如，在二维区域中，$\phi(i,j)$ 或 ϕ_{ij} 即单元（i,j）上因变量 ϕ 的值，其相邻单元上的因变量值分别为 $\phi_{i+1,j}$、$\phi_{i-1,j}$、$\phi_{i,j+1}$、$\phi_{i,j-1}$。

可见，结构化网格构造方便，在其相应控制体上离散得到的代数方程形式规范，编程和求解容易，但这种网格一般只能用来离散形状规则的计算域，用于具有非规则边界计算域的离散时往往会使得边界上的计算精度降低。因此，对于非规则边界的计算域，需使用非结构化网格。

2.1.2 非结构化网格

无论是在可以使用的单元类型数量方面，还是在可以进行单元细化的区域种类方面，使用非结构化网格划分计算域时均具有更大的灵活性，但这同时也增加了网格处理的复杂性。在非结构化网格中，单元、面、节点和其他几何量均按顺序编号，不像结构化网格那样可以直接建立索引与各种实体的关系。例如，在如图 2-3 所示的非结构化网格中，与编号为 9 的单元相邻的单元，其编号不能直接从索引 9 导出。同样，单元 9 的面和节点的编号也不能根据其索引直接导出，但在结构化网格中则可以。因此，对于非结构化网格，必须显式定义局部连结性，而且需要明确面、节点和相邻单元的详细拓扑信息和全局索引。

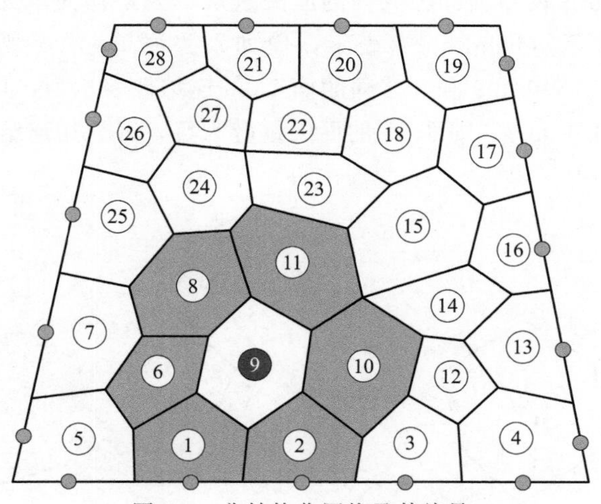

图 2-3 非结构化网格及其编号

网格的拓扑信息由单元、面、节点的局部和全局索引表示，这些索引也定义了几何连结性（单元到单元、单元到面、面到单元、单元到节点等）。因此，表示单元、面和节点的数据结构中应当包括局部和全局索引方面的信息。例如，对于如图 2-3 所示的单元 9，其拓扑信息在图 2-4 中给出，包括：

① 表示单元间连结性的相邻单元的索引，局部索引为［1,2,3,4,5,6］，全局索引为［10,11,8,6,1,2］。

② 表示单元到面的连结性的面的索引，其局部索引为［1,2,3,4,5,6］，全局索引为［16,22,23,15,11,10］。

③ 表示单元到节点连结性的节点的索引，其局部索引为［1,2,3,4,5,6］，全局索引为［21,22,23,14,13,12］。

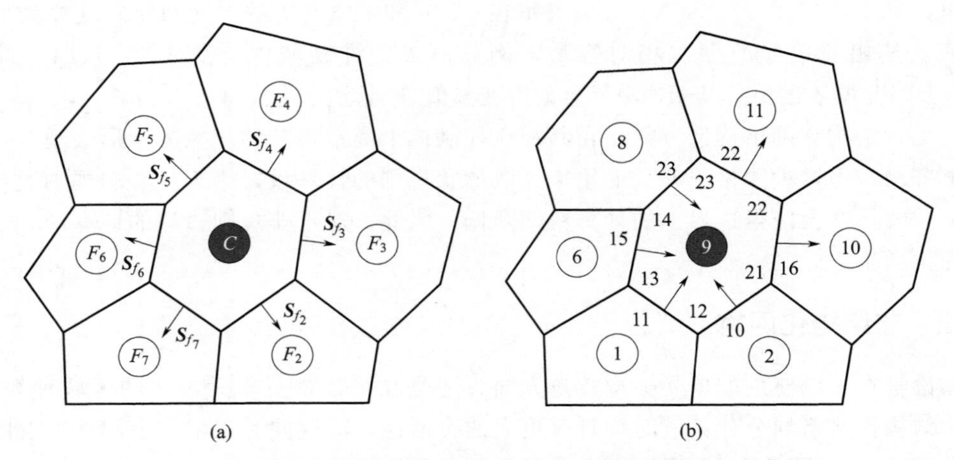

图 2-4　由（a）局部索引和（b）全局索引表示的单元拓扑信息

一般对于一个单元面，其单元信息中只存储其一个法向矢量，但这些面矢量有的会指向单元内部，如图 2-5 所示的面矢量 $\boldsymbol{S}_f$，对相邻单元（neighbor）而言，面矢量是负的。非结构化网格中，需要以特定方式存储面矢量的方向。例如，可以按单元索引顺序定义面矢量的方向，如图 2-5 中两单元间公共面的面矢量从单元 1 指向单元 2，分别由面的所有者（owner）和相邻单元（neighbor）表示，但如果关注单元 2，则该面的矢量应为负。再例如，在图 2-4 中，将单元 9 和 8 之间的面 23 的连结性表示为：局部索引［1,2］，全局索引［8,9］。如果关注单元 9，则面 23 的面矢量应为负，因为在连结性中编号 9 位于局部索引 2 对应的位置。

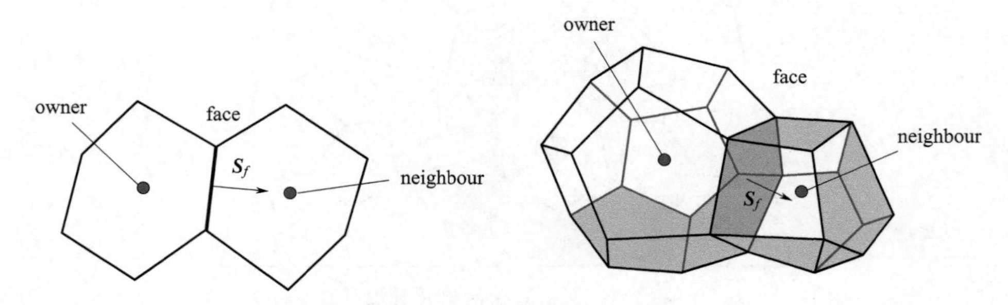

图 2-5　二维和三维单元中的所有者（owner）、相邻单元（neighbor）和面（face）

非结构化网格中的单元形状为多面体（三维网格）或多边形（二维网格），如四面体、六面体、棱柱、普通多面体等，如图 2-6 所示。三维单元中面的形状有四边形、三角形、五边形等多边形。对于二维网格，单元体积实际为二维单元的面积大小。

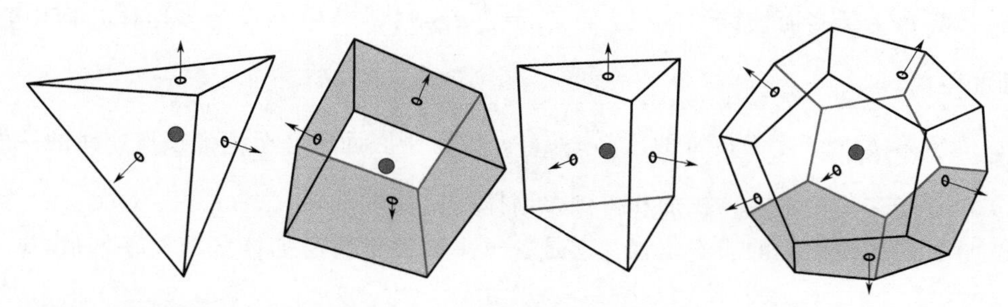

图 2-6　非结构化网格中的单元类型（从左至右依次为四面体、六面体、棱柱、多面体）

单元和面的质心位置是网格的重要几何信息，其中寻找多边形面的质心位置的方法为：

① 由多边形各顶点坐标 $\boldsymbol{x}_i$ 计算得到多边形几何中心的坐标：$\boldsymbol{x}_G=\frac{1}{k}\sum_{i=1}^{k}\boldsymbol{x}_i$，其中 k 为顶点个数。

② 多边形几何中心点与该多边形的各边形成 k 个子三角形，如图 2-7 所示，计算每个子三角形的面积 S_t 和质心 $\boldsymbol{x}_{Gt}$，其中三角形的质心和几何中心重合。

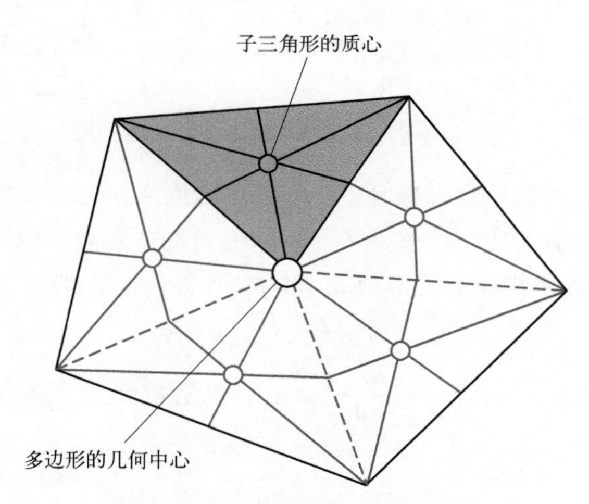

图 2-7　多边形的几何中心和质心

③ 所有子三角形的面积之和即多边形的总面积 S_f。

④ 计算多边形的质心为：$\boldsymbol{x}_{CE,f}=\frac{\sum_{t=1}^{k}\boldsymbol{x}_{Gt}S_t}{S_f}$。

求多面体单元的体积和质心位置的方法为：

① 由多面体各顶点坐标计算得到多面体单元的几何中心坐标 $\boldsymbol{x}_G=\frac{1}{k}\sum_{i=1}^{k}\boldsymbol{x}_i$，其中 k 为顶点个数。

② 以多面体的几何中心为顶点，以多面体单元的多边形面为底，构建 k 个子多面棱锥，如图 2-8 所示。

③ 计算每个子多面棱锥的体积为：$V_p=\frac{1}{3}\boldsymbol{d}_{Gf}\boldsymbol{S}_f$，其中 $\boldsymbol{d}_{Gf}$ 为多面体几何中心至第 f 个面的距离。

④ 确定第 p 个子多面棱锥的质心 $\boldsymbol{x}_{CE,p}$，它位于底面质心至棱锥顶点连线的$\frac{1}{4}$处。

⑤ 由各子多面棱锥的体积加和得到多面体单元的体积 V_C。

⑥ 计算多面体单元的质心位置，它是各子多面棱锥质心的体积加权平均值：$\boldsymbol{x}_{CE,C}=\sum_{p=1}^{k}\boldsymbol{x}_{CE,p}V_p/V_C$。

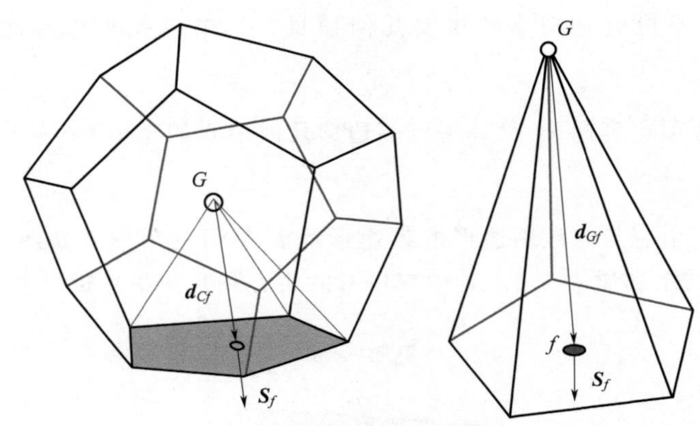

图 2-8　多面体及其子多面棱锥

在应用有限体积法离散控制方程时，经常需要根据两相邻单元质心上的变量值计算它们公共面上的值，这时需要使用插值因子，也称为面权重系数。例如，对于如图 2-9 所示的一维网格，由单元 C 和 F 质心上的值 ϕ_C 和 ϕ_F 计算面 f 上的值 ϕ_f 为

$$\phi_f=g_f\phi_F+(1-g_f)\phi_C \tag{2-1}$$

其中，g_f 为面权重系数，$g_f=\frac{\boldsymbol{d}_{Cf}}{\boldsymbol{d}_{Cf}+\boldsymbol{d}_{fF}}$，$\boldsymbol{d}_{Cf}$ 表示单元 C 的质心至单元面 f 质心的距离。

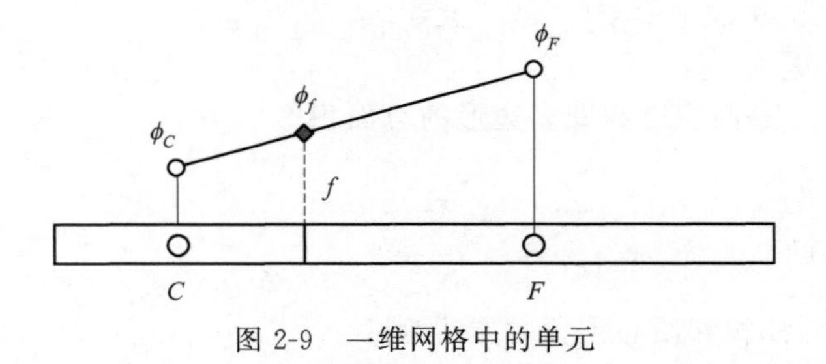

图 2-9　一维网格中的单元

对于二维或三维单元，当相邻单元的质心连线与它们的公共面不垂直时，如图 2-10 所示，面权重系数为

$$g_f = \frac{\boldsymbol{d}_{Cf} \cdot \boldsymbol{e}_f}{\boldsymbol{d}_{Cf} \cdot \boldsymbol{e}_f + \boldsymbol{d}_{fF} \cdot \boldsymbol{e}_f} \tag{2-2}$$

其中，$\boldsymbol{e}_f$ 为面法向单位矢量：

$$\boldsymbol{e}_f = \frac{\boldsymbol{S}_f}{|\boldsymbol{S}_f|} \tag{2-3}$$

$\boldsymbol{S}_f$ 为单元面的面积。

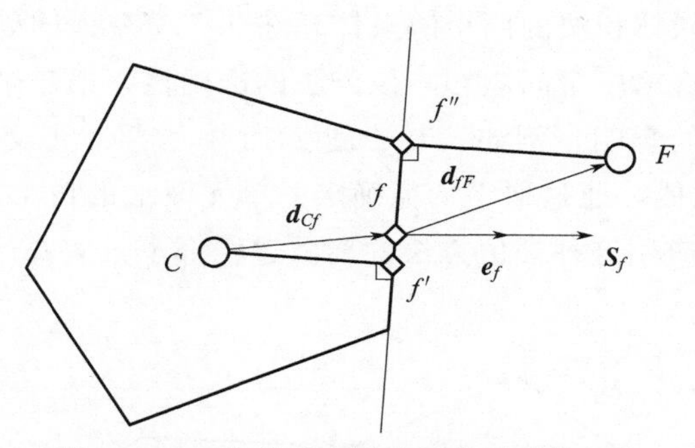

图 2-10　二维单元上计算插值因子的方法

网格的几何信息还包括网格间距。无论是结构化还是非结构化网格，网格间距的取值与因变量在计算域内的变化情况有关，如果因变量在某些区域变化缓慢，这些区域内网格间距可以取得较大，而如果因变量变化剧烈，则需取较小网格间距。实际计算时可先使用较粗的网格初步求解得到因变量的变化，根据这一结果再对因变量变化剧烈的区域进行网格细化。

2.2 有限体积离散方法

2.2.1 以单元为中心的有限体积法

将计算域划分为网格后，可由以单元为中心的方式(Cell-centered) 或以单元顶点为中心的方式(Vertex-centered) 获得控制体，如图 2-11 所示。其中，以单元为中心的处理方法是有限体积法中的常用方法，在该方法中，直接将网格单元作为控制体。本书的后续内容中也应用这种方法，并且不再区分控制体与单元。

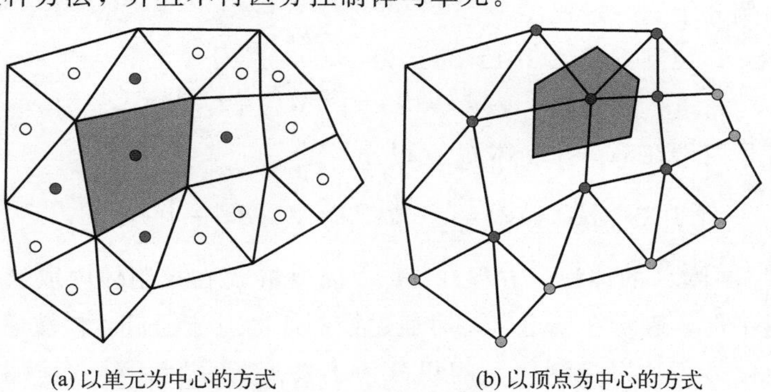

(a) 以单元为中心的方式　　(b) 以顶点为中心的方式

图 2-11　定义控制体的方式

以单元为中心处理变量的方式是目前与有限体积法一起使用的最常用的变量处理类型，在这种方法中，将变量及其相关量存储在网格单元的质心处。对于足够平滑的网格，该方法具有二阶精度，因为所有量都是在单元质心和面质心处计算，变量值与其平均值之间差值的数量级为 $O(\Delta x^2)$，变量在单元内的变化关系可以使用泰勒级数展开来构建。这种方法的另一个优点是它允许使用普通的多边形单元，而不需要预定义的形状函数，便于在整个计算域直接应用多网格方法。

以单元为中心的有限体积法的两个缺点体现在非正交单元的处理方式和扩散项在非正交单元上的离散方法上。第一个问题影响该方法的准确性，第二个问题影响其鲁棒性，而且两者都受到网格质量的影响。例如，对于图 2-12 中的两非正交单元，很明显，根据单元质心 C 和 F 处的参数值，通过取平均值确定的单元面上的值都将定义在 f' 处而不是面质心 f 处。因此，单纯应用这种插值方法的离散过程都不具有高于（包括等于）$O(\Delta x^2)$ 的精度。

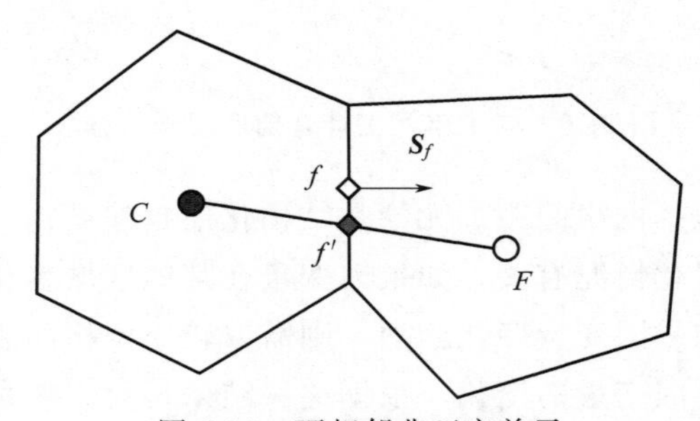

图 2-12　两相邻非正交单元

2.2.2　有限体积法的基本思想

(1) 有限体积法离散的一般步骤

应用有限体积法离散时，将描述物理场的偏微分方程转换为代数方程组分两步完成：第一步，在每一个控制体上对偏微分方程积分，将微分方程转换为控制体上的平衡方程，也即将体积分转变为控制体或控制体面上的离散代数关系式，得到一组半离散形式的方程；第二步，选择一种插值算法，近似表示相邻控制体间变量的变化关系，建立控制体面上变量的值与控制体质心上变量的值之间的关系，将半离散方程转换为代数方程。下面以稳态守恒方程为例介绍这一过程。

在稳态条件下，控制方程(1-101) 简化为

$$\nabla\cdot(\rho\boldsymbol{v}\phi)=\nabla\cdot(\Gamma^{\phi}\nabla\phi)+Q^{\phi} \tag{2-4}$$

对该方程等号两端在某一控制体 C 上积分，得

$$\int_{V_C}\nabla\cdot(\rho\boldsymbol{v}\phi)\mathrm{d}V=\int_{V_C}\nabla\cdot(\Gamma^{\phi}\nabla\phi)\mathrm{d}V+\int_{V_C}Q^{\phi}\mathrm{d}V \tag{2-5}$$

其中，V_C 表示控制体 C 的体积。方程(2-5) 中因变量 ϕ 在控制体内取值，其物理意义是控制体上的通量平衡，表示在稳定状态时通过控制体的对流通量、扩散通量和通量源保持平衡，这也是有限体积法以控制体上的积分为出发点的原因。对方程(2-5) 应用散度定理，得

$$\oint_{\partial V_C}(\rho \boldsymbol{v}\phi)\cdot \mathrm{d}\boldsymbol{S}=\oint_{\partial V_C}(\Gamma^{\phi}\nabla\phi)\cdot \mathrm{d}\boldsymbol{S}+\int_{V_C}Q^{\phi}\mathrm{d}V \tag{2-6}$$

其中，∂V_C 为控制体 C 的整个表面，$\mathrm{d}\boldsymbol{S}$ 为面积元矢量。方程(2-6) 中等号左端的项和等号右端第一项中的因变量 ϕ 均在控制体面上取值。将方程(2-6) 中包围控制体的面上的积分分解为控制体各面上的积分和，有

$$\sum_{f\sim \mathrm{face}(C)}\int_f(\rho \boldsymbol{v}\phi)\cdot \mathrm{d}\boldsymbol{S}=\sum_{f\sim \mathrm{face}(C)}\int_f(\Gamma^{\phi}\nabla\phi)\cdot \mathrm{d}\boldsymbol{S}+\int_{V_C}Q^{\phi}\mathrm{d}V \tag{2-7}$$

其中，f 表示控制体 C 的某一个面，face(C) 表示控制体 C 的所有面。方程(2-7) 表明：通过对流流过控制体各面上 ϕ 的净减小量等于因各面上扩散引起的 ϕ 净增加量与控制体内 ϕ 的源引起的净产生量之和。可见积分方程保持了原控制方程的物理意义。

对于方程(2-7) 中对流项（等号左端的项）和扩散项（等号右端第一项）中求和号内的每一个面上的积分，用被积函数在面内某些点上的带权值近似代替整个面上的值，即

$$\int_f(\rho \boldsymbol{v}\phi)\cdot \mathrm{d}\boldsymbol{S}=\sum_{\mathrm{ip}\sim \mathrm{ip}(f)}\omega_{\mathrm{ip}}(\rho \boldsymbol{v}\phi)_{\mathrm{ip}}\cdot \boldsymbol{S}_f \tag{2-8}$$

$$\int_f(\Gamma^{\phi}\nabla\phi)\cdot \mathrm{d}\boldsymbol{S}=\sum_{\mathrm{ip}\sim \mathrm{ip}(f)}\omega_{\mathrm{ip}}(\Gamma^{\phi}\nabla\phi)_{\mathrm{ip}}\cdot \boldsymbol{S}_f \tag{2-9}$$

其中，ip 表示面 f 上的某一个积分点，ip(f) 表示面 f 上的所有积分点，ω_{ip} 为相应积分点对应的权函数，$\boldsymbol{S}_f$ 表示面 f 的面积矢量。

选取积分点的方法有：

① 平均值积分，也称为梯形法则。只选取面的质心为积分点，即 ip=1，$\omega_{\mathrm{ip}}=1$，这种方法具有二阶精度，可用于二维或三维计算域。

② 取两点，只能用于二维区域。从面（实际上是线）的一端算起，在总长的 $\xi_1=\frac{3-\sqrt{3}}{6}$ 和 $\xi_2=\frac{3+\sqrt{3}}{6}$ 的比例位置处取值，此时 ip=ω_{ip}=1/2。这种方法具有三阶精度。

③ 取三点，只能用于二维区域。从面（实际上是线）的一端算起，在总长的 $\xi_1=\frac{5-\sqrt{15}}{10}$，$\xi_2=\frac{1}{2}$ 和 $\xi_3=\frac{5+\sqrt{15}}{10}$ 的比例位置处取值，此时 $\omega_1=5/18$，$\omega_2=4/9$，$\omega_3=5/18$。

对于方程(2-7) 中的源项，应用高斯求积法，得

$$\int_{V_C}Q^{\phi}\mathrm{d}V=\sum_{\mathrm{ip}\sim \mathrm{ip}(V)}(Q^{\phi}_{\mathrm{ip}}\omega_{\mathrm{ip}}V) \tag{2-10}$$

其中积分点的选取方法有：

① 一点高斯积分。ip=1，$\omega_{\mathrm{ip}}=1$，积分点位于控制体的质心，这种方法具有二阶精度，可用于二维或三维区域。

② 四点高斯积分。积分点为 $\left(\frac{3-\sqrt{3}}{6},\frac{3+\sqrt{3}}{6}\right)$、$\left(\frac{3+\sqrt{3}}{6},\frac{3+\sqrt{3}}{6}\right)$、$\left(\frac{3-\sqrt{3}}{6},\frac{3-\sqrt{3}}{6}\right)$、$\left(\frac{3+\sqrt{3}}{6},\frac{3-\sqrt{3}}{6}\right)$，其中括号内的数值表示占相应坐标方向上面的边长的比例。

有限体积法中通常使用一个积分点，即中点积分近似（Mid-point integration

approximation)，且这种方法具有二阶精度。这时，在式(2-8)～式(2-10) 中令 ip＝1，$\omega_{ip}=1$，并将所得结果代入方程(2-7)，得控制体 C 上半离散形式的稳态有限体积方程：

$$\sum_{f\sim nb(C)}(\rho\boldsymbol{v}\phi-\Gamma^{\phi}\nabla\phi)_f\cdot\boldsymbol{S}_f=Q_C^{\phi}V_C \tag{2-11}$$

其中，nb(C) 表示控制体 C 的所有表面，下标 f 表示在面质心取值，下标 C 表示在控制体质心取值。

至此完成有限体积法离散的第一步。

第二步，定义变量 ϕ 的面通量密度 $\boldsymbol{J}_f^{\phi}$ 为

$$\boldsymbol{J}_f^{\phi}=(\rho\boldsymbol{v}\phi-\Gamma^{\phi}\nabla\phi)_f$$

如果面 f 为控制体 C 和 F 的公共面，假设通过 f 的面通量可以线性化表示为

$$\boldsymbol{J}_f^{\phi}\cdot\boldsymbol{S}_f=\mathrm{FluxC}_f\phi_C+\mathrm{FluxF}_f\phi_F+\mathrm{FluxV}_f \tag{2-12}$$

其中，FluxC_f 和 FluxF_f 分别为控制体 C 和 F 对应的线性化通量的系数，FluxV_f 为非源项。

同时，将 $Q_C^{\phi}V_C$ 项线性化表示为

$$Q_C^{\phi}V_C=\mathrm{FluxC}\phi_C+\mathrm{FluxV} \tag{2-13}$$

将式(2-12) 和式(2-13) 代入方程(2-11)，得到线性化的代数方程

$$\sum_{f\sim nb(C)}(\mathrm{FluxC}_f-\mathrm{FluxC})\phi_C+\sum_{F\sim NB(C)}(\mathrm{FluxF}_f\phi_F)=-\mathrm{FluxV}_f+\mathrm{FluxV} \tag{2-14}$$

其中，下标 F 表示与控制体 C 相邻的某一控制体的质心，NB(C) 为控制体 C 的所有相邻控制体，令方程(2-14) 中的系数分别为

$$a_C=\sum_{f\sim nb(C)}(\mathrm{FluxC}_f-\mathrm{FluxC})$$

$$a_F=\mathrm{FluxF}_f$$

$$b_C=-\mathrm{FluxV}_f+\mathrm{FluxV}$$

得到代数方程的一般形式：

$$a_C\phi_C+\sum_{F\sim NB(C)}(a_F\phi_F)=b_C \tag{2-15}$$

其中，a_C 为代数方程的主系数，包含了空间离散、时间离散等的影响；a_F 表示相邻控制体上的变量 ϕ_F 对控制体 C 上的变量 ϕ_C 的影响系数；b_C 包含源项和其他变量的影响。本章后续各节将介绍确定方程(2-15) 中各系数的方法。

从上述推导过程可以看出，使用有限体积法离散控制方程时，首先在控制体上对方程积分，经变换和简化得到方程的半离散形式，其后利用假设的相邻控制体之间因变量的变化关系来获得最终的离散形式。在该过程中，只有少数控制体参与某一控制体上方程的离散化过程，所使用的控制体数量由所假设的变化关系的分段性质决定，因此，离散所得方程中某一控制体上的因变量值只影响与其邻近控制体上的因变量值的分布。

(2) 隐式和显式离散方法

在上述离散过程中，确定了积分点数量和分段线性化的方式后，即可推导得到一组代数方程(2-15)，其中以位于单元质心处的因变量作为未知量。按照对这些未知量的组织和求解方式不同，将数值求解方法分为显式或隐式方法。显式数值方法中，每个方程只包含一个未知量，可由已知量直接计算得到未知因变量的值。隐式数值方法中，未知量必须通

过同时求解整个方程组来得到。由于需要求解大型代数方程组，通常隐式方法比显式方法复杂，尤其是当控制方程为非线性偏微分方程时，如方程中微分项的系数与未知量有关时，这时离散得到的代数方程可能也为非线性方程，求解过程更加复杂。

但是，对于瞬态问题，由于求解稳定性的要求，采用显式离散方法要求时间步长小于某一特定数值，时间步长大于该数值时将出现由于数值达到无穷大或对负数开根号而无法继续计算的情况，这就意味着求解给定时长的问题需要相对较长的计算时间。而采用隐式离散方法则没有稳定性问题，可应用比显式方法大得多的时间步长，求解给定时长的问题比显式方法需要更少的时间步。因此，尽管隐式方法在每一时间步内的求解过程相对复杂，但其总的计算时长会远小于显式方法。但是，采用较大的时间步时往往会引起截断较大的截断误差，这在要求跟踪不同时刻因变量的变化时没有显式方法的结果精确。对于特定离散格式的稳定性分析将在 2.7 节讨论。

2.2.3　离散格式需满足的基本原则

为了保证计算结果满足物理守恒定律并确保计算精度和稳定性，有限体积法的离散格式应遵循以下四方面基本原则。

(1) 控制体面上的通量连续性原则

对于两相邻控制体的公共面，在这两个控制体上对控制方程分别离散后得到代数方程，该两代数方程内表达通过公共面的热流密度、质量流量、动量通量等通量参数的表达式必须相同。这一原则是由物理意义决定的。例如，通过公共面离开控制体的热流密度，必然与通过该面进入相邻控制体的热流密度相同，否则将不满足热流量的总体平衡。

以一维稳态热传导为例，描述该物理问题的微分方程为

$$\frac{\mathrm{d}}{\mathrm{d}x}\left(k\ \frac{\mathrm{d}T}{\mathrm{d}x}\right)+Q=0 \tag{2-16}$$

其中，Q 为单位体积的热产生量。

将计算域（沿 x 方向的一维区域）划分为如图 2-13 所示的网格，其中 W、C、E、EE 为相邻单元的质心，w 和 e 分别为 W 和 C、C 和 E 单元间的公共面。假设控制体与单元重合，在单元 C 上对方程(2-16) 关于 x 积分，得

$$\left(k\ \frac{\mathrm{d}T}{\mathrm{d}x}\right)_e-\left(k\ \frac{\mathrm{d}T}{\mathrm{d}x}\right)_w+\int_w^e Q\mathrm{d}x=0 \tag{2-17}$$

进一步离散该方程时，如果假设相邻单元间因变量 T 具有二次曲线的分布，如图 2-13 所示，则计算单元面 e 上的热流密度 $\left(k\ \frac{\mathrm{d}T}{\mathrm{d}x}\right)_e$ 时，如果导热系数在计算域上恒定，梯度 $\frac{\mathrm{d}T}{\mathrm{d}x}$的值由二次曲线的斜率计算得到。而在图 2-13 所示情况中，单元面 e 左侧的梯度值由以单元 C 为中心的二次曲线决定，右侧的梯度值由以单元 E 为中心的二次曲线决定，可见梯度$\frac{\mathrm{d}T}{\mathrm{d}x}$在面 e 两侧将不连续，进而引起热流密度的不连续，这将违反控制体面上的通量连续性原则。

另一方面，在上述热传导算例中，如果假设相邻单元间 T 线性分布，这时可以保证单元面 e 上的温度梯度连续。但如果 k 在计算域内不均匀分布，并假设每个单元内的 k 均

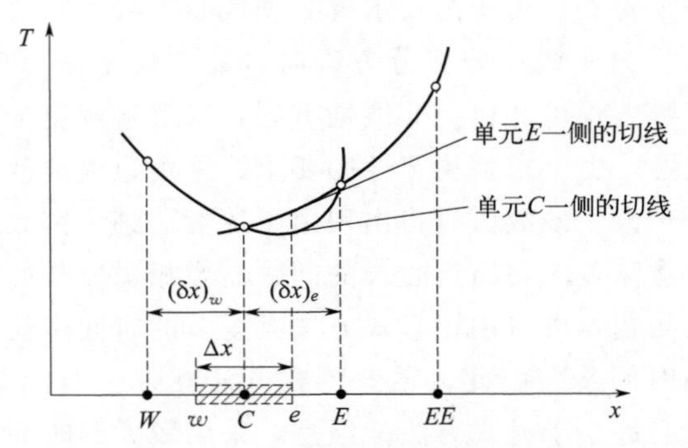

图 2-13　一维热传导问题的网格单元

匀，也即在公共面 e 上，位于单元 C 一侧的 k 值为 k_C，而位于单元 E 一侧的 k 值为 k_E，此时 e 上的热流密度也不连续。这一问题的一种解决方法是通过插值得到公共面上的 k 值。

(2) 代数方程中中心单元上的因变量系数与相邻单元上的因变量系数符号相反的原则

对于大多数实际问题，某一单元的质心或节点上的因变量值通过对流或扩散过程受到相邻单元质心或节点上因变量值的影响。当其他条件不变时，某一单元质心处该因变量值的增加应导致相邻单元质心上该值的增加。仍以方程(2-16) 描述的一维稳态热传导问题为例，图 2-13 中质心 W 处温度 T_W 的增加必导致质心 C 处温度 T_C 的增加。如果假设两相邻单元间温度线性分布，方程(2-17) 可线性化为

$$k_e\frac{T_E-T_C}{(\delta x)_e}-k_w\frac{T_C-T_W}{(\delta x)_w}+\int_w^e Q\,\mathrm{d}x=0 \tag{2-18}$$

用单元 C 内 Q 的平均值 $\overline{Q}$ 代入上式中的被积函数，并化简，得

$$a_C T_C+a_E T_E+a_W T_W=-\overline{Q}\Delta x \tag{2-19}$$

其中，$a_C=-\frac{k_e}{(\delta x)_e}-\frac{k_w}{(\delta x)_w}$，$a_E=\frac{k_e}{(\delta x)_e}$，$a_W=\frac{k_w}{(\delta x)_w}$。

对于方程(2-19) 的形式(包含各因变量的项位于等号同一侧)，方程中 T_C 的系数与相邻单元上的因变量 T_E 和 T_W 的系数符号相反，这样当 T_C 增加时，T_E 和 T_W 必须增加，才能使该方程依然成立。同理，在一般形式的代数方程(2-15) 中，单元 C 质心上因变量 ϕ_C 的系数 a_C 与各相邻单元质心上因变量 ϕ_F 的系数 a_F 也必须具有相反的符号。

(3) 线性近似源项时需使用负斜率的原则

控制方程在离散化过程中，在某一单元上，如果应用关于因变量的线性方程近似代替源项中某一物理量在单元上的平均值，则在形如方程(2-19) 的表示中该线性方程中因变量的系数需为负。例如，在方程(2-19) 中，假设 $\overline{Q}$ 可以线性表示为

$$\overline{Q}=Q'+Q_C T_C \tag{2-20}$$

则代数方程(2-19) 成为

$$a_C T_C+a_E T_E+a_W T_W=-Q'\Delta x \tag{2-21}$$

此时系数 $a_C=-\frac{k_e}{(\delta x)_e}-\frac{k_w}{(\delta x)_w}+Q_C$，为了保证能够满足上述第二项原则，系数 Q_C 需为负或为零。

(4) 代数方程中相邻单元质心上因变量系数之和的绝对值等于中心单元质心上因变量系数的绝对值

对于只包含关于因变量导数项的控制方程，在某一单元上离散化后所得代数方程中，中心单元质心上因变量系数的绝对值应等于各相邻单元质心上因变量系数之和的绝对值。这是因为，这种情况下，因变量 ϕ 与 $\phi+c$（c 为任意常数）均满足控制方程，而控制方程的这一特性也必定反映在与之对应的离散后的代数方程中。例如，如果令方程(2-16)中的源项为零，则离散得到的代数方程(2-19)中，有 $a_C=-(a_E+a_W)$，满足这里的原则。另一方面，根据这一原则可以得出，如果源项为零，且所有相邻单元质心上的温度都等于 T，则中心单元质心上的温度也为 T。

2.3 扩散项的离散

对流和扩散代表两种不同的物理现象，控制方程离散时针对其中的扩散项和对流项将有不同的处理方式。本节首先介绍扩散项的离散方法。

2.3.1 二维规则笛卡儿网格内部单元上的离散

对于如图2-14所示的二维规则笛卡儿网格，以其中的单元 C 为例，方程(1-101)中的扩散项经在控制体上积分和中点积分近似后初步离散为方程(2-11)中的项 $\sum\limits_{f\sim \mathrm{nb}(C)}(-\Gamma^{\phi}\nabla\phi)_f\cdot \boldsymbol{S}_f$，在图2-14中的网格情况下，该项可进一步展开为

$$\sum_{f\sim \mathrm{nb}(C)}(-\Gamma^{\phi}\nabla\phi)_f\cdot \boldsymbol{S}_f=(-\Gamma^{\phi}\nabla\phi)_e\cdot \boldsymbol{S}_e+(-\Gamma^{\phi}\nabla\phi)_w\cdot \boldsymbol{S}_w+(-\Gamma^{\phi}\nabla\phi)_n\cdot \boldsymbol{S}_n+(-\Gamma^{\phi}\nabla\phi)_s\cdot \boldsymbol{S}_s \tag{2-22}$$

对于式(2-22)等号右端的每一项扩散通量 $J^{\phi,D}$，计算其中的梯度项，以单元 C 的右侧面 e 为例，有

$$J_e^{\phi,D}=(-\Gamma^{\phi}\nabla\phi)_e\cdot \boldsymbol{S}_e=-\Gamma_e^{\phi}\left(\frac{\partial\phi}{\partial x}\boldsymbol{e}_i+\frac{\partial\phi}{\partial y}\boldsymbol{e}_j\right)_e\cdot S_e\boldsymbol{e}_i=-\Gamma_e^{\phi}(\Delta y)_C\left(\frac{\partial\phi}{\partial x}\right)_e \tag{2-23}$$

假设该扩散通量具有线性形式：

$$J_e^{\phi,D}=\mathrm{FluxC}_e\phi_C+\mathrm{FluxF}_e\phi_E+\mathrm{FluxV}_e \tag{2-24}$$

这时需要一种描述两相邻单元质心间 ϕ 变化的方法，以确定上式中的系数。假设 ϕ 在两单元间线性变化，式(2-23)中的梯度项可线性化为

$$\left(\frac{\partial\phi}{\partial x}\right)_e=\frac{\phi_E-\phi_C}{(\delta x)_e}$$

该式相当于对局部导数的一阶近似，可保证原物理意义，单元尺寸越小，该近似的误差越小，从而可得

$$J_e^{\phi,D}=-\Gamma_e^{\phi}\frac{(\Delta y)_C}{(\delta x)_e}(\phi_E-\phi_C) \tag{2-25}$$

将式(2-24)和式(2-25)相比较，有

$$\mathrm{FluxC}_e=\Gamma_e^\phi\ \frac{(\Delta y)_C}{(\delta x)_e}=\Gamma_e^\phi\ \mathrm{gDiff}_e\text{，}\mathrm{gDiff}_e=\frac{(\Delta y)_C}{(\delta x)_e}=\frac{S_e}{d_{CE}}=\frac{\|\boldsymbol{S}_e\|}{\|\boldsymbol{d}_{CE}\|}$$

$$\mathrm{FluxF}_e=-\Gamma_e^\phi\ \mathrm{gDiff}_e$$

$$\mathrm{FluxV}_e=0$$

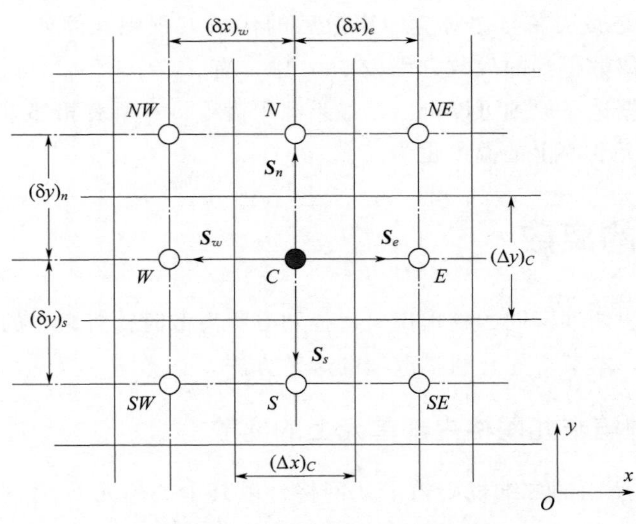

图 2-14 二维规则笛卡儿网格

使用类似的方法，得到其他三个面上的扩散通量为

$$J_w^{\phi,D}=\Gamma_w^\phi\ \frac{(\Delta y)_C}{(\delta x)_w}(\phi_C-\phi_W)=\mathrm{FluxC}_w\phi_C+\mathrm{FluxF}_w\phi_W+\mathrm{FluxV}_w$$

$$J_n^{\phi,D}=-\Gamma_n^\phi\ \frac{(\Delta y)_C}{(\delta y)_n}(\phi_N-\phi_C)=\mathrm{FluxC}_n\phi_C+\mathrm{FluxF}_n\phi_N+\mathrm{FluxV}_n$$

$$J_s^{\phi,D}=\Gamma_s^\phi\ \frac{(\Delta y)_C}{(\delta y)_s}(\phi_C-\phi_S)=\mathrm{FluxC}_s\phi_C+\mathrm{FluxF}_s\phi_N+\mathrm{FluxV}_s$$

将它们代入式(2-22)，得扩散项离散后的代数方程形式：

$$a_C\phi_C+a_E\phi_E+a_W\phi_W+a_N\phi_N+a_S\phi_S-b_C \tag{2-26}$$

其中

$$a_C=\mathrm{FluxC}_e+\mathrm{FluxC}_w+\mathrm{FluxC}_n+\mathrm{FluxC}_s=-(a_E+a_W+a_N+a_S)$$

$$a_E=\mathrm{FluxF}_e=-\Gamma_e^\phi\ \mathrm{gDiff}_e=-\Gamma_e^\phi\ \frac{S_e}{d_{CE}}$$

$$a_W=\mathrm{FluxF}_w=-\Gamma_w^\phi\ \mathrm{gDiff}_w=-\Gamma_w^\phi\ \frac{S_w}{d_{CW}}$$

$$a_N=\mathrm{FluxF}_n=-\Gamma_n^\phi\ \mathrm{gDiff}_n=-\Gamma_n^\phi\ \frac{S_n}{d_{CN}}$$

$$a_S=\mathrm{FluxF}_s=-\Gamma_s^\phi\ \mathrm{gDiff}_s=-\Gamma_s^\phi\ \frac{S_s}{d_{CS}}$$

$$b_C=-(\mathrm{FluxV}_e+\mathrm{FluxV}_w+\mathrm{FluxV}_n+\mathrm{FluxV}_s)$$

将扩散项的代数形式写成更紧凑的形式

$$a_C\phi_C+\sum_{F\sim \mathrm{NB}(C)}(a_F\phi_F)-b_C \tag{2-27}$$

其中，各项的系数间满足 $a_C=-\sum\limits_{F\sim \mathrm{NB}(C)} a_F$，符合 2.2.3 节中的第（2）、（4）项原则。

当正交网格的网格线方向与坐标轴方向不一致时，扩散项的离散结果和代数表达式与笛卡儿正交网格时的结果完全一致。例如，中心单元右侧面上的扩散通量计算为

$$J_e^{\phi,D}=(-\Gamma^{\phi}\nabla\phi)_e\cdot \boldsymbol{S}_e=-\Gamma_e^{\phi}(\nabla\phi\cdot\boldsymbol{n})_e S_e=-\Gamma_e^{\phi}\left(\frac{\partial\phi}{\partial n}\right)_e S_e=-\Gamma_e^{\phi}S_e\frac{\phi_E-\phi_C}{\boldsymbol{d}_{CE}}$$

这一结果与式(2-23）的结果完全一致。

2.3.2　二维规则笛卡儿网格边界单元上的离散

从 2.3.1 节的离散结果看，在网格中每一个单元上离散控制方程，均可得到一个类似于（2-15）的代数方程，这样所有单元上对应的代数方程就组成一个代数方程组。但对于其中的边界单元，它们对应的方程应当包含边界面上的函数值，通过处理这些边界变量，将已知边界条件引入数值计算中。

与网格的内部面不同的是，边界面只属于一个单元，如图 2-15 所示，而且边界面上的通量表达式与内部面不同。以图 2-15 中的边界单元 C 为例，该单元的其中一个面为边界面 b，穿过该面的扩散通量表示为

$$J_b^{\phi,D}=\mathrm{FluxT}_b=-\Gamma_b^{\phi}(\nabla\phi)_b\cdot\boldsymbol{S}_b=\mathrm{FluxC}_b\phi_C+\mathrm{FluxV}_b \tag{2-28}$$

其中，FluxC_b 和 FluxV_b 的具体表达式随边界条件种类的不同而不同。下面以图 2-15 中的边界单元 C 为例，给出不同边界条件种类对应的 FluxC_b 和 FluxV_b 的表达式。

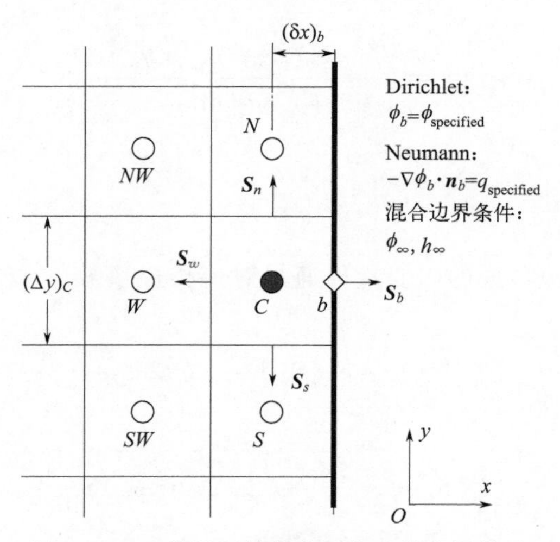

图 2-15　二维规则笛卡儿网格中的边界单元

（1）Dirichlet 边界条件

Dirichlet 边界条件指定边界 b 上 ϕ 的值 ϕ_b，此时扩散通量为

$$\mathrm{FluxT}_b=-\Gamma_b^{\phi}(\nabla\phi)_b\cdot\boldsymbol{S}_b=-\Gamma_b^{\phi}(\Delta y)_C\left(\frac{\partial\phi}{\partial x}\right)_b=-\Gamma_b^{\phi}\frac{(\Delta y)_C}{(\delta x)_b}(\phi_b-\phi_C)$$

从而可得

$$\text{FluxC}_b = \Gamma_b^{\phi} \frac{(\Delta y)_C}{(\delta x)_b} = a_b \tag{2-29}$$

$$\text{FluxV}_b = -\Gamma_b^{\phi} \frac{(\Delta y)_C}{(\delta x)_b} = -a_b \phi_b \tag{2-30}$$

由于边界单元 C 的其他三个面上的通量表达式与普通内部单元相同，所以该单元对应的代数方程仍具有式(2-26) 的形式，只不过需去掉 $a_E\phi_E$，并在 a_C 的表达式中增加 a_b，在 b_C 的表达式中增加 $a_b\phi_b$。

(2) Neumann 边界条件

Von Neumann 边界条件为指定边界上 ϕ 的通量密度值，$(-\Gamma^{\phi}\nabla\phi)_b \cdot \boldsymbol{n}_b = q_b$。其中当 $q_b=0$ 时称为自然边界条件。对于图 2-15 中的边界面 b，其法向单位矢量 $\boldsymbol{n}_b=\boldsymbol{e}_i$，此时穿过该边界面的通量为

$$J_b^{\phi,D} = -\Gamma_b^{\phi}(\nabla\phi)_b \cdot \boldsymbol{e}_i \|\boldsymbol{S}_b\| = q_b S_b$$

从而有

$$\text{FluxC}_b = 0 \tag{2-31}$$

$$\text{FluxV}_b = q_b S_b \tag{2-32}$$

这时，该单元对应的代数方程只需在式(2-26) 的基础上在 b_C 项中增加 q_bS_b，在其余项中去掉和单元 E 有关的表达式即可。

由于这种边界条件中未给出边界面上的因变量值 ϕ_b，所以需在整个数值计算步骤完成并得到所有网格单元上的因变量 ϕ 分布后，经进一步计算得到 ϕ_b。由于 $J_b^{\phi,D} = -\Gamma_b^{\phi} S_b \dfrac{\phi_b - \phi_C}{(\delta x)_b}$，这样可在计算得到 ϕ_C 后利用如下表达式计算边界上的因变量值 ϕ_b：

$$\phi_b = \frac{\Gamma_b^{\phi} \times \text{gDiff}_b \times \phi_C - q_b S_b}{\Gamma_b^{\phi} \times \text{gDiff}_b}$$

其中，$\text{gDiff}_b = \dfrac{S_b}{(\delta x)_b}$。

(3) 混合边界条件

混合边界条件是指边界处的因变量值通过对流传递系数 h_∞ 和周围介质中的 ϕ 值 ϕ_∞ 给定，表示为

$$J_b^{\phi,D} = -\Gamma_b^{\phi}(\nabla\phi)_b \cdot \boldsymbol{e}_i \|\boldsymbol{S}_b\| = -h_\infty(\phi_\infty - \phi_b)(\Delta y)_C$$

进而有

$$\Gamma_b^{\phi} S_b \frac{\phi_b - \phi_C}{(\delta x)_b} = h_\infty(\phi_\infty - \phi_b) S_b$$

从而可得

$$\phi_b = \frac{h_\infty \phi_\infty + (\Gamma_b^{\phi}/(\delta x)_b)\phi_C}{h_\infty + \Gamma_b^{\phi}/(\delta x)_b}$$

将其代入通量表达式后得

$$J_b^{\phi,D} = -\frac{h_\infty(\Gamma_b^{\phi}/(\delta x)_b) S_b}{h_\infty + \Gamma_b^{\phi}/(\delta x)_b}(\phi_\infty - \phi_C) = \text{FluxC}_b \phi_C + \text{FluxV}_b$$

从而有

$$\mathrm{FluxC}_b=\frac{h_\infty(\Gamma_b^\phi/(\delta x)_b)S_b}{h_\infty+\Gamma_b^\phi/(\delta x)_b} \tag{2-33}$$

$$\mathrm{FluxV}_b=-\frac{h_\infty(\Gamma_b^\phi/(\delta x)_b)S_b\phi_\infty}{h_\infty+\Gamma_b^\phi/(\delta x)_b} \tag{2-34}$$

这时可通过在式(2-26) 的基础上改变 a_C（增加 FluxC_b）和 b_C（增加 FluxV_b），并去掉和单元 E 有关的表达式，得到边界单元上的扩散项代数表达式。

(4) 对称边界条件

对称边界条件是指边界上因变量 ϕ 的法向通量为零，相当于 Von Neumann 边界条件中 $q_b=0$，此时 $\mathrm{FluxC}_b=0$，$\mathrm{FluxV}_b=0$。可知，对称边界单元上的扩散项代数表达式在式(2-26) 的基础上去掉单元 E 的相关项即可。

2.3.3 非均匀扩散系数的处理

式(2-11) 中扩散项对应的半离散格式中，扩散系数$(\Gamma^\phi)_f$ 为单元面上的值。如果扩散系数在介质内不均匀，如介质特性本身非均匀或者扩散系数随因变量变化，而离散过程中给定的是单元质心上的扩散系数值，所以需要确定由单元质心上的扩散系数值计算单元面上的系数值的方法，这些方法有：

① 线性方法：假设扩散系数 Γ^ϕ 在两相邻单元的质心间线性变化，以内部单元 C 与其右侧的相邻单元 E 为例，它们之间的公共面为 e，有

$$\Gamma_e^\phi=(1-g_e)\Gamma_C^\phi+g_e\Gamma_E^\phi \tag{2-35}$$

其中插值因子

$$g_e=\frac{\boldsymbol{d}_{Ce}}{\boldsymbol{d}_{Ce}+\boldsymbol{d}_{eE}} \tag{2-36}$$

为距离比值，如果单元界面 e 位于两相邻单元质心 C 和 E 连线的中间位置，则 $g_e=0.5$，此时 Γ_e^ϕ 为 Γ_C^ϕ 与 Γ_E^ϕ 的算术平均值。可见，线性方法不能用来处理扩散系数在界面上有突变的情况。

② 对于扩散系数有突变的情况，需根据扩散现象的物理意义推导单元面上的扩散系数值。以图 2-14 中单元面 e 为例，已将通过该面的扩散通量表示为式(2-25)，单元 C 和 E 内介质的扩散系数分别为 Γ_C^ϕ 和 Γ_E^ϕ。扩散现象的连续性要求：在单元面 e 附近位于单元 C 一侧的扩散通量等于位于单元 E 一侧的扩散通量，该两个扩散通量可分别表示为

$$J_C^{\phi,D}=-\Gamma_C^\phi(\Delta y)_C\frac{\phi_e-\phi_C}{d_{Ce}},J_E^{\phi,D}=-\Gamma_E^\phi(\Delta y)_C\frac{\phi_E-\phi_e}{d_{Ee}} \tag{2-37}$$

令

$$J_e^{\phi,D}=J_C^{\phi,D}=J_E^{\phi,D}$$

将式(2-25) 和式(2-37) 代入其中，得

$$\frac{1}{\Gamma_e^\phi}=\frac{d_{Ce}}{(\delta x)_e}\times\frac{1}{\Gamma_C^\phi}+\frac{d_{Ee}}{(\delta x)_e}\times\frac{1}{\Gamma_E^\phi}=g_e\frac{1}{\Gamma_C^\phi}+(1-g_e)\frac{1}{\Gamma_E^\phi} \tag{2-38}$$

该式即单元面上的扩散系数满足的关系式。当单元面 e 位于单元质心 C 和 E 连线的

中点时，$g_e=0.5$，有

$$\Gamma_e^\phi=\frac{2\Gamma_C^\phi\Gamma_E^\phi}{\Gamma_C^\phi+\Gamma_E^\phi}$$

此时单元面上的扩散系数为两相邻单元质心上扩散系数的调和平均值。如果令 $\Gamma_E^\phi\to 0$，系数 $\Gamma_e^\phi\to 0$，意味着在一个扩散阻力无限大的界面上，扩散通量为零，与物理实际一致。另一方面，如果 $\Gamma_C^\phi\gg\Gamma_E^\phi$，有 $\Gamma_e^\phi\to\dfrac{\Gamma_E^\phi}{1-g_e}$，此时单元面上的扩散系数 Γ_e^ϕ 与 Γ_C^ϕ 无关，因为单元 C 内的扩散系数较单元 E 内的大很多时，C 内的扩散阻力可忽略不计。

2.3.4 扩散项离散方法举例——二维区域上的无源稳态热传导

如图 2-16 所示为二维区域上的稳态热传导，该区域内无热源，但包含两种不同导热系数的材料，区域的几何参数、物理参数和边界条件在图中给出，其中 T 为温度，k 为导热系数。求区域内的温度分布。

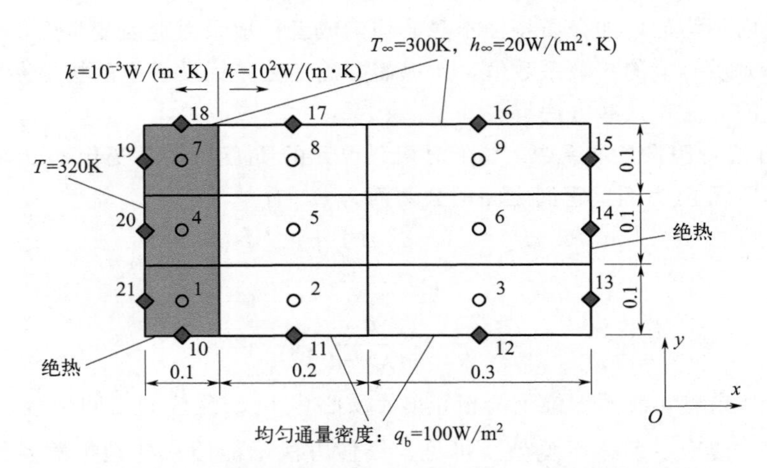

图 2-16 二维笛卡儿网格上的稳态热传导（长度单位为 m）

解：二维无源热传导问题满足的控制方程为

$$\nabla\cdot(k\nabla T)=0$$

通过如下三步求解：

① 网格划分和确定几何量参数。网格划分结果如图 2-16 所示，单元质心编号为 1～9，边界单元面质心编号为 10～21，所有质心坐标、单元尺寸、单元面大小、单元体积大小均可根据图 2-16 中的尺寸参数直接计算得到。计算内部单元面上的面权重系数为

$$(g_e)_1=(g_e)_4=(g_e)_7=\frac{d_{1e}}{d_{14}}=0.333$$

$$(g_e)_2=(g_e)_5=(g_e)_8=\frac{d_{2e}}{d_{23}}=0.4$$

$$(g_n)_1=(g_n)_2=(g_n)_3=\frac{d_{1n}}{d_{14}}=0.5$$

$$(g_n)_4=(g_n)_5=(g_n)_6=\frac{d_{4n}}{d_{47}}=0.5$$

其中，下标的数字为单元编号。

两介质分界面上的导热系数根据式(2-30) 计算得到：

$$k_{1-2}=k_{4-5}=k_{7-8}=\frac{k_1k_2}{(1-(g_e)_1)k_1+(g_e)_1k_2}=3\times10^{-3}\,\mathrm{W/(m\cdot K)}$$

其他内部单元面上的导热系数与所在介质的导热系数相同。

② 方程离散。对于内部单元 5，根据式(2-26) 可得离散代数方程为

$$a_CT_5+a_ET_6+a_WT_4+a_NT_8+a_ST_2=b_C$$

其中

$$a_E=-k_{5-6}\frac{S_e}{d_{5-6}}=-10^2\times\frac{0.1}{0.25}=-40$$

$$a_W=-k_{4-5}\frac{S_w}{d_{4-5}}=-3\times10^{-3}\times\frac{0.1}{0.15}=-0.002$$

$$a_N=-k_{5-8}\frac{S_n}{d_{5-8}}=-10^2\times\frac{0.2}{0.1}=-200$$

$$a_S=-k_{2-5}\frac{S_s}{d_{2-5}}=-10^2\times\frac{0.2}{0.1}=-200$$

$$a_C=-(a_E+a_W+a_N+a_S)=440.002$$

$$b_C=0$$

可得单元 5 上的代数方程为

$$440.002T_5-40T_6-0.002T_4-200T_8-200T_2=0$$

对于边界单元 1，相应的离散代数方程为

$$a_CT_1+a_ET_2+a_NT_4=b_C$$

其中

$$a_E=-k_{1-2}\frac{S_e}{d_{1-2}}=-3\times10^{-3}\times\frac{0.1}{0.15}=-0.002$$

$$a_N=-k_{1-4}\frac{S_n}{d_{1-4}}=-10^{-3}\times\frac{0.1}{0.1}=-0.001$$

对于单元面 10，根据式(2-31) 和式(2-32) 得

$$\mathrm{FluxC}_{10}=0,\mathrm{FluxV}_{10}=0$$

对于面 21，根据式(2-29) 和式(2-30) 得

$$\text{FluxC}_{21}=k_{21}\frac{S_{21}}{d_{1-21}}=10^{-3}\times\frac{0.1}{0.05}=0.002$$

$$\text{FluxV}_{21}=-k_{21}\frac{S_{21}}{d_{1-21}}T_{21}=-0.002\times 320=-0.64$$

根据式(2-28) 有

$$a_C=-a_E-a_N+\text{FluxC}_{10}+\text{FluxC}_{21}=0.005$$

$$b_C=-\text{FluxV}_{10}-\text{FluxV}_{21}=0.64$$

从而可得单元 1 上的代数方程为

$$0.005T_1-0.002T_2-0.001T_4=0.64$$

对于边界单元 7，相应的离散代数方程为

$$a_C T_7+a_E T_8+a_S T_4=b_C$$

其中

$$a_E=-k_{7-8}\frac{S_e}{d_{7-8}}=-3\times 10^{-3}\times\frac{0.1}{0.15}=-0.002$$

$$a_S=-k_{4-7}\frac{S_s}{d_{4-7}}=-10^{-3}\times\frac{0.1}{0.1}=-0.001$$

对于单元面 19，根据式(2-29) 和式(2-30) 得

$$\text{FluxC}_{19}=k_{19}\frac{S_{19}}{d_{7-19}}=10^{-3}\times\frac{0.1}{0.05}=0.002$$

$$\text{FluxV}_{19}=-k_{19}\frac{S_{19}}{d_{7-19}}T_{19}=-0.002\times 320=-0.64$$

对于面 18，根据式(2-33) 和式(2-34) 得

$$\text{FluxC}_{18}=\frac{-h_\infty\dfrac{k_{18}}{d_{7-18}}S_{18}}{h_\infty+\dfrac{k_{18}}{d_{7-18}}}=\frac{20\times\dfrac{10^{-3}}{0.05}\times 0.1}{20+\dfrac{10^{-3}}{0.05}}=0.001998$$

$$\text{FluxV}_{18}=\frac{h_\infty\left(\dfrac{k_{18}}{d_{7-18}}\right)S_{18}T_\infty}{h_\infty+\dfrac{k_{18}}{d_{7-18}}}=-\frac{20\times\dfrac{10^{-3}}{0.05}\times 0.1\times 300}{20+\dfrac{10^{-3}}{0.05}}=-0.5994$$

根据式(2-28) 有

$$a_C=-a_E-a_S+\text{FluxC}_{19}+\text{FluxC}_{18}=0.006998$$

$$b_C=-\text{FluxV}_{19}-\text{FluxV}_{18}=1.2394$$

从而可得单元 7 上的代数方程为

$$0.006998T_7-0.002T_8-0.001T_4=1.2394$$

其他边界单元上的代数方程也可应用类似的方法得到。最终得到的代数方程组为

$$\begin{bmatrix} 0.005 & -0.002 & 0 & -0.001 & & & & & \\ -0.002 & 240.002 & -40 & 0 & -200 & & & & \\ & -40 & 340 & & & -300 & & & \\ -0.001 & & & 0.006 & -0.002 & 0 & -0.001 & & \\ & -200 & & -0.002 & 440.002 & -40 & & -200 & \\ & & -300 & & -40 & 640 & & & -300 \\ & & & -0.001 & & & 0.006998 & -0.002 & \\ & & & & -200 & & -0.002 & 243.9624 & -40 \\ & & & & & -300 & & -40 & 345.9406 \end{bmatrix} \begin{bmatrix} T_1 \\ T_2 \\ T_3 \\ T_4 \\ T_5 \\ T_6 \\ T_7 \\ T_8 \\ T_9 \end{bmatrix} = \begin{bmatrix} 0.64 \\ 20 \\ 30 \\ 0.64 \\ 0 \\ 0 \\ 1.2394 \\ 1188.12 \\ 1782.18 \end{bmatrix}$$

③ 由迭代法求解以上方程组即可得到计算域内的温度分布。

2.3.5 非正交非结构化网格时的离散

当网格非正交且为非结构化类型时，单元面的面积矢量 $\boldsymbol{S}_f$ 和连接两相邻单元质心 C 和 F 的矢量 $\boldsymbol{d}_{CF}$ 不共线，如图 2-17 所示。这时，将面积矢量 $\boldsymbol{S}_f$ 分别沿 $\boldsymbol{d}_{CF}$ 和界面方向 $\boldsymbol{\tau}$ 分解：

$$\boldsymbol{S}_f=\boldsymbol{E}_f+\boldsymbol{T}_f \tag{2-39}$$

其中，$\boldsymbol{E}_f$ 为 $\boldsymbol{d}_{CF}$ 方向上的分量，$\boldsymbol{T}_f$ 为沿界面方向 $\boldsymbol{\tau}$ 上的分量。假设 $\boldsymbol{S}_f$ 与 $\boldsymbol{d}_{CF}$ 间的夹角为 θ，则扩散项的半离散格式中的部分项成为

$$\begin{aligned}(\nabla\phi)_f\cdot\boldsymbol{S}_f&=(\nabla\phi)_f\cdot\boldsymbol{E}_f+(\nabla\phi)_f\cdot\boldsymbol{T}_f\\&=E_f\left(\frac{\partial\phi}{\partial e_{CF}}\right)_f+(\nabla\phi)_f\cdot\boldsymbol{T}_f\\&=E_f\frac{\phi_F-\phi_C}{d_{CF}}+(\nabla\phi)_f\cdot\boldsymbol{T}_f\end{aligned}$$

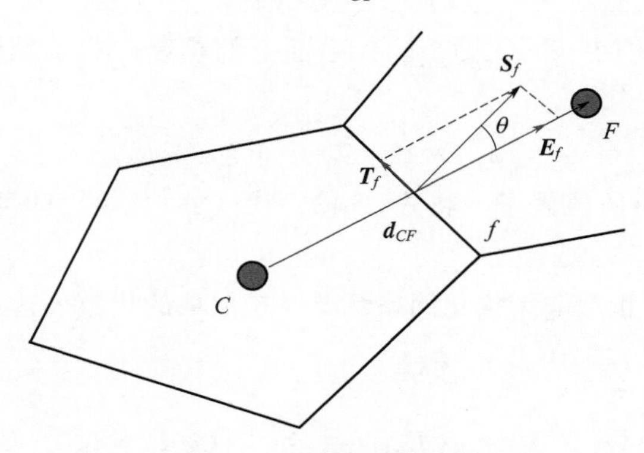

图 2-17　非正交网格中的单元

其中，$\boldsymbol{e}_{CF}$ 为沿矢量 $\boldsymbol{d}_{CF}$ 方向的单位矢量。该式中的正交项（等号右端第一项）与正交网格时的表示完全相同，对非正交项（等号右端第二项）的处理方法有以下三种：

① 最小修正法（Minimum Correction Approach），将 $\boldsymbol{S}_f$ 正交分解在 $\boldsymbol{d}_{CF}$ 上，使得沿垂直于 $\boldsymbol{d}_{CF}$ 方向上的分量最小，此时 $\boldsymbol{E}_f = S_f\cos\theta\boldsymbol{e}_{CF}$。

② 正交修正法（Orthogonal Correction Approach），使 $\boldsymbol{S}_f$ 在 $\boldsymbol{d}_{CF}$ 方向上的分量与 $\boldsymbol{S}_f$ 的大小相同，即 $\boldsymbol{E}_f = S_f\boldsymbol{e}_{CF}$。

③ 过松弛法（Over-Relaxed Approach），使 $\boldsymbol{T}_f$ 与 $\boldsymbol{S}_f$ 垂直，$\boldsymbol{E}_f = \dfrac{S_f}{\cos\theta}\boldsymbol{e}_{CF}$。

上述三种方法的区别在于它们的精度和稳定性不同，其中过松弛法最稳定，适用于高度非正交的情况。但无论采用哪种方法，非正交项最终成为离散所得代数方程中源项的一部分：

$$(\nabla\phi)_f \cdot \boldsymbol{T}_f = (\nabla\phi)_f \cdot (\boldsymbol{S}_f - \boldsymbol{E}_f) = \begin{cases} (\nabla\phi)_f \cdot (\boldsymbol{n} - \cos\theta\boldsymbol{e}_{CF})S_f, & \text{最小修正法} \\ (\nabla\phi)_f \cdot (\boldsymbol{n} - \boldsymbol{e}_{CF})S_f, & \text{正交修正法} \\ (\nabla\phi)_f \cdot (\boldsymbol{n} - \dfrac{1}{\cos\theta}\boldsymbol{e}_{CF})S_f, & \text{过松弛法} \end{cases} \tag{2-40}$$

由式(2-40) 可以看出，为了计算由于网格非正交引起的扩散项半离散格式中的非正交项，需要使用当前梯度场并将计算结果作为源项。不像在一维或多维正交网格情况时可将梯度表示为相邻单元质心上因变量值的函数，作为源项的非正交项中需使用当前因变量值显式计算梯度值，一种计算方法为 Green-Gauss 理论或梯度理论，即对任何封闭控制体 V_C，包围该控制体的面为 ∂V_C，有 $\int_V \nabla\phi \mathrm{d}V = \oint_{\partial V_C} \phi \mathrm{d}\boldsymbol{S}$，应用平均值理论，控制体 V_C 上的平均梯度为

$$\overline{(\nabla\phi)_C} = \frac{1}{V_C}\int_{V_C} \nabla\phi \mathrm{d}V = \frac{1}{V_C}\oint_{\partial V_C} \phi_f \mathrm{d}\boldsymbol{S}_f$$

将 ϕ 在单元面上的积分近似为面质心上的 ϕ 值乘以面积，得平均梯度为

$$\overline{(\nabla\phi)_C} = \frac{1}{V_C}\sum_{f\sim \mathrm{nb}(C)} \phi_f \boldsymbol{S}_f \tag{2-41}$$

用控制体上的平均梯度近似代替控制体所在单元的质心上的梯度，即

$$(\nabla\phi)_C \approx \overline{(\nabla\phi)_C} \tag{2-42}$$

利用式(2-41) 和式(2-42)，式(2-40) 中面上的梯度 $(\nabla\phi)_f$ 计算为相邻单元质心上梯度的加权平均

$$(\nabla\phi)_f = g_C(\nabla\phi)_C + g_F(\nabla\phi)_F \tag{2-43}$$

其中，g_C 和 g_F 为几何插值因子。将式(2-43) 代入式(2-40) 即可得到非正交项的显式表示。

基于以上分析，非正交非结构化网格情况时扩散项的代数表达式最终成为

$$\begin{aligned} &\sum_{f\sim \mathrm{nb}(C)} (-\Gamma^\phi \nabla\phi)_f \cdot (\boldsymbol{E}_f + \boldsymbol{T}_f) \\ &= \sum_{f\sim \mathrm{nb}(C)} [(-\Gamma^\phi \nabla\phi)_f \cdot \boldsymbol{E}_f] + \sum_{f\sim \mathrm{nb}(C)} [(-\Gamma^\phi \nabla\phi)_f \cdot \boldsymbol{T}_f] \end{aligned}$$

$$
\begin{aligned}
&= \sum_{f\sim \mathrm{nb}(C)} \left(-\Gamma_f^{\phi} E_f \frac{\phi_F - \phi_C}{d_{CF}}\right) + \sum_{f\sim \mathrm{nb}(C)} [(-\Gamma^{\phi} \nabla\phi)_f \cdot \boldsymbol{T}_f] \\
&= \Big(\sum_{f\sim \mathrm{nb}(C)} \mathrm{FluxC}_f\Big)\phi_C + \sum_{f\sim \mathrm{nb}(C)} (\mathrm{FluxF}_f \phi_F) + \sum_{f\sim \mathrm{nb}(C)} \mathrm{FluxV}_f
\end{aligned}
\tag{2-44}
$$

其中

$$\mathrm{FluxC}_f = \frac{E_f}{d_{CF}} \Gamma_f^{\phi}$$

$$\mathrm{FluxF}_f = -\frac{E_f}{d_{CF}} \Gamma_f^{\phi}$$

$$\mathrm{FluxV}_f = -\Gamma_f^{\phi} [g_C (\nabla\phi)_C + g_F (\nabla\phi)_F] \cdot (\boldsymbol{S}_f - \boldsymbol{E}_f)$$

该表达式同样可以写为式(2-27) 的形式。

2.3.6　非正交网格时的边界条件

（1）Dirichlet 边界条件

Dirichlet 边界条件中边界上的 ϕ 值 ϕ_b 已知，对于如图 2-18 所示的非正交网格中的边界单元，边界面 b 上的通量可以写为

$$
\begin{aligned}
J_b^{\phi,D} &= -\Gamma_b^{\phi} (\nabla\phi)_b \cdot (\boldsymbol{E}_b + \boldsymbol{T}_b) = -\Gamma_b^{\phi} E_b \frac{\phi_b - \phi_C}{d_{Cb}} - \Gamma_b^{\phi} (\nabla\phi)_b \cdot \boldsymbol{T}_b \\
&= \mathrm{FluxC}_b \phi_C + \mathrm{FluxV}_b
\end{aligned}
$$

其中，对于边界单元面 b 采用了与式(2-31) 相同的处理方式，从而可得

$$\mathrm{FluxC}_b = \Gamma_b^{\phi}\ \mathrm{gDiff}_b,\ \mathrm{gDiff}_b = \frac{E_b}{d_{Cb}}$$

$$\mathrm{FluxV}_b = -\Gamma_b^{\phi}\ \mathrm{gDiff}_b \phi_b - \Gamma_b^{\phi} (\nabla\phi)_b \cdot \boldsymbol{T}_b$$

需根据当前因变量场计算边界面上的梯度 $(\nabla\phi)_b$。其他面上的面通量与内部单元的相同。

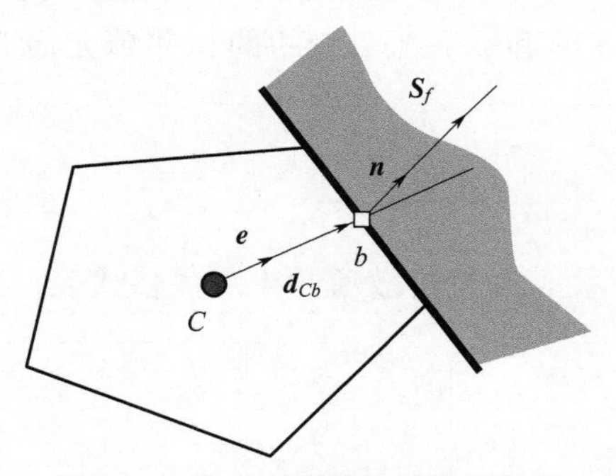

图 2-18　非正交网格中的边界单元

（2）Neumann 边界条件

Neumann 边界条件为$(-\Gamma^{\phi} \nabla\phi)_b \cdot \boldsymbol{S}_b / \|\boldsymbol{S}_b\| = q_b$，对于非正交网格，边界面上的通量为

$$J_b^{\phi,D} = -\Gamma_b^{\phi} (\nabla\phi)_b \cdot \boldsymbol{S}_b = q_b S_b$$

可见，这种情况与正交网格时的情况相同，即只改变源项即可。

(3) 混合边界条件

混合边界条件表示为 $J_b^{\phi,D}=-h_\infty(\phi_\infty-\phi_b)S_b$，根据边界面上的通量表达式

$$J_b^{\phi,D}=-\Gamma_b^\phi E_b\frac{\phi_b-\phi_C}{d_{Cb}}-\Gamma_b^\phi(\nabla\phi)_b\cdot\boldsymbol{T}_b$$

可得

$$\phi_b=\frac{h_\infty S_b\phi_\infty+\dfrac{\Gamma_b^\phi E_b}{d_{Cb}}\phi_C-\Gamma_b^\phi(\nabla\phi)_b\cdot\boldsymbol{T}_b}{h_\infty S_b+\dfrac{\Gamma_b^\phi E_b}{d_{Cb}}}$$

$$J_b^{\phi,D}=-\frac{h_\infty S_b\dfrac{\Gamma_b^\phi E_b}{d_{Cb}}}{h_\infty S_b+\dfrac{\Gamma_b^\phi E_b}{d_{Cb}}}(\phi_\infty-\phi_C)-\frac{h_\infty S_b\Gamma_b^\phi(\nabla\phi)_b\cdot\boldsymbol{T}_b}{h_\infty S_b+\dfrac{\Gamma_b^\phi E_b}{d_{Cb}}}=\mathrm{FluxC}_b\phi_C+\mathrm{FluxV}_b$$

2.3.7 网格偏斜时的离散

扩散项的半离散格式中经常出现变量 ϕ 在单元面上的值，通常将其估算为在整个面上的平均值，如果假设变量 ϕ 线性变化，则在单元面上的平均值应为该面质心上的值。如果两相邻单元质心的连线不过面质心，如图 2-19 所示，应对变量在单元面上的值进行偏斜修正。修正方法为应用 Taylor 展开式表示单元面质心上的因变量值：

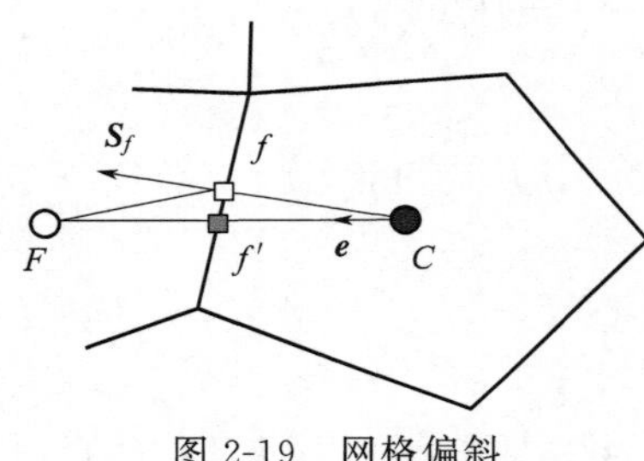

图 2-19 网格偏斜

$$\phi_f=\phi_{f'}+(\nabla\phi)_{f'}\cdot\boldsymbol{d}_{f'f} \tag{2-45}$$

其中，下标 f 表示在面质心上计算因变量值，下标 f' 表示在两相邻单元质心连线与面的交点处计算因变量值，$\phi_{f'}$ 和 $(\nabla\phi)_{f'}$ 可由 2.3.1 节和 2.3.4 节介绍的相邻单元质心间的线性插值和梯度加权平均得到。

2.3.8 各向异性扩散

如果扩散系数与方向有关，需将扩散项的半离散格式表达式写为

$$\sum_{f\sim \mathrm{nb}(C)}(-\boldsymbol{\kappa}^\phi\cdot\nabla\phi)_f\cdot\boldsymbol{S}_f \tag{2-46}$$

其中，扩散系数 $\boldsymbol{\kappa}^\phi$ 为二阶对称张量，表示为

$$\boldsymbol{\kappa}^\phi=\begin{bmatrix}\kappa_{xx}^\phi & \kappa_{xy}^\phi & \kappa_{xz}^\phi\\ \kappa_{yx}^\phi & \kappa_{yy}^\phi & \kappa_{yz}^\phi\\ \kappa_{zx}^\phi & \kappa_{zy}^\phi & \kappa_{zz}^\phi\end{bmatrix} \tag{2-47}$$

其中，各分量双下标的含义为：第一个下标表示控制体面的外法线方向，第二个下标表示沿该方向上的扩散系数，例如，κ_{xy}^ϕ 表示在外法向沿 x 方向的控制体面上，沿 y 方向上的扩散系数。将扩散项表达式(2-46) 展开为

$$(-\boldsymbol{\kappa}^{\phi}\cdot\nabla\phi)_f\cdot\boldsymbol{S}_f=-(\nabla\phi)_f\cdot((\boldsymbol{\kappa}^{\phi})^{\mathrm{T}}\cdot\boldsymbol{S})_f=-(\nabla\phi)_f\cdot\boldsymbol{S}'_f \tag{2-48}$$

其中

$$\boldsymbol{S}'_f=((\boldsymbol{\kappa}^{\phi})^{\mathrm{T}}\cdot\boldsymbol{S})_f$$

由表达式(2-48) 可知，对于各向异性扩散，与各向同性扩散相比，只需将离散过程中的扩散系数 Γ^{ϕ} 替换为 1，$\boldsymbol{S}_f$ 替换为 $\boldsymbol{S}'_f$，即可得到相应扩散项的代数表达式。

当扩散系数 Γ^{ϕ} 与未知量 ϕ 有关时，或者网格高度非正交时，由于 Γ^{ϕ} 的非线性和网格非正交的影响，使得源项受到当前迭代步 ϕ 值（还未收敛）的强烈影响，但 ϕ 值在相邻两次迭代间较大的变化会引起系数 Γ^{ϕ} 和源项发生较大程度的变化，从而极易引起计算发散。这时可以采用欠松弛技术降低 ϕ 的变化速率（每两次迭代间），促进迭代过程的收敛和稳定。

2.4 梯度计算

对于如图 2-14 所示的二维正交笛卡儿网格，可采用中心差分近似表示单元质心上的梯度，例如，中心单元 C 质心处的梯度分量分别为

$$\left(\frac{\partial\phi}{\partial x}\right)_C=\frac{\phi_E-\phi_W}{x_E-x_W},\left(\frac{\partial\phi}{\partial y}\right)_C=\frac{\phi_N-\phi_S}{y_N-y_S} \tag{2-49}$$

而对于非结构化网格，则需根据 Green-Gauss 理论或最小二乘法确定单元质心上的梯度，下面分别说明这两种方法。

2.4.1 非结构化网格上的梯度计算——Green-Gauss 梯度

根据 Green-Gauss 理论，在式(2-41) 的基础上，由控制体上的平均梯度近似代替控制体所在单元质心上的梯度，此时单元质心上梯度可计算为

$$(\nabla\phi)_C=\frac{1}{V_C}\sum_{f\sim \mathrm{nb}(C)}\phi_f\boldsymbol{S}_f \tag{2-50}$$

由式(2-50) 可知，如要计算 $(\nabla\phi)_C$，需首先计算单元面上的因变量值 ϕ_f，这有基于面和基于顶点两种方法。

(1) 基于面的方法

该方法得到的 ϕ_f 结果中包含与面相邻的单元上的因变量值，多用于隐式离散。它使用两相邻单元质心上的因变量值的带权平均值计算面上的 ϕ_f，在如图 2-20 所示的非结构化网格中，ϕ_f 计算为

$$\phi_f=g_C\phi_F+(1-g_C)\phi_C \tag{2-51}$$

其中，g_C 为几何权重系数，表示为

$$g_C=\frac{\|\boldsymbol{r}_F-\boldsymbol{r}_f\|}{\|\boldsymbol{r}_F-\boldsymbol{r}_C\|}=\frac{d_{Ff}}{d_{FC}} \tag{2-52}$$

其中，$\boldsymbol{r}$ 表示单元质心或单元面质心的位置矢量。

式(2-51) 的方法只有在当两相邻单元质心连线过两单元公共面的质心时才具有二阶精度，如果不满足这一条件，如图 2-20(b) 所示的网格偏斜时，需进行如下修正：

$$\phi_f=\phi_{f'}+(\nabla\phi)_{f'}\cdot(\boldsymbol{r}_f-\boldsymbol{r}_{f'}) \tag{2-53}$$

同时 ϕ_f 还可写为

$$\begin{aligned}\phi_f&=g_C[\phi_C+(\nabla\phi)_C(\boldsymbol{r}_f-\boldsymbol{r}_C)]+(1-g_C)[\phi_F+(\nabla\phi)_F(\boldsymbol{r}_f-\boldsymbol{r}_F)]\\&=\phi_{f'}+g_C(\nabla\phi)_C(\boldsymbol{r}_f-\boldsymbol{r}_C)+(1-g_C)(\nabla\phi)_F(\boldsymbol{r}_f-\boldsymbol{r}_F)\end{aligned}\tag{2-54}$$

其中，等号右端的最后两项相当于修正项。

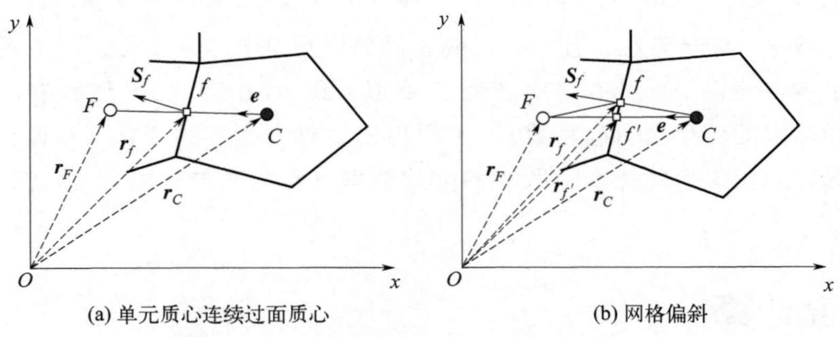

(a) 单元质心连续过面质心　　(b) 网格偏斜

图 2-20　非结构化网格中的单元

表示 ϕ_f 是为了计算式(2-50) 表示的单元质心上的梯度，而式(2-52) 中包含了单元质心上的梯度项，所以需迭代求解式(2-50) 和式(2-52) 组成的方程组，即每一步迭代中应用当前梯度值由式(2-52) 计算面上的因变量平均值，然后再应用这些面上的值由式(2-50) 计算新的梯度值。为防止过多迭代次数引起的振荡，一般选择迭代次数少于 2 次。

式(2-52) 中的权重系数 g_C 与 $\boldsymbol{r}_{f'}$（即 f'的位置）有关，确定交点 f'位置的方法有三种。

第一种方法，使用的精确位置，即单元质心连线与面的交点，设 $\boldsymbol{n}$ 表示单元面的单位法矢，则有

$$(\boldsymbol{r}_f-\boldsymbol{r}_{f'})\cdot\boldsymbol{n}=0$$

其中，$\boldsymbol{n}=\boldsymbol{S}_f/\|\boldsymbol{S}_f\|$，同时利用矢量 $\overrightarrow{CF}$ 和 $\overrightarrow{ff'}$ 的夹角关系

$$\frac{\overrightarrow{CF}\cdot(\boldsymbol{r}_f-\boldsymbol{r}_{f'})}{|\overrightarrow{CF}||(\boldsymbol{r}_f-\boldsymbol{r}_{f'})|}=\boldsymbol{\tau}\cdot\boldsymbol{e}$$

其中，$\boldsymbol{\tau}$ 和 $\boldsymbol{e}$ 分别为沿界面和 $\overrightarrow{CF}$ 方向上的单位矢量，$\boldsymbol{e}=\boldsymbol{d}_{CF}/\|\boldsymbol{d}_{CF}\|$。

联立上面两式求得 $\boldsymbol{r}_{f'}$ 后，计算权重系数 g_C 为

$$g_C=\frac{\|\boldsymbol{r}_F-\boldsymbol{r}_{f'}\|}{\|\boldsymbol{r}_F-\boldsymbol{r}_C\|}=\frac{d_{Ff'}}{d_{FC}}\tag{2-55}$$

基于这种方法计算单元质心上的梯度值的步骤为：

① 利用式(2-51) 计算 $\phi_{f'}$；

② 代入式(2-50) 中计算梯度；

③ 应用式(2-54) 修正 ϕ_f；

④ 代入式(2-50) 中更新梯度；

⑤ 回到步骤③重复执行。

第二种方法，选定 f'为 $\boldsymbol{d}_{CF}$ 的中点，这时 $g_C=1/2$。

第三种方法，选择点 f' 使 $\overrightarrow{ff'}$ 尽量短，这样可使第一迭代步得到的梯度值更加精

确，令

$$\boldsymbol{r}_{f'}=\boldsymbol{r}_C+q(\boldsymbol{r}_C-\boldsymbol{r}_F),0<q<1 \tag{2-56}$$

有

$$\begin{aligned}\|\overrightarrow{ff'}\|^2&=(\boldsymbol{r}_f-\boldsymbol{r}_{f'})^2=[\boldsymbol{r}_f-\boldsymbol{r}_C-q(\boldsymbol{r}_C-\boldsymbol{r}_F)]^2\\&=(\boldsymbol{r}_f-\boldsymbol{r}_C)^2-2q(\boldsymbol{r}_f-\boldsymbol{r}_C)(\boldsymbol{r}_C-\boldsymbol{r}_F)+q^2(\boldsymbol{r}_C-\boldsymbol{r}_F)^2\end{aligned}$$

令$\frac{\partial\|\overrightarrow{ff'}\|^2}{\partial q}=0$，求解所得方程后得 $q=-\frac{\boldsymbol{r}_{Cf}\cdot\boldsymbol{r}_{CF}}{\boldsymbol{r}_{CF}\cdot\boldsymbol{r}_{CF}}$。求得 q 后，计算单元质心上的梯度值的步骤为：

① 应用式(2-56) 计算 $\boldsymbol{r}_{f'}$；

② 应用式(2-55) 计算 g_C；

③ 应用式(2-51) 计算 $\phi_{f'}$；

④ 代入式(2-50) 中计算梯度；

⑤ 应用式(2-43) 计算 $(\nabla\phi)_{f'}$；

⑥ 利用式(2-53) 更新 ϕ_f；

⑦ 代入式(2-50) 中计算梯度；

⑧ 回到步骤⑤重复执行。

(2) 基于顶点的方法

由该方法得到的 ϕ_f 结果中包含相邻顶点上的因变量值，计算结果更精确。该方法中，将 ϕ_f 计算为单元面的顶点上因变量值的平均值，而顶点上的因变量值由各单元质心上的因变量值的加权平均得到，这里的单元为以该点为公共点的各单元。对于如图 2-21 所示的二维非结构网格中的单元，顶点 n 上的函数值为

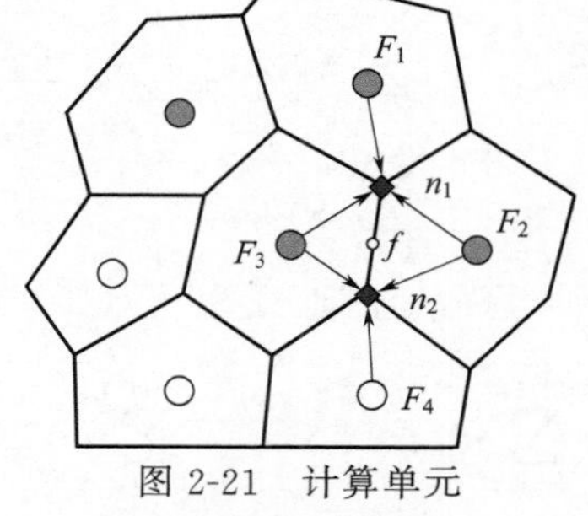

图 2-21　计算单元顶点上的因变量值

$$\phi_n=\frac{\sum_{k=1}^{\mathrm{NB}(n)}\frac{\phi_{F_k}}{\|\boldsymbol{r}_n-\boldsymbol{r}_{F_k}\|}}{\sum_{k=1}^{\mathrm{NB}(n)}\frac{1}{\|\boldsymbol{r}_n-\boldsymbol{r}_{F_k}\|}}$$

其中，下标 F_k 表示围绕顶点 n 的第 k 个单元的质心。

面质心上的因变量值可根据该面的各顶点的因变量值计算得到。对于二维网格，有

$$\phi_f=\frac{\phi_{n1}+\phi_{n2}}{2} \tag{2-57}$$

对于三维情况，面质心上的 ϕ_f 值由各顶点上值的加权平均求得

$$\phi_f=\frac{\sum_{k=1}^{\mathrm{nb}(f)}\frac{\phi_{nk}}{\|\boldsymbol{r}_{nk}-\boldsymbol{r}_f\|}}{\sum_{k=1}^{\mathrm{nb}(f)}\frac{1}{\|\boldsymbol{r}_{nk}-\boldsymbol{r}_f\|}} \tag{2-58}$$

求得面质心上的 ϕ_f 值后，就可以利用式(2-50) 计算单元质心上的梯度。这种方法的一个缺点是，单元面的内部信息对变量的加权平均值也有贡献。

2.4.2 非结构化网格上的梯度计算——最小二乘梯度

如果单元 C 质心上的梯度值 $(\nabla\phi)_C$ 可精确表示，则相邻单元 F 质心上的因变量值可表示为

$$\phi_F=\phi_C+(\nabla\phi)_C\cdot(\boldsymbol{r}_F-\boldsymbol{r}_C) \tag{2-59}$$

但只有因变量的解为线性变化时才能得到 $(\nabla\phi)_C$ 的精确值，因为单元 C 的相邻单元数量可能比梯度的分量个数多。使用最小二乘法求解这种线性表示所引起误差最小时的梯度值，定义函数

$$\begin{aligned}G_C&=\sum_{k=1}^{\mathrm{NB}(C)}\{w_k[\phi_{F_k}-\phi_C-(\nabla\phi)_C\cdot\boldsymbol{r}_{CF_k}]^2\}\\&=\sum_{k=1}^{\mathrm{NB}(C)}\left\{w_k\left[\Delta\phi_k-\left(\Delta x_k\left(\frac{\partial\phi}{\partial x}\right)_C+\Delta y_k\left(\frac{\partial\phi}{\partial y}\right)_C+\Delta z_k\left(\frac{\partial\phi}{\partial z}\right)_C\right)\right]^2\right\}\end{aligned}$$

其中，$\boldsymbol{r}_{CF_k}$ 表示单元 C 质心与其第 k 个相邻单元质心（表示为 F_k）连线的矢量，w_k 为权重系数，$\Delta\phi_k=\phi_{F_k}-\phi_C$，$\Delta x_k=\boldsymbol{r}_{CF_k}\cdot\mathbf{i}$，$\Delta y_k=\boldsymbol{r}_{CF_k}\cdot\mathbf{j}$，$\Delta z_k=\boldsymbol{r}_{CF_k}\cdot\mathbf{k}$。令

$$\frac{\partial G_C}{\partial\left(\dfrac{\partial\phi}{\partial x}\right)}=\frac{\partial G_C}{\partial\left(\dfrac{\partial\phi}{\partial y}\right)}=\frac{\partial G_C}{\partial\left(\dfrac{\partial\phi}{\partial z}\right)}=0$$

得

$$\sum_{k=1}^{\mathrm{NB}(C)}\left\{2w_k\Delta x_k\left[-\Delta\phi_k+\Delta x_k\left(\frac{\partial\phi}{\partial x}\right)_C+\Delta y_k\left(\frac{\partial\phi}{\partial y}\right)_C+\Delta z_k\left(\frac{\partial\phi}{\partial z}\right)_C\right]\right\}=0$$

$$\sum_{k=1}^{\mathrm{NB}(C)}\left\{2w_k\Delta y_k\left[-\Delta\phi_k+\Delta x_k\left(\frac{\partial\phi}{\partial x}\right)_C+\Delta y_k\left(\frac{\partial\phi}{\partial y}\right)_C+\Delta z_k\left(\frac{\partial\phi}{\partial z}\right)_C\right]\right\}=0$$

$$\sum_{k=1}^{\mathrm{NB}(C)}\left\{2w_k\Delta z_k\left[-\Delta\phi_k+\Delta x_k\left(\frac{\partial\phi}{\partial x}\right)_C+\Delta y_k\left(\frac{\partial\phi}{\partial y}\right)_C+\Delta z_k\left(\frac{\partial\phi}{\partial z}\right)_C\right]\right\}=0$$

写成矩阵形式为

$$\begin{bmatrix}\sum\limits_{k=1}^{\mathrm{NB}(C)}w_k\Delta x_k\Delta x_k & \sum\limits_{k=1}^{\mathrm{NB}(C)}w_k\Delta x_k\Delta y_k & \sum\limits_{k=1}^{\mathrm{NB}(C)}w_k\Delta x_k\Delta z_k\\ \sum\limits_{k=1}^{\mathrm{NB}(C)}w_k\Delta y_k\Delta x_k & \sum\limits_{k=1}^{\mathrm{NB}(C)}w_k\Delta y_k\Delta y_k & \sum\limits_{k=1}^{\mathrm{NB}(C)}w_k\Delta y_k\Delta z_k\\ \sum\limits_{k=1}^{\mathrm{NB}(C)}w_k\Delta z_k\Delta x_k & \sum\limits_{k=1}^{\mathrm{NB}(C)}w_k\Delta z_k\Delta y_k & \sum\limits_{k=1}^{\mathrm{NB}(C)}w_k\Delta z_k\Delta z_k\end{bmatrix}\begin{bmatrix}\left(\dfrac{\partial\phi}{\partial x}\right)_C\\ \left(\dfrac{\partial\phi}{\partial y}\right)_C\\ \left(\dfrac{\partial\phi}{\partial z}\right)_C\end{bmatrix}=\begin{bmatrix}\sum\limits_{k=1}^{\mathrm{NB}(C)}w_k\Delta x_k\Delta\phi_k\\ \sum\limits_{k=1}^{\mathrm{NB}(C)}w_k\Delta y_k\Delta\phi_k\\ \sum\limits_{k=1}^{\mathrm{NB}(C)}w_k\Delta z_k\Delta\phi_k\end{bmatrix} \tag{2-60}$$

求解该方程可得到满足线性表示单元质心上因变量值误差最小时的梯度 $(\nabla\phi)_C$，其中的权重系数选择为

$$w_k=\frac{1}{\|\boldsymbol{r}_{F_k}-\boldsymbol{r}_C\|}=\frac{1}{(\Delta x_{F_k}^2+\Delta y_{F_k}^2+\Delta z_{F_k}^2)^{1/2}}$$

或者选择为

$$w_k=\frac{1}{\|\boldsymbol{r}_{F_k}-\boldsymbol{r}_C\|^n},n=1,2,\cdots$$

在三维笛卡儿坐标系中，方程(2-60) 成为

$$\begin{bmatrix} x_E-x_W & 0 & 0 \\ 0 & y_N-y_S & 0 \\ 0 & 0 & z_T-z_B \end{bmatrix} \begin{bmatrix} (\partial\phi/\partial x)_C \\ (\partial\phi/\partial y)_C \\ (\partial\phi/\partial z)_C \end{bmatrix} = \begin{bmatrix} \phi_E-\phi_W \\ \phi_N-\phi_S \\ \phi_T-\phi_B \end{bmatrix}$$

其中，各梯度分量为

$$\left(\frac{\partial\phi}{\partial x}\right)_C=\frac{\phi_E-\phi_W}{x_E-x_W},\left(\frac{\partial\phi}{\partial y}\right)_C=\frac{\phi_N-\phi_S}{y_N-y_S},\left(\frac{\partial\phi}{\partial z}\right)_C=\frac{\phi_T-\phi_B}{z_T-z_B}$$

由与 C 相邻的单元质心上因变量的 Taylor 级数展开式可知，这种方法计算得到的梯度值至少为一阶精度。

2.4.3　由单元质心上的梯度插值得到单元面的上梯度

按照本节前面小节中的方法获得单元质心上的梯度值后，单元面上的梯度可由单元质心上的梯度经线性插值得到，即

$$\overline{(\nabla\phi)_f}=g_C(\nabla\phi)_C+g_F(\nabla\phi)_F \tag{2-61}$$

其中，面 f 为单元C 和F 的公共面，g_C 和 g_F 为插值因子。

为了增加单元质心上的因变量值在单元面上梯度中的影响比例，将式(2-61) 的结果修正为

$$(\nabla\phi)_f=\overline{(\nabla\phi)_f}+\left[\frac{\phi_F-\phi_C}{d_{CF}}-\overline{(\nabla\phi)_f}\cdot\boldsymbol{e}_{CF}\right]\boldsymbol{e}_{CF} \tag{2-62}$$

其中，$\boldsymbol{e}_{CF}$ 为单元C 和F 质心连线方向上的单位矢量。

式(2-62) 相当于强行令面梯度 $(\nabla\phi)_f$ 沿 $\boldsymbol{CF}$ 方向上的分量等于由单元质心C 和F 上的函数值定义的局部梯度，如图 2-22 所示。这种方法适用于结构和非结构化网格。

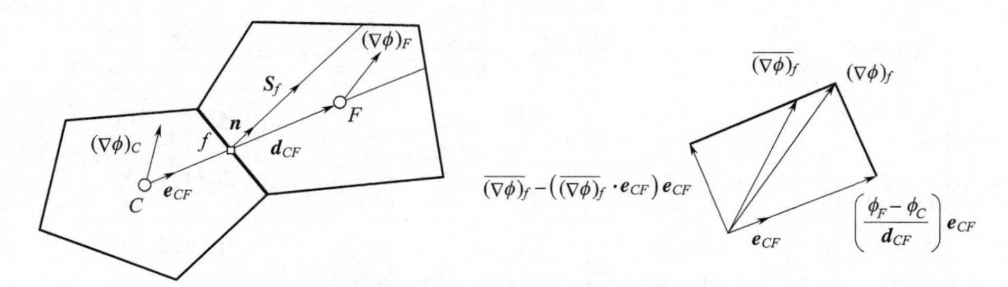

图 2-22　由单元质心上的梯度插值得到面的上梯度

2.5　对流项的离散

半离散形式的有限体积方程(2-11) 中，对流项的半离散格式为

$$\sum_{f\sim \mathrm{nb}(C)}(\rho\boldsymbol{v}\phi\cdot\boldsymbol{S})_f \tag{2-63}$$

如果流速给定，对流项的离散问题归结为如何根据相邻单元质心上的 ϕ 值得到单元面上的 ϕ 值 ϕ_f。

2.5.1 一维网格时的中心差分法

中心差分（Central Difference，CD）法实际是一种线性插值法。在如图 2-23 所示的一维网格上，假设单元面 e 上的因变量值随位置的变化关系为

$$\phi(x)=k_0+k_1(x-x_C)$$

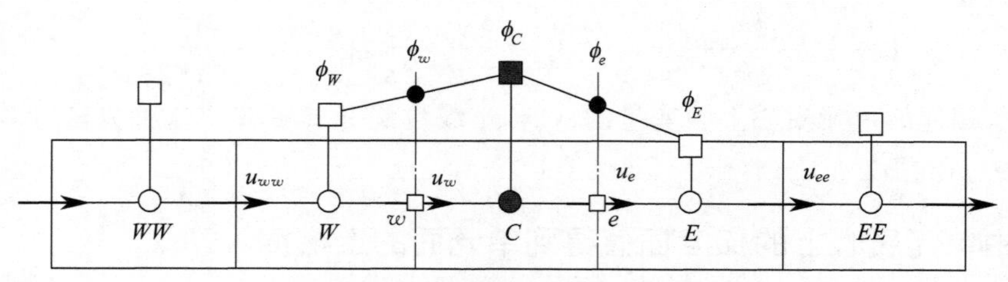

图 2-23 一维网格时的中心差分法

利用以 e 为公共面的两相邻单元 C 和 E 上的因变量值计算得到其中的系数 k_0 和 k_1 后，得计算单元面 e 上因变量值的中心差分格式为

$$\phi_e=\phi_C+\frac{\phi_E-\phi_C}{x_E-x_C}(x_e-x_C)=\frac{\phi_E-\phi_e}{x_E-x_C}\phi_C+\frac{\phi_e-\phi_C}{x_E-x_C}\phi_E \tag{2-64}$$

该式也相当于在 ϕ_e 的 Taylor 级数展开式中忽略二阶及二阶以上的项得到的，具有二阶精度。如果网格均匀，有

$$\phi_e=\frac{\phi_E+\phi_C}{2}$$

应用式(2-64) 表示的中心差分格式，对流项（2-63）中的各项在图 2-23 所示网格中成为

$$(\rho\boldsymbol{v}\phi\cdot\boldsymbol{S})_e=(\rho u\Delta y)_e\phi_e=\underbrace{(\rho u\Delta y)_e\frac{x_E-x_e}{x_E-x_C}}_{\mathrm{FluxC}_e}\phi_C+\underbrace{(\rho u\Delta y)_e\frac{x_e-x_C}{x_E-x_C}}_{\mathrm{FluxF}_e}\phi_E$$

$$(\rho\boldsymbol{v}\phi\cdot\boldsymbol{S})_w=-(\rho u\Delta y)_w\phi_w=\underbrace{-(\rho u\Delta y)_w\frac{x_W-x_w}{x_W-x_C}}_{\mathrm{FluxC}_w}\phi_C\underbrace{-(\rho u\Delta y)_w\frac{x_w-x_C}{x_W-x_C}}_{\mathrm{FluxF}_w}\phi_W$$

其中，u 为速度 $\boldsymbol{v}$ 为在 x 方向上的分量。对流项最终离散为

$$\begin{aligned}\sum_{f\sim\mathrm{nb}(C)}(\rho\boldsymbol{v}\phi\cdot\boldsymbol{S})_f&=(\rho\boldsymbol{v}\phi\cdot\boldsymbol{S})_e+(\rho\boldsymbol{v}\phi\cdot\boldsymbol{S})_w\\&=\underbrace{(\mathrm{FluxC}_e+\mathrm{FluxC}_w)}_{a_C}\phi_C+\underbrace{\mathrm{FluxF}_e}_{a_E}\phi_E+\underbrace{\mathrm{FluxF}_w}_{a_W}\phi_W\\&=a_C\phi_C+a_E\phi_E+a_W\phi_W\end{aligned} \tag{2-65}$$

可见其中的系数包含介质特性、单元参数和已知流速等信息。

应用中心差分法离散并求解同时含有扩散项和对流项的方程时，当 Péclet 数（对流输运速率与扩散输运速率的比值）较大时，对流超过扩散成为主要的输运形式，此时得到的解将无限偏离准确解。这是因为某一点 C 上的扩散受上下游条件的影响均等，而对流过程是只有在流动方向上具有方向性的输运特性。所以线性方法在迎风和顺风节点上给定

相同的权重，对扩散项具有很好的近似，但对具有方向特异性的对流项则不然。相比而言，阶跃方法更适合对流项的离散。此外，对于流动问题，当雷诺数较大时，采用中心差分格式离散对流项时可能会导致所得代数方程中的系数不满足 2.2.3 节中的第二项原则，方程的解极有可能发散。

2.5.2　一维网格时的迎风格式

迎风格式(Upwind Scheme) 模拟对流过程的物理特性，其基本思想是：由单元面上游的因变量值外推得到单元面上的值，也即单元面上的值与流动方向有关。对于如图 2-24 所示的一维网格，如果假设单元面 e、w 上的质量流量分别为

$$\dot{m}_e=(\rho \boldsymbol{v}\cdot\boldsymbol{S})_e=(\rho uS)_e=(\rho u\Delta y)_e$$

$$\dot{m}_w=(\rho \boldsymbol{v}\cdot\boldsymbol{S})_w=-(\rho uS)_w=-(\rho u\Delta y)_w$$

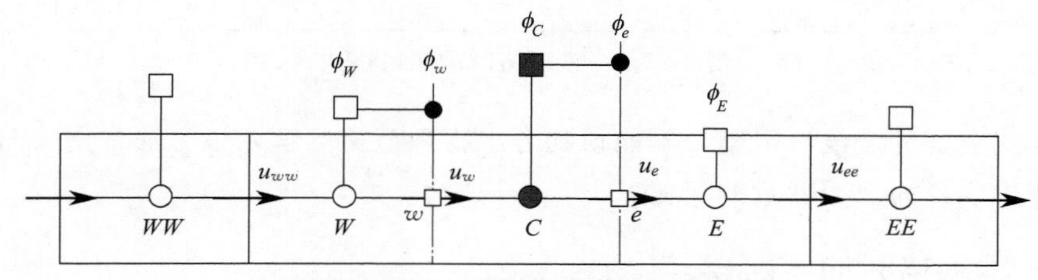

图 2-24　一维网格时的迎风格式

令单元面上的因变量值等于其上游最近单元质心上的值，则有

$$\phi_e=\begin{cases}\phi_C, & \dot{m}_e>0\\ \phi_E, & \dot{m}_e<0\end{cases},\phi_w=\begin{cases}\phi_C, & \dot{m}_w>0\\ \phi_W, & \dot{m}_w<0\end{cases}$$

单元面 e 和 w 上的对流通量分别为

$$\dot{m}_e\phi_e=\|\dot{m}_e,0\|\phi_C-\|-\dot{m}_e,0\|\phi_E$$

$$\dot{m}_w\phi_w=\|\dot{m}_w,0\|\phi_C-\|-\dot{m}_w,0\|\phi_W$$

这时，对流项的迎风格式为

$$\begin{aligned}\sum_{f\sim \mathrm{nb}(C)}(\rho \boldsymbol{v}\phi\cdot\boldsymbol{S})_f&=(\rho \boldsymbol{v}\phi\cdot\boldsymbol{S})_e+(\rho \boldsymbol{v}\phi\cdot\boldsymbol{S})_w\\&=\dot{m}_e\phi_e+\dot{m}_w\phi_w\\&=\underbrace{(\|\dot{m}_e,0\|+\|\dot{m}_w,0\|)}_{a_C}\phi_C\underbrace{-\|-\dot{m}_e,0\|}_{a_E}\phi_E\underbrace{-\|-\dot{m}_w,0\|}_{a_W}\phi_W\\&=a_C\phi_C+a_E\phi_E+a_W\phi_W\end{aligned}\tag{2-66}$$

迎风格式具有一阶精度，也被称为一阶迎风格式，离散对流项时，它比中心差分格式在物理意义上正确，即使在大的 Péclet 数时也能将解限制在合理范围。

2.5.3　一维网格时的顺风格式

在顺风格式中，将单元面上的值用该面下游单元质心上的值表示，对于如图 2-25 所

示的一维网格，有

$$\phi_e=\begin{cases}\phi_E, & \dot{m}_e>0\\ \phi_C, & \dot{m}_e<0\end{cases},\phi_w=\begin{cases}\phi_W, & \dot{m}_w>0\\ \phi_C, & \dot{m}_w<0\end{cases}$$

这样，对流项的顺风格式成为

$$\sum_{f\sim \mathrm{nb}(C)}(\rho v\phi\cdot \boldsymbol{S})_f=\underbrace{(-\|-\dot{m}_e,0\|-\|-\dot{m}_w,0\|)}_{a_C}\phi_C+\underbrace{\|\dot{m}_e,0\|}_{a_E}\phi_E+\underbrace{\|\dot{m}_w,0\|}_{a_W}\phi_W \tag{2-67}$$

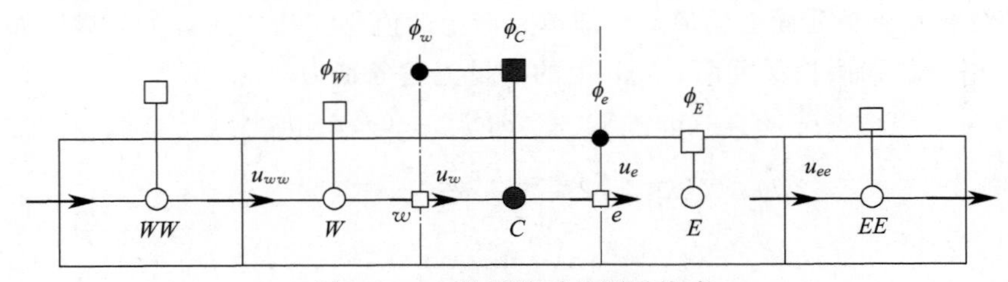

图 2-25 一维网格时的顺风格式

顺风格式对解完全没有限制，不能得到合乎物理意义的解，该方法常用来与其他方法结合来预测尖锐界面上因变量的变化。

2.5.4 一维网格时的截断误差

方程离散过程中的近似表示必然产生截断误差。对于如图 2-23 所示的一维网格，如果流速沿正 x 方向，由迎风格式可得单元面上的变量值为 $\phi_e=\phi_C$，$\phi_w=\phi_W$，一维对流项被离散为

$$(\rho u\Delta y)_e\phi_C-(\rho u\Delta y)_w\phi_W \tag{2-68}$$

而 ϕ_C 和 ϕ_W 分别关于单元面 e 和 w 上值的 Taylor 级数展开式为

$$\phi_C=\phi_e+\left(\frac{\mathrm{d}\phi}{\mathrm{d}x}\right)_e(x_C-x_e)+\frac{1}{2}\left(\frac{\mathrm{d}^2\phi}{\mathrm{d}x^2}\right)_e(x_C-x_e)^2+\cdots$$

$$\phi_W=\phi_w-\left(\frac{\mathrm{d}\phi}{\mathrm{d}x}\right)_w(x_w-x_W)+\frac{1}{2}\left(\frac{\mathrm{d}^2\phi}{\mathrm{d}x^2}\right)_w(x_w-x_W)^2+\cdots$$

在上面两式中忽略二阶及更高阶项后，将它们代入式(2-68)，得对流项的离散格式

$$(\rho u\Delta y)_e\phi_C-(\rho u\Delta y)_w\phi_W=(\rho u\Delta y\phi)_e-(\rho u\Delta y\phi)_w+\underbrace{\rho u(x_C-x_e)}_{\Gamma^{\phi}_{\mathrm{truncation}}}\left(\frac{\mathrm{d}\phi}{\mathrm{d}x}\Delta y\right)_e\underbrace{-\rho u(x_w-x_W)}_{\Gamma^{\phi}_{\mathrm{truncation}}}\left(\frac{\mathrm{d}\phi}{\mathrm{d}x}\Delta y\right)_w \tag{2-69}$$

式(2-69) 等号右端的最后两项在形式上类似于扩散项，在控制方程的离散格式中可与扩散项合并。将这一结果与对流项的半离散格式(2-63) 相比，式(2-69) 的结果相当于增加了一扩散分量，称为截断误差，也称为对流扩散，它通过改变扩散系数的大小引入误差，降低了解的精度。但另一方面，引入这一扩散项对解进行限制，可稳定求解过程。若要减小扩散误差，在离散对流项时需应用更高阶的近似。

顺风格式引入的截断误差与迎风格式的 $\Gamma^{\phi}_{\mathrm{truncation}}$ 符号相反，称为反扩散误差，该截断误差使控制方程总的扩散系数减小。中心差分格式的截断误差可表示为 ϕ_C 的三阶导数

和更高阶导数，具有二阶精度。

2.5.5 数值稳定性

应用中心差分格式离散对流项时会产生无物理意义的解，因为它在求奇次阶导数时不具有对流稳定性。对流稳定性用于描述将中心差分格式应用于对流起主要作用的流动时所产生的数值解的振荡现象。

以一维非稳态扩散-对流方程为例，假设流速恒定，控制方程为

$$\frac{\partial(\rho\phi)}{\partial t}=-\frac{\partial(\rho u\phi)}{\partial x}+\frac{\partial}{\partial x}\left(\Gamma^{\phi}\frac{\partial\phi}{\partial x}\right)+Q^{\phi} \tag{2-70}$$

其中，等号右端的第一项为对流项，由于将其移到了等号右端，所以该项前面添加了负号。在单元 C 上，方程左端（LHS）为单元内 ϕ_C 的时间变化率，右端（RHS）为经单元面的净通量和单元 C 内的源。如果 RHS 存在数值误差，则由式(2-70) 计算得到的 ϕ_C 会偏大或偏小。在不稳定离散格式中，与准确值的一个小的偏差都将引起 RHS 净通量的增大或减小，当使用迭代算法求解离散得到的代数方程组时，净通量的增加或减小会进一步在每一个迭代步中增大或减小 ϕ_C。而对于稳定格式，这种在 RHS 中由于误差引起的 ϕ_C 的变化在迭代过程中以负反馈的形式改变 RHS，这时，RHS 满足

$$\frac{\partial(\mathrm{RHS})}{\partial\phi_C}<0 \tag{2-71}$$

也即 ϕ_C 的增大或减小对应于净通量的减小或增大，这样接替迭代最终使 ϕ_C 趋于其准确值。下面根据式(2-71) 分析前述三种离散格式用于对流项时的稳定性。

对于均匀网格上的中心差分格式，将式(2-65) 的结果移至控制方程离散格式的等号右端，得

$$\frac{\partial(\mathrm{RHS}_{\mathrm{CD}}^{\mathrm{Conv}})}{\partial\phi_C}=-\frac{1}{2}(\dot{m}_e+\dot{m}_w) \tag{2-72}$$

可见，中心差分格式用于稳定流动时，该式为零，而对于减速的非稳定流动，该式结果为正。所以，应用中心差分格式离散时可能会在这些区域上产生波动源，在大 Péclet 数时极易引起计算崩溃，即使对于稳定流动也不能自我修正。

对于迎风格式，将式(2-66) 的结果移至控制方程离散格式的等号右端，得

$$\frac{\partial(\mathrm{RHS}_{\mathrm{Upwind}}^{\mathrm{Conv}})}{\partial\phi_C}=-\|-\dot{m}_e,0\|-\|-\dot{m}_w,0\| \tag{2-73}$$

它对所有的流动均为负或为零，属于稳定型格式。

对于顺风格式，将式(2-67) 的结果移至控制方程离散格式的等号右端，得

$$\frac{\partial(\mathrm{RHS}_{\mathrm{Downwind}}^{\mathrm{Conv}})}{\partial\phi_C}=\|-\dot{m}_e,0\|+\|-\dot{m}_w,0\| \tag{2-74}$$

它对所有的流动均为正或为零，属于不稳定型格式。

2.5.6 高阶格式

应用高阶（Higher Order Upwind，HO）格式离散对流项时，可至少达到二阶精度，且这类格式为稳定型格式。下面分别介绍三种高阶迎风格式。

(1) 二阶迎风格式

二阶迎风（Second Order Upwind，SOU）格式利用单元面上游的两单元质心及它们上的因变量值确定的线性方程计算单元面上的变量值。例如，对于如图 2-26 所示单元面 f，它的上游两单元质心分别为 C 和 U，利用这两个单元质心和它们上的因变量值确定的线性方程计算 ϕ_f 为

$$\phi_f=\phi_C+\frac{\phi_C-\phi_U}{x_C-x_U}(x_f-x_C) \tag{2-75}$$

对于均匀网格，有

$$\phi_f=\frac{3}{2}\phi_C-\frac{1}{2}\phi_U \tag{2-76}$$

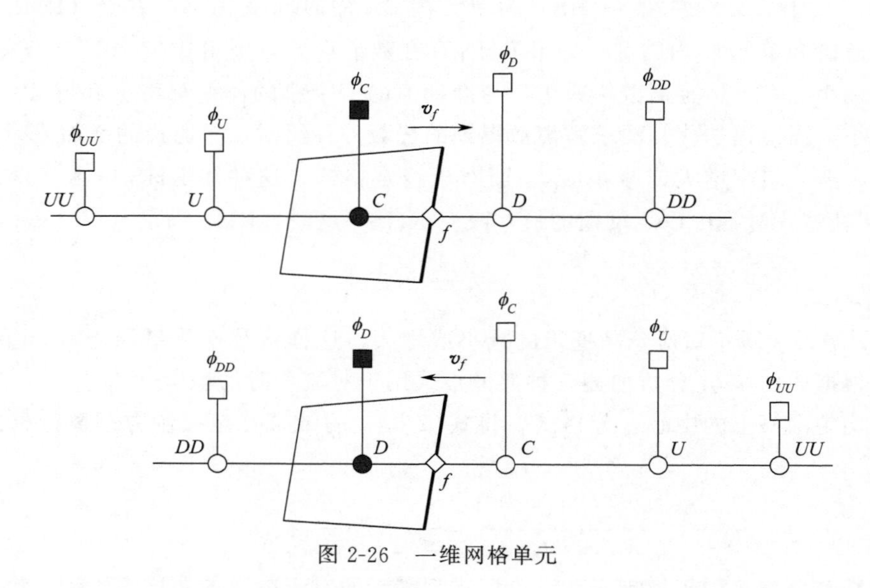

图 2-26　一维网格单元

下面建立如图 2-27 所示均匀一维网格中单元 C 上对流项的 SOU 离散格式。根据式(2-76)，单元 C 的各单元面上的对流通量为

$$\dot{m}_e\phi_e=\left(\frac{3}{2}\phi_C-\frac{1}{2}\phi_W\right)\|\dot{m}_e,0\|-\left(\frac{3}{2}\phi_E-\frac{1}{2}\phi_{EE}\right)\|-\dot{m}_e,0\|$$

$$\dot{m}_w\phi_w=\left(\frac{3}{2}\phi_C-\frac{1}{2}\phi_E\right)\|\dot{m}_w,0\|-\left(\frac{3}{2}\phi_W-\frac{1}{2}\phi_{WW}\right)\|-\dot{m}_w,0\|$$

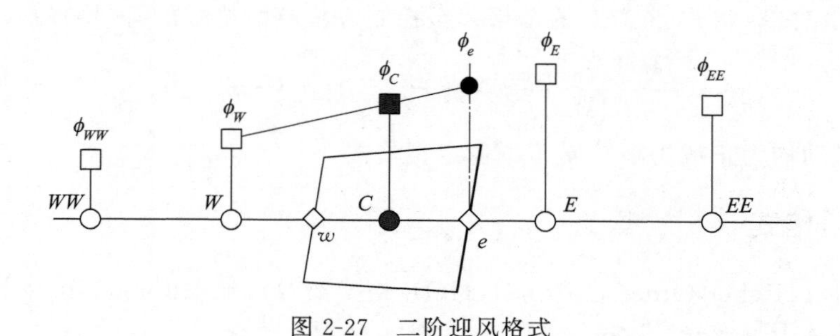

图 2-27　二阶迎风格式

将它们代入式(2-63)，得对流项的离散格式

$$\sum_{f\sim \mathrm{nb}(C)}(\rho \boldsymbol{v}\phi \cdot \boldsymbol{S})_f = \dot{m}_e\phi_e + \dot{m}_w\phi_w = \underbrace{\left(\frac{3}{2}\|\dot{m}_e,0\| + \frac{3}{2}\|\dot{m}_w,0\|\right)}_{a_C}\phi_C$$

$$\underbrace{-\left(\frac{3}{2}\|-\dot{m}_e,0\| + \frac{1}{2}\|\dot{m}_w,0\|\right)}_{a_E}\phi_E \underbrace{-\left(\frac{3}{2}\|-\dot{m}_w,0\| + \frac{1}{2}\|\dot{m}_e,0\|\right)}_{a_W}\phi_W$$

$$\underbrace{+\frac{1}{2}\|-\dot{m}_e,0\|}_{a_{EE}}\phi_{EE} \underbrace{+\frac{1}{2}\|-\dot{m}_w,0\|}_{a_{WW}}\phi_{WW} \tag{2-77}$$

其中

$$a_C = -(a_E + a_W + a_{EE} + a_{WW}) + (\dot{m}_e + \dot{m}_w)$$

式(2-77) 的截断误差为

$$\mathrm{TE} = -\frac{3}{8}\Delta x^2 \phi'''_C - \frac{1}{4}\Delta x^3 \phi_C^{\mathrm{iv}} + \cdots$$

可见二阶迎风格式具有二阶精度。为了评估这种格式的稳定性，计算

$$\frac{\partial(\mathrm{RHS}_{\mathrm{SOU}}^{\mathrm{Conv}})}{\partial \phi_C} = -\frac{3}{2}\|\dot{m}_e,0\| - \frac{3}{2}\|\dot{m}_w,0\|$$

该式恒为负，表明二阶迎风格式是一种稳定格式，但这只限于推导中的假设条件，即流速恒定。

(2) QUICK 格式

QUICK（Quadratic Upstream Interpolation for Convective Kinematics）格式中，单元面上的因变量值由上游方向上最近两个单元质心和下游方向最近一个单元质心上因变量值的二次插值得到。在如图 2-28 所示的网格中，假设流速沿正 x 方向，QUICK 格式的插值关系式为

$$\phi(x) = k_0 + k_1 x + k_2 x^2$$

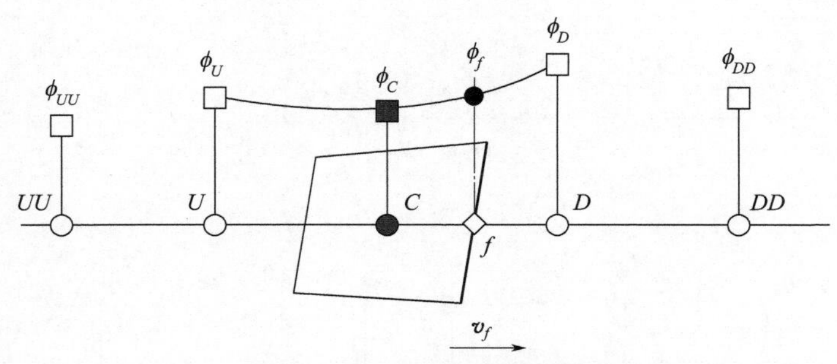

图 2-28　QUICK 离散格式

该式满足

$$\phi(x) = \begin{cases} \phi_U, & x = x_U \\ \phi_C, & x = x_C \\ \phi_D, & x = x_D \end{cases}$$

可得

$$\phi(x)=\phi_U+\frac{(x-x_U)(x-x_C)}{(x_D-x_U)(x_D-x_C)}(\phi_D-\phi_U)+\frac{(x-x_U)(x-x_D)}{(x_C-x_U)(x_C-x_D)}(\phi_C-\phi_U) \tag{2-78}$$

对于均匀网格，有

$$\phi_f=\frac{3}{4}\phi_C-\frac{1}{8}\phi_U+\frac{3}{8}\phi_D \tag{2-79}$$

下面建立如图 2-29 所示均匀一维网格中单元 C 上对流项的 QUICK 离散格式。根据式(2-79)，各单元面上的对流通量为

$$\dot{m}_e\phi_e=\left(\frac{3}{4}\phi_C-\frac{1}{8}\phi_W+\frac{3}{8}\phi_E\right)\|\dot{m}_e,0\|-\left(\frac{3}{4}\phi_E-\frac{1}{8}\phi_{EE}+\frac{3}{8}\phi_C\right)\|-\dot{m}_e,0\|$$

$$\dot{m}_w\phi_w=\left(\frac{3}{4}\phi_C-\frac{1}{8}\phi_E+\frac{3}{8}\phi_W\right)\|\dot{m}_w,0\|-\left(\frac{3}{4}\phi_W-\frac{1}{8}\phi_{WW}+\frac{3}{8}\phi_C\right)\|-\dot{m}_w,0\|$$

将它们代入式(2-63)，得对流项的离散格式

$$\begin{aligned}
\sum_{f\sim \mathrm{nb}(C)}(\rho\boldsymbol{v}\phi\cdot\boldsymbol{S})_f&=\dot{m}_e\phi_e+\dot{m}_w\phi_w\\
&=\underbrace{\left(\frac{3}{4}\|\dot{m}_e,0\|-\frac{3}{8}\|-\dot{m}_e,0\|+\frac{3}{4}\|\dot{m}_w,0\|-\frac{3}{8}\|-\dot{m}_w,0\|\right)}_{a_C}\phi_C\\
&\quad+\underbrace{\left(\frac{3}{8}\|\dot{m}_e,0\|-\frac{3}{4}\|-\dot{m}_e,0\|-\frac{1}{8}\|\dot{m}_w,0\|\right)}_{a_E}\phi_E\\
&\quad+\underbrace{\left(\frac{3}{8}\|\dot{m}_w,0\|-\frac{3}{4}\|-\dot{m}_w,0\|-\frac{1}{8}\|\dot{m}_e,0\|\right)}_{a_W}\phi_W\\
&\quad+\underbrace{\frac{1}{8}\|-\dot{m}_e,0\|}_{a_{EE}}\phi_{EE}+\underbrace{\frac{1}{8}\|-\dot{m}_w,0\|}_{a_{WW}}\phi_{WW}
\end{aligned} \tag{2-80}$$

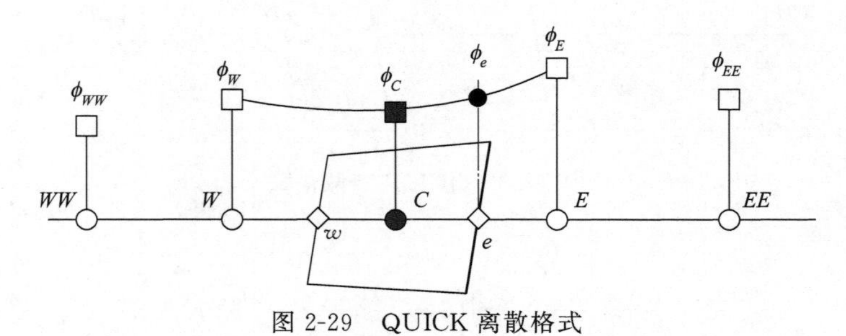

图 2-29 QUICK 离散格式

式(2-80) 的截断误差为

$$\text{TE}=-\frac{1}{16}\Delta x^{3}\phi_{C}^{\text{iv}}-\frac{3}{128}\Delta x^{4}\phi_{C}^{\text{v}}+\cdots$$

可见 QUICK 格式具有三阶精度。为了评估这种格式的稳定性，计算

$$\frac{\partial(\text{RHS}_{\text{QUICK}}^{\text{Conv}})}{\partial\phi_{C}}=-\frac{3}{8}\|\dot{m}_{e},0\|-\frac{3}{8}\|\dot{m}_{w},0\|-\frac{3}{8}(\dot{m}_{e}+\dot{m}_{w})<0$$

表明 QUICK 格式是一种稳定格式，但这种格式不能保证解的有界性，尤其是当速度场非均匀时。关于对流项离散格式的有界性将在 2.6.2 节讨论。

值得说明的是，虽然 QUICK 格式采用了二次插值方法计算单元面上的因变量值，但该方法中严格规定利用单元面上游方向两个单元质心和下游方向一个单元质心进行插值，这样，在分别以两相邻单元为中心单元进行离散时，它们公共面上的通量表达式完全相同，满足 2.2.3 节介绍的第（1）项基本原则。

（3）FROMM 格式

对流项的 FROMM 离散格式中，由距离单元面多于一个单元间距的上游单元质心和最近的下游单元质心上的因变量值线性插值得到面上的值，以图 2-26 中的单元面 f 为例，由单元 U 和 D 插值得到线性关系：

$$\phi(x)=\phi_{U}+\frac{x-x_{U}}{x_{D}-x_{U}}(\phi_{D}-\phi_{U})$$

则单元面 f 和单元 C 质心上的因变量值均可由该式表示，由此可得到

$$\phi_{f}=\phi_{U}+\frac{x_{f}-x_{U}}{x_{D}-x_{U}}(\phi_{D}-\phi_{U})=\phi_{C}+\frac{x_{f}-x_{C}}{x_{D}-x_{U}}(\phi_{D}-\phi_{U}) \tag{2-81}$$

对流项离散时，应用式(2-81) 第 2 个等号右端的表达式，并由单元 C 质心上的实际值而不是由线性关系计算 ϕ_{C}。对于均匀网格，有

$$\phi_{f}=\phi_{C}+\frac{\phi_{D}-\phi_{U}}{4} \tag{2-82}$$

下面建立如图 2-30 所示均匀一维网格中单元 C 上对流项的 FROMM 离散格式。根据式(2-82)，得各单元面上的对流通量为

$$\dot{m}_{e}\phi_{e}=\left(\phi_{C}-\frac{1}{4}\phi_{W}+\frac{1}{4}\phi_{E}\right)\|\dot{m}_{e},0\|-\left(\phi_{E}-\frac{1}{4}\phi_{EE}+\frac{1}{4}\phi_{C}\right)\|-\dot{m}_{e},0\|$$

$$\dot{m}_{w}\phi_{w}=\left(\phi_{C}-\frac{1}{4}\phi_{E}+\frac{1}{4}\phi_{W}\right)\|\dot{m}_{w},0\|-\left(\phi_{W}-\frac{1}{4}\phi_{WW}+\frac{1}{4}\phi_{C}\right)\|-\dot{m}_{w},0\|$$

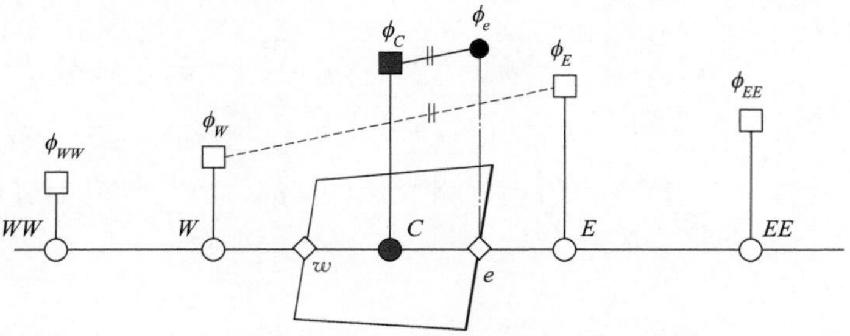

图 2-30　FROMM 离散格式

对流项的离散格式成为

$$\sum_{f\sim \mathrm{nb}(C)}(\rho\boldsymbol{v}\phi\cdot\boldsymbol{S})_f=\underbrace{\left(\|\dot{m}_e,0\|-\frac{1}{4}\|-\dot{m}_e,0\|+\|\dot{m}_w,0\|-\frac{1}{4}\|-\dot{m}_w,0\|\right)}_{a_C}\phi_C$$
$$+\underbrace{\left(\frac{1}{4}\|\dot{m}_e,0\|-\|-\dot{m}_e,0\|-\frac{1}{4}\|\dot{m}_w,0\|\right)}_{a_E}\phi_E$$
$$+\underbrace{\left(\frac{1}{4}\|\dot{m}_w,0\|-\|-\dot{m}_w,0\|-\frac{1}{4}\|\dot{m}_e,0\|\right)}_{a_W}\phi_W$$
$$+\underbrace{\frac{1}{4}\|-\dot{m}_e,0\|}_{a_{EE}}\phi_{EE}+\underbrace{\frac{1}{4}\|-\dot{m}_w,0\|}_{a_{WW}}\phi_{WW}\tag{2-83}$$

式(2-83)的截断误差为

$$\mathrm{TE}=O(\Delta x^2)$$

可见 FROMM 格式具有二阶精度。为了评估这种格式的稳定性，计算

$$\frac{\partial(\mathrm{RHS}_{\mathrm{FROMM}}^{\mathrm{Conv}})}{\partial\phi_C}=-\frac{3}{4}\|\dot{m}_e,0\|-\frac{3}{4}\|\dot{m}_w,0\|-\frac{1}{4}(\dot{m}_e+\dot{m}_w)$$

该式在速度恒定时为负，可知 FROMM 格式稳定。

由对流项离散的各种离散格式的稳定性分析中的系数大小可以判定，稳定性由高到低依次为 SOU＞Upwind＞FROMM＞QUICK＞CD。在低 Péclet 数时，CD 和 QUICK 格式的精度最高，Upwind 格式的精度最低，FROMM 格式的精度好于 SOU。在高 Péclet 数时，只有 Upwind 和 SOU 格式较稳定，CD 稳定性最差，FROMM 和 QUICK 格式则有小幅波动。但在具有较大梯度的场合中，如冲击波等，SOU 格式也会产生振荡。

2.5.7 二维稳态对流项的离散

在如图 2-14 所示的二维规则笛卡儿网格上，类似于式(2-66)，应用迎风格式，将对流项离散为

$$\sum_{f\sim \mathrm{nb}(C)}(\rho\boldsymbol{v}\phi\cdot\boldsymbol{S})_f=(\rho u\Delta y\phi)_e-(\rho u\Delta y\phi)_w+(\rho v\Delta x\phi)_n-(\rho v\Delta x\phi)_s$$
$$=\underbrace{(\|\dot{m}_e,0\|+\|\dot{m}_w,0\|+\|\dot{m}_n,0\|+\|\dot{m}_s,0\|)}_{a_C}\phi_C$$
$$\underbrace{-\|-\dot{m}_e,0\|}_{a_E}\phi_E\underbrace{-\|-\dot{m}_w,0\|}_{a_W}\phi_W\underbrace{-\|-\dot{m}_n,0\|}_{a_n}\phi_N\underbrace{-\|-\dot{m}_s,0\|}_{a_s}\phi_S\tag{2-84}$$

如使用均匀网格时的 QUICK 格式，类似于式(2-80)，对流项可离散为

$$
\begin{aligned}
\sum_{f\sim \mathrm{nb}(C)}(\rho \boldsymbol{v}\phi\cdot\boldsymbol{S})_f = a_C\phi_C &+ \underbrace{\left(\frac{3}{8}\|\dot{m}_e,0\|-\frac{3}{4}\|-\dot{m}_e,0\|-\frac{1}{8}\|\dot{m}_w,0\|\right)}_{a_E}\phi_E \\
&+ \underbrace{\left(\frac{3}{8}\|\dot{m}_w,0\|-\frac{3}{4}\|-\dot{m}_w,0\|-\frac{1}{8}\|\dot{m}_e,0\|\right)}_{a_W}\phi_W \\
&+ \underbrace{\left(\frac{3}{8}\|\dot{m}_n,0\|-\frac{3}{4}\|-\dot{m}_n,0\|-\frac{1}{8}\|\dot{m}_s,0\|\right)}_{a_N}\phi_N \\
&+ \underbrace{\left(\frac{3}{8}\|\dot{m}_s,0\|-\frac{3}{4}\|-\dot{m}_s,0\|-\frac{1}{8}\|\dot{m}_n,0\|\right)}_{a_S}\phi_S \\
&+ \underbrace{\frac{1}{8}\|-\dot{m}_e,0\|}_{a_{EE}}\phi_{EE} + \underbrace{\frac{1}{8}\|-\dot{m}_w,0\|}_{a_{WW}}\phi_{WW} \\
&+ \underbrace{\frac{1}{8}\|-\dot{m}_n,0\|}_{a_{NN}}\phi_{NN} + \underbrace{\frac{1}{8}\|-\dot{m}_s,0\|}_{a_{SS}}\phi_{SS}
\end{aligned}
\tag{2-85}
$$

上面两种格式中，均有

$$
a_C = -\sum_{F\sim \mathrm{NB}(C)} a_F + (\dot{m}_e + \dot{m}_w + \dot{m}_s + \dot{m}_s)
$$

成立。

在多维区域上对流项的离散过程中，当速度方向与网格线方向不一致，且在与速度垂直的方向上存在因变量的梯度时，使用迎风格式离散会产生拖尾（假扩散）现象，解的精度降低，将这种现象引起的误差称为 Cross-stream 现象，或者称为多维现象，二维问题时这种误差的大小近似为

$$
\Gamma^{\phi}_{\mathrm{false}} = \frac{\rho v \Delta x \Delta y \sin(2\theta)}{4(\Delta y \sin^3\theta + \Delta x \cos^3\theta)}
\tag{2-86}
$$

其中，θ 为速度矢量与 x 坐标轴的夹角。

例如，图 2-31 所示的纯对流问题，均匀速度场沿对角线 AA'方向，网格线与速度夹角为 45°。考查场变量 ϕ 沿对角线 BB'的变化，其精确解应在 AA'和 BB'的交点处由 $\phi=100$ 阶跃变化至 $\phi=0$，但应用迎风格式时的数值解在除该交点外存在明显的误差，出现假扩散现象。

应用 QUICK 格式离散对流项可减小多维误差，但大梯度时会出现超调等分散（Dispersion）误差，引起求解域内解的局部极大或极小值，这也是高阶格式的常见问题。由式(2-86) 可以看出，当速度方向与网格线方向一致时，不存在多维误差，所以对计算域划分网格时尽量将网格线方向接近介质速度方向；减小单元尺寸可以减小多维误差；当速度方向与网格线之间的夹角呈 45°时，多维误差最大。

总的来说，对流项离散时的数值误差源可分为：

① 数值扩散（Diffusion），会造成大梯度问题时的拖尾，又分为 Stream-wise 扩散和

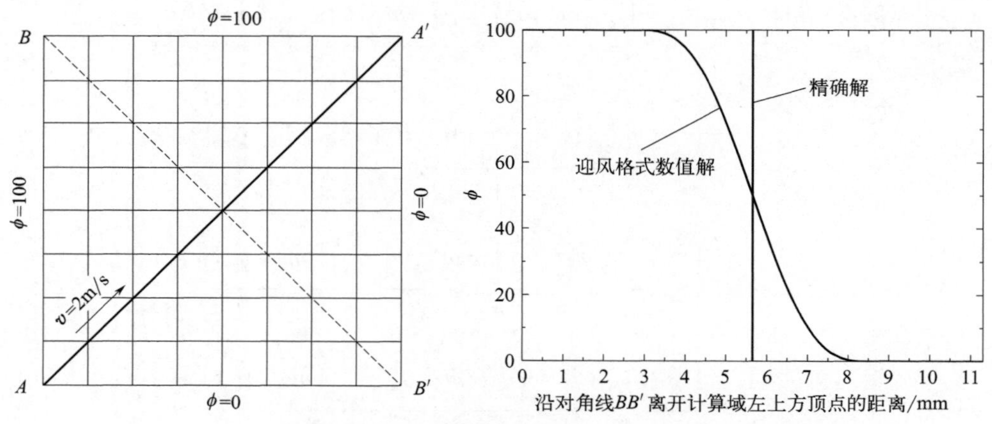

图 2-31 二维问题中速度方向与网格线方向不一致时的假扩散现象

Cross-stream 扩散，前者可通过增加差分方法的阶数来减小，但会引起大梯度位置处的超调；后者由所假设方法的一维特征引起，可通过在流动方向上插值，或使用一维高阶插值方法来减小。

② 数值分散（Dispersion），当存在因变量的较大梯度时，因振荡使误差变大，造成解无界，这是由违背物理意义的插值方法引起的。

迎风格式会引起这两种误差，而中心差分格式只引起数值分散误差。

2.5.8 非结构化网格上的高阶离散方法

对于如图 2-32 所示的非结构化网格，相邻单元间高阶格式的因变量函数关系式为定义在单元质心 U、C 和 D 上的变量值的函数，但对于内部单元面而言，单元质心 U 在非结构化网格中并不能直接定义。这时，可根据单元质心 C 和 D 上的梯度定义非结构化网格上的高阶离散格式。

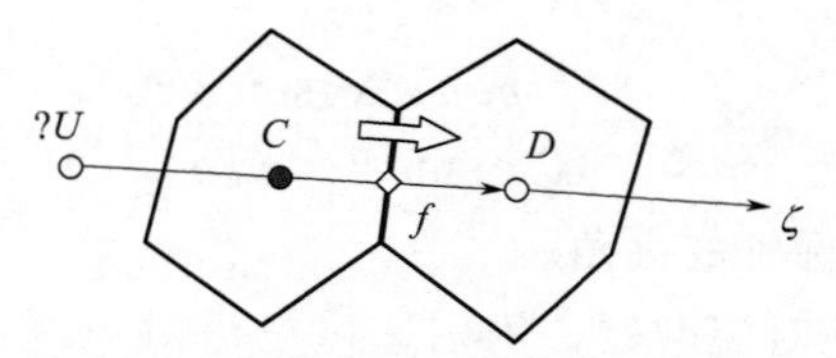

图 2-32 非结构化网格中的单元

将均匀一维结构化网格上的 QUICK 格式(2-79) 重新写为

$$\phi_f=\phi_C+\frac{1}{4}\times\frac{\phi_D-\phi_U}{2}+\frac{1}{4}(\phi_D-\phi_C)$$

用 $\boldsymbol{\zeta}$ 表示 $\boldsymbol{d}_{CF}$ 方向上的单位矢量，则在质心 C 和 f 位置处沿 $\boldsymbol{\zeta}$ 方向上的梯度为

$$\frac{\partial\phi_C}{\partial\zeta}=\frac{\phi_D-\phi_U}{2\Delta\zeta},\frac{\partial\phi_f}{\partial\zeta}=\frac{\phi_D-\phi_C}{\Delta\zeta}$$

其中，$\Delta\zeta$ 表示相邻单元质心间的距离。这样，单元面 f 上变量值的 QUICK 格式可重新写为

$$\phi_f=\phi_C+\frac{1}{2}\times\frac{\partial\phi_C}{\partial\zeta}\times\frac{\Delta\zeta}{2}+\frac{1}{2}\times\frac{\partial\phi_f}{\partial\zeta}\times\frac{\Delta\zeta}{2}$$

将其中的导数写成梯度形式后成为

$$\phi_f=\phi_C+\frac{1}{2}(\nabla\phi)_C\cdot\boldsymbol{d}_{Cf}+\frac{1}{2}(\nabla\phi)_f\cdot\boldsymbol{d}_{Cf}$$

该式即非结构化网格中 QUICK 格式的单元面上的变量值，计算该值时需给定 C 和 f 位置处的梯度相关信息，这种格式具有二阶精度。

一般地，将基于三点的其他离散格式时的单元面上的值写为

$$\phi_f=c_1\phi_C+c_2(\nabla\phi)_C\cdot\boldsymbol{d}_{Cf}+c_3(\nabla\phi)_f\cdot\boldsymbol{d}_{Cf} \tag{2-87}$$

令 ϕ_f 为结构化网格中单元面 f 上的值来得到待定系数 c_1、c_2 和 c_3。例如，近似表示该式中的梯度项为

$$(\nabla\phi)_C=\frac{\phi_D-\phi_U}{4|\boldsymbol{d}_{Cf}|}\boldsymbol{e}_{Cf},(\nabla\phi)_f=\frac{\phi_D-\phi_C}{2|\boldsymbol{d}_{Cf}|}\boldsymbol{e}_{Cf}$$

将它们代入式(2-87)，得到

$$\phi_f=\left(c_1-\frac{c_3}{2}\right)\phi_C+\left(\frac{c_2}{4}+\frac{c_3}{4}\right)\phi_D-\frac{c_2}{4}\phi_U$$

将该式与各种离散格式的相应表达式比较即可得到常数 c_1、c_2 和 c_3 的值。对于前述各种离散格式，非结构化网格中单元面上的变量值分别为：

迎风格式：　$\phi_f=\phi_C$

中心差分格式：　$\phi_f=\phi_C+(\nabla\phi)_f\cdot\boldsymbol{d}_{Cf}$

SOU 格式：　$\phi_f=\phi_C+[2(\nabla\phi)_C-(\nabla\phi)_f]\cdot\boldsymbol{d}_{Cf}$

FROMM 格式：　$\phi_f=\phi_C+(\nabla\phi)_C\cdot\boldsymbol{d}_{Cf}$

QUICK 格式：　$\phi_f=\phi_C+\frac{1}{2}[(\nabla\phi)_C+(\nabla\phi)_f]\cdot\boldsymbol{d}_{Cf}$

顺风格式：　$\phi_f=\phi_C+2(\nabla\phi)_f\cdot\boldsymbol{d}_{Cf}$

2.5.9　迁延修正法

迁延修正（Deferred Correction，DC）法用于在低阶格式的计算程序上使用高阶格式（HO），这种方法能够保证计算过程的稳定性，可用于结构或非结构化网格。下面介绍这种方法的原理。

将单元面 f 上的对流通量（高阶格式）根据迎风格式写为

$$\dot{m}_f\phi_f^{\mathrm{HO}}=\dot{m}_f\phi_f^{\mathrm{U}}+\dot{m}_f(\phi_f^{\mathrm{HO}}-\phi_f^{\mathrm{U}}) \tag{2-88}$$

其中，上标 U 和 HO 分别表示迎风格式和高阶格式。式(2-88) 中等号右端的第一项根据单元质心上的变量值隐式计算，第二项根据新近迭代结果显式计算。将迎风格式中 $\dot{m}_f\phi_f$ 的表达式代入式(2-88) 中的 ϕ_f^{U}，得

$$\dot{m}_f\phi_f^{\mathrm{HO}}=\underbrace{\|\dot{m}_f,0\|}_{\mathrm{FluxC}_f}\phi_C\underbrace{-\|-\dot{m}_f,0\|}_{\mathrm{FluxF}_f}\phi_F+\underbrace{(\dot{m}_f\phi_f^{\mathrm{HO}}-\|\dot{m}_f,0\|\phi_C+\|-\dot{m}_f,0\|\phi_F)}_{\mathrm{FluxV}_f} \tag{2-89}$$

其中，FluxV_f 成为控制方程的最终代数方程中源项的一部分。

以均匀网格时 QUICK 格式的迁延修正法为例介绍其应用方法。式(2-89）相当于给出包围单元 C 的某一个面上的对流通量，而对流项离散后形如方程(2-15）的代数方程中的系数包含单元 C 的所有面上的对流通量，这些系数为

$$
\begin{aligned}
a_F &= \text{FluxF}_f = -\|-\dot{m}_f,\ 0\| \\
a_C &= \sum_{f\sim \text{nb}(C)} \text{FluxC}_f = \sum_{f\sim \text{nb}(C)} \|\dot{m}_f,\ 0\| = \sum_{f\sim \text{nb}(C)} (\dot{m}_f + \|-\dot{m}_f,\ 0\|) \\
&= -\sum_{F\sim \text{NB}(C)} a_F + \sum_{f\sim \text{nb}(C)} \dot{m}_f \\
b_C &= -\sum_{f\sim \text{nb}(C)} \text{FluxV}_f = -\sum_{f\sim \text{nb}(C)} \dot{m}_f(\phi_f^{\text{HO}} - \phi_f^{\text{U}})
\end{aligned}
$$

这里的这些系数中只包含对流项离散的结果。将 QUICK 格式对应的 ϕ_f 表达式(2-79)和迎风格式的 ϕ_f 表达式代入这里的系数 b_C 中，得

$$
b_C = -\sum_{f\sim \text{nb}(C)} \dot{m}_f\left(\frac{3}{4}\phi_C - \frac{9}{8}\phi_U + \frac{3}{8}\phi_D\right)
$$

可见，QUICK 格式的迁延修正法与迎风格式的唯一区别在于增加了额外的源项。迁延修正技术易于执行，但当由迎风格式和高阶格式计算得到的单元面上的变量值相差较大时，收敛速度将变慢。

2.6 对流项离散的高精度格式

高精度（High Resolution，HR）格式将高阶离散方法与对流有界性准则相结合来保证求解过程不振荡。HR 格式基于 NVF（Normalized Variable Formulation）和 TVD（Total Variation Diminishing）框架，使用 DC、DWF（Downwind Weighting Factor）和 NWF（Normalized Weighting Factor）等执行技术来得到不同系数矩阵和源项的代数方程。在具体方法上，HR 格式针对如何计算 ϕ_f 展开，而 DWF 和 NWF 则针对如何由得到的 ϕ_f 来组装代数方程。

2.6.1 NVF

NVF 通过对因变量的局部归一化构造单元面上的因变量值，并利用迎风单元质心、顺风单元质心和远迎风单元质心上的函数值构造归一化变量。对于如图 2-25 所示的网格单元，定义归一化变量为

$$
\tilde{\phi} = \frac{\phi - \phi_U}{\phi_D - \phi_U} \tag{2-90}
$$

这样，有 $\tilde{\phi}_U = 0$，$\tilde{\phi}_D = 1$，并将单元面上的因变量函数表达式 $\phi_f = f(\phi_U, \phi_C, \phi_D)$ 转换为

$$
\tilde{\phi}_f = f(\tilde{\phi}_C) \tag{2-91}
$$

其中只包含一个自变量

$$
\tilde{\phi}_C = \frac{\phi_C - \phi_U}{\phi_D - \phi_U} \tag{2-92}
$$

也将 $\tilde{\phi}_C$ 看作物理场 ϕ 平滑性的指示器，因为可以根据 $\tilde{\phi}_C$ 的大小判断因变量 ϕ 在单元 C 附近的变化情况，具体有

$$\begin{cases} 0<\tilde{\phi}_C<1, & \phi \text{ 单调变化} \\ \tilde{\phi}_C<0 \text{ 或} \tilde{\phi}_C>1, & \phi \text{ 在} C \text{ 上有极值} \\ \tilde{\phi}_C\approx 0 \text{ 或} \tilde{\phi}_C\approx 1, & \phi \text{ 在} C \text{ 上有梯度跳变} \end{cases}$$

在一维均匀网格中，2.5 节所述的各种对流项离散格式对应的归一化函数关系式成为：

$$\begin{aligned}
&\text{迎风格式：} && \phi_f=\phi_C && \rightarrow \quad \tilde{\phi}_f=\tilde{\phi}_C \\
&\text{中心差分格式：} && \phi_f=\frac{\phi_C+\phi_D}{2} && \rightarrow \quad \tilde{\phi}_f=\frac{1}{2}(1+\tilde{\phi}_C) \\
&\text{SOU 格式：} && \phi_f=\frac{3}{2}\phi_C-\frac{1}{2}\phi_U && \rightarrow \quad \tilde{\phi}_f=\frac{3}{2}\tilde{\phi}_C \\
&\text{FROMM 格式：} && \phi_f=\phi_C+\frac{\phi_D-\phi_U}{4} && \rightarrow \quad \tilde{\phi}_f=\tilde{\phi}_C+\frac{1}{4} \\
&\text{QUICK 格式：} && \phi_f=\frac{3}{4}\phi_C-\frac{1}{8}\phi_U+\frac{3}{8}\phi_D && \rightarrow \quad \tilde{\phi}_f=\frac{3}{8}+\frac{3}{4}\tilde{\phi}_C \\
&\text{顺风格式：} && \phi_f=\phi_D && \rightarrow \quad \tilde{\phi}_f=1
\end{aligned} \tag{2-93}$$

将这些归一化关系式绘制成 NVD（Normalized Variable Diagram）图，即在 $(\tilde{\phi}_C, \tilde{\phi}_f)$ 平面内绘制它们之间的函数关系，如图 2-33 所示。可见，在均匀网格上，除顺风格式和迎风格式外，其他所有离散格式的归一化函数关系曲线均过点 $\left(\frac{1}{2}, \frac{3}{4}\right)$，曲线越接近迎风格式，对应离散格式的扩散性越强，而越接近顺风格式，对应离散格式的反扩散性越强。

上述各离散格式中，高阶格式虽然可减小截断误差，但所有高阶对流格式在因变量具

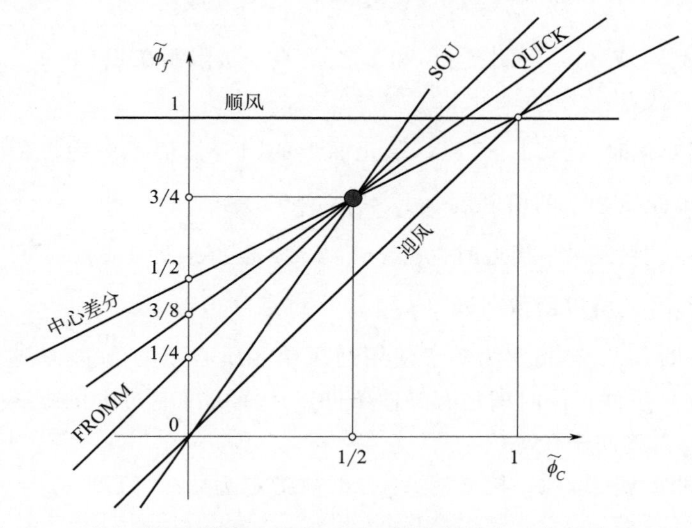

图 2-33　对流项各离散格式中单元面上因变量的归一化表示及 NVD 图

有较大梯度的区域均会有振荡，也即它们不具有单调保持性，会产生局部极大值或极小值。而有研究证明，具有单调保持性的离散格式最多只能达到一阶精度。为了构建具有单调保持性的高阶离散格式，需使用非线性限制函数（Nonlinear Limiter Function）。现有的高阶无振荡对流项离散格式可分为两类：第一类是在一阶迎风格式的基础上增加限制性反扩散通量，所得到的格式可无振荡地求解大梯度问题；第二类是在无界的 HO 离散格式上引入平滑扩散通量，以抑制非物理意义的振荡。

2.6.2 对流有界性准则

任何数值离散格式均应保留原控制方程描述的物理现象的物理特性，所以均应满足有界性条件。对流过程将介质特性从上游输运至下游，所以对流离散格式应当更加偏向于迎风格式，否则不具备对流稳定性。这样，除了单元面两侧单元质心上的因变量值 ϕ_C 和 ϕ_D 外，远迎风单元质心上的因变量值 ϕ_U 也对单元面上的因变量值具有较大影响，其他更远处的因变量值在分析对流格式时则不再重要。

一种有界性限定条件为

$$\min(\phi_C,\phi_D)\leqslant\phi_f\leqslant\max(\phi_C,\phi_D) \tag{2-94}$$

它对应的归一化条件为

$$\min(\tilde{\phi}_C,1)\leqslant\tilde{\phi}_f\leqslant\max(\tilde{\phi}_C,1) \tag{2-95}$$

例如，稳态流动隐式计算时的对流有界性准则（Convection Boundedness Criterion，CBC）为

$$\tilde{\phi}_f=\begin{cases} f(\tilde{\phi}_C), & \text{连续} \\ f(\tilde{\phi}_C)=1, & \tilde{\phi}_C=1 \\ \tilde{\phi}_C<f(\tilde{\phi}_C)<1, & 0<\tilde{\phi}_C<1 \\ f(\tilde{\phi}_C)=0, & \tilde{\phi}_C=0 \\ f(\tilde{\phi}_C)=\tilde{\phi}_C, & \tilde{\phi}_C<0\ \text{或}\ \tilde{\phi}_C>1 \end{cases} \tag{2-96}$$

这一准则将 $\tilde{\phi}_f$（或 ϕ_f）限制在 $\tilde{\phi}_C$ 和 1 之间（ϕ_f 被限制在 ϕ_C 和 ϕ_D 之间），如图 2-34 所示，它具有如下特点：

① 当 ϕ 单调变化时（$0<\tilde{\phi}_C<1$），单元面上的因变量值不应为极值点，所以它被共用该面的两相邻单元质心上的值限制（$\tilde{\phi}_C<f(\tilde{\phi}_C)<1$）。

② 当 ϕ_C 与单调区的 ϕ_D 接近时（$\tilde{\phi}_C\to1$），ϕ_f 也将接近于 ϕ_D，而当 ϕ_C 与 ϕ_D 相等时，ϕ_f 也将等于 ϕ_D，所以函数曲线（$\tilde{\phi}_C,\tilde{\phi}_f$）过点（1,1）。

③ 当 $\tilde{\phi}_C>1$ 时，$\tilde{\phi}_f$ 被指定为等于使用迎风单元质心上的值 $\tilde{\phi}_C$，这使得产生了最大的流出（Outflow）条件，同时满足有界性条件，从而可抑制过度的振荡，因为流出大于流入（Inflow），ϕ_C 趋向于较小值。

④ 当 ϕ_C 与非单调区的 ϕ_U 接近时，ϕ_f 也被指定为 ϕ_C，直到 $\phi_C=\phi_U$，也即函数曲线（$\tilde{\phi}_C,\tilde{\phi}_f$）过点（0,0）。

⑤ 当 $\tilde{\phi}_C<0$ 或 $\tilde{\phi}_C>1$ 时，解位于对流占主导的区域，应用迎风格式近似。

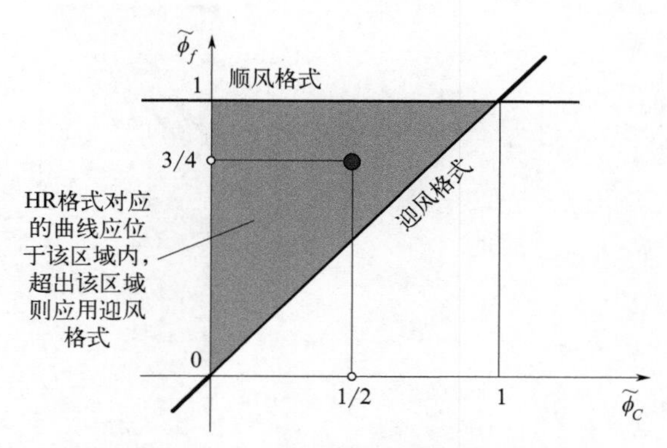

图 2-34　对流有界性准则的 NVD 图

2.6.3　NVF 框架下的 HR 格式

为了同时满足 NVF 框架和对流有界性准则，根据 2.6.1 节和 2.6.2 节的分析，新构造的 HR 格式需满足如下条件：在 $0<\tilde{\phi}_C<1$ 范围内应保持单调，归一化函数关系曲线需过 (0,0)、(1,1) 两点，同时在该区域内，归一化函数关系曲线应位于由迎风（$\tilde{\phi}_f=\tilde{\phi}_C$）和顺风（$\tilde{\phi}_f=1$）格式限定的区域内；在 $\tilde{\phi}_C<0$ 或 $\tilde{\phi}_C>1$ 区域应用迎风格式。此外，为了改进收敛特性，所构造的复合 HR 格式在 NVD 图中的归一化函数关系曲线应避免在拐点、水平和垂直位置出现较大的斜率变化。

几种复合 HR 格式及相应的 NVD 曲线如下：

MINMOD，$$\tilde{\phi}_f=\begin{cases}\dfrac{3}{2}\tilde{\phi}_C, & 0\leqslant\tilde{\phi}_C\leqslant\dfrac{1}{2}\\ \dfrac{1}{2}\tilde{\phi}_C+\dfrac{1}{2}, & \dfrac{1}{2}\leqslant\tilde{\phi}_C\leqslant 1\\ \tilde{\phi}_C, & \text{其他}\end{cases}$$

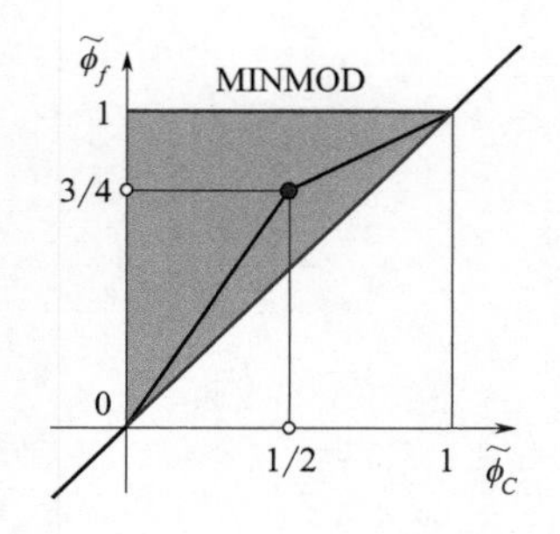

有界 CD，$$\tilde{\phi}_f=\begin{cases}\dfrac{1}{2}\tilde{\phi}_C+\dfrac{1}{2}, & 0\leqslant\tilde{\phi}_C\leqslant 1\\ \tilde{\phi}_C, & \text{其他}\end{cases}$$

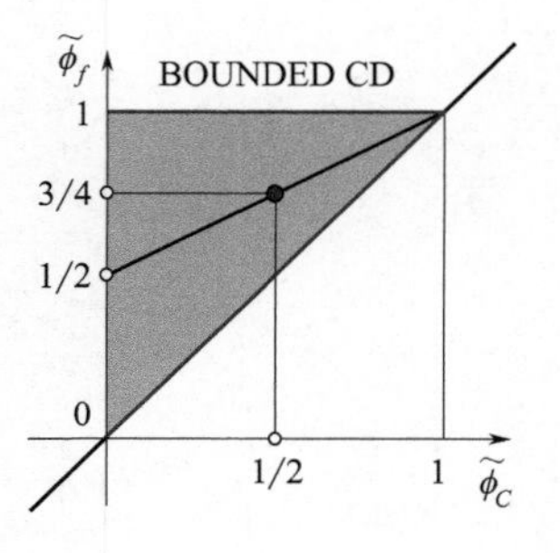

$$\text{OSHER}, \quad \tilde{\phi}_f=\begin{cases}\dfrac{3}{2}\tilde{\phi}_C, & 0\leqslant\tilde{\phi}_C\leqslant\dfrac{2}{3}\\ 1, & \dfrac{2}{3}\leqslant\tilde{\phi}_C\leqslant 1\\ \tilde{\phi}_C, & \text{其他}\end{cases}$$

$$\text{SMART}, \tilde{\phi}_f=\begin{cases}\dfrac{3}{4}\tilde{\phi}_C+\dfrac{3}{8}, & 0\leqslant\tilde{\phi}_C\leqslant\dfrac{5}{6}\\ 1, & \dfrac{5}{6}\leqslant\tilde{\phi}_C\leqslant 1\\ \tilde{\phi}_C, & \text{其他}\end{cases}$$

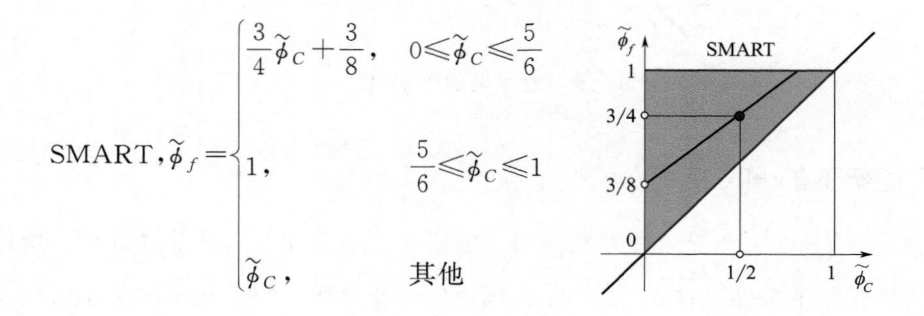

$$\text{修正 SMART}, \tilde{\phi}_f=\begin{cases}3\tilde{\phi}_C, & 0\leqslant\tilde{\phi}_C\leqslant\dfrac{1}{6}\\ \dfrac{3}{4}\tilde{\phi}_C+\dfrac{3}{8}, & \dfrac{1}{6}\leqslant\tilde{\phi}_C\leqslant\dfrac{7}{10}\\ \dfrac{1}{3}\tilde{\phi}_C+\dfrac{2}{3}, & \dfrac{7}{10}\leqslant\tilde{\phi}_C\leqslant 1\\ \tilde{\phi}_C, & \text{其他}\end{cases}$$

$$\text{STOIC}, \quad \tilde{\phi}_f=\begin{cases}\dfrac{1}{2}\tilde{\phi}_C+\dfrac{1}{2}, & 0\leqslant\tilde{\phi}_C\leqslant\dfrac{1}{2}\\ \dfrac{3}{4}\tilde{\phi}_C+\dfrac{3}{8}, & \dfrac{1}{2}\leqslant\tilde{\phi}_C\leqslant\dfrac{5}{6}\\ 1, & \dfrac{5}{6}\leqslant\tilde{\phi}_C\leqslant 1\\ \tilde{\phi}_C, & \text{其他}\end{cases}$$

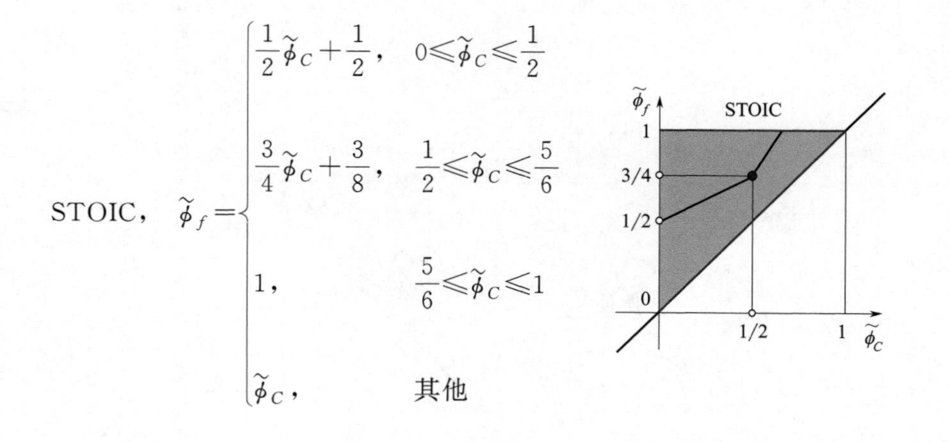

修正 STOIC，
$$\widetilde{\phi}_f=\begin{cases}3\widetilde{\phi}_C, & 0\leqslant\widetilde{\phi}_C\leqslant\dfrac{1}{5}\\ \dfrac{1}{2}\widetilde{\phi}_C+\dfrac{1}{2}, & \dfrac{1}{5}\leqslant\widetilde{\phi}_C\leqslant\dfrac{1}{2}\\ \dfrac{3}{4}\widetilde{\phi}_C+\dfrac{3}{8}, & \dfrac{1}{2}\leqslant\widetilde{\phi}_C\leqslant\dfrac{7}{10}\\ \dfrac{1}{3}\widetilde{\phi}_C+\dfrac{2}{3}, & \dfrac{7}{10}\leqslant\widetilde{\phi}_C\leqslant 1\\ \widetilde{\phi}_C, & \text{其他}\end{cases}$$

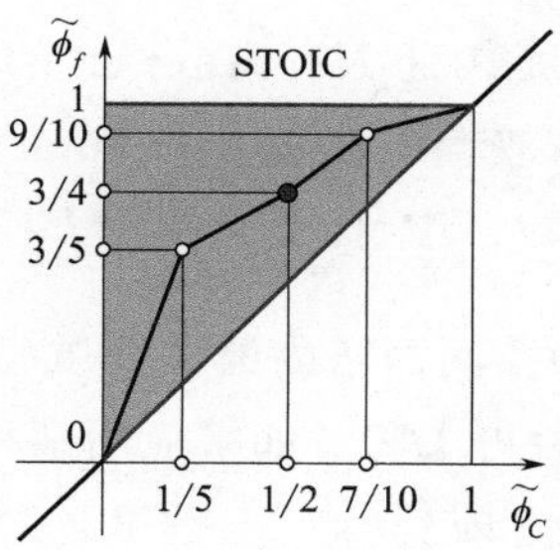

MUSCL，
$$\widetilde{\phi}_f=\begin{cases}2\widetilde{\phi}_C, & 0\leqslant\widetilde{\phi}_C\leqslant\dfrac{1}{4}\\ \widetilde{\phi}_C+\dfrac{1}{4}, & \dfrac{1}{4}\leqslant\widetilde{\phi}_C\leqslant\dfrac{3}{4}\\ 1, & \dfrac{3}{4}\leqslant\widetilde{\phi}_C\leqslant 1\\ \widetilde{\phi}_C, & \text{其他}\end{cases}$$

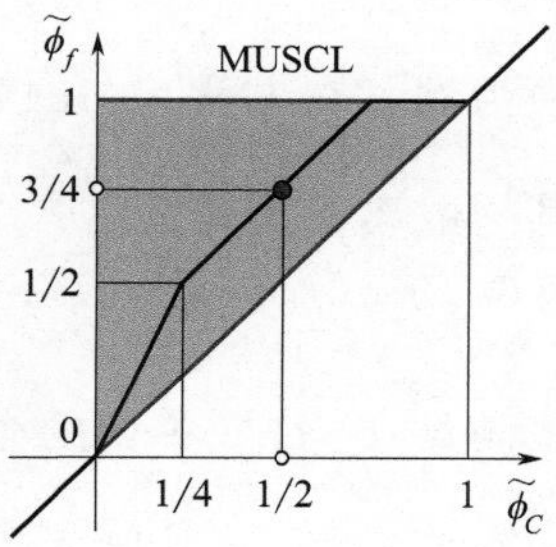

SUPERBEE，
$$\widetilde{\phi}_f=\begin{cases}\dfrac{1}{2}\widetilde{\phi}_C+\dfrac{1}{2}, & 0\leqslant\widetilde{\phi}_C\leqslant\dfrac{1}{2}\\ \dfrac{3}{2}\widetilde{\phi}_C, & \dfrac{1}{2}\leqslant\widetilde{\phi}_C\leqslant\dfrac{2}{3}\\ 1, & \dfrac{2}{3}\leqslant\widetilde{\phi}_C\leqslant 1\\ \widetilde{\phi}_C, & \text{其他}\end{cases}$$

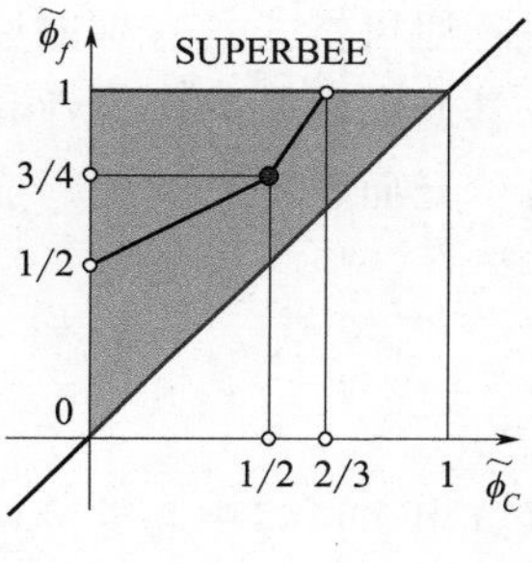

修正 SUPERBEE，
$$\widetilde{\phi}_f=\begin{cases}2\widetilde{\phi}_C, & 0\leqslant\widetilde{\phi}_C\leqslant\dfrac{1}{3}\\ \dfrac{1}{2}\widetilde{\phi}_C+\dfrac{1}{2}, & \dfrac{1}{3}\leqslant\widetilde{\phi}_C\leqslant\dfrac{1}{2}\\ \dfrac{3}{2}\widetilde{\phi}_C, & \dfrac{1}{2}\leqslant\widetilde{\phi}_C\leqslant\dfrac{2}{3}\\ 1, & \dfrac{2}{3}\leqslant\widetilde{\phi}_C\leqslant 1\\ \widetilde{\phi}_C, & \text{其他}\end{cases}$$

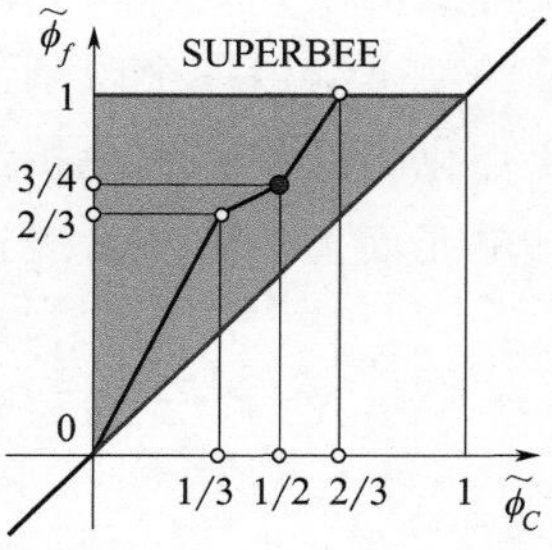

2.6.4 TVD及TVD框架下的HO和HR格式

TVD是构建HR离散格式的另一种常用方法。在求解含有对流项的偏微分方程中的ϕ时，定义变量总的变化（Total Variation，TV）为

$$TV=\sum_{i}|\phi_{i+1}-\phi_{i}| \tag{2-97}$$

其中，i为空间网格内的单元质心索引，TV表示某一迭代步时各相邻单元上的解相减并取绝对值后再求和。如果应用某种方法求解时解的TV值不随时间增加，则说明这种方法满足TVD，即

$$TV(\phi^{(t+\Delta t)})\leqslant TV(\phi^{(t)}) \tag{2-98}$$

可以证明，对流项离散的单调格式满足TVD，而且能够保持单调性的格式在求解域内不产生新的局部极值。

以一维对流项为例，在方程(1-101)中将其移至等号右端成为$-\frac{\partial(\rho \boldsymbol{v}\phi)}{\partial x}$，在图2-35所示的网格上，其一般离散形式为

$$-a_1(\phi_C-\phi_U)+a_2(\phi_D-\phi_C) \tag{2-99}$$

某一数值格式满足TVD或单调的充分条件为

$$a_1\geqslant 0, a_2\geqslant 0 \text{ 且 } 0\leqslant a_1+a_2\leqslant 1 \tag{2-100}$$

其中，a_1、a_2的值取决于所采用的离散格式。

由于一阶迎风格式具有扩散性，而二阶中心差分格式具有分散性，所以需要构建一种格式使其兼具迎风格式的稳定性和中心差分格式的精度。从一维均匀网格时的中心差分格式出发，将单元面上的变量值写成

$$\phi_f=\frac{\phi_D+\phi_C}{2}=\underbrace{\phi_C}_{\text{迎风}}+\underbrace{\frac{1}{2}(\phi_D-\phi_C)}_{\text{反扩散通量}} \tag{2-101}$$

从该式可以看出，可将中心差分格式看作迎风格式和一个反扩散通量的和，迎风格式只具有一阶精度，而中心差分格式正是因为含有反扩散通量才具有二阶精度，但它减弱了数值扩散，会引起非物理意义的振荡。一种解决办法是只将反扩散通量的一部分加到迎风格式上，使得到的格式既保留二阶精度也不引起无物理意义的振荡。其实现方法是在表示反扩散通量的项上乘以一个限制函数（Limiter），通过该函数在可能发生振荡的区域（因变量大梯度变化的区域）避免扩散通量的过多作用，而在平滑区域最大化反扩散通量的贡献。这时，单元面上的因变量表达式成为

$$\phi_f=\phi_C+\frac{1}{2}\underbrace{\psi(r_f)}_{\text{限制函数}}(\phi_D-\phi_C),\quad r_f=\frac{\phi_C-\phi_U}{\phi_D-\phi_C},\quad \psi(r_f)\geqslant 0 \tag{2-102}$$

其中，$\psi(r_f)$为限制函数。选取不同的限制函数即可得到不同的离散格式，并且构建满足TVD的离散格式归结为寻找限制函数使其满足充分条件（2-100）。

为了确定限制函数$\psi(r_f)$满足的条件，需将ϕ_f组装为代数方程，因为式(2-99)为

代数方程。同样考虑一维区域，如图 2-35 所示，单元 C 的两单元面上的对流通量为

$$\dot{m}_e\phi_e=\left[\phi_C+\frac{1}{2}\psi(r_e^+)(\phi_E-\phi_C)\right]\|\dot{m}_e,0\|-\left[\phi_E+\frac{1}{2}\psi(r_e^-)(\phi_C-\phi_E)\right]\|-\dot{m}_e,0\|$$

$$\dot{m}_w\phi_w=\left[\phi_C+\frac{1}{2}\psi(r_w^+)(\phi_W-\phi_C)\right]\|\dot{m}_w,0\|-\left[\phi_W+\frac{1}{2}\psi(r_w^-)(\phi_C-\phi_W)\right]\|-\dot{m}_w,0\|$$

其中

$$r_e^+=\frac{\phi_C-\phi_W}{\phi_E-\phi_C},r_e^-=\frac{\phi_E-\phi_{EE}}{\phi_C-\phi_E},r_w^+=\frac{\phi_C-\phi_E}{\phi_W-\phi_C},r_w^-=\frac{\phi_W-\phi_{WW}}{\phi_C-\phi_W}$$

如果假设流速 $u>0$，此时移至方程中等号右端的对流项的离散格式为

$$-\dot{m}_e\left[\phi_C+\frac{1}{2}\psi(r_e^+)(\phi_E-\phi_C)\right]-\dot{m}_w\left[\phi_W+\frac{1}{2}\psi(r_w^-)(\phi_C-\phi_W)\right]$$

考虑到连续性方程 $\dot{m}_e+\dot{m}_w=0$，该式成为

$$-\dot{m}_e\left[1+\frac{1}{2}\times\frac{\psi(r_e^+)}{r_e^+}-\frac{1}{2}\psi(r_w^-)\right](\phi_C-\phi_W)$$

将其与式(2-99) 对比，得

$$a_1=1+\frac{1}{2}\times\frac{\psi(r_e^+)}{r_e^+}-\frac{1}{2}\psi(r_w^-),a_2=0$$

为满足 TVD 条件 (2-100)，有

$$0\leqslant 1+\frac{1}{2}\times\frac{\psi(r_e^+)}{r_e^+}-\frac{1}{2}\psi(r_w^-)\leqslant 1$$

展开并化简后可得

$$0\leqslant\psi(r)-\frac{\psi(r)}{r}\leqslant 2 \tag{2-103}$$

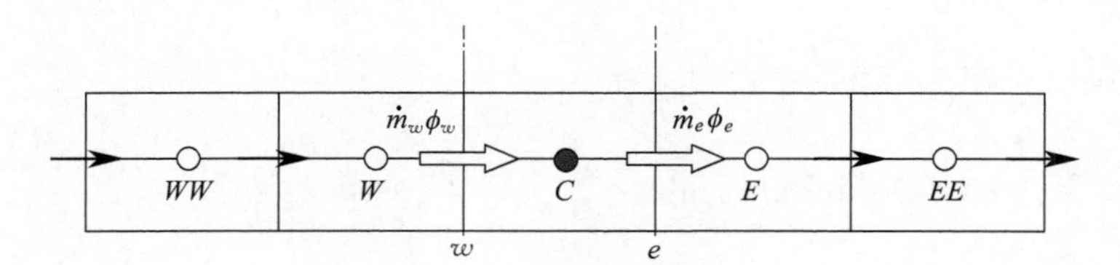

图 2-35　一维网格上的对流通量

加上限制条件后，当离散格式满足 TVD 时，可得其限制函数需满足条件

$$\psi(r)=\begin{cases}\min(2r,2), & r>0\\ 0, & r\leqslant 0\end{cases} \tag{2-104}$$

这一条件可绘制成 Sweby 图，如图 2-36 所示。

将各种对流项离散格式中单元面上的因变量表达式与式(2-102) 对照，可得它们对应的限制函数为：

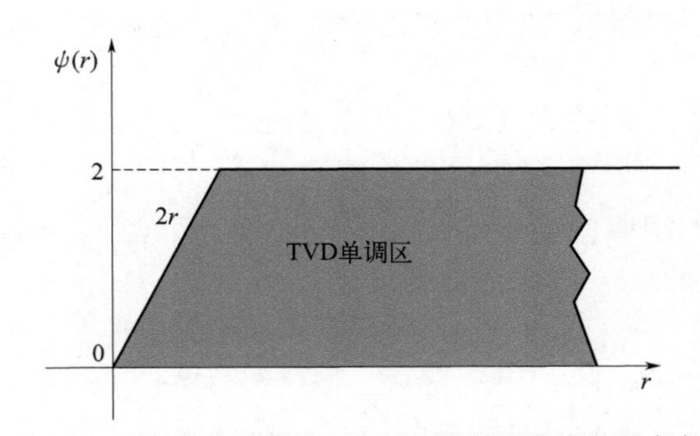

图 2-36 离散格式满足 TVD 时限制函数满足的条件

$$
\begin{aligned}
&\text{迎风格式:} && \psi(r_f)=0 \\
&\text{中心差分格式:} && \psi(r_f)=1 \\
&\text{SOU 格式:} && \psi(r_f)=r_f \\
&\text{FROMM 格式:} && \psi(r_f)=\frac{1+r_f}{2} \\
&\text{QUICK 格式:} && \psi(r_f)=\frac{3+r_f}{4} \\
&\text{顺风格式:} && \psi(r_f)=2
\end{aligned}
\tag{2-105}
$$

对流项离散的二阶格式都可以写成 CD 和 SOU 格式的加权和，所以二阶格式的限制函数在 Sweby 图中必过（1,1）点，如图 2-37 所示，且必位于 CD 和 SOU 限制函数所限定的区域内，这一区域相应于（$\tilde{\phi}_C$,$\tilde{\phi}_f$）的 NVD 图如图 2-38 所示。而 HO 格式不完全位于这一区域内，所以 HO 格式不具有有界性。但 HR 格式满足这种有界性条件，部分这些格式转换为 TVD 后的限制函数为

$$
\begin{aligned}
&\text{SUPERBEE,} && \psi(r_f)=\max(0,\min(1,2r_f),\min(2,r_f)) \\
&\text{MINMOD,} && \psi(r_f)=\max(0,\min(1,r_f)) \\
&\text{OSHER,} && \psi(r_f)=\max(0,\min(2,r_f)) \\
&\text{Van Leer,} && \psi(r_f)=\frac{r_f+|r_f|}{1+|r_f|} \\
&\text{MUSCL,} && \psi(r_f)=\max\left(0,\min\left(2r_f,\frac{r_f+1}{2},2\right)\right)
\end{aligned}
\tag{2-106}
$$

它们对应的 Sweby 图如图 2-39 所示。

NVF 和 TVD 都是为了使对流项的离散格式具有有界性而设计的，这两种框架实质上是相同的。

2.6.5 非结构化网格中的 HR 格式

在非结构化网格中，对流项离散的一个困难是如何确定远迎风单元质心位置 U，而且在计算 ϕ_f、$\tilde{\phi}_C$、r_f 时都需要这个值。一种方法是创建一个虚拟点，如将其取为 C 和 D 连线上的点，如图 2-40 所示，此时可得到如下关系式：

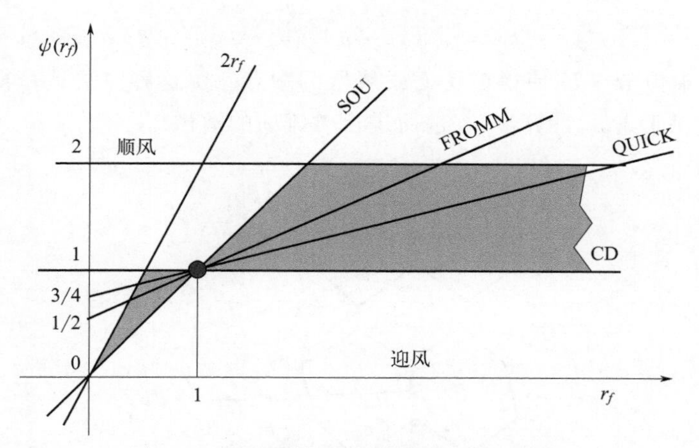

图 2-37　对流项各种离散格式的 Sweby 图

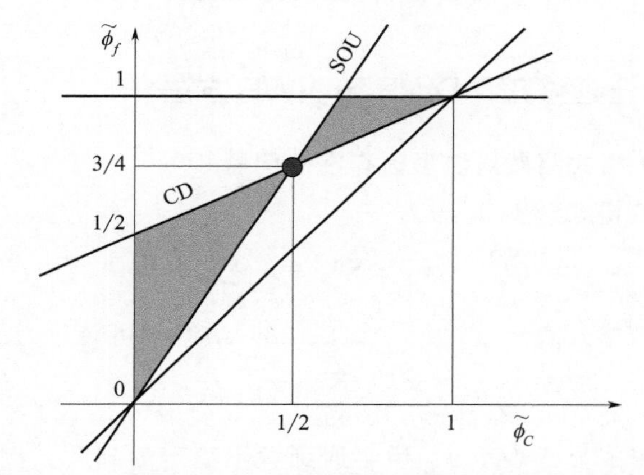

图 2-38　对流项的二阶离散格式满足 TVD 条件的单调区域

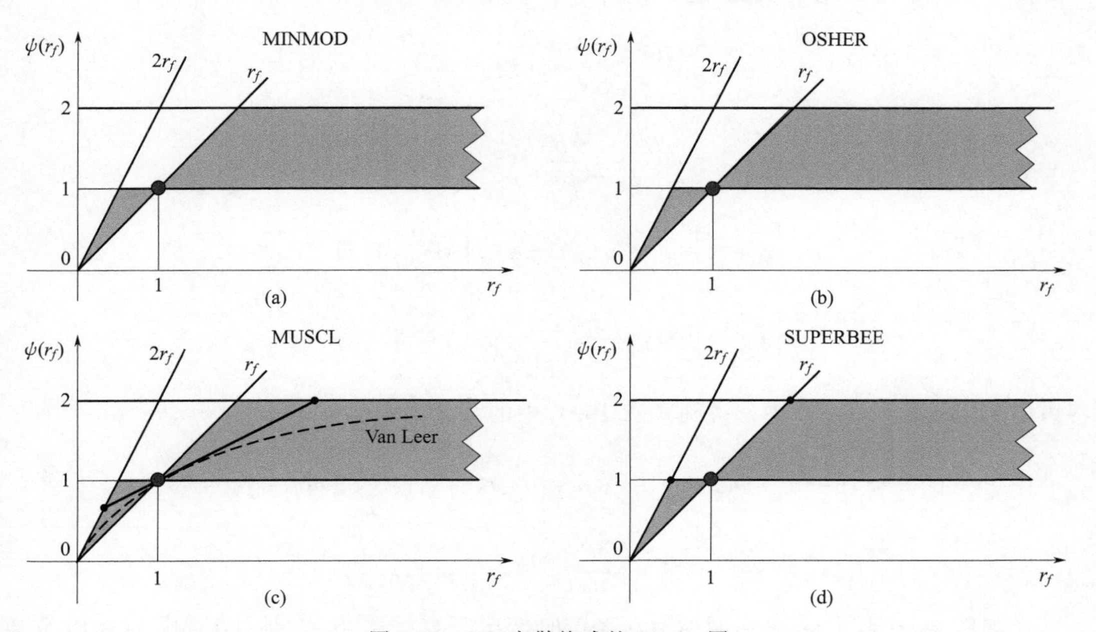

图 2-39　HR 离散格式的 Sweby 图

$$\phi_D-\phi_U=(\nabla\phi)_C\cdot\boldsymbol{d}_{UD}=2(\nabla\phi)_C\cdot\boldsymbol{d}_{CD} \tag{2-107}$$

这里创建的虚拟节点U使得C为UD线段的中点。由这种方法计算得到ϕ_U后，就可以根据NVF或TVD格式计算ϕ_f，进而进行对流项的离散。

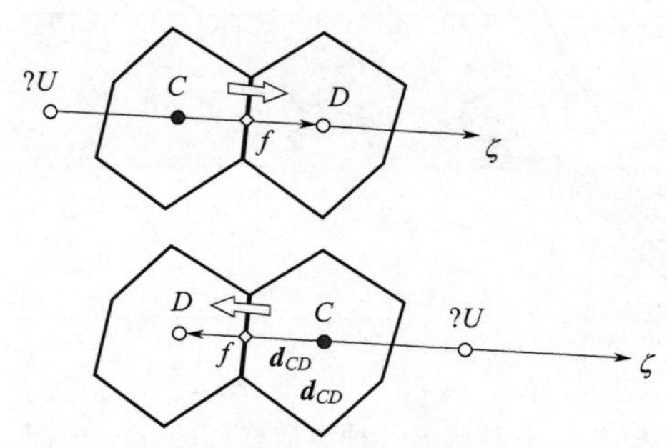

图2-40 非结构化网格中的虚拟迎风单元质心

2.6.6 HR格式的迁延修正、DWF和NWF方法

(1) 直接应用HR格式离散对流项时存在的问题

将对流项的半离散格式(2-63)写为

$$\sum_{f\sim \mathrm{nb}(C)}(\rho\boldsymbol{v}\phi\cdot\boldsymbol{S})_f=\sum_{f\sim \mathrm{nb}(C)}\dot{m}_f\phi_f \tag{2-108}$$

由对流项的各离散格式表示ϕ_f后，式(2-108)最终都可转化为形式

$$a_C\phi_C+\sum_{F\sim \mathrm{NB}(C)}(a_F\phi_F) \tag{2-109}$$

但在应用前述各离散格式显式表示ϕ_f后会遇到解不稳定的问题。例如，根据式(2-102)，得到由TVD格式表示的对流通量为

$$\begin{aligned}\dot{m}_f\phi_f&=\left[\phi_C+\frac{1}{2}\psi\left(\frac{\phi_C-\phi_U}{\phi_F-\phi_C}\right)(\phi_F-\phi_C)\right]\|\dot{m}_f,0\|-\\&\quad\left[\phi_F+\frac{1}{2}\psi\left(\frac{\phi_F-\phi_{DD}}{\phi_C-\phi_F}\right)(\phi_C-\phi_F)\right]\|-\dot{m}_f,0\|\\&=\left[\phi_C+\frac{1}{2}\psi(r_f^+)(\phi_F-\phi_C)\right]\|\dot{m}_f,0\|-\\&\quad\left[\phi_F+\frac{1}{2}\psi(r_f^-)(\phi_C-\phi_F)\right]\|-\dot{m}_f,0\|\end{aligned}$$

将该结果代入式(2-108)中，得到式(2-109)中的系数为

$$a_F=-\|-\dot{m}_f,0\|+\frac{1}{2}\|\dot{m}_f,0\|\psi(r_f^+)+\frac{1}{2}\|-\dot{m}_f,0\|\psi(r_f^-)$$

$$a_C=-\sum_{F\sim \mathrm{NB}(C)}a_F+\sum_{F\sim \mathrm{NB}(C)}\dot{m}_f$$

在如图2-35所示的一维网格且$u>0$的情况下，代数方程(2-109)中的相应系数成为

$$a_E=\frac{1}{2}\dot{m}_e\psi(r_e^+)$$

$$a_W=\left[-1+\frac{1}{2}\psi(r_w^-)\right]\dot{m}_e$$

$$a_C=-a_E-a_W$$

由于 $0\leqslant\psi(r)\leqslant2$，可知 a_E 与 a_W 符号相反（除迎风格式外，迎风格式中 $\psi(r_f)=0$），这会引起求解过程的不稳定，使得迭代过程收敛较困难。一种解决办法是应用迁延修正法，将 HR 格式和迎风格式的差作为源项加在代数方程的右端，并对这一增加的源项显式处理。从 2.5.9 节可知，迁延修正法易于执行，且可用于结构和非结构化网格，但当使用迎风格式和 HR 格式计算得到的单元面上的值相差较大时，收敛也将变慢。这就需要寻找其他方法使得执行 HR 格式时更加偏向隐式但又不影响收敛速率，其中的两种方法是顺风加权因子法（Downwind Weighing Factor，DWF）和归一化加权因子法（Normalized Weighing Factor，NWF）。

（2）DWF 法

定义 DWF 为

$$\mathrm{DWF}_f=\frac{\phi_f-\phi_C}{\phi_D-\phi_C}=\frac{\tilde{\phi}_f-\tilde{\phi}_C}{1-\tilde{\phi}_C} \tag{2-110}$$

由该定义可得

$$\phi_f=\phi_C+\mathrm{DWF}_f(\phi_D-\phi_C)=\mathrm{DWF}_f\phi_D+(1-\mathrm{DWF}_f)\phi_C \tag{2-111}$$

可见，DWF 方法相当于将 HR 格式的 ϕ_f 在单元面 f 的迎风单元质心和顺风单元质心上进行了重新分配。由于应用 HR 格式计算的 ϕ_f 值在 ϕ_C 和 ϕ_D 之间，所以有 $0\leqslant\mathrm{DWF}_f\leqslant1$。

前述各种 HR 格式对应的DWF_f 均可由它们相应的函数关系（$\tilde{\phi}_f(\tilde{\phi}_C)$或 $\psi(r_f)$）得到，将式(2-111) 与式(2-102) 相比较可得

$$\mathrm{DWF}_f=\frac{1}{2}\psi(r_f) \tag{2-112}$$

均匀网格上对流项的 HO 和 HR 格式对应的DWF_f 关系式结果见表 2-1。

表 2-1　均匀网格上对流项的 HO 和 HR 格式对应的DWF_f 关系式

离散格式	NWF-NVF
迎风	$\mathrm{DWF}_f=0$
SOU	$\mathrm{DWF}_f=\dfrac{\tilde{\phi}_C}{2(1-\tilde{\phi}_C)}$
CD	$\mathrm{DWF}_f=\dfrac{1}{2}$
FROMM	$\mathrm{DWF}_f=\dfrac{1}{4(1-\tilde{\phi}_C)}$
QUICK	$\mathrm{DWF}_f=\dfrac{1}{4}+\dfrac{1}{8(1-\tilde{\phi}_C)}$

续表

离散格式	NWF-NVF
顺风	$\mathrm{DWF}_f=1$
MINMOD	$\mathrm{DWF}_f=\begin{cases}\dfrac{1}{2}\times\dfrac{\tilde{\phi}_C}{(1-\tilde{\phi}_C)}, & 0\leqslant\tilde{\phi}_C<\dfrac{1}{2}\\ \dfrac{1}{2}, & \dfrac{1}{2}\leqslant\tilde{\phi}_C\leqslant 1\\ 0, & \text{其他}\end{cases}$
有界 CD	$\mathrm{DWF}_f=\begin{cases}\dfrac{1}{2}, & 0\leqslant\tilde{\phi}_C\leqslant 1\\ 0, & \text{其他}\end{cases}$
OSHER	$\mathrm{DWF}_f=\begin{cases}\dfrac{1}{2}\times\dfrac{\tilde{\phi}_C}{(1-\tilde{\phi}_C)}, & 0\leqslant\tilde{\phi}_C<\dfrac{2}{3}\\ 1, & \dfrac{2}{3}\leqslant\tilde{\phi}_C\leqslant 1\\ 0, & \text{其他}\end{cases}$
SMART	$\mathrm{DWF}_f=\begin{cases}\dfrac{2\tilde{\phi}_C}{1-\tilde{\phi}_C}, & 0\leqslant\tilde{\phi}_C<\dfrac{1}{6}\\ \dfrac{1}{4}+\dfrac{1}{8(1-\tilde{\phi}_C)}, & \dfrac{1}{6}\leqslant\tilde{\phi}_C<\dfrac{5}{6}\\ 1, & \dfrac{5}{6}\leqslant\tilde{\phi}_C\leqslant 1\\ 0, & \text{其他}\end{cases}$
STOIC	$\mathrm{DWF}_f=\begin{cases}\dfrac{2\tilde{\phi}_C}{1-\tilde{\phi}_C}, & 0\leqslant\tilde{\phi}_C<\dfrac{1}{5}\\ \dfrac{1}{2}, & \dfrac{1}{5}\leqslant\tilde{\phi}_C<\dfrac{1}{2}\\ \dfrac{1}{4}+\dfrac{1}{8(1-\tilde{\phi}_C)}, & \dfrac{1}{2}\leqslant\tilde{\phi}_C<\dfrac{5}{6}\\ 1, & \dfrac{5}{6}\leqslant\tilde{\phi}_C\leqslant 1\\ 0, & \text{其他}\end{cases}$
MUSCL	$\mathrm{DWF}_f=\begin{cases}\dfrac{\tilde{\phi}_C}{1-\tilde{\phi}_C}, & 0\leqslant\tilde{\phi}_C<\dfrac{1}{4}\\ \dfrac{1}{4(1-\tilde{\phi}_C)}, & \dfrac{1}{4}\leqslant\tilde{\phi}_C<\dfrac{3}{4}\\ 1, & \dfrac{3}{4}\leqslant\tilde{\phi}_C\leqslant 1\\ 0, & \text{其他}\end{cases}$

根据式(2-111)，得到由DWF_f表示的对流通量为

$$\dot m_f\phi_f = [\mathrm{DWF}_f^+\phi_F+(1-\mathrm{DWF}_f^+\phi_C)]\|\dot m_f,0\| \\ -[\mathrm{DWF}_f^-\phi_C+(1-\mathrm{DWF}_f^-\phi_F)]\|-\dot m_f,0\|$$

其中

$$\mathrm{DWF}_f^+=\frac{\phi_f-\phi_C}{\phi_F-\phi_C},\mathrm{DWF}_f^-=\frac{\phi_f-\phi_F}{\phi_C-\phi_F}$$

这样，代数方程中与对流项有关的系数部分成为

$$a_F=\mathrm{DWF}_f^+\|\dot m_f,0\|-(1-\mathrm{DWF}_f^-)\|-\dot m_f,0\|$$

$$a_C=-\sum_{F\sim \mathrm{NB}(C)}a_F+\sum_{f\sim \mathrm{nb}(C)}\dot m_f$$

在如图2-35所示的一维网格且$u>0$的情况下，代数方程(2-109)中的相应系数成为

$$a_E=\dot m_e\mathrm{DWF}_e^+$$

$$a_W=-\dot m_e(1-\mathrm{DWF}_w^-)$$

$$a_C=-\dot m_e(\mathrm{DWF}_e^++\mathrm{DWF}_w^--1)$$

其中应用了连续性方程$\dot m_e+\dot m_w=0$。可见a_E和a_W符号相反，代数方程的求解过程将不稳定。如果$\mathrm{DWF}_f>0.5$，代数方程组系数矩阵中的对角系数$a_C<0$，导致方程组不能用迭代法求解，而且当$\phi_f>0.5(\phi_D-\phi_C)$时，这种情况就会发生。这是因为DWF法将大部分HR通量加在顺风单元质心上的缘故，与中心差分格式类似。

(3) NWF法

NWF法可避免DWF法的上述缺点，它使用线性化的归一化插值方法，将单元面上的因变量值表示为

$$\tilde\phi_f=\ell\tilde\phi_C+k \tag{2-113}$$

可通过该式与对流项离散的各种HR格式的$\tilde\phi_f$函数比较得到每一种HR格式对应的ℓ和k值，表2-2给出了均匀网格上这些离散格式对应的ℓ和k值。将$\tilde\phi_f$和$\tilde\phi_C$各自的定义式(2-90)和式(2-92)代入式(2-113)后，可得

$$\phi_f=\ell\phi_C+k\phi_D+(1-\ell-k)\phi_U \tag{2-114}$$

表2-2　均匀网格上对流项的HO和HR格式对应的NWF系数

离散格式	均匀网格上的NVF参数
迎风	$[\ell,k]=[1,0]$
SOU	$[\ell,k]=\left[\frac{3}{2},0\right]$
CD	$[\ell,k]=\left[\frac{1}{2},\frac{1}{2}\right]$
FROMM	$[\ell,k]=\left[1,\frac{1}{4}\right]$

续表

离散格式	均匀网格上的 NVF 参数
QUICK	$[\ell,k]=\left[\frac{3}{4},\frac{3}{8}\right]$
MINMOD	$[\ell,k]=\begin{cases}\left[\frac{3}{2},0\right], & 0\leqslant\tilde{\phi}_C<\frac{1}{2}\\ \left[\frac{1}{2},\frac{1}{2}\right], & \frac{1}{2}\leqslant\tilde{\phi}_C\leqslant1\\ [1,0], & \text{其他}\end{cases}$
OSHER	$[\ell,k]=\begin{cases}\left[\frac{3}{2},0\right], & 0\leqslant\tilde{\phi}_C<\frac{2}{3}\\ [0,1], & \frac{2}{3}\leqslant\tilde{\phi}_C\leqslant1\\ [1,0], & \text{其他}\end{cases}$
MUSCL	$[\ell,k]=\begin{cases}[2,0], & 0\leqslant\tilde{\phi}_C<\frac{1}{4}\\ \left[1,\frac{1}{4}\right], & \frac{1}{4}\leqslant\tilde{\phi}_C<\frac{3}{4}\\ [0,1], & \frac{3}{4}\leqslant\tilde{\phi}_C\leqslant1\\ [1,0], & \text{其他}\end{cases}$
SMART	$[\ell,k]=\begin{cases}[4,0], & 0\leqslant\tilde{\phi}_C<\frac{1}{6}\\ \left[\frac{3}{4},\frac{3}{8}\right], & \frac{1}{6}\leqslant\tilde{\phi}_C<\frac{5}{6}\\ [0,1], & \frac{5}{6}\leqslant\tilde{\phi}_C\leqslant1\\ [1,0], & \text{其他}\end{cases}$

根据 2.6.5 节的介绍，在非结构化网格中，单元质心 U 的位置为虚位置，需要进行迁延修正得到 ϕ_U，但得到的迁延修正源项小于标准迁延修正法的源项。正因如此，NWF 比标准迁延修正法需要更弱的欠松弛，使得能够快速收敛。

下面给出应用 NWF 方法时的代数方程。应用式(2-114)，将对流通量表示为

$$\dot{m}_f\phi_f=[\ell_f^+\phi_C+k_f^+\phi_F+(1-\ell_f^+-k_f^+)\phi_U^+]\|\dot{m}_f,0\|$$
$$-[\ell_f^-\phi_F+k_f^-\phi_C+(1-\ell_f^--k_f^-)\phi_U^-]\|-\dot{m}_f,0\|$$

代数方程中与对流项有关的系数部分成为

$$a_F=k_f^+\|\dot{m}_f,0\|-\ell_f^-\|-\dot{m}_f,0\|$$
$$a_C=\sum_{f\sim\mathrm{nb}(C)}(\ell_f^+\|\dot{m}_f,0\|-k_f^-\|-\dot{m}_f,0\|)$$

移入源项中的部分为

$$\sum_{f\sim\mathrm{nb}(C)}[(1-\ell_f^+-k_f^+)\phi_U^+\|\dot{m}_f,0\|-(1-\ell_f^--k_f^-)\phi_U^-\|-\dot{m}_f,0\|]$$

在如图 2-35 所示的一维网格情况下，代数方程(2-109) 中对流项的 NWF 离散格式的系数成为

$$a_E=\|\dot{m}_e,0\|k_e^+-\|-\dot{m}_e,0\|\ell_e^-+\|\dot{m}_w,0\|(1-\ell_w^+-k_w^+)$$
$$a_W=\|\dot{m}_w,0\|k_w^+-\|-\dot{m}_w,0\|\ell_w^-+\|\dot{m}_e,0\|(1-\ell_e^+-k_e^+)$$
$$a_{EE}=-\|-\dot{m}_e,0\|(1-\ell_e^--k_e^-)$$
$$a_{WW}=-\|-\dot{m}_w,0\|(1-\ell_w^--k_w^-)$$
$$a_C=-(a_E+a_W+a_{EE}+a_{WW})+(\dot{m}_e+\dot{m}_w)$$

在 HR 格式下的 NWF 形式中，$\ell>k$（除了那些非常靠近顺风格式对应曲线（$\tilde{\phi}_C,\tilde{\phi}_f$）的部分），$a_C$ 恒为正，不会发生不稳定现象。在顺风格式对应的（$\tilde{\phi}_C,\tilde{\phi}_f$）曲线上，$a_C=0$，为了避免这种情况，令$(\ell,k)=(L,1-L\phi_f)$，其中 L 通常被设置为 HR 离散格式中上一个 $\tilde{\phi}_C$ 区间上的值。这种设置使得 NWF 比 DWF 更加可靠。

在 TVD 框架内，除了 MUSCL Van Leer 限制函数外，所有其他 HR 离散格式的限制函数均具有形式

$$\psi(r_f)=mr_f+n \tag{2-115}$$

同样，可通过与不同 HR 格式的 $\psi(r_f)$ 对比得到不同区间上的（m,n）值。将式(2-115)代入式(2-102）得

$$\begin{aligned}\phi_f&=\phi_C+\frac{1}{2}(mr_f+n)(\phi_D-\phi_C)\\&=\left(1+\frac{1}{2}m-\frac{1}{2}n\right)\phi_C+\frac{1}{2}n\phi_D-\frac{1}{2}m\phi_U\end{aligned}$$

可见（m,n）与（ℓ,k）间具有关系 $\ell=1+\frac{1}{2}m-\frac{1}{2}n$，$k=\frac{1}{2}n$。这样，可以采用与 NVF-NWF 类似的方法实现 TVD-NWF。

2.6.7　对流边界条件

对流边界条件主要包括：入口（Inlet）、出口（Outlet）、壁面（Wall）、对称(Symmetry)。对流通量在内部单元面上的因变量值不因边界种类不同而改变，而边界单元面上的因变量值会因不同的边界条件而改变。将边界单元上的对流项写为

$$\sum_{f\sim \mathrm{nb}(C)}(\rho\boldsymbol{v}\phi\cdot\boldsymbol{S})_f=\sum_{f'\sim \mathrm{nb}(C)}(\rho\boldsymbol{v}\phi\cdot\boldsymbol{S})_{f'}+(\rho\boldsymbol{v}\phi\cdot\boldsymbol{S})_b$$

其中，等号右端第一项中不包含边界上的单元面。

（1）Inlet

Inlet 边界条件为指定边界上的 ϕ 值 ϕ_b，即

$$(\rho\boldsymbol{v}\phi\cdot\boldsymbol{S})_b=(\rho\boldsymbol{v}\cdot\boldsymbol{S})_b\phi_b$$

在最终的代数方程中，该项成为源项。

（2）Outlet

在 Outlet 边界上，不存在边界下游单元质心上的信息，通常假设在该单元面上满足

$$(\nabla\phi\cdot\boldsymbol{n})_b=\left(\frac{\partial\phi}{\partial n}\right)_b=0$$

且在该边界面上使用迎风格式 $\phi_b=\phi_C$，使该式自动满足。这种边界条件使得代数方程的系数 a_C 中增加了 $\dot{m}_b$ 项。

(3) Wall

在 Wall 边界上，法向速度为零，也即对流通量为零，代数方程中不包含该边界面的信息即可。

(4) Symmetry

没有介质流过 Symmetry 种类的界面，所以针对这种边界面，可采用与 Wall 边界相同的处理方法。

2.7 瞬态项的离散

相比于稳态物理场，瞬态物理场在空间维度的基础上增加了一个时间维度，但不需要额外定义时间维度上的物理场。求解瞬态物理场的数学模型时，一般应用时间步进方法，从初始时间开始，求解算法逐个时间步推进，某一时间步求得的解作为下一时间步的初始条件，直到达到预定时间终止。而且此时需要同时在空间和时间维度上离散控制方程，其中空间离散在空间区域内的控制体上进行，与稳态时的离散方法相同。对于瞬态项，其离散过程包括建立时间坐标，并沿时间坐标计算瞬态项的导数或积分，它们分别对应两种离散方法：第一种方法将关于时间的偏导数表示为关于离散时间节点值的 Taylor 展开式，其实质为有限差分离散；另一种方法类似于对流项离散中使用的方法，它在一个虚时间单元上应用有限体积法离散瞬态项，将时间导数转换为时间单元上的面通量。

瞬态项离散需解决的问题是，如何表示瞬态项中的时间导数。为此，首先将瞬态物理场的控制方程(1-101) 简写为

$$\frac{\partial(\rho\phi)}{\partial t}+\mathcal{L}(\phi)=0 \tag{2-116}$$

其中，瞬态项也称为瞬态算子，等号左端的第二项也称为空间算子，包括对流项、扩散项、源项等。对空间计算域划分网格后，将方程(2-116) 在空间单元 C 上积分，有

$$\int_{V_C}\frac{\partial(\rho\phi)}{\partial t}\mathrm{d}V+\int_{V_C}\mathcal{L}(\phi)\mathrm{d}V=0$$

对于其中瞬态算子的积分，应用一点高斯积分将其表示为单元质心上的值；对于其中空间算子的积分，应用 2.2～2.6 节的离散方法离散其中的各项。得方程(2-116) 的空间离散形式为

$$\frac{\partial(\rho_C\phi_C)}{\partial t}V_C+\mathcal{L}(\phi_C^{(t)})=0 \tag{2-117}$$

其中，空间离散算子可表示为

$$\mathcal{L}(\phi_C^{(t)})=a_C\phi_C^{(t)}+\sum_{F\sim \mathrm{NB}(C)}(a_F\phi_F^{(t)})-b_C \tag{2-118}$$

其中，上标 (t) 表示在参考时间 t 时取值。这样，将瞬态项的离散问题归结为如何在时间单元上表示方程(2-117) 等号左端第一项中的导数。下面分别说明瞬态项离散的两种方法。

2.7.1 有限差分法

应用有限差分法离散瞬态项的步骤为：首先，需在时间轴上划分网格，如图 2-41 所

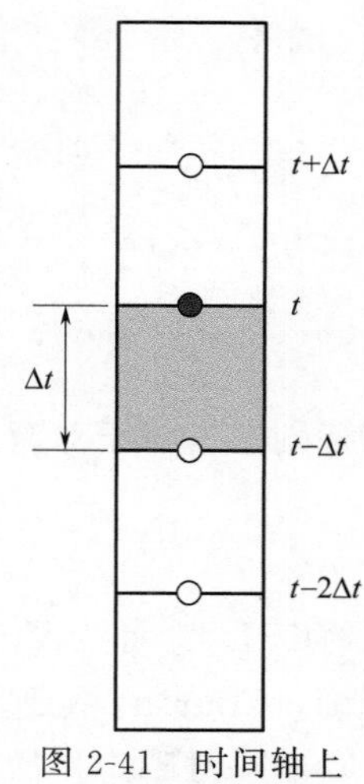

图 2-41 时间轴上的结构化网格

示为建立的结构化时间网格；其次，在时间网格上的时刻 t 离散空间算子 $\mathcal{L}(\phi)$，同时应用因变量函数关于时间 t 的 Taylor 展开式的组合表示时间导数。下面分别说明瞬态项离散的四种有限差分方法。

（1）前向 Euler 格式

假设函数 $T(t)$ 关于 t 任意阶可导，则可以用关于时刻 t 的 Taylor 级数表示时刻 $t+\Delta t$ 的函数值：

$$T(t+\Delta t)=T(t)+\frac{\partial T(t)}{\partial t}\Delta t+\frac{\partial^2 T(t)}{\partial t^2}\times\frac{(\Delta t)^2}{2}+\cdots$$

在该式中，忽略二阶以上的高阶项后，将 $T(t)$ 关于 t 的一阶偏导数表示为

$$\frac{\partial T(t)}{\partial t}=\frac{T(t+\Delta t)-T(t)}{\Delta t}+O(\Delta t) \tag{2-119}$$

可见，这一表示为一阶离散。

为了获得瞬态项的前向 Euler 格式(Forward Euler Scheme)，用 $\rho\phi$ 代替式(2-119) 中的 T，并将所得结果代入方程(2-117)，得

$$\frac{(\rho_C\phi_C)^{(t+\Delta t)}-(\rho_C\phi_C)^{(t)}}{\Delta t}V_C+\mathcal{L}(\phi_C^{(t)})=0 \tag{2-120}$$

其中，上标 (t) 和 $(t+\Delta t)$ 分别表示在时刻 t 和 $t+\Delta t$ 取值。

令 Δt 表示图 2-41 所示时间网格的时间步长，则由方程(2-120) 知，时刻 $t+\Delta t$ 的因变量值可根据上一时间步 t 的值进行显式表示。将空间离散算子 (2-118) 代入方程(2-120) 后，得代数方程

$$\underbrace{\frac{\rho_C^{(t+\Delta t)}V_C}{\Delta t}}_{a_C^{(t+\Delta t)}}\phi_C^{(t+\Delta t)}=b_C-\left[a_C\phi_C^{(t)}+\sum_{F\sim NB(C)}(a_F\phi_F^{(t)})\right]+\underbrace{\frac{\rho_C^{(t)}V_C}{\Delta t}}_{-a_C^{(t)}}\phi_C^{(t)}$$

化简后得最终的代数方程：

$$\phi_C^{(t+\Delta t)}=\frac{1}{a_C^{(t+\Delta t)}}\left[b_C-(a_C+a_C^{(t)})\phi_C^{(t)}-\sum_{F\sim NB(C)}(a_F\phi_F^{(t)})\right] \tag{2-121}$$

（2）数值格式稳定性的 CFL 条件

瞬态问题的数值稳定性是指，如果一个给定的数值误差在由一个时间步向下一个时间步推进过程中没有增加或逐渐减小，则认为数值格式是稳定的。根据数值格式稳定性的 CFL 条件：为了使差分方程的解稳定收敛于原偏微分方程的解，数值格式必须使用初始数据中影响解的所有信息。对于瞬态项的有限差分离散格式，这一条件成为：在离散得到的代数方程中，两相邻时间步上单元质心 C 上的因变量 ϕ_C 的系数应满足符号相反规则(在等号的同一侧时)。其物理意义为：前一时间步得到的较大的 ϕ_C 值也会导致本次时间步较大的 ϕ_C 值。例如，式(2-121) 中，$\phi_C^{(t+\Delta t)}$ 和 $\phi_C^{(t)}$ 的系数应相反，可得

$$a_C+a_C^{(t)}\leqslant 0 \tag{2-122}$$

对于一维瞬态对流问题，如果在如图 2-24 所示的空间网格上流速为正，应用迎风格式离散对流项，且令单元面上的所有变量值都等于其上游单元质心上的值，根

据式(2-66)，有

$$a_C = \dot{m}_e^{(t)} = \rho_C^{(t)} u_C^{(t)} (\Delta y)_C, a_C^{(t)} = -\frac{\rho_C^{(t)} (\Delta y)_C (\Delta x)_C}{\Delta t}$$

由 CFL 条件（2-122）知

$$\Delta t \leqslant \frac{(\Delta x)_C}{u_C^{(t)}} \tag{2-123}$$

特别地，对于对流占主导的问题，定义对流 CFL 数及其满足的 CFL 条件：

$$\text{CFL}^{\text{conv}} = \frac{u_C^{(t)} \Delta t}{(\Delta x)_C} \leqslant 1 \tag{2-124}$$

将CFL^{conv}称为 Courant 数，它是对流方程稳定性的一个重要判据。但同时，为了计算精确，Courant 数还要尽量接近于 1。

对于一维瞬态扩散问题，如图 2-42 所示为其空间网格单元，根据式(2-26)，有

$$a_C = \frac{\Gamma_e^\phi (\Delta y)_C}{(\delta x)_e} + \frac{\Gamma_w^\phi (\Delta y)_C}{(\delta x)_w}, a_C^{(t)} = -\frac{\rho_C^{(t)} (\Delta y)_C (\Delta x)_C}{\Delta t}$$

由 CFL 条件（2-122）知

$$\Delta t \leqslant \frac{\rho_C^{(t)} (\Delta x)_C}{\dfrac{\Gamma_e^\phi}{(\delta x)_e} + \dfrac{\Gamma_w^\phi}{(\delta x)_w}} \tag{2-125}$$

如果网格均匀且扩散系数恒定，则该式成为

$$\Delta t \leqslant \frac{\rho_C^{(t)} (\Delta x)_C^2}{2\Gamma_C^\phi} \tag{2-126}$$

特别地，对于扩散占主导的问题，定义扩散 CFL 数及其满足的 CFL 条件：

$$\text{CFL}^{\text{diff}} = \frac{\Gamma_C^\phi \Delta t}{\rho_C^{(t)} (\Delta x)_C^2} \leqslant \frac{1}{2} \tag{2-127}$$

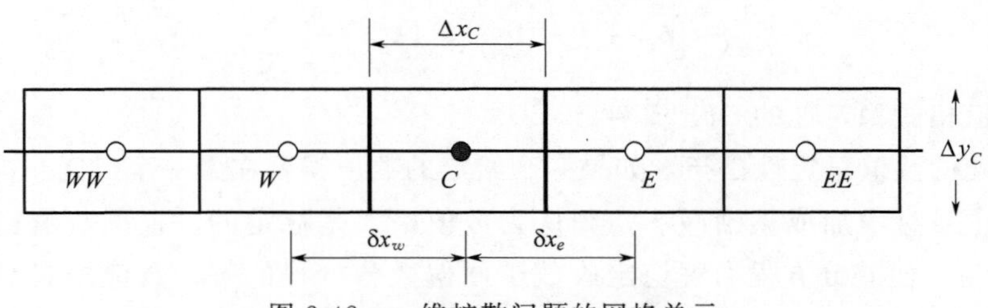

图 2-42　一维扩散问题的网格单元

对于多维瞬态对流-扩散问题，在非结构化网格上，应用迎风格式离散对流项，根据式(2-44）和式(2-66）的结果，可得

$$a_C = \sum_{f \sim \text{nb}(C)} \left(\frac{E_f}{d_{CF}} \Gamma_f^\phi + \| \dot{m}_f^{(t)}, 0 \| \right), a_C^{(t)} = -\frac{\rho_C^{(t)} V_C}{\Delta t}$$

将它们代入式(2-122）中，得 CFL 条件为

$$\Delta t \leqslant \frac{\rho_C^{(t)} V_C}{\sum_{f \sim \mathrm{nb}(C)} \left(\Gamma_f^{\phi} \frac{E_f}{d_{CF}} + \| \dot{m}_f^{(t)}, 0 \| \right)} \tag{2-128}$$

该式即显式瞬态格式需满足的一般稳定性条件，式(2-123) 和式(2-125) 可看作式(2-128) 的特殊情况。

稳定性限制条件规定了应用显示格式求解瞬态问题的最大时间步长，由式(2-124)、式(2-127) 和式(2-128) 可以看出，网格尺寸减小后，允许的最大时间步长也将减小。但相比而言，隐式格式通常为无条件稳定，这是因为隐式格式在同一时间步内因变量值不被更新，而不是像显示格式那样简单使用前一时间步的变量值。

(3) 后向 Euler 格式

假设函数 $T(t)$ 关于 t 任意阶可导，则可以用关于时刻 t 的 Taylor 级数表示时刻 $t-\Delta t$ 的函数值，即

$$T(t-\Delta t) = T(t) - \frac{\partial T(t)}{\partial t}\Delta t + \frac{\partial^2 T(t)}{\partial t^2} \times \frac{(\Delta t)^2}{2} + \cdots$$

在该式中忽略二阶以上的高阶项后，将 $T(t)$ 关于 t 的一阶偏导数表示为

$$\frac{\partial T(t)}{\partial t} = \frac{T(t) - T(t-\Delta t)}{\Delta t} + O(\Delta t) \tag{2-129}$$

为了获得瞬态项的后向 Euler 格式(Backward Euler Scheme)，用 $\rho\phi$ 代替式(2-129) 中的 T，并将所得结果代入方程(2-117)，得

$$\frac{(\rho_C \phi_C)^{(t)} - (\rho_C \phi_C)^{(t-\Delta t)}}{\Delta t} V_C + \mathcal{L}(\phi_C^{(t)}) = 0 \tag{2-130}$$

令 Δt 表示图 2-41 所示时间网格的时间步长，将空间离散算子 (2-118) 代入方程(2-130) 后，得代数方程

$$\underbrace{\left(a_C + \frac{\rho_C^{(t)} V_C}{\Delta t} \right)}_{a_C^{(t)}} \phi_C^{(t)} + \sum_{F \sim \mathrm{NB}(C)} (a_F \phi_F^{(t)}) = b_C + \underbrace{\frac{\rho_C^{(t-\Delta t)} V_C}{\Delta t}}_{-a_C^{(t-\Delta t)}} \phi_C^{(t-\Delta t)} \tag{2-131}$$

由方程(2-131) 可知，对于由后向 Euler 格式离散瞬态项后得到的代数方程，需求解当前时间步的空间算子，由于需要通过求解代数方程才能得到新时间节点上的变量值，所以这种格式属于隐式方法。由于方程(2-131) 中 $a_C^{(t-\Delta t)}$ 与 $a_C^{(t)}$ 的符号相反，所以后向 Euler 格式的稳定性与时间步长无关，这样可以使用大时间步快速计算，但另一方面，使用大时间步时所得解的精度往往较低。

(4) Crank-Nicolson 格式

假设函数 $T(t)$ 关于 t 任意阶可导，则可以用关于时刻 t 的 Taylor 级数同时表示 $t-\Delta t$ 和 $t+\Delta t$ 时刻的函数值：

$$T(t+\Delta t) = T(t) + \frac{\partial T(t)}{\partial t}\Delta t + \frac{\partial^2 T(t)}{\partial t^2} \times \frac{(\Delta t)^2}{2} + \frac{\partial^3 T(t)}{\partial t^3} \times \frac{(\Delta t)^3}{6} + \cdots$$

$$T(t-\Delta t) = T(t) - \frac{\partial T(t)}{\partial t}\Delta t + \frac{\partial^2 T(t)}{\partial t^2} \times \frac{(\Delta t)^2}{2} - \frac{\partial^3 T(t)}{\partial t^3} \times \frac{(\Delta t)^3}{6} + \cdots$$

在该两式中分别忽略三阶以上的高阶项后相减，可将 $T(t)$ 关于 t 的一阶偏导数表示为

$$\frac{\partial T(t)}{\partial t}=\frac{T(t+\Delta t)-T(t-\Delta t)}{2\Delta t}+O((\Delta t)^2) \tag{2-132}$$

可见，这一表示具有二阶精度。

为了获得瞬态项的 Crank-Nicolson 格式，用 $\rho\phi$ 代替式(2-132) 中的 T，并将所得结果代入方程(2-117)，得

$$\frac{(\rho_C\phi_C)^{(t+\Delta t)}-(\rho_C\phi_C)^{(t-\Delta t)}}{2\Delta t}V_C+\mathcal{L}(\phi_C^{(t)})=0 \tag{2-133}$$

令 Δt 表示图 2-41 所示时间网格的时间步长，将空间离散算子 (2-118) 代入方程(2-133)后，得代数方程

$$\underbrace{\frac{\rho_C^{(t+\Delta t)}V_C}{2\Delta t}}_{a_C^{(t+\Delta t)}}\phi_C^{(t+\Delta t)}=b_C-\left[a_C\phi_C^{(t)}+\sum_{F\sim NB(C)}(a_F\phi_F^{(t)})\right]+\underbrace{\frac{\rho_C^{(t-\Delta t)}V_C}{2\Delta t}}_{-a_C^{(t-\Delta t)}}\phi_C^{(t-\Delta t)} \tag{2-134}$$

可见，这种格式需要前两个时间步的变量值显式计算当前时间步的变量值。

为了分析 Crank-Nicolson 格式的稳定性，将 t 时刻的因变量值近似表示为

$$\phi^{(t)}=\frac{\phi^{(t+\Delta t)}+\phi^{(t-\Delta t)}}{2}$$

将其代入代数方程(2-134) 后，该方程成为

$$a_C^{(t+\Delta t)}\phi_C^{(t+\Delta t)}+\frac{1}{2}\left[a_C\phi_C^{(t+\Delta t)}+\sum_{F\sim NB(C)}(a_F\phi_F^{(t+\Delta t)})\right]$$
$$=b_C-\frac{1}{2}\left[(a_C+2a_C^{(t-\Delta t)})\phi_C^{(t-\Delta t)}+\sum_{F\sim NB(C)}(a_F\phi_F^{(t-\Delta t)})\right]$$

由该式可以看出，CFL 稳定性条件成为

$$a_C+2a_C^{(t-\Delta t)}\leqslant 0 \tag{2-135}$$

例如，对于一维瞬态对流问题，在如图 2-24 所示的均匀空间网格上，流速为正，应用迎风格式离散对流项，且令单元面上的所有变量值都等于其上游单元质心上的值，当扩散系数 Γ^ϕ 均匀，密度 ρ 恒定时，根据式(2-66)，有

$$a_C=\dot{m}_e^{(t)}=\rho_C^{(t)}u_C^{(t)}(\Delta y)_C, a_C^{(t-\Delta t)}=-\frac{\rho_C^{(t-\Delta t)}(\Delta y)_C(\Delta x)_C}{2\Delta t}$$

则稳定性条件 (2-135) 成为

$$\Delta t\leqslant\frac{(\Delta x)_C}{u_C^{(t)}}$$

对流 CFL 数及其满足的 CFL 条件为$\mathrm{CFL}^{\mathrm{conv}}=\frac{u_C^{(t)}\Delta t}{(\Delta x)_C}\leqslant 1$，与式(2-124) 的结果一致。

由方程(2-120)、方程(2-130) 和方程(2-133) 可以看出，如果所使用的时间步长相同，Crank-Nicolson 格式可看作前向 Euler 格式和后向 Euler 格式加和得到的。这样，由 Crank-Nicolson 格式离散得到的代数方程在求解时可分两步执行：第一步隐式执行后向 Euler 格式，得到 t 时刻的因变量值 $(\rho\phi)^{(t)}$；第二步显式执行前向 Euler 格式，得到 $t+\Delta t$ 时刻的解。所以，通常情况下，当使用较小的时间步时，Crank-Nicolson 格式可得到比后向 Euler 格式更高精度的解。

（5）Adams-Moulton 格式

假设函数 $T(t)$ 关于 t 任意阶可导，则可以用关于时刻 t 的 Taylor 级数同时表示 $t-\Delta t$ 和 $t-2\Delta t$ 时刻的函数值：

$$T(t-\Delta t)=T(t)-\frac{\partial T(t)}{\partial t}\Delta t+\frac{\partial^2 T(t)}{\partial t^2}\times\frac{(\Delta t)^2}{2}+\cdots$$

$$T(t-2\Delta t)=T(t)-\frac{\partial T(t)}{\partial t}\times(2\Delta t)+\frac{\partial^2 T(t)}{\partial t^2}\times\frac{4(\Delta t)^2}{2}+\cdots$$

在该两式中分别忽略三阶以上的高阶项后相减，可将 $T(t)$ 关于 t 的一阶偏导数表示为

$$\frac{\partial T(t)}{\partial t}=\frac{3T(t)-4T(t-\Delta t)+T(t-2\Delta t)}{2\Delta t}+O((\Delta t)^2) \tag{2-136}$$

为了获得瞬态项的 Adams-Moulton 格式，用 $\rho\phi$ 代替式(2-136) 中的 T，并将所得结果代入方程(2-117)，得

$$\frac{3(\rho_C\phi_C)^{(t)}-4(\rho_C\phi_C)^{(t-\Delta t)}+(\rho_C\phi_C)^{(t-2\Delta t)}}{2\Delta t}V_C+\mathcal{L}(\phi_C^{(t)})=0 \tag{2-137}$$

令 Δt 表示图 2-41 所示时间网格的时间步长，将空间离散算子 (2-118) 代入方程(2-137) 后，得代数方程

$$\Bigg(\underbrace{\frac{3\rho_C^{(t)}V_C}{2\Delta t}+a_C}_{a_C^{(t)}}\Bigg)\phi_C^{(t)}+\sum_{F\sim \mathrm{NB}(C)}(a_F\phi_F^{(t)})=b_C+\underbrace{\frac{2\rho_C^{(t-\Delta t)}V_C}{\Delta t}}_{-a_C^{(t-\Delta t)}}\phi_C^{(t-\Delta t)}-\underbrace{\frac{\rho_C^{(t-2\Delta t)}V_C}{2\Delta t}}_{a_C^{(t-2\Delta t)}}\phi_C^{(t-2\Delta t)} \tag{2-138}$$

在方程(2-138) 中，系数 $a_C^{(t-2\Delta t)}$ 为正，意味着 $\phi_C^{(t-2\Delta t)}$ 的增大将导致 $\phi_C^{(t)}$ 的减小，但由于 $-a_C^{(t-\Delta t)}$ 的值较大，可在一定程度上减弱 $\phi_C^{(t-2\Delta t)}$ 增大的影响（因为在关于 $\phi_C^{(t-\Delta t)}$ 的代数方程中 $\phi_C^{(t-2\Delta t)}$ 的增大将导致 $\phi_C^{(t-\Delta t)}$ 的增大）。因此，Adams-Moulton 格式一般为稳定格式，但在某些情况下会出现非物理意义的振荡。

2.7.2 有限体积法

瞬态项离散的有限体积法类似于对流项的离散方法，只不过后者通过在空间单元上积分获得代数方程，而前者则是在时间单元上积分。

应用有限体积法离散瞬态控制方程时，首先对其空间离散形式的方程(2-117) 在时间区间 $\left[t-\dfrac{\Delta t}{2},\ t+\dfrac{\Delta t}{2}\right]$ 上关于时间 t 积分，有

$$\int_{t-\frac{\Delta t}{2}}^{t+\frac{\Delta t}{2}}\frac{\partial(\rho_C\phi_C)}{\partial t}V_C\,\mathrm{d}t+\int_{t-\frac{\Delta t}{2}}^{t+\frac{\Delta t}{2}}\mathcal{L}(\phi_C^{(t)})\,\mathrm{d}t=0$$

假设单元体积 V_C 不随时间变化，该式等号左端第一项化简为面通量的差，同时对第二项应用中值定理，得

$$(\rho_C\phi_C)^{(t+\frac{\Delta t}{2})}V_C-(\rho_C\phi_C)^{(t-\frac{\Delta t}{2})}V_C+\mathcal{L}(\phi_C^{(t)})\Delta t=0$$

经整理可得

$$\frac{(\rho_C\phi_C)^{(t+\frac{\Delta t}{2})}-(\rho_C\phi_C)^{(t-\frac{\Delta t}{2})}}{\Delta t}V_C+\mathcal{L}(\phi_C^{(t)})=0 \tag{2-139}$$

式(2-139) 可看作半离散形式的瞬态控制方程。推导完整形式的离散方程需解决的问题是如何表示式(2-139) 中的项 $(\rho_C\phi_C)^{(t+\frac{\Delta t}{2})}$ 和 $(\rho_C\phi_C)^{(t-\frac{\Delta t}{2})}$，在推导过程中，将 $\left(t+\dfrac{\Delta t}{2}\right)$和$\left(t-\dfrac{\Delta t}{2}\right)$看作时间单元 t 的两单元面，最终目的是将项 $(\rho_C\phi_C)^{(t+\frac{\Delta t}{2})}$ 和 $(\rho_C\phi_C)^{(t-\frac{\Delta t}{2})}$ 分别表示为时间单元质心 t、$t-\Delta t$ 等上的相应变量值的组合。下面介绍瞬态项离散的四种有限体积方法。

(1) 一阶隐式 Euler 格式

在如图 2-43 所示的时间网格单元上，类似于对流项离散的一阶迎风插值格式，令时间单元面上的因变量值等于其迎风时间单元质心（上一时刻）上的值，即

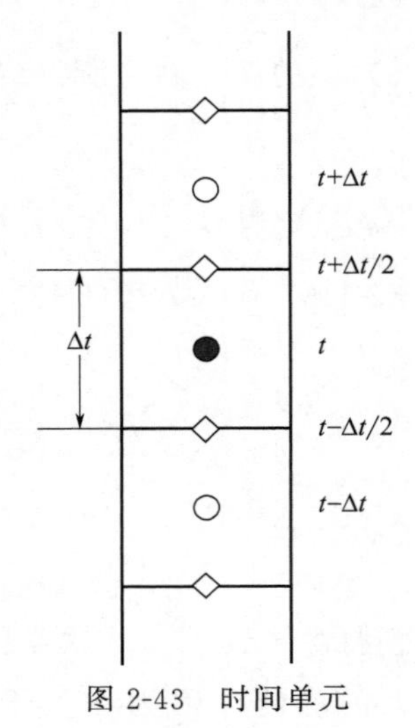

图 2-43 时间单元

$$(\rho_C\phi_C)^{(t+\frac{\Delta t}{2})}=(\rho_C\phi_C)^{(t)},(\rho_C\phi_C)^{(t-\frac{\Delta t}{2})}=(\rho_C\phi_C)^{(t-\Delta t)}$$

将它们代入式(2-139) 可得

$$\frac{(\rho_C\phi_C)^{(t)}-(\rho_C\phi_C)^{(t-\Delta t)}}{\Delta t}V_C+\mathcal{L}(\phi_C^{(t)})=0$$

经整理得到一阶隐式 Euler 格式

$$\underbrace{\frac{\rho_C^{(t)}V_C}{\Delta t}}_{\text{FluxC}^t}\phi_C^{(t)}+\mathcal{L}(\phi_C^{(t)})=\underbrace{\frac{\rho_C^{(t-\Delta t)}V_C}{\Delta t}}_{-\text{FluxC}^{t-\Delta t}}\phi_C^{(t-\Delta t)} \tag{2-140}$$

为了分析一阶隐式 Euler 格式的数值扩散特性，应用 Taylor 级数展开式将$(\rho\phi)^{(t-\Delta t)}$ 表示为

$$(\rho\phi)^{(t-\Delta t)}=(\rho\phi)^{(t)}-\left.\frac{\partial(\rho\phi)}{\partial t}\right|_t\Delta t+\left.\frac{\partial^2(\rho\phi)}{\partial t^2}\right|_t\frac{(\Delta t)^2}{2}+O((\Delta t)^3)$$

经整理得

$$\frac{(\rho\phi)^{(t)}-(\rho\phi)^{(t-\Delta t)}}{\Delta t}=\left.\frac{\partial(\rho\phi)}{\partial t}\right|_t-\frac{\Delta t}{2}\times\left.\frac{\partial^2(\rho\phi)}{\partial t^2}\right|_t-O((\Delta t)^2)$$

将其与方程(2-140) 相比较，可得

$$\left.\frac{\partial(\rho\phi)}{\partial t}\right|_t+\frac{\mathcal{L}(\phi_C^{(t)})}{V_C}=\underbrace{\frac{\Delta t}{2}\times\left.\frac{\partial^2(\rho\phi)}{\partial t^2}\right|_t}_{\text{数值扩散项}}+O((\Delta t)^2)$$

将该方程与方程(2-117) 相比较可知，该方程中增加了一数值扩散项（等号右端的第一项），而且该数值扩散项与时间步长有关，这与对流项的迎风格式类似。因此，虽然一阶隐式 Euler 格式是无条件稳定的，但如果使用大的时间步，则得到的是稳态解。

(2) 一阶显式 Euler 格式

在如图 2-43 所示的时间网格单元上，类似于对流项离散的一阶顺风格式，令时间单元面上的值等于其顺风时间单元质心（下一时刻）上的值，即

$$(\rho_C\phi_C)^{(t+\frac{\Delta t}{2})}=(\rho_C\phi_C)^{(t+\Delta t)},(\rho_C\phi_C)^{(t-\frac{\Delta t}{2})}=(\rho_C\phi_C)^{(t)}$$

将它们代入式(2-139) 可得

$$\frac{(\rho_C\phi_C)^{(t+\Delta t)}-(\rho_C\phi_C)^{(t)}}{\Delta t}V_C+\mathcal{L}(\phi_C^{(t)})=0$$

经整理得到一阶显式 Euler 格式

$$\underbrace{\frac{\rho_C^{(t+\Delta t)}V_C}{\Delta t}}_{\mathrm{FluxC}^{t+\Delta t}}\phi_C^{(t+\Delta t)}+\mathcal{L}(\phi_C^{(t)})=\underbrace{\frac{\rho_C^{(t)}V_C}{\Delta t}}_{-\mathrm{FluxC}^{t}}\phi_C^{(t)} \tag{2-141}$$

可以看出，在时刻 $t+\Delta t$，时刻 t 的空间算子已知，这样可显示计算 $\phi_C^{(t+\Delta t)}$。

为了分析一阶显式 Euler 格式的数值反扩散特性，将 $(\rho\phi)^{(t+\Delta t)}$ 表示为 Taylor 级数展开式：

$$(\rho\phi)^{(t+\Delta t)}=(\rho\phi)^{(t)}+\left.\frac{\partial(\rho\phi)}{\partial t}\right|_t\Delta t+\left.\frac{\partial^2(\rho\phi)}{\partial t^2}\right|_t\frac{(\Delta t)^2}{2}+O((\Delta t)^3)$$

经整理后可得

$$\frac{(\rho\phi)^{(t+\Delta t)}-(\rho\phi)^{(t)}}{\Delta t}=\left.\frac{\partial(\rho\phi)}{\partial t}\right|_t+\frac{\Delta t}{2}\times\left.\frac{\partial^2(\rho\phi)}{\partial t^2}\right|_t-O((\Delta t)^2)$$

将其与方程(2-141) 相比较，得

$$\left.\frac{\partial(\rho\phi)}{\partial t}\right|_t+\frac{\mathcal{L}(\phi_C^{(t)})}{V_C}=\underbrace{-\frac{\Delta t}{2}\times\left.\frac{\partial^2(\rho\phi)}{\partial t^2}\right|_t}_{\text{数值反扩散项}}+O((\Delta t)^2)$$

将其与方程(2-117) 相比较可知，该方程中增加了一数值反扩散项（等号右端的第一项)，这与对流项离散时的顺风格式类似，而且该数值反扩散项也与时间步长成比例。数值反扩散项会引起数值不稳定，且它会随着 Δt 的增大而增大，这也限制了离散时可用的最大时间步长。实际离散时如果应用迎风格式离散对流项，用一阶显式 Euler 格式离散瞬态项，且 Courant 数等于 1 时，则对流项离散结果中的数值扩散项与瞬态项的显式 Euler 格式离散结果中的数值反扩散项大小相等，符号相反，这样它们可相互抵消，这时可获得精确解，但这只能在一维情况下并确保 Courant 数始终等于 1 时才能实现。

与对流项的离散格式类似，也可以应用线性插值方法构建瞬态项的二阶离散格式。例如，应用中心差分方法得到 Crank-Nicolson 格式，由二阶迎风插值方法得到的 Adams-Moulton 格式，也称为二阶迎风 Euler 格式(SOUE)。

(3) Crank-Nicolson 格式

Crank-Nicolson 格式也被称为中心差分格式，这种格式利用时间单元面的迎风和顺风单元质心上的变量值，经线性插值计算得到单元面上的变量值。以如图 2-43 所示的均匀时间网格为例，对于时间单元 t 的两单元面，有

$$(\rho_C\phi_C)^{(t+\frac{\Delta t}{2})}=\frac{1}{2}(\rho_C\phi_C)^{(t+\Delta t)}+\frac{1}{2}(\rho_C\phi_C)^{(t)}$$

$$(\rho_C\phi_C)^{(t-\frac{\Delta t}{2})}=\frac{1}{2}(\rho_C\phi_C)^{(t)}+\frac{1}{2}(\rho_C\phi_C)^{(t-\Delta t)}$$

将这两式代入方程(2-139)，得

$$\frac{(\rho_C\phi_C)^{(t+\Delta t)}-(\rho_C\phi_C)^{(t-\Delta t)}}{2\Delta t}V_C+\mathcal{L}(\phi_C^{(t)})=0$$

经整理得瞬态项离散的 Crank-Nicolson 格式为

$$\underbrace{\frac{\rho_C^{(t+\Delta t)}V_C}{2\Delta t}}_{\text{FluxC}^{t+\Delta t}}\phi_C^{(t+\Delta t)}+\mathcal{L}(\phi_C^{(t)})=\underbrace{\frac{\rho_C^{(t-\Delta t)}V_C}{2\Delta t}}_{-\text{FluxC}^{t-\Delta t}}\phi_C^{(t-\Delta t)} \tag{2-142}$$

由方程(2-142) 可知，在 Crank-Nicolson 格式中，时刻 $t+\Delta t$ 的因变量值由时刻 t 和 $t-\Delta t$ 的因变量值显示计算得到，所以在稳定性方面这种格式的需遵守 CFL 条件。

为了分析 Crank-Nicolson 格式的数值精度，分别写出 $(\rho\phi)^{(t+\Delta t)}$ 和 $(\rho\phi)^{(t-\Delta t)}$ 关于时间 t 的 Taylor 展开式，有

$$(\rho\phi)^{(t+\Delta t)}=(\rho\phi)^{(t)}+\left.\frac{\partial(\rho\phi)}{\partial t}\right|_t\Delta t+\left.\frac{\partial^2(\rho\phi)}{\partial t^2}\right|_t\frac{(\Delta t)^2}{2}+\left.\frac{\partial^3(\rho\phi)}{\partial t^3}\right|_t\frac{(\Delta t)^3}{6}+O((\Delta t)^4)$$

$$(\rho\phi)^{(t-\Delta t)}=(\rho\phi)^{(t)}-\left.\frac{\partial(\rho\phi)}{\partial t}\right|_t\Delta t+\left.\frac{\partial^2(\rho\phi)}{\partial t^2}\right|_t\frac{(\Delta t)^2}{2}-\left.\frac{\partial^3(\rho\phi)}{\partial t^3}\right|_t\frac{(\Delta t)^3}{6}+O((\Delta t)^4)$$

该两式相减，得

$$\frac{(\rho\phi)^{(t+\Delta t)}-(\rho\phi)^{(t-\Delta t)}}{2\Delta t}=\left.\frac{\partial(\rho\phi)}{\partial t}\right|_t+\frac{(\Delta t)^2}{6}\times\left.\frac{\partial^3(\rho\phi)}{\partial t^3}\right|_t-O((\Delta t)^3)$$

将其代入式(2-142)，得

$$\left.\frac{\partial(\rho\phi)}{\partial t}\right|_t+\frac{\mathcal{L}(\phi_C^{(t)})}{V_C}=-\frac{(\Delta t)^2}{6}\times\left.\frac{\partial^3(\rho\phi)}{\partial t^3}\right|_t+O((\Delta t)^3)$$

由此可见，Crank-Nicolson 格式具有二阶精度，但该式中包含一三阶数值分散项，会引起数值不稳定。

(4) 二阶迎风 Euler 格式

瞬态项离散的二阶迎风 Euler 格式(SOUE) 与对流项离散的 SOU 格式类似，这种格式利用时间单元面上游的两时间单元质心上的变量值，经线性插值得到时间单元面上的值。以如图 2-43 所示的均匀时间网格为例，对于时间单元 t 的两单元面，有

$$(\rho_C\phi_C)^{(t+\frac{\Delta t}{2})}=\frac{3}{2}(\rho_C\phi_C)^{(t)}-\frac{1}{2}(\rho_C\phi_C)^{(t-\Delta t)}$$

$$(\rho_C\phi_C)^{(t-\frac{\Delta t}{2})}=\frac{3}{2}(\rho_C\phi_C)^{(t-\Delta t)}-\frac{1}{2}(\rho_C\phi_C)^{(t-2\Delta t)}$$

将该两式代入方程(2-139)，得

$$\frac{3(\rho_C\phi_C)^{(t)}-4(\rho_C\phi_C)^{(t-\Delta t)}+(\rho_C\phi_C)^{(t-2\Delta t)}}{2\Delta t}V_C+\mathcal{L}(\phi_C^{(t)})=0$$

经整理得瞬态项的隐式二阶迎风 Euler 格式

$$\underbrace{\frac{3\rho_C^{(t)}V_C}{2\Delta t}}_{\text{FluxC}^{t}}\phi_C^{(t)}+\mathcal{L}(\phi_C^{(t)})=\underbrace{\frac{2\rho_C^{(t-\Delta t)}V_C}{\Delta t}}_{-\text{FluxC}^{t-\Delta t}}\phi_C^{(t-\Delta t)}\underbrace{-\frac{\rho_C^{(t-2\Delta t)}V_C}{2\Delta t}\phi_C^{(t-2\Delta t)}}_{\text{FluxV}^{t-2\Delta t}} \tag{2-143}$$

为了分析 SOUE 格式的数值精度，分别写出 $(\rho\phi)^{(t-\Delta t)}$ 和 $(\rho\phi)^{(t-2\Delta t)}$ 关于时间 t 的 Taylor 展开式，有

$$(\rho\phi)^{(t-\Delta t)}=(\rho\phi)^{(t)}-\left.\frac{\partial(\rho\phi)}{\partial t}\right|_t\Delta t+\left.\frac{\partial^2(\rho\phi)}{\partial t^2}\right|_t\frac{(\Delta t)^2}{2}-\left.\frac{\partial^3(\rho\phi)}{\partial t^3}\right|_t\frac{(\Delta t)^3}{6}+O((\Delta t)^4)$$

$$(\rho\phi)^{(t-2\Delta t)}=(\rho\phi)^{(t)}-\left.\frac{\partial(\rho\phi)}{\partial t}\right|_t\times(2\Delta t)+\left.\frac{\partial^2(\rho\phi)}{\partial t^2}\right|_t\frac{4(\Delta t)^2}{2}-\left.\frac{\partial^3(\rho\phi)}{\partial t^3}\right|_t\frac{8(\Delta t)^3}{6}+O((\Delta t)^4)$$

该两式相减，得

$$\frac{3(\rho_C\phi_C)^{(t)}-4(\rho_C\phi_C)^{(t-\Delta t)}+(\rho_C\phi_C)^{(t-2\Delta t)}}{2\Delta t}=\left.\frac{\partial(\rho\phi)}{\partial t}\right|_t-\frac{(\Delta t)^2}{3}\times\left.\frac{\partial^3(\rho\phi)}{\partial t^3}\right|_t-O((\Delta t)^3)$$

将该式代入方程(2-143)，得

$$\left.\frac{\partial(\rho\phi)}{\partial t}\right|_t+\frac{\mathcal{L}(\phi_C^{(t)})}{V_C}=\frac{(\Delta t)^2}{3}\times\left.\frac{\partial^3(\rho\phi)}{\partial t^3}\right|_t+O((\Delta t)^3)$$

由此可见，SOUE 格式同样具有二阶精度，而且该式中同样包含三阶数值分散项。

(5) 有限体积法离散时的初始条件

给定初始条件相当于给定时间网格中第一个时间单元上的变量值，这样第一个时间单元类似于空间网格中的边界单元，且该单元没有上游单元，如图 2-44 所示。在该时间单元上应用一阶隐式 Euler 格式离散瞬态项时，根据式(2-140)，利用该单元边界面上的因变量值和该单元质心上的因变量值计算时间导数，可得

$$\frac{(\rho_C\phi_C)^{\left(t_{\text{initial}}+\frac{\Delta t}{2}\right)}-(\rho_C\phi_C)^{(t_{\text{initial}})}}{\Delta t}V_C+\mathcal{L}\left(\phi_C^{\left(t_{\text{initial}}+\frac{\Delta t}{2}\right)}\right)=0$$

由于这一表示中使用两相隔$\frac{\Delta t}{2}$的因变量值除以一个完整时间步 Δt，所以会导致较大的初始误差。为此，将时间网格修改为如图 2-45 所示的网格，其中将初始条件看作一个虚时间单元质心上的值。在这种时间网格的第一个时间单元上应用一阶隐式 Euler 格式离散瞬态项，有

$$(\rho_C\phi_C)^{\left(t_{\text{initial}}+\frac{3\Delta t}{2}\right)}=(\rho_C\phi_C)^{(t_{\text{initial}}+\Delta t)}$$

$$(\rho_C\phi_C)^{\left(t_{\text{initial}}+\frac{\Delta t}{2}\right)}=(\rho_C\phi_C)^{(t_{\text{initial}})}$$

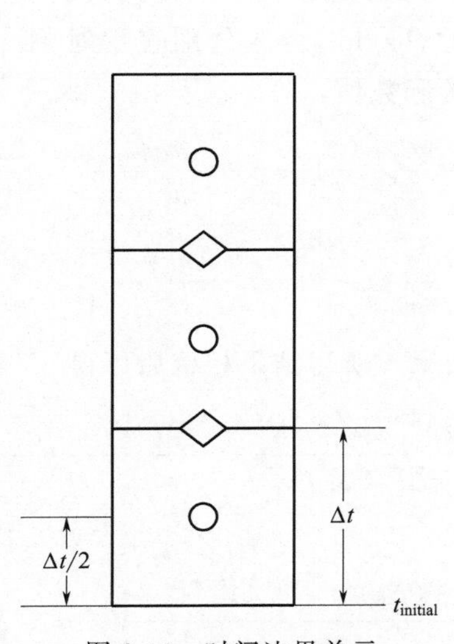

图 2-44　时间边界单元

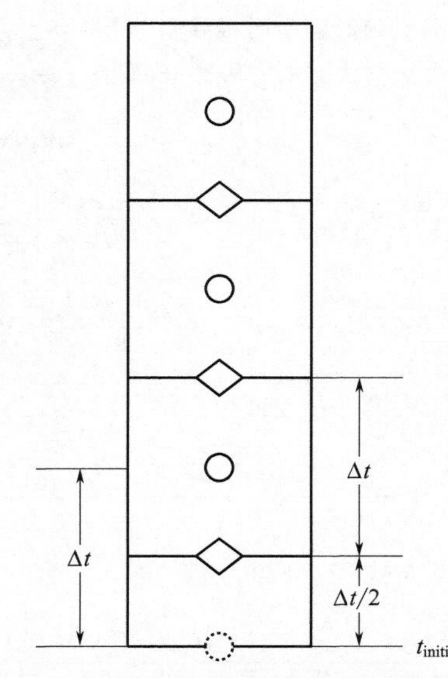

图 2-45　修改后的时间网格和虚时间单元质心

将它们代入方程(2-139) 得离散格式

$$\frac{(\rho_C\phi_C)^{(t_{\text{initial}}+\Delta t)}-(\rho_C\phi_C)^{(t_{\text{initial}})}}{\Delta t}V_C+\mathcal{L}(\phi_C^{(t_{\text{initial}}+\Delta t)})=0 \tag{2-144}$$

可见，该方程与内部时间单元上的离散格式类似。

2.7.3 非均匀时间步时的离散

在求解瞬态物理场的数学模型时，经常使用可变的时间步，通过选择允许的最大时间步进值来缩短计算时间。如果时间步不再恒定不变，应用一阶离散格式离散瞬态项时，所得到的代数方程在形式上与恒定时间步时的结果相同，但在每一时间点上的方程需使用该时间点对应的时间步进值；对于两步执行的 Crank-Nicolson 离散格式，除了在每一步执行中使用不同的时间步进值，可变时间步不会引起其离散结果的变化，但会影响精度，因为空间算子的值不再位于时间单元的质心；对于瞬态项的其他二阶离散格式，由于它们应用所关注时间点的前两个时间点上的因变量值，所以离散结果与恒定时间步时的结果不同，这时需要修改插值格式来表示不均匀的时间步。此外，在均匀时间网格上，由有限体积法和有限差分法可得到等价的代数方程，而对于非均匀时间网格则不然，下面分别说明这两种方法在可变时间步时的离散格式。

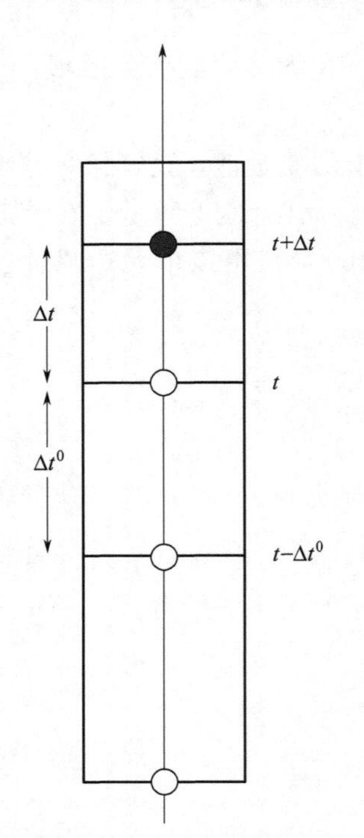

图 2-46 非均匀时间步时推导 Crank-Nicolson 离散格式时的有限差分网格

(1) 非均匀时间步时的有限差分法

为了推导非均匀时间步时瞬态项离散的 Crank-Nicolson 格式，在如图 2-46 所示的时间网格上，应用关于时刻 t 的 Taylor 级数分别表示时刻 $(t+\Delta t)$ 和 $(t-\Delta t^0)$ 的函数值：

$$(\rho_C\phi_C)^{(t+\Delta t)}=(\rho_C\phi_C)^{(t)}+\left.\frac{\partial(\rho_C\phi_C)}{\partial t}\right|_t\Delta t+\left.\frac{\partial^2(\rho_C\phi_C)}{\partial t^2}\right|_t\frac{(\Delta t)^2}{2}+\left.\frac{\partial^3(\rho_C\phi_C)}{\partial t^3}\right|_t\frac{(\Delta t)^3}{6}+\cdots$$

$$(\rho_C\phi_C)^{(t-\Delta t^0)}=(\rho_C\phi_C)^{(t)}-\left.\frac{\partial(\rho_C\phi_C)}{\partial t}\right|_t\Delta t^0+\left.\frac{\partial^2(\rho_C\phi_C)}{\partial t^2}\right|_t\frac{(\Delta t^0)^2}{2}-\left.\frac{\partial^3(\rho_C\phi_C)}{\partial t^3}\right|_t\frac{(\Delta t^0)^3}{6}+\cdots$$

将其中的第一式乘以 $(\Delta t^0)^2$，第二式乘以 $(\Delta t)^2$，所得结果相减后可得

$$\left.\frac{\partial(\rho_C\phi_C)}{\partial t}\right|_t\approx\frac{(\Delta t^0)^2(\rho_C\phi_C)^{(t+\Delta t)}-[(\Delta t^0)^2-(\Delta t)^2](\rho_C\phi_C)^{(t)}-(\Delta t)^2(\rho_C\phi_C)^{(t-\Delta t^0)}}{\Delta t(\Delta t^0)^2+\Delta t^0(\Delta t)^2}$$

将其代入式(2-117)，得

$$\frac{(\Delta t^0)^2(\rho_C\phi_C)^{(t+\Delta t)}-[(\Delta t^0)^2-(\Delta t)^2](\rho_C\phi_C)^{(t)}-(\Delta t)^2(\rho_C\phi_C)^{(t-\Delta t^0)}}{\Delta t\Delta t^0[\Delta t+\Delta t^0]}V_C+\mathcal{L}(\phi_C^{(t)})=0$$

展开其中的空间算子，得非均匀时间步时瞬态项的 Crank-Nicolson 离散格式为

$$\underbrace{\frac{\Delta t^0 \rho_C^{(t+\Delta t)} V_C}{\Delta t(\Delta t+\Delta t^0)}}_{a_C^{(t+\Delta t)}} \phi_C^{(t+\Delta t)} = b_C - [a_C + \underbrace{\frac{(\Delta t-\Delta t^0)\rho_C^{(t)} V_C}{\Delta t \Delta t^0}}_{a_C^{(t)}}]\phi_C^{(t)}$$

$$-\sum_{F\sim NB(C)}(a_F \phi_F^{(t)}) + \underbrace{\frac{\Delta t \rho_C^{(t-\Delta t)} V_C}{\Delta t^0(\Delta t+\Delta t^0)}}_{-a_C^{(t-\Delta t)}} \phi_C^{(t-\Delta t)} \tag{2-145}$$

为了推导非均匀时间步时瞬态项离散的 Adams-Moulton 格式，在如图 2-47 所示的时间网格上，应用关于时刻 t 的 Taylor 级数分别表示时刻（$t-\Delta t$）和（$t-\Delta t-\Delta t^0$）的函数值：

$$(\rho_C\phi_C)^{(t-\Delta t)} = (\rho_C\phi_C)^{(t)} - \left.\frac{\partial(\rho_C\phi_C)}{\partial t}\right|_t \Delta t + \left.\frac{\partial^2(\rho_C\phi_C)}{\partial t^2}\right|_t \frac{(\Delta t)^2}{2} + O((\Delta t)^3)$$

$$(\rho_C\phi_C)^{(t-\Delta t-\Delta t^0)} = (\rho_C\phi_C)^{(t)} - \left.\frac{\partial(\rho_C\phi_C)}{\partial t}\right|_t (\Delta t+\Delta t^0) + \left.\frac{\partial^2(\rho_C\phi_C)}{\partial t^2}\right|_t \frac{(\Delta t+\Delta t^0)^2}{2} + O((\Delta t)^3)$$

将其中的第一式乘以$\frac{(\Delta t+\Delta t^0)^2}{(\Delta t)^2}$后与第二式相减，得

$$\left.\frac{\partial(\rho_C\phi_C)}{\partial t}\right|_t = \frac{1}{\Delta t}\left[\left(1+\frac{\Delta t}{\Delta t+\Delta t^0}\right)(\rho_C\phi_C)^{(t)} - \left(1+\frac{\Delta t}{\Delta t^0}\right)(\rho_C\phi_C)^{(t-\Delta t)} + \frac{(\Delta t)^2}{\Delta t^0(\Delta t+\Delta t^0)}(\rho_C\phi_C)^{(t-\Delta t-\Delta t^0)}\right]$$

将其代入式(2-117)，并展开其中的空间算子，得非均匀时间步时瞬态项的 Adams-Moulton 离散格式为

$$[a_C + \underbrace{\left(\frac{1}{\Delta t}+\frac{1}{\Delta t+\Delta t^0}\right)\rho_C^{(t)} V_C}_{a_C^{(t)}}]\phi_C^{(t)} + \sum_{F\sim NB(C)}(a_F\phi_F^{(t)})$$

$$= b_C + \underbrace{\left(\frac{1}{\Delta t}+\frac{1}{\Delta t^0}\right)\rho_C^{(t-\Delta t)} V_C}_{-a_C^{(t-\Delta t)}}\phi_C^{(t-\Delta t)} - \underbrace{\frac{\Delta t}{\Delta t^0(\Delta t+\Delta t^0)}\rho_C^{(t-\Delta t-\Delta t^0)} V_C}_{a_C^{(t-\Delta t-\Delta t^0)}}\phi_C^{(t-\Delta t-\Delta t^0)} \tag{2-146}$$

(2) 非均匀时间步时的有限体积法

Crank-Nicolson 格式利用时间单元面的相邻两时间单元质心上的变量值，经线性插值计算得到单元面上的变量值。以如图 2-48 所示的具有非均匀时间步的时间网格为例，对于时间单元$\left(t-\frac{\Delta t}{2}-\frac{\Delta t^0}{2}\right)$的两单元面，有

$$(\rho_C\phi_C)^{(t-\frac{\Delta t}{2})} = \frac{\Delta t^0}{\Delta t+\Delta t^0}(\rho_C\phi_C)^{(t)} + \frac{\Delta t}{\Delta t+\Delta t^0}(\rho_C\phi_C)^{(t-(\Delta t+\Delta t^0)/2)}$$

$$(\rho_C\phi_C)^{(t-\frac{\Delta t}{2}-\Delta t^0)} = \frac{\Delta t^{00}}{\Delta t^0+\Delta t^{00}}(\rho_C\phi_C)^{\left(t-\frac{\Delta t+\Delta t^0}{2}\right)} + \frac{\Delta t^0}{\Delta t+\Delta t^{00}}(\rho_C\phi_C)^{\left(t-\Delta t^0-\frac{\Delta t+\Delta t^{00}}{2}\right)}$$

将这两式代入方程（2-139），得非均匀时间步时瞬态项离散的 Crank-Nicolson 格式为

$$\underbrace{\frac{\Delta t^0}{\Delta t+\Delta t^0}\times\frac{V_C}{\Delta t}\rho_C^{(t)}\phi_C^{(t)}}_{\text{FluxC}^{(t)}}+\underbrace{\left(\frac{\Delta t^0}{\Delta t+\Delta t^0}-\frac{\Delta t^{00}}{\Delta t^0+\Delta t^{00}}\right)\times\frac{V_C}{\Delta t}\rho_C^{\left(t-\frac{\Delta t+\Delta t^0}{2}\right)}\phi_C^{\left(t-\frac{\Delta t+\Delta t^0}{2}\right)}}_{\text{FluxC}^{\left(t-\frac{\Delta t+\Delta t^0}{2}\right)}}$$

$$\underbrace{-\frac{\Delta t^{00}}{\Delta t^0+\Delta t^{00}}\times\frac{V_C}{\Delta t}\rho_C^{\left(t-\Delta t^0-\frac{\Delta t+\Delta t^{00}}{2}\right)}}_{\text{FluxV}^{\left(t-\Delta t^0-\frac{\Delta t+\Delta t^{00}}{2}\right)}}\phi_C^{\left(t-\Delta t^0-\frac{\Delta t+\Delta t^{00}}{2}\right)}+\mathcal{L}\left(\phi_C^{\left(t-\frac{\Delta t+\Delta t^0}{2}\right)}\right)=0 \qquad (2\text{-}147)$$

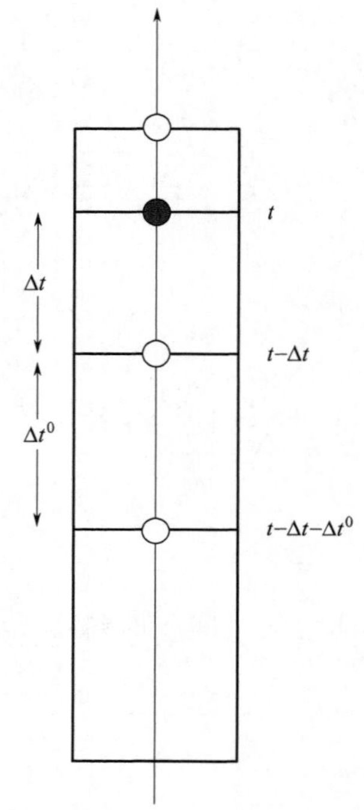

图 2-47 非均匀时间步时推导 Adams-Moulton 离散格式时的有限差分网格

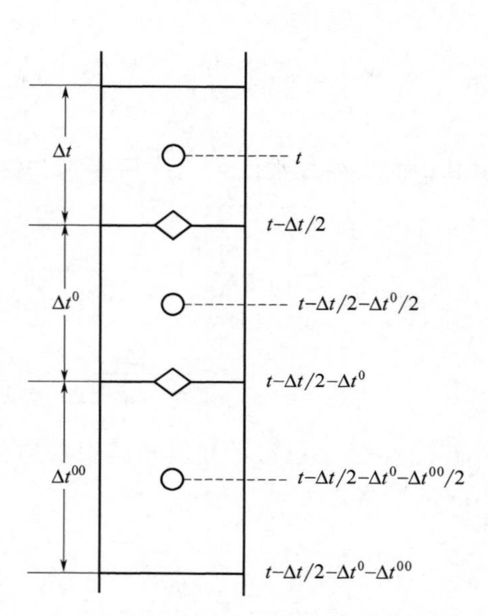

图 2-48 非均匀时间步时推导 Crank-Nicolson 离散格式时的有限体积网格

Adams-Moulton（或 SOUE）格式利用时间单元面上游的两时间单元质心上的变量值，经线性插值得到时间单元面上的值。以如图 2-49 所示的具有非均匀时间步的时间网格为例，对于时间单元 t 的两单元面，有

$$(\rho_C\phi_C)^{\left(t+\frac{\Delta t}{2}\right)}=(\rho_C\phi_C)^{(t)}+\left[(\rho_C\phi_C)^{(t)}-(\rho_C\phi_C)^{(t-(\Delta t+\Delta t^0)/2)}\right]\frac{\Delta t}{\Delta t+\Delta t^0}$$

$$(\rho_C\phi_C)^{\left(t-\frac{\Delta t}{2}\right)}=(\rho_C\phi_C)^{\left(t-\frac{\Delta t+\Delta t^0}{2}\right)}+\left[(\rho_C\phi_C)^{\left(t-\frac{\Delta t+\Delta t^0}{2}\right)}-(\rho_C\phi_C)^{\left(t-\Delta t^0-\frac{\Delta t+\Delta t^{00}}{2}\right)}\right]\frac{\Delta t^0}{\Delta t^0+\Delta t^{00}}$$

将这两式代入方程（2-139），得非均匀时间步时瞬态项离散的 Adams-Moulton 格式为

$$\underbrace{\left(1+\frac{\Delta t}{\Delta t+\Delta t^0}\right)\frac{V_C}{\Delta t}\rho_C^{(t)}}_{\text{FluxC}^{(t)}}\phi_C^{(t)}\underbrace{-\left(1+\frac{\Delta t}{\Delta t+\Delta t^0}+\frac{\Delta t^0}{\Delta t^0+\Delta t^{00}}\right)\frac{V_C}{\Delta t}\rho_C^{\left(t-\frac{\Delta t+\Delta t^0}{2}\right)}}_{\text{FluxC}^{\left(t-\frac{\Delta t+\Delta t^0}{2}\right)}}\phi_C^{\left(t-\frac{\Delta t+\Delta t^0}{2}\right)}$$

$$+\underbrace{\frac{\Delta t^{0}}{\Delta t^{0}+\Delta t^{00}}\times\frac{V_C}{\Delta t}\rho_C^{\left(t-\Delta t^{0}-\frac{\Delta t+\Delta t^{00}}{2}\right)}}_{\mathrm{FluxV}^{\left(t-\Delta t^{0}-\frac{\Delta t+\Delta t^{00}}{2}\right)}}\phi_C^{\left(t-\Delta t^{0}-\frac{\Delta t+\Delta t^{00}}{2}\right)}+\mathcal{L}(\phi_C^{(t)})=0 \tag{2-148}$$

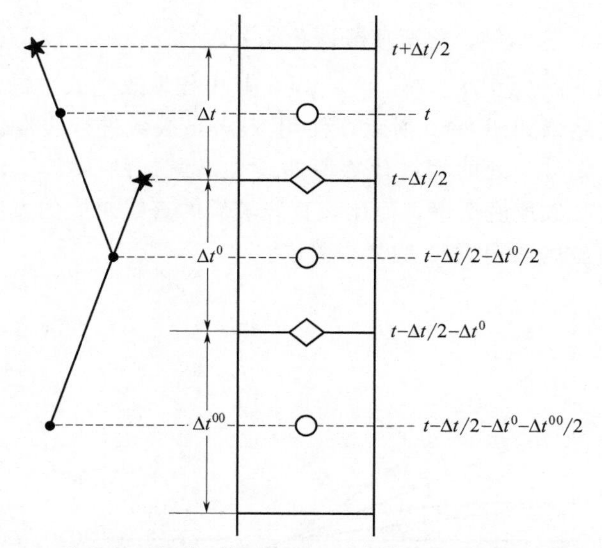

图 2-49　非均匀时间步时推导 SOUE 离散格式时的有限体积网格

2.8　源项的离散

物理场控制方程（1-101）中的源项不仅会影响物理问题本身，还会影响计算过程的数值稳定性，合理的源项离散方法可使求解过程更加稳定。通常的处理方法是，负的源项（汇）隐式处理，正的源项（源）显式处理。

在空间单元 C 上关于 ϕ 的半离散形式的方程（2-11）中，源项 $Q_C^{\phi}V_C$ 中的 Q_C^{ϕ} 通常为变量 ϕ 的函数，方程求解过程中可由上一迭代步得到的变量值显式计算 Q_C^{ϕ}，即

$$Q_C^{\phi}=Q(\phi_C^{*})$$

其中，上标 * 表示前一次迭代的计算结果。

但这种处理方法只有在 Q_C^{ϕ} 恒定或相对较小时可用，当 Q_C^{ϕ} 值随 ϕ 的变化较方程中其他项大时，求解过程的收敛速度将变慢。这种情况下，可通过对 Q_C^{ϕ} 的线性化表示寻找新的计算方法，为此，将 Q_C^{ϕ} 表示为关于 ϕ_C^{*} 的 Taylor 级数展开式：

$$\begin{aligned}Q(\phi_C)&\approx Q(\phi_C^{*})+\left(\frac{\partial Q}{\partial\phi_C}\right)^{*}(\phi_C-\phi_C^{*})\\&=\underbrace{\left(\frac{\partial Q}{\partial\phi_C}\right)^{*}\phi_C}_{\text{隐式计算部分}}+\underbrace{Q(\phi_C^{*})-\left(\frac{\partial Q}{\partial\phi_C}\right)^{*}\phi_C^{*}}_{\text{显式计算部分}}\end{aligned} \tag{2-149}$$

其中忽略了二阶以上的高阶项，式(2-149) 将源项离散为关于中心单元质心处因变量值的显式计算部分和隐式计算部分。

例如，原控制方程的源项为 $Q(\phi)=4-5\phi^{3}$，将其在单元 C 上离散为代数方程中相应

部分的可能方法有：

① 令 $Q(\phi_C)=4-5(\phi_C^*)^3$，该方法利用前一迭代步得到的因变量值显式计算源项。

② 令 $Q(\phi_C)=4-5(\phi_C^*)^2\phi_C$，该方法对源项进行了线性化，但没有利用源项表达式中的函数关系。

③ 根据式(2-149) 的结果，将源项线性化为 $Q(\phi_C)=4+10(\phi_C^*)^3-15(\phi_C^*)^2\phi_C$。

④ 令 $Q(\phi_C)=4+20(\phi_C^*)^3-25(\phi_C^*)^2\phi_C$，其中任取表达式中的系数。

这些方法的比较结果如图 2-50 所示，使用 Taylor 级数进行线性化的方法③相当于用源项表达式对应曲线在 ϕ_C^* 处的切线代替原曲线，是最佳的选择，比该直线更陡的方法④对应的直线会导致收敛速度变慢，而比该直线较缓的直线对应的方法②和①往往也不采用，因为它们不能明显体现 Q 随 ϕ 的减小关系。

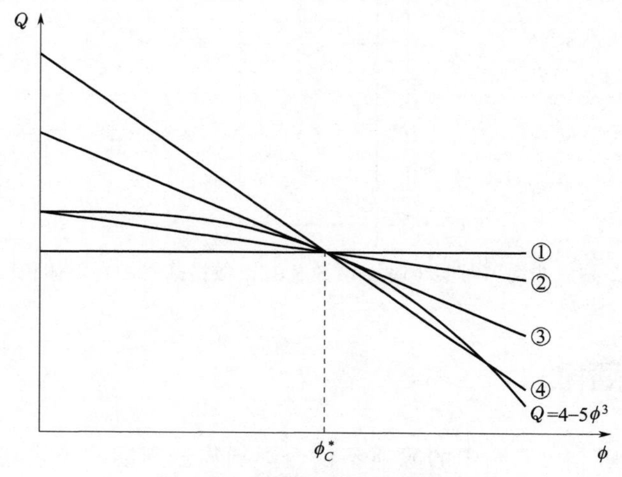

图 2-50　源项的离散方法比较

在单元 C 上，应用线性化关系式(2-149)，得方程（2-11）中的源项：

$$Q_C^\phi V_C=\int_{V_C}Q^\phi\,\mathrm{d}V=\int_{V_C}\frac{\partial Q_C^*}{\partial\phi_C}\phi_C\,\mathrm{d}V+\int_{V_C}\left(Q_C^*-\frac{\partial Q_C^*}{\partial\phi_C}\phi_C^*\right)\mathrm{d}V$$

$$=\underbrace{\frac{\partial Q_C^*}{\partial\phi_C}}_{\mathrm{FluxC}_C}V_C\phi_C+\underbrace{\left(Q_C^*-\frac{\partial Q_C^*}{\partial\phi_C}\phi_C^*\right)V_C}_{\mathrm{FluxV}_C}$$

这样，控制方程离散后的代数方程（2-15）成为

$$(a_C-\mathrm{FluxC}_C)\phi_C+\sum_{F\sim \mathrm{NB}(C)}(a_F\phi_F)=\mathrm{FluxV}_C \tag{2-150}$$

其中，FluxC_C 应为负，以保证系数矩阵为对角占优阵，否则满足 Scarborough 准则后会引起发散。当变量 ϕ 正定时，显式计算部分 FluxV_C 应为正，以保证 ϕ 为正。

第 3 章

代数方程组的数值求解

描述物理场的数学模型经有限体积法离散后成为形如方程（1-102）和方程（2-15）的代数方程组，其中方程组中位于等号左侧的控制体质心上的因变量是需要进一步求解的变量。在该方程组中，系数矩阵 $\boldsymbol{A}$ 中的元素为各代数方程中因变量的系数，这些系数由离散过程和网格几何参数决定，向量 $\boldsymbol{b}$ 中包含所有源项、常数、边界条件以及非线性分量。求解线性代数方程组的方法通常可以分为直接法和迭代法两类。而对于非线性问题，由于离散得到的系数矩阵依赖于解，一般使用迭代法求解相应的代数方程组。但对于二维和三维问题，直接法需要相当大的存储空间和计算时间，一般也使用迭代法求解线性代数方程组。

将方程（1-102）写成其展开形式：

$$\begin{bmatrix} a_{11} & a_{12} & \cdots & a_{1(N-1)} & a_{1N} \\ a_{21} & a_{22} & \cdots & a_{2(N-1)} & a_{2N} \\ \vdots & \vdots & & \vdots & \vdots \\ a_{N1} & a_{N2} & \cdots & a_{N(N-1)} & a_{NN} \end{bmatrix} \begin{bmatrix} \phi_1 \\ \phi_2 \\ \vdots \\ \phi_N \end{bmatrix} = \begin{bmatrix} b_1 \\ b_2 \\ \vdots \\ b_N \end{bmatrix} \tag{3-1}$$

其中，系数矩阵中的每一行对应在计算域的一个单元上离散控制方程后得到的代数方程，该行中的非零系数表示中心单元上的因变量值受到非零系数对应的相邻单元的影响关系，例如系数 a_{ij} 可用来衡量编号为 i 的单元质心处的因变量 ϕ_i 与其编号为 j 的单元质心处因变量 ϕ_j 之间的联系强度。系数矩阵 $\boldsymbol{A}$ 的第一行对应关于 ϕ_1 的离散方程（以编号为 1 的单元为中心单元离散后得到的代数方程），第二行对应关于 ϕ_2 的离散方程，以此类推，第 i 行对应关于 ϕ_i 的离散方程。由于网格中某个单元只与少数单元相邻，因此系数矩阵中的大多数元素为零，也即矩阵 $\boldsymbol{A}$ 为稀疏矩阵。如果应用结构化网格，矩阵 $\boldsymbol{A}$ 中的所有非零系数将沿对角线排列。

本章将分别介绍求解代数方程组（3-1）的直接法和迭代法。

3.1 直接法

3.1.1 高斯消元法

高斯消元法的基本思想是：由初等行变换将原方程组的系数矩阵化为上三角阵，将原方程组的求解问题转化为求解简单方程组的问题。采用高斯消元法求解时分两步执行：前向消元和反向代入。

对于方程组（3-1），执行前向消元时，首先从第一行以下所有各行对应的方程中消去 ϕ_1，如对于第 i 行，将该行减去第一行乘以 a_{i1}/a_{11}，得到如下方程：

$$\begin{bmatrix} a_{11}^{(1)} & a_{12}^{(1)} & \cdots & a_{1(N-1)}^{(1)} & a_{1N}^{(1)} \\ 0 & a_{22}^{(2)} & \cdots & a_{2(N-1)}^{(2)} & a_{2N}^{(2)} \\ \vdots & \vdots & & \vdots & \vdots \\ 0 & a_{N2}^{(2)} & \cdots & a_{N(N-1)}^{(2)} & a_{NN}^{(2)} \end{bmatrix} \begin{bmatrix} \phi_1 \\ \phi_2 \\ \vdots \\ \phi_N \end{bmatrix} = \begin{bmatrix} b_1^{(1)} \\ b_2^{(2)} \\ \vdots \\ b_N^{(2)} \end{bmatrix} \tag{3-2}$$

其中，第一个方程的系数与原方程相同。其后，从第二行以下所有各行对应的方程中消去 ϕ_2，此时对于第 i 行，将该行减去第二行乘以 $a_{i2}^{(2)}/a_{22}^{(2)}$。以此类推，直到从第 N 行对应的方程中消去因变量 ϕ_{N-1}，得到与方程组（3-1）等价的方程组，其系数矩阵为上三角阵，即

$$\begin{bmatrix} a_{11}^{(1)} & a_{12}^{(1)} & \cdots & a_{1(N-1)}^{(1)} & a_{1N}^{(1)} \\ 0 & a_{22}^{(2)} & \cdots & a_{2(N-1)}^{(2)} & a_{2N}^{(2)} \\ \vdots & \vdots & & \vdots & \vdots \\ 0 & 0 & \cdots & 0 & a_{NN}^{(N)} \end{bmatrix} \begin{bmatrix} \phi_1 \\ \phi_2 \\ \vdots \\ \phi_N \end{bmatrix} = \begin{bmatrix} b_1^{(1)} \\ b_2^{(2)} \\ \vdots \\ b_N^{(N)} \end{bmatrix} \tag{3-3}$$

执行反向代入时，在方程组（3-3）中，首先可根据最后一个方程得到 ϕ_N 的值：

$$\phi_N = b_N^{(N)}/a_{NN}^{(N)} \tag{3-4}$$

再基于该结果，求解第 $N-1$ 个方程，得到 ϕ_{N-1} 的值，以此类推，可得到所有因变量的值：

$$\phi_i = \frac{b_i^{(i)} - \sum_{j=i+1}^{N} a_{ij}^{(i)}\phi_j}{a_{ii}^{(i)}} \tag{3-5}$$

高斯消元法计算成本极高，求解包含 N 个方程的线性方程组所需的运算次数与 $N^3/3$ 成正比，对于系数矩阵为稀疏矩阵的方程组经济性不好。而且当某一行中位于对角线上的元素偏小时，这种方法容易发生数值不稳定。

3.1.2 LU 分解法

LU 分解法为一种改进的高斯消元法，与 3.1.1 节的高斯消元法相比，这种方法在执行 LU 分解后，对于不同的向量 $\boldsymbol{b}$，可在不增加消元次数的条件下，根据需要求解任意次数。

将原代数方程组（3-1）经转换得到的方程组（3-3）写为

$$\begin{bmatrix} u_{11} & u_{12} & \cdots & u_{1(N-1)} & u_{1N} \\ 0 & u_{22} & \cdots & u_{2(N-1)} & u_{2N} \\ \vdots & \vdots & & \vdots & \vdots \\ 0 & 0 & \cdots & 0 & u_{NN} \end{bmatrix} \begin{bmatrix} \phi_1 \\ \phi_2 \\ \vdots \\ \phi_N \end{bmatrix} = \begin{bmatrix} c_1 \\ c_2 \\ \vdots \\ c_N \end{bmatrix} \tag{3-6}$$

或简写为

$$\boldsymbol{U\phi} - \boldsymbol{c} = \boldsymbol{0} \tag{3-7}$$

其中，$\boldsymbol{U}$ 为上三角阵。

假设原代数方程组的系数矩阵 $\boldsymbol{A}$ 为非奇异矩阵，且可以分解为

$$\boldsymbol{A} = \boldsymbol{LU} \tag{3-8}$$

其中，$\boldsymbol{L}$ 为下三角阵：

$$\boldsymbol{L} = \begin{bmatrix} 1 & 0 & \cdots & 0 & 0 \\ \ell_{21} & 1 & \cdots & 0 & 0 \\ \vdots & \vdots & & \vdots & \vdots \\ \ell_{N1} & \ell_{N2} & \cdots & \ell_{N(N-1)} & 1 \end{bmatrix} \tag{3-9}$$

在方程（3-7）两端左乘矩阵 $\boldsymbol{L}$ 并应用方程（3-8），得

$$\boldsymbol{LU\phi} - \boldsymbol{Lc} = \boldsymbol{A\phi} - \boldsymbol{Lc} \tag{3-10}$$

可见，通过先后求解方程

$$\boldsymbol{Lc} = \boldsymbol{b} \tag{3-11}$$

和方程（3-7）可得到 $\boldsymbol{\phi}$ 的值。但在求解之前，需要求得 $\boldsymbol{U}$ 和 $\boldsymbol{L}$ 中的元素值，根据矩阵乘法可得

$$u_{ij} = a_{ij} - \sum_{k=1}^{i-1} \ell_{ik} u_{kj}, \quad j = i, i+1, \cdots, N \tag{3-12}$$

$$\ell_{ki} = \frac{a_{ki} - \sum_{j=1}^{i-1} \ell_{kj} u_{ji}}{u_{ii}}, \quad k = i+1, i+2, \cdots, N \tag{3-13}$$

求得 $\boldsymbol{L}$ 和 $\boldsymbol{U}$ 后，原代数方程可通过两步求解，但由于 $\boldsymbol{L}$ 和 $\boldsymbol{U}$ 分别为下三角和上三角矩阵，求解过程相对简便。

第一步，由方程（3-11）求向量 $\boldsymbol{c}$，由前向代入可得

$$c_1 = b_1, c_i = b_i - \sum_{j=1}^{i-1} \ell_{ij} c_j, i = 2, 3, \cdots, N \tag{3-14}$$

第二步，由方程（3-7）反向代入求得 $\boldsymbol{\phi}$，

$$\phi_N = \frac{c_N}{u_{NN}}, \phi_i = \frac{c_i - \sum_{j=i+1}^{N} u_{ij} \phi_j}{u_{ii}}, i = N-1, N-2, \cdots, 2, 1 \tag{3-15}$$

对 N 阶的方阵执行 LU 分解所需的运算次数为 $2N^3/3$，是高斯消元法求解相同阶数方程组所需运算次数的两倍。但 LU 分解法的优点是，当许多方程组均具有相同的系数矩阵 $\boldsymbol{A}$（不同的向量 $\boldsymbol{b}$）时，只执行一次 LU 分解即可。另外，LU 分解法是构建许多迭代

方法的基础。

3.1.3 三对角矩阵法（TDMA）

三对角矩阵法（Tri-Diagonal Matrix Algorithm，TDMA）也称为 Thomas 算法，用于求解具有三对角系数矩阵（所有非零系数均位于矩阵的三条对角线上）的代数方程组。此时方程组的系数矩阵为

$$\boldsymbol{A}=\begin{bmatrix} a_{21} & a_{31} & & & \\ a_{12} & a_{22} & a_{32} & & \\ & \ddots & \ddots & \ddots & \\ & & a_{1(N-1)} & a_{2(N-1)} & a_{3(N-1)} \\ & & & a_{1N} & a_{2N} \end{bmatrix} \tag{3-16}$$

将该矩阵分解为两个三角阵的乘积，即

$$\boldsymbol{A}=\boldsymbol{LU} \tag{3-17}$$

其中，$\boldsymbol{L}$ 为下三角阵，$\boldsymbol{U}$ 为单位上三角阵，并有

$$\boldsymbol{L}=\begin{bmatrix} \alpha_1 & & & & \\ r_2 & \alpha_2 & & & \\ & \ddots & \ddots & & \\ & & r_{N-1} & \alpha_{N-1} & \\ & & & r_N & \alpha_N \end{bmatrix},\boldsymbol{U}=\begin{bmatrix} 1 & P_1 & & & \\ & 1 & P_2 & & \\ & & \ddots & \ddots & \\ & & & 1 & P_{N-1} \\ & & & & 1 \end{bmatrix}$$

其中，α_i、r_i、P_i 为待定系数。将它们代入方程（3-17）后，并比较等号两端可得

$$\begin{cases} a_{21}=\alpha_1, a_{31}=\alpha_1 P_1 \\ a_{1i}=r_i, a_{2i}=r_i P_{i-1}, i=2,\cdots,N \\ a_{3i}=\alpha_i P_i, i=2,\cdots,N-1 \end{cases} \tag{3-18}$$

这样，求解方程组（3-1）的算法为：

① 计算前向递归计算系数：

$$P_i=\frac{a_{3i}}{a_{2i}-a_{1i}P_{i-1}}, i=2,3,\cdots,N-1$$

$$Q_i=\frac{b_i-a_{1i}Q_{i-1}}{a_{2i}-a_{1i}P_{i-1}}, i=2,3,\cdots,N$$

$$P_1=\frac{a_{31}}{a_{21}}, Q_1=\frac{b_1}{a_{21}}$$

② 令 $\phi_N=Q_N$。

③ 反向递归计算因变量 $\phi_i=Q_i-P_i\phi_{i+1}$。

三对角矩阵法中，由于系数矩阵非常简单，使得求解过程的计算公式也非常简单，所需要的计算存储量及计算时间正比于 N，相对较小。

3.1.4 五对角矩阵法（PDMA）

五对角矩阵法（Penta-Diagonal Matrix Algorithm，PDMA）用于求解具有五对角系数矩阵的代数方程组，这样的方程组一般是在对微分方程离散时，利用中心单元上游的两相邻单元及下游的两相邻单元建立中心单元上的代数方程时得到的。此时方程组的系数矩阵为

$$A=\begin{bmatrix} a_{31} & a_{41} & a_{51} & & & & \\ a_{22} & a_{32} & a_{42} & a_{52} & & & \\ a_{13} & a_{23} & a_{33} & a_{43} & a_{53} & & \\ & \ddots & \ddots & \ddots & \ddots & \ddots & \\ & & a_{1(N-2)} & a_{2(N-2)} & a_{3(N-2)} & a_{4(N-2)} & a_{5(N-2)} \\ & & & a_{1(N-1)} & a_{2(N-1)} & a_{3(N-1)} & a_{4(N-1)} \\ & & & & a_{1N} & a_{2N} & a_{3N} \end{bmatrix} \tag{3-19}$$

将该矩阵按照式(3-17) 进行分解，有

$$L=\begin{bmatrix} \alpha_1 & & & & \\ r_2 & \alpha_2 & & & \\ m_3 & r_3 & \alpha_3 & & \\ & \ddots & \ddots & \ddots & \\ & & m_{N-1} & r_{N-1} & \alpha_{N-1} \\ & & m_N & r_N & \alpha_N \end{bmatrix},U=\begin{bmatrix} 1 & P_1 & Q_1 & & & \\ & 1 & P_2 & Q_2 & & \\ & & \ddots & \ddots & \ddots & \\ & & & 1 & P_{N-2} & Q_{N-2} \\ & & & & 1 & P_{N-1} \\ & & & & & 1 \end{bmatrix}$$

其中，α_i、r_i、m_i、P_i、Q_i 为待定系数。将它们连同式(3-19) 代入方程 (3-17) 后，并比较等号两端可得

$$\begin{cases} a_{1i}=m_i,i=3,4,\cdots,N \\ a_{22}=r_2,a_{2i}=r_i+m_iP_{i-2},i=3,4,\cdots,N \\ a_{31}=\alpha_1,a_{32}=\alpha_2+r_2P_1,a_{3i}=\alpha_i+r_iP_{i-1}+m_iQ_{i-2},i=3,4,\cdots,N \\ a_{41}=\alpha_1P_1,a_{4i}=r_iQ_{i-1}+\alpha_iP_i,i=2,3,\cdots,N-1 \\ a_{5i}=\alpha_iQ_i,i=1,2,\cdots,N-2 \end{cases} \tag{3-20}$$

这样，求解方程组 (3-1) 的算法为：

① 计算前向递归计算系数：

$$P_i=\frac{a_{4i}-(a_{2i}-a_{1i}P_{i-2})Q_{i-1}}{a_{3i}-a_{1i}Q_{i-2}+(a_{1i}P_{i-2}-a_{2i})P_{i-1}},i=3,4,\cdots,N-1$$

$$Q_i=\frac{a_{5i}}{a_{3i}-a_{1i}Q_{i-2}+(a_{1i}P_{i-2}-a_{2i})P_{i-1}},i=3,4,\cdots,N-2$$

$$R_i=\frac{b_i-a_{1i}R_{i-2}+(a_{2i}-a_{1i}P_{i-2})R_{i-1}}{a_{3i}-a_{1i}Q_{i-2}+(a_{1i}P_{i-2}-a_{2i})P_{i-1}},i=3,4,\cdots,N$$

其中，$P_1=\dfrac{a_{41}}{a_{31}}$，$Q_1=\dfrac{a_{51}}{a_{31}}$，$R_1=\dfrac{b_1}{a_{31}}$，$P_2=\dfrac{a_{42}-a_{22}Q_1}{a_{32}-a_{22}P_1}$，$Q_2=\dfrac{a_{52}}{a_{32}-a_{22}P_1}$，

$R_2=\dfrac{b_2-a_{22}R_1}{a_{32}-a_{22}P_1}$。

② 令 $\phi_N=R_N$，$\phi_{N-1}=R_{N-1}-P_{N-1}\phi_N$。

③ 反向递归计算因变量：

$$\phi_i=R_i-P_i\phi_{i+1}-Q_i\phi_{i+2}$$

其中，$i=N-2,N-1,\cdots,2,1$。

3.2 迭代法

对于代数方程组（1-102），当 $\boldsymbol{A}$ 为非奇异矩阵，且 $\boldsymbol{A}$ 为稀疏矩阵时，迭代法是求解该类方程组的合适方法。求解代数方程组的迭代方法有很多，这里只介绍其中部分基本迭代方法。

3.2.1 迭代法综述

应用迭代法求解代数方程组的一般过程为：从初始点（表示为向量 $\boldsymbol{\phi}^{(0)}$，它为初始条件或给定的猜测值）开始，迭代求得一系列 $\boldsymbol{\phi}^{(n)}$，当迭代次数 $n\to\infty$时，满足 $\boldsymbol{\phi}^{(n)}\to\boldsymbol{\phi}$，则迭代法收敛，$\boldsymbol{\phi}^{(n)}$ 即方程组的解。下面给出如何建立方程组（1-102）的各种迭代法。

对于固定点迭代，将方程组的系数矩阵 $\boldsymbol{A}$ 分解为

$$\boldsymbol{A}=\boldsymbol{M}-\boldsymbol{N} \tag{3-21}$$

其中，$\boldsymbol{M}$ 为可选的非奇异矩阵，且使 $\boldsymbol{M\phi}=\boldsymbol{d}$ 容易求解。这时将原方程组的求解转换为求解方程

$$(\boldsymbol{M}-\boldsymbol{N})\boldsymbol{\phi}=\boldsymbol{b} \tag{3-22}$$

应用固定点迭代方法的求解过程表示为

$$\boldsymbol{M\phi}^{(n)}=\boldsymbol{N\phi}^{(n-1)}+\boldsymbol{b} \tag{3-23}$$

令

$$\boldsymbol{B}=\boldsymbol{M}^{-1}\boldsymbol{N},\boldsymbol{C}=\boldsymbol{M}^{-1} \tag{3-24}$$

迭代求解过程可进一步表示为

$$\boldsymbol{\phi}^{(n)}=\boldsymbol{B\phi}^{(n-1)}+\boldsymbol{Cb},n=1,2,\cdots \tag{3-25}$$

选择不同的 $\boldsymbol{B}$ 和 $\boldsymbol{C}$ 矩阵对应不同的迭代方法。另外，式(3-24) 中的矩阵可进一步写为

$$\boldsymbol{B}=\boldsymbol{M}^{-1}\boldsymbol{N}=\boldsymbol{M}^{-1}(\boldsymbol{M}-\boldsymbol{A})=\mathbf{I}-\boldsymbol{M}^{-1}\boldsymbol{A} \tag{3-26}$$

其中，$\mathbf{I}$ 为单位矩阵，将矩阵 $\boldsymbol{B}$ 称为迭代法的迭代矩阵。可见，$\boldsymbol{M}$ 给定后，矩阵 $\boldsymbol{B}$ 和 $\boldsymbol{C}$ 即可确定，相当于选择不同的 $\boldsymbol{M}$ 矩阵来确定不同的迭代方法，也将 $\boldsymbol{M}$ 称为分裂矩阵。

为保证上述迭代过程收敛，构造的迭代方法需满足下列条件：

① 当迭代过程已获得满足精度要求的数值解时，所有后续迭代都不修改解。

由于满足精度要求的解同时满足

$$\boldsymbol{\phi}=\boldsymbol{B\phi}+\boldsymbol{Cb}$$

由此可得

$$\boldsymbol{C}^{-1}(\mathbf{I}-\boldsymbol{B})\boldsymbol{\phi}=\boldsymbol{b}$$

将该方程与原方程组对比，得各矩阵满足的条件为

$$\boldsymbol{B}+\boldsymbol{CA}=\mathbf{I} \tag{3-27}$$

② 迭代方法能够自修正。如果初始值不满足精度要求，即 $\boldsymbol{\phi}^{(0)} \neq \boldsymbol{\phi}$，由式(3-25)可得

$$\boldsymbol{\phi}^{(n)}=\boldsymbol{B}^{n}\boldsymbol{\phi}^{(0)}+\sum_{i=0}^{n-1}\boldsymbol{B}^{i}\boldsymbol{Cb}$$

若 $\boldsymbol{\phi}^{(n)}$ 在第 n 次迭代后收敛于 $\boldsymbol{\phi}$，需满足 $\lim\limits_{n\to\infty}\boldsymbol{B}^{n}=\mathbf{0}$，也即 $\boldsymbol{B}$ 的谱半径需小于 1，$\rho(\boldsymbol{B})<1$。

定义误差

$$\boldsymbol{e}^{(n)}=\boldsymbol{\phi}^{(n)}-\boldsymbol{\phi}$$

将其代入式(3-25)，有

$$\boldsymbol{e}^{(n)}=\boldsymbol{B}\boldsymbol{e}^{(n-1)}$$

方程收敛的条件为 $\lim\limits_{n\to\infty}\boldsymbol{e}^{(n)}=\mathbf{0}$。假设 $\boldsymbol{B}$ 的特征矢量为完全特征矢量，即它们构成 N_0 维空间 $\boldsymbol{R}^{N_0}$ 中的一组基，这样矢量 $\boldsymbol{e}$ 可以用这组基线性表示 $\boldsymbol{e}=\sum\limits_{i=1}^{N_0}\alpha_i\boldsymbol{v}_i$，其中，特征矢量 $\boldsymbol{v}_i$ 满足 $\boldsymbol{B}\boldsymbol{v}_i=\lambda_i\boldsymbol{v}_i$，$\lambda_i$ 为特征矢量 $\boldsymbol{v}_i$ 对应的特征值。各误差矢量成为

$$\boldsymbol{e}^{(1)}=\boldsymbol{B}\boldsymbol{e}^{(0)}=\boldsymbol{B}\sum_{i=1}^{N_0}\alpha_i\boldsymbol{v}_i=\sum_{i=1}^{N_0}\alpha_i\boldsymbol{B}\boldsymbol{v}_i=\sum_{i=1}^{N_0}\alpha_i\lambda_i\boldsymbol{v}_i$$

$$\boldsymbol{e}^{(2)}=\boldsymbol{B}\boldsymbol{e}^{(1)}=\boldsymbol{B}\sum_{i=1}^{N_0}\alpha_i\lambda_i\boldsymbol{v}_i=\sum_{i=1}^{N_0}\alpha_i\lambda_i\boldsymbol{B}\boldsymbol{v}_i=\sum_{i=1}^{N_0}\alpha_i\lambda_i^2\boldsymbol{v}_i$$

以此类推，有 $\boldsymbol{e}^{(n)}=\sum\limits_{i=1}^{N_0}\alpha_i\lambda_i^n\boldsymbol{v}_i$。可见，若要方程组收敛，需满足 $\lambda_i<1$，这一条件与上述由谱半径表示的结果一致，即

$$\rho(\boldsymbol{B})=\max_{1\leqslant i\leqslant N_0}\lambda_i<1 \tag{3-28}$$

减小迭代矩阵 $\boldsymbol{B}$ 的谱半径可加速迭代收敛，这是迭代技术的核心。

③ 有合适的终止判据。任何迭代方法都需要有终止判据，常用的迭代判据是基于下面的残差范数定义的：

$$\boldsymbol{r}^{(n)}=\mathbf{A}\boldsymbol{\phi}^{(n)}-\boldsymbol{b}$$

定义第一种判据为：计算域内的最大残差小于阈值 ε 时表明解收敛：

$$\max_{1\leqslant i\leqslant N}\left|b_i-\sum_{j=1}^{N}a_{ij}\phi_j^{(n)}\right|\leqslant\varepsilon \tag{3-29}$$

定义第二种判据为：均方根残差小于 ε，即

$$\frac{\sum\limits_{i=1}^{N}\left[b_i-\sum\limits_{j=1}^{N}a_{ij}\phi_j^{(n)}\right]^2}{N}\leqslant\varepsilon \tag{3-30}$$

定义第三种判据为：相邻两次迭代步的因变量的最大相对差值小于 ε，即

$$\max_{1\leqslant i\leqslant N}\left|\frac{\phi_i^{(n)}-\phi_i^{(n-1)}}{\phi_i^{(n)}}\right|\times100\%\leqslant\varepsilon \tag{3-31}$$

使用迭代法时，中间的迭代计算精度可以不高，因为中间迭代步的计算值只是作为下一次迭代的估计值，中间过程的计算误差，在计算结束时都将趋于消失。

求解代数方程组的迭代方法可看作一个猜测-纠正过程，通过重复求解离散方程组来逐步逼近估计解，整体循环求解过程为：

① 猜测计算域中所有单元上因变量的离散值。

② 依次访问每个网格单元，利用每一个单元对应的代数方程更新因变量的值，更新时该代数方程中相邻单元上的因变量值使用上一步迭代结果或本次迭代已更新结果。

③ 更新完成后，检查因变量结果是否满足预定的收敛判据。如果满足，则停止；否则，返回第二步重复执行。

3.2.2 Jacobi 法

Jacobi 法是一种最简单的迭代方法。对于方程组（1-102），Jacobi 法的求解过程为：首先将因变量的初始猜测值（或初始条件）分配给未知向量 $\boldsymbol{\phi}$，如果系数矩阵 $\boldsymbol{A}$ 中的对角线元素均不为零，则用第一个方程求解新的 ϕ_1，第二个方程求解新的 ϕ_2，以此类推，直到计算出新的 ϕ_N，完成一次迭代。一次迭代获得的结果用于下一次迭代所需的新猜测值，然后重复上述求解过程，直到相邻两次迭代的预测值变化降至阈值以下或满足预设的收敛判据，获得最终解。这种方法中，给定当前估计值 $\boldsymbol{\phi}^{(n-1)}$，更新预测值的公式为

$$\phi_i^{(n)}=\frac{1}{a_{ii}}\Big(b_i-\sum_{\substack{j=1\\ j\neq i}}^{N}a_{ij}\phi_j^{(n-1)}\Big),i=1,2,\cdots,N \tag{3-32}$$

表明其中每一次计算得到的中间值不用于本次迭代后续的计算，而是保留用于下一次迭代。

将代数方程组的系数矩阵写成

$$\boldsymbol{A}=\boldsymbol{D}+\boldsymbol{L}+\boldsymbol{U} \tag{3-33}$$

其中，$\boldsymbol{D}$、$\boldsymbol{L}$、$\boldsymbol{U}$（与 LU 分解中的 $\boldsymbol{L}$ 和 $\boldsymbol{U}$ 不同）分别为矩阵 $\boldsymbol{A}$ 中的对角线、严格下三角、严格上三角元素组成的矩阵，式(3-32) 对应迭代方程

$$\boldsymbol{\phi}^{(n)}=-\boldsymbol{D}^{-1}(\boldsymbol{L}+\boldsymbol{U})\boldsymbol{\phi}^{(n-1)}+\boldsymbol{D}^{-1}\boldsymbol{b} \tag{3-34}$$

相当于在方程（3-23）中选择矩阵 $\boldsymbol{M}$ 为 $\boldsymbol{A}$ 的对角线元素组成的矩阵。其中

$$\boldsymbol{J}\equiv\boldsymbol{D}^{-1}(\boldsymbol{L}+\boldsymbol{U})$$

为 Jacobi 迭代法的迭代矩阵。Jacobi 法的收敛条件为

$$\rho(-\boldsymbol{D}^{-1}(\boldsymbol{L}+\boldsymbol{U}))<1$$

而由于

$$\boldsymbol{D}^{-1}(\boldsymbol{L}+\boldsymbol{U})=\begin{bmatrix}0 & \dfrac{a_{12}}{a_{11}} & \cdots & \dfrac{a_{1N}}{a_{11}}\\ \dfrac{a_{21}}{a_{22}} & 0 & \cdots & \dfrac{a_{2N}}{a_{22}}\\ \vdots & \vdots & \cdots & \vdots\\ \dfrac{a_{N1}}{a_{NN}} & \dfrac{a_{N2}}{a_{NN}} & \cdots & 0\end{bmatrix}$$

为了满足该矩阵的谱半径小于1，需使其中每一行元素之和小于1，即

$$\rho(-\boldsymbol{D}^{-1}(\boldsymbol{L}+\boldsymbol{U}))<\max_{1\leqslant i\leqslant N}\left(\sum_{j=1}^{N}\left|\frac{a_{ij}}{a_{ii}}\right|\right)\leqslant 1$$

也即收敛条件成为

$$\sum_{\substack{j=1\\ j\neq i}}^{N}|a_{ij}|\leqslant|a_{ii}|, i=1,2,\cdots,N \tag{3-35}$$

Jacobi 迭代法计算公式简单，每次迭代只需计算一次矩阵和向量的乘积，且计算过程中原系数矩阵 $\boldsymbol{A}$ 始终不变。

3.2.3 Gauss-Seidel 法

选取分裂矩阵 $\boldsymbol{M}$ 为 $\boldsymbol{A}$ 的下三角矩阵，即

$$\boldsymbol{A}=\boldsymbol{D}+\boldsymbol{L}+\boldsymbol{U}, \boldsymbol{M}=\boldsymbol{D}+\boldsymbol{L}$$

其中，$\boldsymbol{D}$ 为 $\boldsymbol{A}$ 的对角线矩阵，$\boldsymbol{L}$ 为 $\boldsymbol{A}$ 的严格下三角矩阵，$\boldsymbol{U}$ 为 $\boldsymbol{A}$ 的严格上三角矩阵。从而可将代数方程组写成

$$(\boldsymbol{D}+\boldsymbol{L})\boldsymbol{\phi}=-\boldsymbol{U}\boldsymbol{\phi}+\boldsymbol{b}$$

迭代方程成为

$$\boldsymbol{\phi}^{(n)}=-(\boldsymbol{D}+\boldsymbol{L})^{-1}\boldsymbol{U}\boldsymbol{\phi}^{(n-1)}+(\boldsymbol{D}+\boldsymbol{L})^{-1}\boldsymbol{b} \tag{3-36}$$

对应的每一步迭代的计算式为

$$\phi_i^{(n)}=\frac{1}{a_{ii}}\left(b_i-\sum_{j=1}^{i-1}a_{ij}\phi_j^{(n)}-\sum_{j=i+1}^{N}a_{ij}\phi_j^{(n-1)}\right), i=1,2,\cdots,N \tag{3-37}$$

可见，这种方法在迭代过程中使用了新近更新的部分因变量值，且在同一存储空间存放新近结果，所以可将 Gauss-Seidel 法看作 Jacobi 迭代法的一种改进。由式(3-37) 可知，Gauss-Seidel 迭代法每次迭代只需计算一次矩阵与向量的乘积。

Gauss-Seidel 法收敛的必要条件为

$$\rho(-(\boldsymbol{D}+\boldsymbol{L})^{-1}\boldsymbol{U})<1$$

在满足收敛条件的前提下，Gauss-Seidel 法的主要缺点是收敛速度太慢，特别是当单元数量很大时尤为明显。但它比基本 Jacobi 法更常用，收敛特性更好，而且占用内存较少，因为它不需要将新估计值存储在单独的数组中。

3.2.4 迭代法的预处理

迭代法的收敛速度取决于迭代矩阵 $\boldsymbol{B}$ 的谱特性，而谱特性又取决于系数矩阵 $\boldsymbol{A}$ 中元素的值。建立新的迭代方法时往往希望通过对代数方程变形，使得变形后的方程与原方程具有相同解，并可获得具有更好谱特性的迭代矩阵，从而加速收敛过程。预处理的目的就是得到这样的变形方程。

定义预处理矩阵 $\boldsymbol{P}$ 满足

$$\boldsymbol{P}^{-1}\boldsymbol{A}\phi=\boldsymbol{P}^{-1}\boldsymbol{b}$$

选取矩阵 $\boldsymbol{P}$ 和 $\boldsymbol{N}$ 使得满足 $\boldsymbol{A}=\boldsymbol{P}-\boldsymbol{N}$，这样可将固定点迭代式写为

$$\boldsymbol{\phi}^{(n)}=\boldsymbol{P}^{-1}\boldsymbol{N}\boldsymbol{\phi}^{(n-1)}+\boldsymbol{P}^{-1}\boldsymbol{b}=(\mathbf{I}-\boldsymbol{P}^{-1}\boldsymbol{A})\boldsymbol{\phi}^{(n-1)}+\boldsymbol{P}^{-1}\boldsymbol{b} \tag{3-38}$$

迭代矩阵为

$$\boldsymbol{B}=\mathbf{I}-\boldsymbol{P}^{-1}\boldsymbol{A} \tag{3-39}$$

相应的收敛条件为 $\rho(\mathbf{I}-\boldsymbol{P}^{-1}\boldsymbol{A})<1$。

Jacobi 法和 Gauss-Seidel 法的迭代矩阵可看作这一结果的特例。对于 Jacobi 法，有

$$\boldsymbol{B}=-\boldsymbol{D}^{-1}(\boldsymbol{L}+\boldsymbol{U})=-\boldsymbol{D}^{-1}(\boldsymbol{A}-\boldsymbol{D})=\mathbf{I}-\boldsymbol{D}^{-1}\boldsymbol{A}$$

相当于 $\boldsymbol{P}=\boldsymbol{D}$。对于 Gauss-Seidel 法，有

$$\boldsymbol{B}=-(\boldsymbol{D}+\boldsymbol{L})^{-1}\boldsymbol{U}=-(\boldsymbol{D}+\boldsymbol{L})^{-1}(\boldsymbol{A}-\boldsymbol{L}-\boldsymbol{D})=\mathbf{I}-(\boldsymbol{D}+\boldsymbol{L})^{-1}\boldsymbol{A}$$

相当于 $\boldsymbol{P}=\boldsymbol{D}+\boldsymbol{L}$。

方程（3-38）还可写为残差形式：

$$\boldsymbol{\phi}^{(n)}=\boldsymbol{\phi}^{(n-1)}+\boldsymbol{P}^{-1}(\boldsymbol{b}-\boldsymbol{A}\boldsymbol{\phi}^{(n-1)})=\boldsymbol{\phi}^{(n-1)}+\boldsymbol{P}^{-1}\boldsymbol{r}^{(n-1)} \tag{3-40}$$

其中，$\boldsymbol{r}^{(n-1)}=\boldsymbol{b}-\boldsymbol{A}\boldsymbol{\phi}^{(n-1)}$。

一种简单有效的预处理方法是对系数矩阵 $\boldsymbol{A}$ 进行不完全 LU 分解（Incomplete LU Decomposition，ILU），不像完全 LU 分解法那样将矩阵 $\boldsymbol{A}$ 中的零元素位置在分解后的 $\boldsymbol{L}$、$\boldsymbol{U}$ 矩阵中的相应位置填充了非零值，ILU 分解方法在分解后仍将这些位置用零填充，这样矩阵 $\boldsymbol{L}$ 和 $\boldsymbol{U}$ 与系数矩阵 $\boldsymbol{A}$ 的下三角部分和上三角部分具有相同的非零结构，这时，将 $\boldsymbol{A}$ 分解为

$$\boldsymbol{A}=\boldsymbol{L}\boldsymbol{U}+\boldsymbol{R} \tag{3-41}$$

同时，将代数方程组写成

$$(\boldsymbol{A}-\boldsymbol{R})\boldsymbol{\phi}=(\boldsymbol{A}-\boldsymbol{R})\boldsymbol{\phi}+(\boldsymbol{b}-\boldsymbol{A}\boldsymbol{\phi})$$

其迭代形式为

$$(\boldsymbol{A}-\boldsymbol{R})\boldsymbol{\phi}^{(n)}=(\boldsymbol{A}-\boldsymbol{R})\boldsymbol{\phi}^{(n-1)}+(\boldsymbol{b}-\boldsymbol{A}\boldsymbol{\phi}^{(n-1)}) \tag{3-42}$$

对应的迭代矩阵为

$$\boldsymbol{B}=-(\boldsymbol{A}-\boldsymbol{R})^{-1}\boldsymbol{R}=-(\boldsymbol{L}\boldsymbol{U})^{-1}(\boldsymbol{A}-\boldsymbol{L}\boldsymbol{U})=\mathbf{I}-(\boldsymbol{L}\boldsymbol{U})^{-1}\boldsymbol{A} \tag{3-43}$$

将该式与式(3-39）相比较，可得此时的预处理矩阵为

$$\boldsymbol{P}=\boldsymbol{L}\boldsymbol{U}$$

假设式(3-42）的残差形式为

$$\boldsymbol{\phi}^{(n)}=\boldsymbol{\phi}^{(n-1)}+\boldsymbol{\phi}'^{(n)} \tag{3-44}$$

将其代入式(3-42）后得

$$(\boldsymbol{A}-\boldsymbol{R})\boldsymbol{\phi}'^{(n-1)}=\boldsymbol{b}-\boldsymbol{A}\boldsymbol{\phi}^{(n-1)} \tag{3-45}$$

迭代过程中，可使用该式求解 $\boldsymbol{\phi}'^{(n)}$，再用式(3-44）更新 $\boldsymbol{\phi}^{(n)}$。

无填入的不完全 LU 分解法（简称 ILU（0））是一种最简单的 ILU 分解方法。在这种方法中，$\boldsymbol{L}$、$\boldsymbol{U}$ 矩阵中零元素的位置与原系数矩阵中的完全相同。这种方法可采用高斯消元法计算，计算过程与完全 LU 分解法相同，但在计算过程中，在原系数矩阵中零元素的位置上如果出现非零元素，则该非零值会被舍弃，这样可保证 $\boldsymbol{L}$ 和 $\boldsymbol{U}$ 的乘积矩阵中非零元素数量与原始系数矩阵 $\boldsymbol{A}$ 的相同。但这种处理方法使得精度降低，需较多的迭代次数得到收敛解。其中的一种特殊情况是针对对称正定系数矩阵，也称为不完全 Cholesky 分解，这时只使用下三角部分进行矩阵分解，即 $\boldsymbol{A}\approx\overline{\boldsymbol{L}}\,\overline{\boldsymbol{L}}^{\mathrm{T}}$，其中 $\overline{\boldsymbol{L}}$ 为因式分解的稀疏下三角矩阵，相当于 $\boldsymbol{A}=\overline{\boldsymbol{L}}\,\overline{\boldsymbol{L}}^{\mathrm{T}}+\boldsymbol{R}$，这时 $\boldsymbol{P}=\overline{\boldsymbol{L}}\,\overline{\boldsymbol{L}}^{\mathrm{T}}$。

对角线 ILU（简称 DILU）方法是另一种 ILU 方法，与 ILU(0）相比，它只将原系数矩阵 $\boldsymbol{A}$ 的零元素位置中，在分解后的 $\boldsymbol{L}$、$\boldsymbol{U}$ 中位于非对角线上的相应位置处的元素置零，

而保留分解过程中对角线元素的更改。这时可将预处理矩阵写为

$$\boldsymbol{P}=(\boldsymbol{D}^{*}+\boldsymbol{L})\boldsymbol{D}^{*-1}(\boldsymbol{D}^{*}+\boldsymbol{U}) \tag{3-46}$$

其中，$\boldsymbol{L}$、$\boldsymbol{U}$ 中的元素为 $\boldsymbol{A}$ 中的相应元素，$\boldsymbol{D}^{*}$ 为对角矩阵。令 $\boldsymbol{D}^{*}$ 中的元素满足：式(3-46) 中的乘积结果中对角线上的元素与 $\boldsymbol{A}$ 中对角线上相应元素相同，$\boldsymbol{D}^{*}$ 中的元素可由递归公式确定：

$$\begin{cases} d_{11}=a_{11} \\ d_{22}=a_{22}-\dfrac{a_{21}}{d_{11}}a_{12} \\ \quad\vdots \\ d_{jj}=a_{jj}-\displaystyle\sum_{i=1}^{j-1}\frac{a_{ji}}{d_{ii}}a_{ij} \end{cases}$$

在 DILU 方法中，相当于由近似的 $\overline{\boldsymbol{L}}$ 和 $\overline{\boldsymbol{U}}$ 代替了精确的 $\boldsymbol{L}$ 和 $\boldsymbol{U}$，也即在式(3-46) 中

$$\overline{\boldsymbol{L}}=(\boldsymbol{D}^{*}+\boldsymbol{L})\boldsymbol{D}^{*-1},\ \overline{\boldsymbol{U}}=\boldsymbol{D}^{*}+\boldsymbol{U}$$

DILU 方法的优点是可以递归计算 $\boldsymbol{D}^{*}$ 中的元素，并只需额外存储一个对角矩阵。

3.2.5 梯度法

当代数方程组的系数矩阵 $\boldsymbol{A}$ 为对称正定矩阵时，可采用梯度法求解。梯度法主要包括最速下降法（Steepest Descent，SD）和共轭梯度法（Conjugate Gradient Method，CGM）两类。下面简单介绍梯度法的基本原理。

由代数方程组（1-102）中的系数矩阵 $\boldsymbol{A}$ 和向量 $\boldsymbol{b}$ 构造二次向量函数

$$\boldsymbol{Q}(\boldsymbol{\phi})=\frac{1}{2}\boldsymbol{\phi}^{\mathrm{T}}\boldsymbol{A}\boldsymbol{\phi}-\boldsymbol{b}^{\mathrm{T}}\boldsymbol{\phi}+\boldsymbol{c} \tag{3-47}$$

其中，$\boldsymbol{c}$ 为向量。由于 $\boldsymbol{A}$ 为对称矩阵，该函数的导数为

$$\boldsymbol{Q}'(\boldsymbol{\phi})=\boldsymbol{A}\boldsymbol{\phi}-\boldsymbol{b} \tag{3-48}$$

当 $\boldsymbol{Q}'(\boldsymbol{\phi})=\boldsymbol{0}$ 时，$\boldsymbol{Q}(\boldsymbol{\phi})$ 取得最小值，对应的 $\boldsymbol{\phi}$ 为原代数方程的解。而且在给定点 $\boldsymbol{\phi}$ 上，$\boldsymbol{Q}'(\boldsymbol{\phi})$ 指向 $\boldsymbol{Q}(\boldsymbol{\phi})$ 增大最快的方向。

如果令精确解与当前估算值之间的差值为 $\boldsymbol{e}=\boldsymbol{\phi}^{(n)}-\boldsymbol{\phi}$，则由式(3-47) 得

$$\boldsymbol{Q}(\boldsymbol{\phi}^{(n)})=\boldsymbol{Q}(\boldsymbol{\phi}+\boldsymbol{e})=\boldsymbol{Q}(\boldsymbol{\phi})+\frac{1}{2}\boldsymbol{e}^{\mathrm{T}}\boldsymbol{A}\boldsymbol{e}$$

由于 $\boldsymbol{A}$ 为正定矩阵，有 $\frac{1}{2}\boldsymbol{e}^{\mathrm{T}}\boldsymbol{A}\boldsymbol{e}>\boldsymbol{0}$，该式表明，精确值 $\boldsymbol{\phi}$ 对应的 $\boldsymbol{Q}(\boldsymbol{\phi})$ 是迭代过程中所有中间值 $\boldsymbol{Q}(\boldsymbol{\phi}^{(n)})$ 中的最小值。同时，由于 $\boldsymbol{A}$ 正定，其所有特征值均为正，所以函数 $\boldsymbol{Q}(\boldsymbol{\phi})$ 具有唯一的最小值。

由于系数矩阵 $\boldsymbol{A}$ 为对称正定矩阵，可将收敛序列 $\boldsymbol{\phi}^{(n)}$ 写为

$$\boldsymbol{\phi}^{(n+1)}=\boldsymbol{\phi}^{(n)}+\alpha^{(n)}(\delta\boldsymbol{\phi}^{(n)}) \tag{3-49}$$

其中，$\alpha^{(n)}$ 为松弛因子，$\delta\boldsymbol{\phi}^{(n)}$ 与每一迭代步中为了最小化 $\boldsymbol{Q}(\boldsymbol{\phi})$ 而进行的修正有关。选用不同的 $\alpha^{(n)}$ 和 $\delta\boldsymbol{\phi}^{(n)}$ 则得到不同的梯度法。下面根据梯度法原理介绍最速下降法和共轭梯度法。

(1) 最速下降法

函数 $\boldsymbol{Q}(\boldsymbol{\phi})$ 描述了一个抛物面（一维情况下为抛物线），代数方程的求解过程为从初

始位置 $\boldsymbol{\phi}^{(0)}$ 开始，沿抛物面迭代下降，最终达到最小值，其中下降速率最快的方向为 $-\boldsymbol{Q}'(\boldsymbol{\phi})$。由式(3-48) 知

$$-\boldsymbol{Q}'(\boldsymbol{\phi})=\boldsymbol{b}-\boldsymbol{A}\boldsymbol{\phi}$$

每一迭代步的误差和残差分别为

$$\boldsymbol{e}^{(n)}=\boldsymbol{\phi}^{(n)}-\boldsymbol{\phi}$$

和

$$\boldsymbol{r}^{(n)}=\boldsymbol{b}-\boldsymbol{A}\boldsymbol{\phi}^{(n)}=-\boldsymbol{Q}'(\boldsymbol{\phi}^{(n)})$$

其中，$\boldsymbol{r}^{(n)}$ 代表最速下降方向，从而可得

$$\boldsymbol{r}^{(n)}=-\boldsymbol{A}\boldsymbol{e}^{(n)} \tag{3-50}$$

这时收敛序列可以写成

$$\boldsymbol{\phi}^{(n+1)}=\boldsymbol{\phi}^{(n)}+\alpha^{(n)}\boldsymbol{r}^{(n)} \tag{3-51}$$

为了求得 $\alpha^{(n)}$，令

$$\frac{\mathrm{d}\boldsymbol{Q}(\boldsymbol{\phi}^{(n+1)})}{\mathrm{d}\alpha^{(n)}}=0$$

可得

$$(\boldsymbol{r}^{(n+1)})^{\mathrm{T}}\boldsymbol{r}^{(n)}=0$$

该式表明新迭代步与旧迭代步的前进方向垂直，同时由该式可得

$$\alpha^{(n)}=\frac{(\boldsymbol{r}^{(n)})^{\mathrm{T}}\boldsymbol{r}^{(n)}}{(\boldsymbol{r}^{(n)})^{\mathrm{T}}\boldsymbol{A}\boldsymbol{r}^{(n)}} \tag{3-52}$$

这样，最速下降法的求解步骤为：选择 $\boldsymbol{r}^{(0)}$；由式(3-50) 计算 $\boldsymbol{r}^{(n)}$；由式(3-52) 计算 $\alpha^{(n)}$；由式(3-51) 计算 $\boldsymbol{\phi}^{(n+1)}$。这种方法的一个缺点是缺乏从 $\boldsymbol{\phi}^{(n)}$ 的值到残差的反馈，这可能会导致由于舍入误差的累积使得解收敛到与精确值不同的值。

(2) 共轭梯度法

虽然最速下降法可保证收敛，但收敛速率较慢，这是因为它在局部极小值附近重复搜索。为了避免这种情况，需设置与旧迭代步不同的搜索方向。选择一组与 $\boldsymbol{A}$ 正交的搜索方向 $\boldsymbol{d}^{(0)}$、$\boldsymbol{d}^{(1)}$、…、$\boldsymbol{d}^{(N-1)}$，它们满足

$$(\boldsymbol{d}^{(n)})^{\mathrm{T}}\boldsymbol{A}\boldsymbol{d}^{(m)}=0 \tag{3-53}$$

同时，选择迭代序列为

$$\boldsymbol{\phi}^{(n+1)}=\boldsymbol{\phi}^{(n)}+\alpha^{(n)}\boldsymbol{d}^{(n)} \tag{3-54}$$

误差方程和残差方程分别为

$$\boldsymbol{e}^{(n+1)}=\boldsymbol{e}^{(n)}+\alpha^{(n)}\boldsymbol{d}^{(n)} \tag{3-55}$$

和

$$\boldsymbol{r}^{(n+1)}=\boldsymbol{r}^{(n)}-\alpha^{(n)}\boldsymbol{A}\boldsymbol{d}^{(n)} \tag{3-56}$$

这种方法的另一个限制条件为：令 $\boldsymbol{e}^{(n+1)}$ 与 $\boldsymbol{d}^{(n)}\boldsymbol{A}$ 正交，也即

$$(\boldsymbol{d}^{(n)})^{\mathrm{T}}\boldsymbol{A}\boldsymbol{e}^{(n+1)}=0 \tag{3-57}$$

这一条件等价于沿搜索方向 $\boldsymbol{d}^{(n)}$ 寻找最小值点，可得

$$\alpha^{(n)}=\frac{(\boldsymbol{d}^{(n)})^{\mathrm{T}}\boldsymbol{r}^{(n)}}{(\boldsymbol{d}^{(n)})^{\mathrm{T}}\boldsymbol{A}\boldsymbol{d}^{(n)}} \tag{3-58}$$

此外，假设搜索方向矩阵满足方程

$$\boldsymbol{d}^{(n+1)}=\boldsymbol{r}^{(n+1)}+\beta^{(n)}\boldsymbol{d}^{(n)} \tag{3-59}$$

而由 $\boldsymbol{A}$ 与 $\boldsymbol{d}$ 的正交性可得

$$(\boldsymbol{d}^{(n+1)})^{\mathrm{T}}\boldsymbol{A}\boldsymbol{d}^{(n)}=0 \tag{3-60}$$

将式(3-59) 代入方程 (3-60) 可得 $\beta^{(n)}$ 满足

$$\beta^{(n)}=-\frac{(\boldsymbol{r}^{(n+1)})^{\mathrm{T}}\boldsymbol{A}\boldsymbol{d}^{(n)}}{(\boldsymbol{d}^{(n)})^{\mathrm{T}}\boldsymbol{A}\boldsymbol{d}^{(n)}} \tag{3-61}$$

由方程 (3-56) 知

$$\boldsymbol{A}\boldsymbol{d}^{(n)}=-\frac{\boldsymbol{r}^{(n+1)}-\boldsymbol{r}^{(n)}}{\alpha^{(n)}} \tag{3-62}$$

联立式(3-58)、式(3-61) 和式(3-62)，并进行化简后得

$$\beta^{(n)}=\frac{(\boldsymbol{r}^{(n+1)})^{\mathrm{T}}\boldsymbol{r}^{(n+1)}}{(\boldsymbol{r}^{(n)})^{\mathrm{T}}\boldsymbol{r}^{(n)}} \tag{3-63}$$

这样，共轭梯度法的求解步骤为：选择残差 $\boldsymbol{d}^{(0)}=\boldsymbol{r}^{(0)}=\boldsymbol{b}-\boldsymbol{A}\boldsymbol{\phi}^{(0)}$ 作为初始方向；由式(3-58) 计算搜索方向向量中的系数 $\alpha^{(n)}$；由式(3-54) 计算 $\boldsymbol{\phi}^{(n+1)}$，得到新的因变量值；由式(3-56) 计算新的残差 $\boldsymbol{r}^{(n+1)}$；由式(3-63) 计算系数 $\beta^{(n)}$；由式(3-59) 计算 $\boldsymbol{d}^{(n+1)}$，获得新的共轭搜索方向；如果不收敛，回到第二步重复执行。

为了加速共轭梯度法的收敛，可引入预处理矩阵 $\boldsymbol{P}$，它也为对称正定矩阵。应用 Cholesky 分解法，令

$$\boldsymbol{P}=\boldsymbol{L}\boldsymbol{L}^{\mathrm{T}}$$

并且为了保证对称，将原代数方程组写为

$$\boldsymbol{L}^{-1}\boldsymbol{A}\boldsymbol{L}^{-\mathrm{T}}\boldsymbol{L}^{\mathrm{T}}\boldsymbol{\phi}=\boldsymbol{L}^{-1}\boldsymbol{b}$$

其中，$\boldsymbol{L}^{-1}\boldsymbol{A}\boldsymbol{L}^{-\mathrm{T}}$ 为对称正定矩阵，这时需分别在式(3-58)、式(3-59) 和式(3-61) 中引入 $\boldsymbol{P}^{-1}$。此外，还可应用其他预处理矩阵，包括 Jacobi 预处理阵和不完全 Cholesky 分解等。而且在求解大型代数方程组时，共轭梯度法通常会应用预处理技术。

(3) 双共轭梯度法 (Bi-Conjugate Gradient Method，BiCG) 和预处理 BiCG

为了应用共轭梯度法求解含有非对称系数矩阵的代数方程组，需将系数矩阵转换为对称阵，可将代数方程组转换为

$$\begin{bmatrix}\boldsymbol{0} & \boldsymbol{A}\\ \boldsymbol{A}^{\mathrm{T}} & \boldsymbol{0}\end{bmatrix}\begin{bmatrix}\hat{\boldsymbol{\phi}}\\ \boldsymbol{\phi}\end{bmatrix}=\begin{bmatrix}\boldsymbol{b}\\ \boldsymbol{0}\end{bmatrix}$$

其中使用了伪变量 $\hat{\boldsymbol{\phi}}$。应用共轭梯度法求解该方程组时需构造两个迭代序列：原代数方程的一般迭代序列和用于求解 $\hat{\boldsymbol{\phi}}$ 所满足方程组的伪迭代序列，这也是这一方法名称的由来。同样，用 $\boldsymbol{r}$ 和 $\boldsymbol{d}$ 分别表示原迭代序列对应的残差和搜索方向，用 $\hat{\boldsymbol{r}}$ 和 $\hat{\boldsymbol{d}}$ 分别表示它们相应于伪迭代序列的等价形式。并由方程

$$(\hat{\boldsymbol{r}}^{(m)})^{\mathrm{T}}\boldsymbol{r}^{(n)}=(\hat{\boldsymbol{r}}^{(n)})^{\mathrm{T}}\boldsymbol{r}^{(m)}=0,\quad m<n$$

保证残差的双正交性。保证双共轭性则通过方程

$$(\hat{\boldsymbol{d}}^{(n)})^{\mathrm{T}}\boldsymbol{A}\boldsymbol{d}^{(m)}=(\boldsymbol{d}^{(n)})^{\mathrm{T}}\boldsymbol{A}^{\mathrm{T}}\hat{\boldsymbol{d}}^{(m)}=0,\quad m<n$$

来实现。这种方法需满足的另一个有关残差序列和搜索方向的条件为：原迭代序列对应的残差与伪迭代序列对应的残差正交：

$$(\hat{\boldsymbol{r}}^{(n)})^{\mathrm{T}}\boldsymbol{d}^{(m)}=(\boldsymbol{r}^{(n)})^{\mathrm{T}}\hat{\boldsymbol{d}}^{(m)},\quad m<n$$

BiCG 法的求解步骤为：选择残差 $\boldsymbol{d}^{(0)}=\boldsymbol{r}^{(0)}=\widehat{\boldsymbol{d}}^{(0)}=\widehat{\boldsymbol{r}}^{(0)}=\boldsymbol{b}-\boldsymbol{A\phi}^{(0)}$ 作为初始方向；由式(3-58) 计算搜索方向向量中的系数 $\alpha^{(n)}$；由式（3-54）计算 $\boldsymbol{\phi}^{(n+1)}$，得到新的因变量值；由式(3-56) 和类似的方程分别计算新的残差 $\boldsymbol{r}^{(n+1)}$ 和新的伪残差 $\widehat{\boldsymbol{r}}^{(n+1)}$；由式(3-63) 计算系数 $\beta^{(n)}$；由式(3-59) 类似的方程分别计算 $\boldsymbol{d}^{(n+1)}$ 和 $\widehat{\boldsymbol{d}}^{(n+1)}$，获得新的共轭搜索方向；如果不收敛，回到第二步重复执行。

也可以在这种方法中引入预处理，如 Fletcher 法等。BiCG 的其他改进型包括：CGS (Conjugate Gradient Squared)、Bi-CGSTAB(Bi-Conjugate Gradient Stabilized)、GMRES (Generalized Minimal Residual) 等，它们可用于结构和非结构网格时具有非对称系数矩阵的代数方程的求解。

3.2.6 多重网格法

将迭代法求解代数方程组时的误差写为傅里叶级数的形式，其中包含频率较大和较小的项。当代数方程组阶数较大时，或者网格较密时，频率较大的误差有可能在单个单元上振荡，而频率较小的误差对单个单元来说则较为平滑，因为一个单元上一般只存在周期性误差的一小部分。标准求解器（Jacobi、Gauss-Seidel、ILU）可消减频率较大的振荡误差，但对频率较小的误差则无能为力，也即应用标准求解器求解大型代数方程组时，收敛特性可能会变差，尤其是网格更加细化时问题将更加严重。为解决这一问题，需将多重网格法与迭代方法相结合。在多重网格法中，迭代法也称为平滑器（Smoother）。

多重网格法的基本思想是：建立多个粗细等级的网格，首先在较细网格上迭代计算，快速消减频率较大的误差，然后再在较粗等级网格上迭代计算，快速消减频率较小的误差，其后，将较粗网格等级上的迭代结果与较细网格等级上的结果相加，其结果作为初值再在较细等级网格上迭代计算，循环直至达到预定精度。这种方法通过应用多个粗细等级的网格，将较细网格等级上频率较小的振荡误差转变为较粗等级网格上频率较大的振荡误差，从而解决单纯使用平滑器时的收敛特性较差的问题。

在多重网格法中，一种建立多个粗细等级网格的方法为：由细网格的拓扑或几何生成粗等级网格，类似于将细网格单元直接堆叠成粗网格单元。这种方法也称为代数多重网格（Algebraic Multi-Grid，AMG）法，这种方法不直接使用几何信息，堆叠过程是一个纯代数过程，由细网格上的代数方程重建粗网格上的代数方程，可用于各向异性问题。

多重网格法计算过程中包含不同等级网格间的过渡，从一个细网格过渡到粗网格包含如下过程：①约束过程；②八建立或更新粗网格上方程组；③应用平滑器迭代计算。从一个粗网格过渡到细网格包含如下过程：①延伸过程；②修正细网格上的因变量场；③应用平滑器迭代计算约束过程构造的方程组。下面对其中部分过程进行详细说明。

（1）单元堆叠/粗化

多重网格法求解代数方程组的第一步是生成不同粗细等级的网格，这有三种方法：第一种方法是首先生成粗网格，经细化得到细网格，这种方法便于获得粗-细网格间的关系式，多用于自适应网格，但这种方法的细网格依赖于粗网格分布；第二种方法为非嵌套网格，这种方法中不同等级网格间的信息转换较烦琐；第三种方法是首先生成最细的网格，由细网格单元堆叠成粗网格，如图 3-1 所示，其中方向堆叠（Directional Agglomeration,

DA）是一种常用的堆叠算法，它由种子单元开始堆叠，根据几何连结性与其相邻单元进行整合。

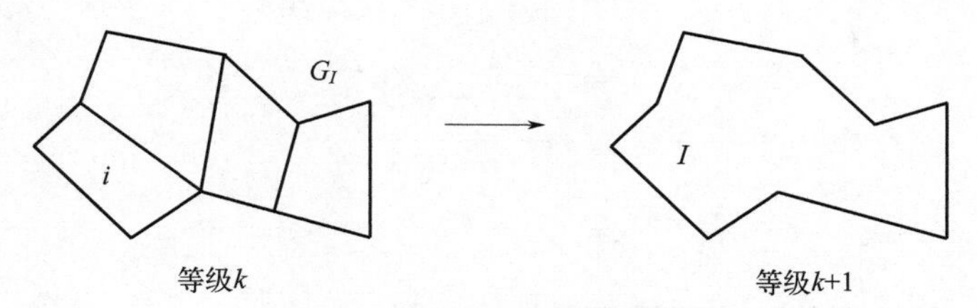

图 3-1　细网格堆叠为粗网格

（2）约束和建立粗网格上的方程组

代数方程组的求解过程从细网格开始，进行若干次迭代求解后，计算误差，然后将该误差转换为上一级网格（较粗）上的误差，接着在上一级网格上迭代求解该级网格对应的方程组，并计算误差，以此类推直到最粗网格等级。某一级网格上所求解的方程组可写成修正形式：

$$\boldsymbol{A}^{(k)}\boldsymbol{e}^{(k)}=\boldsymbol{r}^{(k)}$$

其中，$\boldsymbol{e}$ 为求解的向量，$\boldsymbol{r}$ 为残差。上一级网格上求解的方程为

$$\boldsymbol{A}^{(k+1)}\boldsymbol{e}^{(k+1)}=\boldsymbol{r}^{(k+1)}$$

约束过程的实质是限制残差 $\boldsymbol{r}$，计算为

$$\boldsymbol{r}^{(k+1)}=I_k^{k+1}\boldsymbol{r}^{(k)}$$

其中，I_k^{k+1} 为约束算子（从细等级到粗等级）。AMG 法中将约束算子定义为本级网格对应的残差的线性和，即

$$\boldsymbol{r}_I^{(k+1)}=\sum_{i\in G_I}\boldsymbol{r}_i^{(k)}$$

其中，I 为粗网格的编号，G_I 为该粗网格所合并细网格的数量。

将方程（2-15）写成

$$a_i^{(k)}\phi_i^{(k)}+\sum_{j=\mathrm{NB}(i)}(a_{ij}^{(k)}\phi_j^{(k)})=b_i^{(k)} \tag{3-64}$$

k 等级网格对应的残差为

$$r_i^{(k)}=b_i^{(k)}-\left[a_i^{(k)}\phi_i^{(k)}+\sum_{j=\mathrm{NB}(i)}(a_{ij}^{(k)}\phi_j^{(k)})\right]$$

从等级 k 过渡至等级 $k+1$ 后对解的修正值为

$$\phi'^{(k)}_i=\phi_I^{(k+1)}-\phi_i^{(k)}$$

添加修正值后的残差为

$$\begin{aligned}\tilde{r}_i^{(k)}&=b_i^{(k)}-\left[a_i^{(k)}(\phi_i^{(k)}+\phi'^{(k)}_i)+\sum_{j=\mathrm{NB}(i)}a_{ij}^{(k)}(\phi_j^{(k)}+\phi'^{(k)}_j)\right]\\&=r_i^{(k)}-\left[a_i^{(k)}\phi'^{(k)}_i+\sum_{j=\mathrm{NB}(i)}(a_{ij}^{(k)}\phi'^{(k)}_j)\right]\end{aligned}$$

令修正后的残差（在区域 G_I 内）为零，$\sum_{i\in G_I}\tilde{r}_i^{(k)}=0$，由此可得在 $k+1$ 级网格上的方程组为

$$a_I^{(k+1)}\phi'^{(k+1)}_I+\sum_{J=\mathrm{NB}(I)}(a_{IJ}^{(k+1)}\phi'^{(k+1)}_J)=r_I^{(k+1)} \tag{3-65}$$

其中

$$a_I^{(k+1)} = \sum_{i \in G_I} a_i^{(k)} + \sum_{i \in G_I} \sum_{j \in G_I} a_{ij}^{(k)}$$

$$a_{IJ}^{(k+1)} = \sum_{i \in G_I} \sum_{\substack{j \notin G_I \\ j \in \mathrm{NB}(I)}} a_{ij}^{(k)}$$

$$r_I^{(k+1)} = \sum_{i \in G_I} r_i^{(k)}$$

(3) 延伸和细等级网格上修正因变量场

延伸过程将解的修正结果从粗网格转移至细网格，其中零阶延伸算子中，细等级网格将直接继承粗网格上的误差，即它们拥有相同的误差值，修正结果是从粗网格上的方程组的解中获得的。细网格上的插值或延伸关系式为

$$\boldsymbol{e}^{(k)} = I_{k+1}^{k} \boldsymbol{e}^{(k+1)}$$

其中，I_{k+1}^{k} 为从粗网格至细网格的插值矩阵。将细网格上的因变量值修正为

$$\boldsymbol{\phi}^{(k)} \leftarrow \boldsymbol{\phi}^{(k)} + \boldsymbol{e}^{(k)}$$

(4) 多重网格法计算过程

在完成单元堆叠和粗化后，经如图 3-2 所示的循环最终得到所求的位于细网格上的解，该循环相当于访问粗网格过程，也称为多重网格循环。

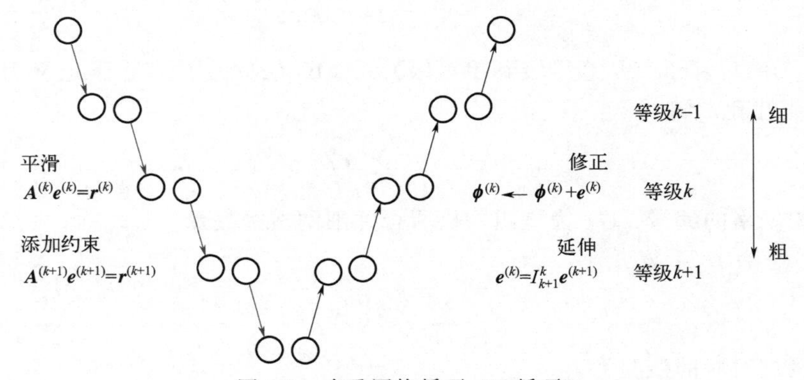

图 3-2 多重网格循环（V 循环）

AMG 方法中的多重网格循环有 V 循环、W 循环和 F 循环。其中，V 循环最简单，该循环中只访问一次每一个粗等级网格，通常在约束阶段只进行少量的迭代，然后在粗网格上插入残差。对于刚性较强的方程组，V 循环并不能够加速收敛，在粗等级网格上的迭代次数将增多。W 循环在每一次访问粗网格时应用较小的 V 循环，由嵌套的粗、细等级网格组成，等级数量增加时复杂度也增加。F 循环为 W 循环的改进，该循环访问粗网格的次数位于 V 循环和 W 循环之间。

3.3 求解代数方程组的松弛技术

对于方程（2-15）表示的代数方程组，迭代求解时通常希望减小每相邻两次迭代之间因变量的变化，这是为了改进非线性问题的收敛特性，同时为了避免因初始猜测值与精确

值的较大差距引起发散，而网格的非正交性、源项的存在、模型的非线性特性等均会引起方程的非线性。所以，求解过程中常通过减慢变量值的变化来改进收敛特性，这种方法也称为松弛技术。这种方法包括隐式欠松弛方法、E 因子松弛法、伪瞬态法等。松弛技术的基本原理是：减小相邻单元和源项对欠松弛所处理单元上因变量值的影响。松弛方法可以在某一迭代步计算得到解后显式执行，也可以在求解前将松弛的影响引入方程中隐式执行。

显式欠松弛方法中，在每一迭代步后期，当得到新的因变量值后，访问计算域中的所有单元，将预测的因变量值修改为

$$\phi_C^{\text{new,used}}=\phi_C^{\text{old}}+\lambda^{\phi}(\phi_C^{\text{new,predicted}}-\phi_C^{\text{old}}) \tag{3-66}$$

其中，ϕ_C^{old} 为上一次迭代求得的解，$\phi_C^{\text{new,predicted}}$ 为本次迭代求得的解。当 $\lambda^{\phi}<1$ 时，表示该表达式对变量 ϕ 进行了欠松弛处理，可减慢收敛速度，增加计算的稳定性，减小发散或振荡的可能性；如果 $\lambda^{\phi}=1$，无松弛；如果 $\lambda^{\phi}>1$，为过松弛，可加快收敛速度，但减弱了稳定性。例如，显式欠松弛技术可用于求解流体运动方程时对压强进行欠松弛处理，在流体特性与解有关的问题中，如紊流中的紊流黏度、可压缩流体中的密度等，这些特性在每一迭代步均需更新，这时使用显式欠松弛技术可促进收敛。在应用高精度格式计算单元面上的因变量值时亦是如此。欠松弛技术也可只用于方程中的某些项，如源项、因变量的梯度项等。

隐式欠松弛方法有 Patankar 欠松弛、E 因子欠松弛和伪瞬态欠松弛三种，下面分别介绍。

3.3.1 Patankar 欠松弛

由一般的代数方程组（2-15）可得

$$\phi_C=\frac{-\sum\limits_{F\sim \text{NB}(C)}(a_F\phi_F)+b_C}{a_C}$$

令 ϕ_C^* 表示前一次迭代得到的 ϕ_C 值，在单元 C 的相邻两次迭代所得因变量的变化量上加入松弛因子 λ^{ϕ}，有

$$\phi_C=\phi_C^*+\lambda^{\phi}\left(\frac{b_C-\sum\limits_{F\sim \text{NB}(C)}(a_F\phi_F)}{a_C}-\phi_C^*\right)$$

重新整理后得

$$\frac{a_C}{\lambda^{\phi}}\phi_C+\sum_{F\sim \text{NB}(C)}(a_F\phi_F)=b_C+\frac{(1-\lambda^{\phi})a_C}{\lambda^{\phi}}\phi_C^* \tag{3-67}$$

松弛因子修改了系数矩阵中对角线上的系数和等号右端的值。由于 $\lambda^{\phi}<1$，欠松弛方法相当于增大了对角线系数，可增强迭代求解的稳定性，这也是与显式欠松弛方法相比的优势所在。通常根据经验确定 λ^{ϕ} 值，也可在不同迭代步使用不同的 λ^{ϕ} 值。

3.3.2 E 因子欠松弛

将一般形式的代数方程组（2-15）写成

$$a_C\phi_C=\lambda^{\phi}\left[b_C-\sum_{F\sim NB(C)}(a_F\phi_F)\right]+(1-\lambda^{\phi})a_C\phi_C^*$$

用$\frac{E^{\phi}}{1+E^{\phi}}$代替松弛因子，得到

$$a_C\left(1+\frac{1}{E^{\phi}}\right)\phi_C+\sum_{F\sim NB(C)}(a_F\phi_F)=b_C+\frac{1}{E^{\phi}}a_C\phi_C^* \tag{3-68}$$

这样可以由给定的瞬态时间执行欠松弛技术，令时间步 Δt 正比于特征时间间隔：

$$\Delta t=E^{\phi}\Delta t^*,\Delta t^*=\frac{\rho_C V_C}{a_C}$$

可见，特征时间间隔与单元上 ϕ_C 的扩散和对流变化相关，而且 E 因子等于单元的 CFL 数。E^{ϕ} 的取值范围通常为 4～10。

在小尺寸的单元上，计算过程按时间推进缓慢，这对稳态求解的收敛速度不利。例如，在边界处通常会使用高度拉伸的单元，使得单元体积较小，从而形成了计算域内的一个关键区域，这些区域上设置的时间步较其他区域上的小。

3.3.3 伪瞬态欠松弛

将一般形式的代数方程组（2-15）写为

$$(a_C+a_C^0)\phi_C+\sum_{F\sim NB(C)}(a_F\phi_F)=b_C+a_C^0\phi_C^* \tag{3-69}$$

其中

$$a_C^0=\frac{\rho_C V_C}{a_C}$$

将 $a_C^0\phi_C$ 称为伪瞬态项，$a_C^0\phi_C^*$ 为上一时间步的伪瞬态项。当时间步进值 Δt 较大时，伪瞬态项可以忽略。而当 Δt 值非常小时，含 a_C^0 的项成为占优项，相当于对解进行了重度欠松弛处理，使得 ϕ_C 值变化非常小。这种方法允许求解过程在整个区域上一致推进。

不同的方程可指定不同的欠松弛因子，也不必在整个计算域上使用同一个欠松弛因子，该因子也可以随迭代过程变化。

3.4 方程的残差

在求解代数方程组时，为了确定解何时达到要求精度，需要一种方法来在最终解未知时评估解的收敛性，将衡量解收敛特性的参数称为收敛指示器，这种指示器可以是迭代过程中某一点上的因变量值，也可以是一个综合值，如流体计算中的总质量流量、壁面剪切应力等。其中，方程的某种残差是常用的收敛指示器。

为了将一般形式的代数方程组（2-15）写成残差形式，将方程组的解写为

$$\phi_C=\phi_C^*+\phi_C' \tag{3-70}$$

其中，ϕ_C'为为了满足方程（2-15）而添加的修正值。此时原方程成为

$$a_C\phi_C'+\sum_{F\sim NB(C)}(a_F\phi_F')=b_C-\left[a_C\phi_C^*+\sum_{F\sim NB(C)}(a_F\phi_F^*)\right] \tag{3-71}$$

将式(3-71) 等号右端的项称为 ϕ_C^* 的残差，描述单一单元质心上的不平衡量，表

示为

$$\mathrm{Res}_C^{\phi}=b_C-\left[a_C\phi_C^{*}+\sum_{F\sim \mathrm{NB}(C)}(a_F\phi_F^{*})\right] \tag{3-72}$$

使用 Patankar 欠松弛时的代数方程的残差形式为

$$a_C(\phi_C^{*}+\phi'_C)=\lambda^{\phi}\left[b_C-\sum_{F\sim \mathrm{NB}(C)}a_F(\phi_F^{*}+\phi'_F)\right]+(1-\lambda^{\phi})a_C\phi_C^{*}$$

该方程可进一步化简为

$$a_C\phi'_C+\lambda^{\phi}\sum_{F\sim \mathrm{NB}(C)}a_F\phi'_F=\lambda^{\phi}\underbrace{\left[b_C-(a_C\phi_C^{*}+\sum_{F\sim \mathrm{NB}(C)}a_F\phi_F^{*})\right]}_{\mathrm{Res}_C^{\phi}} \tag{3-73}$$

类似于式(3-72)，定义单元 C 上的残差为

$$\mathrm{Res}_C^{\phi}=b_C-\left[a_C\phi_C+\sum_{F\sim \mathrm{NB}(C)}(a_F\phi_F)\right] \tag{3-74}$$

单元 C 上的绝对残差为

$$\mathrm{R}_C^{\phi}=\left|b_C-\left[a_C\phi_C+\sum_{F\sim \mathrm{NB}(C)}(a_F\phi_F)\right]\right| \tag{3-75}$$

最大残差为

$$\mathrm{R}_{C,\max}^{\phi}=\max_{\text{所有单元}}\left|b_C-\left[a_C\phi_C+\sum_{F\sim \mathrm{NB}(C)}(a_F\phi_F)\right]\right|=\max_{\text{所有单元}}\mathrm{R}_C^{\phi} \tag{3-76}$$

均方根残差为

$$\mathrm{R}_{C,\mathrm{rms}}^{\phi}=\sqrt{\frac{\sum\limits_{C\sim\text{所有单元}}\left\{b_C-\left[a_C\phi_C+\sum\limits_{F\sim \mathrm{NB}(C)}(a_F\phi_F)\right]\right\}^2}{\text{单元总数}}}=\sqrt{\frac{\sum\limits_{C\sim\text{所有单元}}(\mathrm{R}_C^{\phi})^2}{\text{单元总数}}} \tag{3-77}$$

相对残差为

$$\mathrm{R}_{C,\text{相对}}^{\phi}=\frac{\left|b_C-\left[a_C\phi_C+\sum\limits_{F\sim \mathrm{NB}(C)}(a_F\phi_F)\right]\right|}{\max\limits_{\text{所有单元}}\left|a_C\phi_C\right|} \tag{3-78}$$

迭代求解代数方程组时，当这里的一个或同时有多个残差小于给定的阈值 ε 时，可认为方程组收敛至满足要求。除了使用残差确定是否收敛外，物理场数学模型求解中通常在得到收敛解前，还需监视某些综合量的变化是否满足要求。

阈值 ε 常被称为代数方程组的收敛精度，选择较小的收敛精度会增加达到收敛所需的迭代步数，而选择较大的收敛精度又会使迭代过程过早结束，代数方程的数值解可能未充分收敛。实际中一般需通过多次计算尝试获得合适的收敛精度。

在求解物理场的数学模型过程中，质量不好的网格、不合适的求解设置、不符合物理意义的边界条件等，都可能导致数值计算不收敛。解不收敛通常表现为迭代过程中残差的增大后不变，残差增大意味着守恒方程中不平衡量不断增加，这也违背了物理意义。遇到解不收敛时，对于劣质网格，尤其是长宽比过大或严重扭曲的网格，可增加网格单元数量重新划分网格；对于计算精度要求较高的问题，可在计算初期采用低阶近似消除不平衡量，当建立完整物理场后，再切换至高阶近似，获得高精度数值解；此外，还可以采用欠松弛技术稳定计算过程。

3.5 计算精度和网格无关性

由于控制方程的离散形式总是在有限尺寸的网格和有限的时间步长上求解，所以得到的数值解总是近似的，也即总是存在数值解与精确解之间的误差，这种误差的大小可使用计算精度来衡量。数值计算的常见误差源包括：离散误差、舍入误差、收敛误差、模型误差等。

离散误差是在控制方程离散过程中，由于采用有限时间步长和有限空间步长，并假设相邻单元间因变量的近似变化关系引起的，也称为截断误差。减小网格尺寸和时间步长可减小这种误差。如果网格尺寸足够小、边界条件平滑，截断误差的阶数与数值解的误差阶数一致，这样，对于充分小的网格，离散控制方程时采用高阶近似可改进计算精度，但相应的计算耗时也会增加。

舍入误差是由于计算机有效数字位数的限制而引起的误差，等于计算机的计算精度与变量真值之间的差值。采用双精度或更高的浮点数精度的计算机求解代数方程组可减小舍入误差。

收敛误差是由于采用迭代法求解代数方程组时未完全收敛的解与完全收敛解之间的差值，其原因是迭代次数太少或所设置的收敛精度太低，导致求解过程未能完全达到收敛解。

模型误差是建立数学模型时控制方程不准确或进行模型简化造成的，如采用近似模型、介质物性参数不准确、忽略物性参数与因变量间的依赖关系等均会引起模型误差。

为了满足所需的计算精度，数学模型的求解过程中需控制上述数值计算误差，这里介绍通过网格无关性检查控制其中离散误差的方法。定性检查网格无关性的步骤为：

① 基于已有经验或初步尝试选择网格尺寸 h，开始求解数学模型。

② 在每个方向上将网格尺寸减半，即网格尺寸为 $h/2$，再次计算，如果解的结果与第一步得到的结果无明显变化，此时离散误差处于可接受水平，而如果因变量的值相差较大，则继续细化网格尺寸为 $h/4$ 并再次计算。③以此类推，直至数值解无明显变化为止，认为最终得到的解满足网格无关性要求。

应用理查森外推法（Richardson extrapolation）可以定量确定某一网格水平对应结果的误差大小，下面说明这种方法的原理。

设函数 $f(x)$ 任意阶可导，分别写出 $f(x+h)$ 和 $f(x-h)$ 的 Taylor 展开式：

$$f(x+h)=f(x)+hf'(x)+\frac{h^2}{2!}f''(x)+\frac{h^3}{3!}f^{(3)}(x)+\cdots$$

$$f(x-h)=f(x)-hf'(x)+\frac{h^2}{2!}f''(x)-\frac{h^3}{3!}f^{(3)}(x)+\cdots$$

该两式相减后得

$$f'(x)=\frac{f(x+h)-f(x-h)}{2h}+\frac{1}{3!}h^2f^{(3)}(x)+\cdots \tag{3-79}$$

将这一结果应用于网格无关性检查时，令

$$\phi=f'(x),\phi_{ah}=\frac{f(x+h)-f(x-h)}{2h}$$

则可将式(3-79) 表示为

$$\phi=\phi_{\alpha h}+C(\alpha h)^n \tag{3-80}$$

其中，α 为网格调节参数，h 为网格步长，C 为待定系数，n 为截断误差的阶数。

分别令 $\alpha=1$，2，4，得到

$$\begin{cases}\phi=\phi_h+C(h)^n\\ \phi=\phi_{2h}+C(2h)^n\\ \phi=\phi_{4h}+C(4h)^n\end{cases}$$

求解该方程组得

$$\begin{cases}\phi=\dfrac{2^n\phi_h-\phi_{2h}}{2^n-1}\\ n=\dfrac{\ln[(\phi_{2h}-\phi_{4h})/(\phi_h-\phi_{2h})]}{\ln 2}\\ C=\dfrac{1}{h^2}\left(\dfrac{\phi_h-\phi_{2h}}{2^n-1}\right)\end{cases} \tag{3-81}$$

根据式(3-81)，可以在连续三个网格等级（单元尺寸成倍增加）上分别求解数学模型，得到某一变量的近似精确解 ϕ，这样就可得到每一个网格等级时得到的该变量的绝对或相对误差。其中，ϕ 可以选取数学模型中某一特征物理量，如漩涡尺寸、平均涡量等。

例如，在计算梯度磁场作用下铁磁流体的 Couette-Poiseuille 流动流场时，分别在四个网格等级上求解相应的数学模型，以计算域内的最大流速为特征变量，利用至少三个连续网格等级上的解，由式(3-81) 得到近似精确值后，最终得到如表 3-1 所示的不同网格等级对应的误差，其中，$\Delta y_{\min}/h$ 为最小网格尺寸与流场特征尺寸的比值。可以看出，随着网格的细化，误差单调收敛为零。最终选择一种可以接受的误差对应的网格进行后续求解。

表 3-1 梯度磁场作用下铁磁流体的 Couette-Poiseuille 流场计算时网格无关性验证结果

网格等级	单元数量	$\Delta y_{\min}/h_0$	$v^*_{x,\max}$	绝对误差	相对误差/%
Richardson 插值			0.37390		
4	8000	0.0087	0.37382	0.00008	0.021
3	4000	0.0174	0.37372	0.00018	0.048
2	2000	0.0348	0.37348	0.00042	0.112
1	1000	0.0696	0.37292	0.00098	0.262

第4章 不可压缩流体流场的求解计算

本章针对恒温不可压缩流体的流场，说明其求解方法。恒温不可压缩流体流动的控制方程由质量守恒方程（1-10）和动量守恒方程（1-18）组成，待求未知量为速度和压力，而且压力和速度间具有强耦合，但质量守恒方程中没有作为初始变量的压力，使得这一求解较为复杂。

4.1 流场求解方法概述

4.1.1 流场求解计算的难点

流场求解计算的第一个难点是在均匀网格上离散压力梯度项时的跳格问题。组成流场控制方程的动量守恒方程（1-18）中含有压力梯度项，如果将计算域划分为均匀网格，并利用两相间单元质心上的压力值经中心差分近似计算中心单元质心上的压力梯度，则离散得到的代数方程中不包含中心单元上的压力值，这时压力的影响不符合物理实际。同时，对于质量守恒方程（1-10），如果离散时用相邻单元质心上的值线性插值得到单元面上的值，当网格均匀时，离散得到的代数方程最终简化为两相间单元质心上的守恒方程，失去了它本来的物理意义。

例如，对于如图 2-14 所示的二维网格，由中心差分法计算得到的单元质心 C 上的压力梯度分量分别由式(2-49）给出。在迭代求解代数方程的过程中，如果上一迭代步的结果中质心 E 和 W、质心 N 和 S 上的压力值分别相同，则本次迭代将在质心 C 处计算得到处处为零的压力梯度。这种情况下，压力场的影响将被忽略，使得作为流场动量源的压力场未在离散方程中体现，显然不符合物理实际。

流场求解计算的第二个难点是压力场和速度场的解耦。由于速度场和压力场相互耦合，当采用分离求解法（或顺序求解法）时，需建立由速度场的计算结果更新压力场的表达式，以及由压力场的计算结果更新速度场的表达式，以便用于下一步迭代，但这些表达式无法由控制方程直接得到。另一方面，流场控制方程组中没有描述压力的独立方程，它只是作为动量源出现在动量守恒方程中，而压力和速度的耦合关系隐含在质量守恒方程中，如何求解压力场成为另一个困难。

4.1.2　流场求解计算方法

流场的求解计算方法可分为耦合求解法和分离求解法两类。

(1) 耦合求解法

耦合求解法通过联立求解由质量守恒方程和动量守恒方程离散得到的代数方程组，获得速度和压力场分布。按照联立求解变量的数量，又将耦合求解法分为隐式求解法、显-隐式求解法和显式求解法。其中，隐式求解法对所有变量在整个计算域上均一并联立求解，显-隐式求解法只对部分变量在整个计算域上联立求解，显式求解法则只在计算域的部分单元上联立求解所有变量。耦合求解法计算效率较低、所需存储空间大，一般只应用于小规模的流动问题。

(2) 分离求解法

分离求解法则是采用迭代法，在每一个迭代步内依序逐个求解由控制方程离散得到的代数方程组，将速度和压力分别独立求解，在求解速度场时利用上一步迭代结果的压力场，同样，在求解压力场时利用上一步迭代结果的速度场，通过反复迭代得到收敛解。按照是否直接求解原始变量，将分离求解法分为原始变量法和非原始变量法。

① 非原始变量法的基本思想是：设法从控制方程中消去压力，它包括涡量-流函数法和涡量-速度法两种。例如，涡量-流函数法针对二维流动问题，对动量守恒方程取旋度可消去压力项，得到关于涡量的方程，直接求解的变量为流动涡量和流函数，完成求解后根据流函数与速度间的关系计算得到速度场。但由于在壁面上难以给定合适的涡量边界条件和不能用于三维流动问题，所以非原始变量法未得到广泛应用。

② 原始变量法分为压力泊松方程法、人工压缩法和压力修正法。采用压力泊松方程法求解时，首先对动量守恒方程取散度，得到关于压力的泊松方程，然后求解该方程。人工压缩法通过人为引入可压缩性和状态方程，将质量守恒方程转化为人工密度方程，这种方法要求的时间步长较小，不适用于求解时间跨度较大的瞬态流动问题。压力修正法是目前流动问题中广泛采用的方法，它在每一个时间步内，首先由初始压力场求解速度场，其次求解由质量守恒方程导出的压力修正方程，得到新的压力场，利用该压力场更新或再次求解速度场，如此循环迭代，最终得到一个时间步内的收敛解。

本章后续内容中均采用压力修正法说明流场的求解方法。压力修正法的基本思想是：首先给定压力场的猜测值，并用于求解动量守恒方程，得到速度场，但此时该速度场不满足质量守恒方程；应用质量守恒方程构造一个压力修正方程，求解该方程得到压力修正值；利用压力修正值计算得到速度修正值，并将该修正值加到速度场上得到新的速度场；重复这一过程直到新速度场满足质量守恒方程为止。

4.2　不可压缩流体流场的求解算法

对于流场求解计算的第一个难点——压力梯度项和质量守恒方程离散后所得代数方程的跳格问题，可采用交错网格技术或同位网格上的 Rhie-Chow 插值法解决。在交错网格中，将速度场存储在单元面上，压力场和其他变量存储在单元质心上，这样，对于二维和三维问题，分别需要三个和四个网格系统来存储变量场，编程相对复杂，而且对于非笛卡儿网格还会带来其他问题。在同位网格中，所有变量场均存储在网格单元的质心，网格中只有一种类型的控制体，但需采用 Rhie-Chow 插值法计算单元面上的速度以避免跳格问题。本章后续内容均基于同位网格进行说明。

4.2.1 流场控制方程的有限体积法离散

在同位网格上，应用第 2 章介绍的离散方法，分别将质量守恒方程（1-10）和动量守恒方程（1-18）转换为代数方程。这里首先介绍动量守恒方程的离散方法。

为了将动量守恒方程转换为代数方程，首先将方程（1-18）在如图 4-1 所示的单元 C 上积分，有

$$\int_{V_C}\frac{\partial(\rho\boldsymbol{v})}{\partial t}\mathrm{d}V+\int_{V_C}\nabla\cdot(\rho\boldsymbol{v}\boldsymbol{v})\mathrm{d}V=\int_{V_C}-\nabla p\,\mathrm{d}V+\int_{V_C}\nabla\cdot[\eta(\nabla\boldsymbol{v})]\mathrm{d}V+\int_{V_C}\nabla\cdot[\eta(\nabla\boldsymbol{v})^{\mathrm{T}}]\mathrm{d}V+\int_{V_C}\rho\boldsymbol{f}_b\mathrm{d}V \tag{4-1}$$

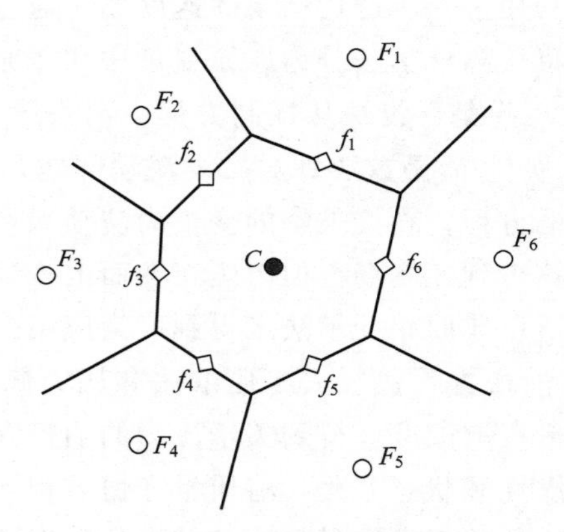

图 4-1 网格中的单元 C

应用散度定理，将该方程中被积函数为散度的项转换为面积分，得

$$\int_{V_C}\frac{\partial(\rho\boldsymbol{v})}{\partial t}\mathrm{d}V+\int_{\partial V_C}(\rho\boldsymbol{v}\boldsymbol{v})\cdot\mathrm{d}\boldsymbol{S}=\int_{V_C}-\nabla p\,\mathrm{d}V+\int_{\partial V_C}\eta\nabla\boldsymbol{v}\cdot\mathrm{d}\boldsymbol{S}+\int_{\partial V_C}\eta(\nabla\boldsymbol{v})^{\mathrm{T}}\cdot\mathrm{d}\boldsymbol{S}+\int_{V_C}\rho\boldsymbol{f}_b\mathrm{d}V$$

将其中在整个单元面上的积分分解为各单元面上的积分和：

$$\int_{V_C}\frac{\partial(\rho\boldsymbol{v})}{\partial t}\mathrm{d}V+\sum_{f\sim\mathrm{face}(C)}\int_f(\rho\boldsymbol{v}\boldsymbol{v})\cdot\mathrm{d}\boldsymbol{S}=\int_{V_C}-\nabla p\,\mathrm{d}V+\sum_{f\sim\mathrm{face}(C)}\int_f\eta\nabla\boldsymbol{v}\cdot\mathrm{d}\boldsymbol{S}+\sum_{f\sim\mathrm{face}(C)}\int_f\eta(\nabla\boldsymbol{v})^{\mathrm{T}}\cdot\mathrm{d}\boldsymbol{S}+\int_{V_C}\rho\boldsymbol{f}_b\mathrm{d}V$$

对于该方程中的每一项面积分，采用平均值积分法，用被积函数在单元面质心上的值代替积分结果在相应单元面上的平均值，得

$$\int_{V_C}\frac{\partial(\rho\boldsymbol{v})}{\partial t}\mathrm{d}V+\sum_{f\sim \mathrm{nb}(C)}\rho_f(\boldsymbol{vv})_f\cdot\boldsymbol{S}_f=\int_{V_C}-\nabla p\,\mathrm{d}V+\sum_{f\sim \mathrm{nb}(C)}\eta_f(\nabla\boldsymbol{v})_f\cdot\boldsymbol{S}_f+\sum_{f\sim \mathrm{nb}(C)}\eta_f(\nabla\boldsymbol{v})_f^{\mathrm{T}}\cdot\boldsymbol{S}_f+\int_{V_C}\rho\boldsymbol{f}_b\,\mathrm{d}V \tag{4-2}$$

进一步离散方程（4-2）中的对流项时，采用高阶离散格式的迁延修正法，根据式(2-89)，有

$$\sum_{f\sim \mathrm{nb}(C)}\rho_f(\boldsymbol{vv})_f\cdot\boldsymbol{S}_f=\Big(\sum_{f\sim \mathrm{nb}(C)}\|\dot{m}_f,0\|\Big)\boldsymbol{v}_C-\sum_{F\sim \mathrm{NB}(C)}\big(\|-\dot{m}_f,0\|\cdot\boldsymbol{v}_F\big)+\sum_{f\sim \mathrm{nb}(C)}\dot{m}_f(\boldsymbol{v}_f^{\mathrm{HO}}-\boldsymbol{v}_f^{\mathrm{U}}) \tag{4-3}$$

其中，$\dot{m}_f=\rho_f\boldsymbol{v}_f\cdot\boldsymbol{S}_f$ 为质量通量。对于不可压缩流体，密度 ρ 恒定。

对于方程（4-2）中的扩散项，考虑网格非正交的情况，根据式(2-44)，有

$$\begin{aligned}\sum_{f\sim \mathrm{nb}(C)}\eta_f(\nabla\boldsymbol{v})_f\cdot\boldsymbol{S}_f&=\sum_{f\sim \mathrm{nb}(C)}\eta_f(\nabla\boldsymbol{v})_f\cdot\boldsymbol{E}_f+\sum_{f\sim \mathrm{nb}(C)}\eta_f(\nabla\boldsymbol{v})_f\cdot\boldsymbol{T}_f\\&=\sum_{F\sim \mathrm{NB}(C)}\eta_f\frac{\boldsymbol{v}_F-\boldsymbol{v}_C}{d_{CF}}\cdot E_f+\sum_{f\sim \mathrm{nb}(C)}\eta_f(\nabla\boldsymbol{v})_f\cdot\boldsymbol{T}_f\\&=-\Big(\sum_{f\sim \mathrm{nb}(C)}\eta_f\frac{E_f}{d_{CF}}\Big)\boldsymbol{v}_C+\sum_{F\sim \mathrm{NB}(C)}\Big(\eta_f\frac{E_f}{d_{CF}}\boldsymbol{v}_F\Big)\\&\quad+\sum_{f\sim \mathrm{nb}(C)}[\eta_f(\nabla\boldsymbol{v})_f\cdot\boldsymbol{T}_f]\end{aligned} \tag{4-4}$$

其中，$\boldsymbol{S}_f=\boldsymbol{E}_f+\boldsymbol{T}_f$，$\boldsymbol{E}_f$ 沿两相邻单元 C 和 F 的质心连线方向，$\boldsymbol{T}_f$ 沿单元面的切线方向。方程（4-2）中表面应力张量的第二项（等号右端第三项）作为源项进行显式计算。

对于方程（4-2）中的压力梯度项，将其被积函数用单元质心上的值表示，有

$$\int_{V_C}-\nabla p\,\mathrm{d}V=-(\nabla p)_C V_C \tag{4-5}$$

此时该项作为源项显式处理。压力梯度项还可以通过将体积分转换为面积分计算，即

$$\int_{V_C}-\nabla p\,\mathrm{d}V=\int_{\partial V_C}p\cdot\mathrm{d}\boldsymbol{S}=\sum_{f\sim \mathrm{nb}(C)}p_f\cdot\boldsymbol{S}_f \tag{4-6}$$

对于方程（4-2）中的其他项，同样用单元质心上的变量值代替被积函数，表示为

$$\int_{V_C}\frac{\partial(\rho\boldsymbol{v})}{\partial t}\mathrm{d}V=\frac{\partial(\rho_C\boldsymbol{v}_C)}{\partial t}V_C \tag{4-7}$$

$$\int_{V_C}\boldsymbol{f}_b\,\mathrm{d}V=(\boldsymbol{f}_b)_C V_C \tag{4-8}$$

将式(4-3)～式(4-8)的结果代入方程（4-2），并且为了后续表示方便，用 $\mathcal{L}(\boldsymbol{v}_C)$ 代替所得方程中除瞬态项外的各项之和，其后，采用与方程（2-139）相同的处理方法，得

$$\frac{(\rho_C\boldsymbol{v}_C)^{(t+\frac{\Delta t}{2})}-(\rho_C\boldsymbol{v}_C)^{(t-\frac{\Delta t}{2})}}{\Delta t}V_C+\mathcal{L}(\boldsymbol{v}_C^{(t)})=0 \tag{4-9}$$

在划分时间网格后，采用一阶隐式 Euler 离散格式(2-140) 计算时间单元面上的变量值，并忽略当前时刻的时间表示，将前一时刻的变量值用上标“0”表示，则瞬态项成为

$$\frac{(\rho_C\boldsymbol{v}_C)^{(t+\frac{\Delta t}{2})}-(\rho_C\boldsymbol{v}_C)^{(t-\frac{\Delta t}{2})}}{\Delta t}V_C=\frac{\rho_C V_C}{\Delta t}\boldsymbol{v}_C-\frac{\rho_C^0 V_C}{\Delta t}\boldsymbol{v}_C^0 \tag{4-10}$$

此外，非瞬态项的离散格式不变。

应用式(4-3)～式(4-8) 的结果，得动量方程的有限体积离散格式：

$$\begin{aligned}&\left[\frac{\rho_C V_C}{\Delta t}+\sum_{f\sim nb(C)}\left(\|\dot{m}_f,0\|+\eta_f\frac{E_f}{d_{CF}}\right)\right]\boldsymbol{v}_C+\sum_{F\sim NB(C)}\left[\left(-\|-\dot{m}_f,0\|-\eta_f\frac{E_f}{d_{CF}}\right)\cdot\boldsymbol{v}_F\right]\\&=-(\nabla p)_C V_C+\frac{\rho_C^0 V_C}{\Delta t}\boldsymbol{v}_C^0+(\rho\boldsymbol{f}_b)_C V_C+\sum_{f\sim nb(C)}\left[\eta_f(\nabla\boldsymbol{v})_f\cdot\boldsymbol{T}_f-\dot{m}_f(\boldsymbol{v}_f^{HO}-\boldsymbol{v}_f^{U})\right]\\&\quad+\sum_{f\sim nb(C)}\eta_f(\nabla\boldsymbol{v})^{T}{}_f\cdot\boldsymbol{S}_f\end{aligned}\tag{4-11}$$

令

$$a_C^v=\frac{\rho_C}{\Delta t}+\sum_{f\sim nb(C)}\frac{\left(\|\dot{m}_f,0\|+\eta_f\dfrac{E_f}{d_{CF}}\right)}{V_C}$$

$$a_F^v=\frac{-\|-\dot{m}_f,0\|-\eta_f\dfrac{E_f}{d_{CF}}}{V_C}$$

$$b_C^v=\frac{\rho_C^0}{\Delta t}\boldsymbol{v}_C^0+(\rho\boldsymbol{f}_b)_C+\sum_{f\sim nb(C)}\frac{\left[\eta_f(\nabla\boldsymbol{v})_f\cdot\boldsymbol{T}_f-\dot{m}_f(\boldsymbol{v}_f^{HO}-\boldsymbol{v}_f^{U})+\eta_f(\nabla\boldsymbol{v})^{T}{}_f\cdot\boldsymbol{S}_f\right]}{V_C}$$

其中，在式(4-11) 两端同时除以了单元体积 V_C。对于上述三个系数，求解过程中用上一步迭代结果或初始值代替其中的变量值，则在当前求解步这三个系数均为确定值，这样代数方程可写为

$$a_C^v\boldsymbol{v}_C+\sum_{F\sim NB(C)}a_F^v\cdot\boldsymbol{v}_F=-(\nabla p)_C+b_C^v\tag{4-12}$$

或者进一步写为

$$\boldsymbol{v}_C+H_C(\boldsymbol{v})=-D_C^v(\nabla p)_C+B_C^v\tag{4-13}$$

其中

$$H_C(\boldsymbol{v})=\sum_{F\sim NB(C)}\frac{a_F^v}{a_C^v}\cdot\boldsymbol{v}_F$$

$$D_C^v=\frac{1}{a_C^v}$$

$$B_C^v=\frac{b_C^v}{a_C^v}$$

对于质量守恒方程 (1-10)，同样将其在如图 4-1 所示的单元 C 上积分，有

$$\int_{V_C}\nabla\cdot\boldsymbol{v}\,\mathrm{d}V=0$$

应用散度定量将其中的体积分转换为单元面上的积分，其后采用平均值积分法，用速度在单元面质心上的值代替积分结果在相应单元面上的平均值，得质量守恒方程的离散格式：

$$\int_{V_C}\nabla\cdot\boldsymbol{v}\,\mathrm{d}V=\int_{\partial V_C}\boldsymbol{v}\cdot\mathrm{d}\boldsymbol{S}=\sum_{f\sim nb(C)}\int_f\boldsymbol{v}\cdot\mathrm{d}\boldsymbol{S}=\sum_{f\sim nb(C)}\boldsymbol{v}_f\cdot\boldsymbol{S}_f=0\tag{4-14}$$

4.2.2　压力修正方程

为了能够求解压力场，需根据流场控制方程构建压力修正方程，其基本思想是：根据离散格式的动量守恒方程，用压力表示速度，将该速度表示结果代入离散格式的质量守恒方程，即可得到关于压力的方程。由方程（4-14）知，离散格式的质量守恒方程中的速度为单元面上的速度，所以需首先利用动量守恒方程求取单元面上速度的表达式。

（1）Rhie-Chow 插值求取单元面上的速度表示

当采用同位网格时，如果由单元质心上的速度经线性插值计算单元面上的速度，会导致压力和速度解耦，进而引起跳格问题。为了避免这一问题，采用 Rhie-Chow 插值法计算单元面上的速度。Rhie-Chow 插值法的基本思想是：构建一定义在单元面上速度的虚动量方程，该方程中各项的系数由位于单元质心上的原离散格式动量方程的系数经插值得到。下面详述这种插值方法。

对两相邻单元 C 和 F，由方程（4-13）得

$$\boldsymbol{v}_C+H_C(\boldsymbol{v})=B_C^v-D_C^v(\nabla p)_C \tag{4-15}$$

$$\boldsymbol{v}_F+H_F(\boldsymbol{v})=B_F^v-D_F^v(\nabla p)_F \tag{4-16}$$

应用类似的形式构建单元 C 和 F 间公共面 f 上的动量方程：

$$\boldsymbol{v}_f+H_f(\boldsymbol{v})=B_f^v-D_f^v(\nabla p)_f \tag{4-17}$$

该方程也被称为虚动量方程。用单元面 f 的相邻单元 C 和 F 质心上的动量方程中各项的系数值经插值来近似计算虚动量方程中对应项的系数，即

$$H_f(\boldsymbol{v})=g_C H_C(\boldsymbol{v})+g_F H_F(\boldsymbol{v})=\overline{H_f}(\boldsymbol{v}) \tag{4-18}$$

$$B_f^v=g_C B_C^v+g_F B_F^v=\overline{B_f^v} \tag{4-19}$$

$$D_f^v=g_C D_C^v+g_F D_F^v=\overline{D_f^v} \tag{4-20}$$

其中，g_C 和 g_F 分别为插值因子。将式(4-18)～式(4-20) 代入虚动量方程（4-17）中，得

$$\boldsymbol{v}_f+\overline{H_f}(\boldsymbol{v})=\overline{B_f^v}-\overline{D_f^v}(\nabla p)_f \tag{4-21}$$

将方程（4-15）和方程（4-16）代入表达式(4-18) 中，并应用式(4-19) 和式(4-20)，有

$$\begin{aligned}\overline{H_f}(\boldsymbol{v})&=g_C\left[-\boldsymbol{v}_C+B_C^v-D_C^v(\nabla p)_C\right]+g_F\left[-\boldsymbol{v}_F+B_F^v-D_F^v(\nabla p)_F\right]\\&=-(g_C\boldsymbol{v}_C+g_F\boldsymbol{v}_F)-\left[g_C D_C^v(\nabla p)_C+g_F D_F^v(\nabla p)_F\right]+(g_C B_C^v+g_F B_F^v)\\&=-\overline{\boldsymbol{v}_f}-\overline{D_f^v}\cdot\overline{(\nabla p)_f}+\overline{B_f^v}\end{aligned} \tag{4-22}$$

其中，最后一步关于项 $\left[g_C D_C^v(\nabla p)_C+g_F D_F^v(\nabla p)_F\right]$ 的推导应用了二阶精度的近似。将式(4-22) 代入虚动量方程（4-21），推得由 Rhie-Chow 插值法计算得到的单元面上的速度表达式：

$$\boldsymbol{v}_f=\overline{\boldsymbol{v}_f}-\overline{D_f^v}\cdot\left[(\nabla p)_f-\overline{(\nabla p)_f}\right] \tag{4-23}$$

这里计算压力梯度时采用类似式(2-62) 修正形式：

$$(\nabla p)_f=\overline{(\nabla p)_f}+\left[\frac{p_F-p_C}{d_{CF}}-\overline{(\nabla p)_f}\cdot \boldsymbol{e}_{CF}\right]\boldsymbol{e}_{CF} \tag{4-24}$$

其中，d_{CF} 为连接两相邻单元质心 C 和 F 的线段长度，$\boldsymbol{e}_{CF}$ 为沿该方向上的单位矢量。

(2) 同位网格时的压力修正方程

推导同位网格时的压力修正方程的思路是：首先由 Rhie-Chow 插值法得到的单元面上的速度（4-23）及其求解格式计算得到单元面上速度的修正值；为了表示该修正值中的修正速度均值，利用离散格式动量守恒方程（4-13）及其求解格式计算得到两相邻单元质心上的速度修正值；并由相邻单元质心上的速度修正值经线性插值计算得到它们公共单元面上的修正速度均值，其后，将该均值代回至单元面上速度修正值的表达式中；最后，将最终得到的单元面上的速度修正值代入离散格式的质量守恒方程，得到压力修正方程。

采用分离式算法求解流场控制方程时，在预测步，利用压力的初始猜测值或上一迭代步的计算结果求解动量方程，因此，根据式(4-23)，得到由 Rhie-Chow 插值得到的单元面上速度的求解格式为

$$\boldsymbol{v}_f^*=\overline{\boldsymbol{v}_f^*}-\overline{\boldsymbol{D}_f^v}\cdot\left[(\nabla p)_f^{(n)}-\overline{(\nabla p)_f^{(n)}}\right] \tag{4-25}$$

其中，上标“$*$”表示在应用迭代法求解代数方程过程中本次迭代计算得到的变量值，上标“(n)”表示上一次迭代的计算结果。由式(4-25) 计算得到的速度场 $\boldsymbol{v}_f^*$ 满足动量守恒方程，但不满足质量守恒方程，所以需对速度场进行修正，将修正场用上标“$'$”表示。将式(4-25) 与式(4-23) 相减，得到单元面上速度的修正值

$$\boldsymbol{v}_f'=\overline{\boldsymbol{v}_f'}-\overline{\boldsymbol{D}_f^v}\cdot\left[(\nabla p)_f'-\overline{(\nabla p)_f'}\right] \tag{4-26}$$

其中，$\boldsymbol{v}_f'=\boldsymbol{v}_f-\boldsymbol{v}_f^*$，$\overline{\boldsymbol{v}_f'}=\overline{\boldsymbol{v}_f}-\overline{\boldsymbol{v}_f^*}$，$(\nabla p)_f'=(\nabla p)_f-(\nabla p)_f^{(n)}$，$\overline{(\nabla p)_f'}=\overline{(\nabla p)_f}-\overline{(\nabla p)_f^{(n)}}$。

根据方程（4-13），将求解格式的动量方程写为

$$\boldsymbol{v}_C^*+\boldsymbol{H}_C(\boldsymbol{v}^*)=-\boldsymbol{D}_C^v(\nabla p)_C^{(n)}+\boldsymbol{B}_C^v \tag{4-27}$$

将该方程与式(4-13) 相减，得单元 C 质心上的修正速度

$$\boldsymbol{v}_C'+\boldsymbol{H}_C(\boldsymbol{v}')=-\boldsymbol{D}_C^v(\nabla p)_C' \tag{4-28}$$

其中，$\boldsymbol{v}_C'=\boldsymbol{v}_C-\boldsymbol{v}_C^*$，$\boldsymbol{H}_C(\boldsymbol{v}')=\boldsymbol{H}_C(\boldsymbol{v})-\boldsymbol{H}_C(\boldsymbol{v}^*)$，$(\nabla p)_C'=(\nabla p)_C-(\nabla p)_C^{(n)}$。

同理，对于与单元 C 相邻的单元 F，有

$$\boldsymbol{v}_F'+\boldsymbol{H}_F(\boldsymbol{v}')=-\boldsymbol{D}_F^v(\nabla p)_F' \tag{4-29}$$

由两相邻单元 C 和 F 质心上的修正速度方程（4-28）和方程（4-29）经线性插值得到它们之间单元面 f 上的修正速度均值为

$$\overline{\boldsymbol{v}_f'}=-\overline{\boldsymbol{H}_f(\boldsymbol{v}')}-\overline{\boldsymbol{D}_f^v}\cdot\overline{(\nabla p)_f'} \tag{4-30}$$

其中

$$\overline{\boldsymbol{H}_f}(\boldsymbol{v}')=g_C\boldsymbol{H}_C(\boldsymbol{v}')+g_F\boldsymbol{H}_F(\boldsymbol{v}') \tag{4-31}$$

$$\overline{\boldsymbol{v}_f'}=g_C\boldsymbol{v}_C'+g_F\boldsymbol{v}_F' \tag{4-32}$$

$$\overline{\boldsymbol{D}_f^v}\cdot\overline{(\nabla p)_f'}\approx g_C\boldsymbol{D}_C^v(\nabla p)_C'+\boldsymbol{D}_F^v(\nabla p)_F' \tag{4-33}$$

将式(4-30) 代入式(4-26)，从而可将单元面上速度的修正值进一步表示为

$$\boldsymbol{v}_f'=-\overline{\boldsymbol{H}_f}(\boldsymbol{v}')-\overline{\boldsymbol{D}_f^v}\cdot(\nabla p)_f' \tag{4-34}$$

为了得到由质量通量表示的质量守恒方程，在方程（4-14）中等号左右两端同时乘以密度 ρ_f，得到质量守恒方程的另一种离散格式：

$$\sum_{f\sim \mathrm{nb}(C)}(\rho_f\boldsymbol{v}_f\cdot\boldsymbol{S}_f)=\sum_{f\sim \mathrm{nb}(C)}(\rho_f\boldsymbol{v}_f^*\cdot\boldsymbol{S}_f+\rho_f\boldsymbol{v}'_f\cdot\boldsymbol{S}_f)=0 \tag{4-35}$$

将式(4-34) 代入方程（4-35)，得到同位网格时的压力修正方程：

$$\sum_{f\sim \mathrm{nb}(C)}[-\rho_f\overline{\boldsymbol{D}_f^v}\cdot(\nabla p)'_f\cdot\boldsymbol{S}_f]=-\sum_{f\sim \mathrm{nb}(C)}\dot m_f^*+\sum_{f\sim \mathrm{nb}(C)}[\rho_f\overline{\boldsymbol{H}_f}(\boldsymbol{v}')\cdot\boldsymbol{S}_f] \tag{4-36}$$

其中，$\dot m_f^*=\rho_f\boldsymbol{v}_f^*\cdot\boldsymbol{S}_f$。由于 $\overline{\boldsymbol{H}_f}$（$\boldsymbol{v}'$）中包含单元质心上速度修正值的信息，所以方程（4-36）相当于建立了单元质心上速度修正值与压力修正值间的关系，且修改或去掉方程中的修正项不会影响最终的计算结果，因为压力梯度修正量（$\nabla p)_f'$和速度修正量 $\boldsymbol{v}'$ 在得到收敛解时都将归于零。但忽略某些项会影响收敛效率。

下面介绍方程（4-36）中各项的进一步处理方法。对于方程（4-36）中的压力梯度项，利用张量恒等式，将其变换为

$$\overline{\boldsymbol{D}_f^v}\cdot(\nabla p)_f'\cdot\boldsymbol{S}_f=(\nabla p)_f'\cdot(\overline{\boldsymbol{D}_f^v})^{\mathrm T}\cdot\boldsymbol{S}_f$$

令 $\boldsymbol{S}_f'=(\overline{\boldsymbol{D}_f^v})^{\mathrm T}\cdot\boldsymbol{S}_f$，$\boldsymbol{S}_f'$ 可看作等效面积矢量。考虑网格非正交的情况，将 $\boldsymbol{S}_f'$ 沿相邻单元质心连线和单元面的切线方向分解为 $\boldsymbol{S}_f'=\boldsymbol{E}_f'+\boldsymbol{T}_f'$，从而将压力梯度项表示为

$$(\nabla p)_f'\cdot\boldsymbol{S}_f'=(\nabla p)_f'\cdot\boldsymbol{E}_f'+(\nabla p)_f'\cdot\boldsymbol{T}_f'=E_f\frac{p_F'-p_C'}{d_{CF}}+(\nabla p)_f'\cdot\boldsymbol{T}_f'$$

如果忽略其中等号右端的最后一项，得

$$(\nabla p)_f'\cdot\boldsymbol{S}_f'=\mathcal{D}_f(p_F'-p_C')$$

其中，$\mathcal{D}_f=E_f/d_{CF}$。将该式代回至压力修正方程（4-36)，得压力修正方程的另一种形式：

$$\underbrace{\sum_{f\sim \mathrm{nb}(C)}(\rho_f\mathcal{D}_f)}_{a_C^{p'}}p'_C+\sum_{F\sim \mathrm{NB}(C)}\underbrace{(\rho_f\mathcal{D}_f}_{a_F^{p'}}p'_F)=\underbrace{-\sum_{f\sim \mathrm{nb}(C)}\dot m_f^*+\sum_{f\sim \mathrm{nb}(C)}[\rho_f\overline{\boldsymbol{H}_f}(\boldsymbol{v}')\cdot\boldsymbol{S}_f]}_{b_C^{p'}} \tag{4-37}$$

进一步简化为

$$a_C^{p'}p'_C+\sum_{F\sim \mathrm{NB}(C)}(a_F^{p'}p'_F)=b_C^{p'} \tag{4-38}$$

对于压力修正方程（4-36）或方程（4-37）中的质量通量项，可根据求解格式的 Rhie-Chow 插值结果（4-25）计算为

$$\dot m_f^*=\rho_f\boldsymbol{v}_f^*\cdot\boldsymbol{S}_f=\rho_f\overline{\boldsymbol{v}_f^*}\cdot\boldsymbol{S}_f-\rho_f\overline{\boldsymbol{D}_f^v}\cdot[(\nabla p)_f^{(n)}-\overline{(\nabla p)_f^{(n)}}]\cdot\boldsymbol{S}_f \tag{4-39}$$

4.2.3 基于同位网格的 SIMPLE 和 SIMPLEC 算法

SIMPLE(Semi-Implicit Method for Pressure Linked Equations) 算法是目前工程上求解流体流动问题最常用的算法，它属于压力修正法，由 Patankar 和 Spalding 于 1972 年提出，此后又被改进为多种算法，如 SIMPLEC、PISO、PIMPLE 等。

应用 SIMPLE 算法求解流场问题的流程如图 4-2 所示，该流程中，应用式(4-28) 修正速度时忽略了其中项 $H_C(\boldsymbol{v}')$，即

$$\boldsymbol{v}_C' = -D_C^v (\nabla p)_C' \tag{4-40}$$

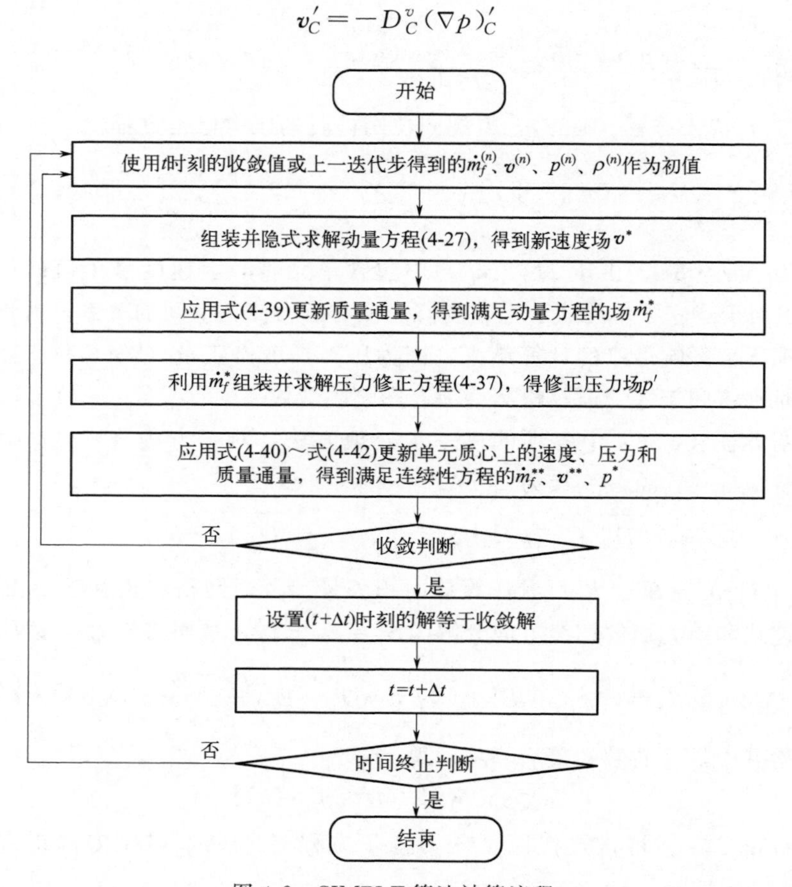

图 4-2 SIMPLE 算法计算流程

该式相当于速度修正完全由压力差的影响来承担，忽略了相邻单元质心速度的影响。应用式(4-40) 计算得到质量通量的修正值为

$$\dot{m}_f' = \rho_f \boldsymbol{v}_C' \cdot \boldsymbol{S}_f = -\rho_f \overline{D_f^v} \cdot (\nabla p)_f' \cdot \boldsymbol{S}_f \tag{4-41}$$

应用式(4-40) 和式(4-41) 更新速度、压力、质量通量场的方法为

$$\boldsymbol{v}_C^{**} = \boldsymbol{v}_C^* + \boldsymbol{v}_C', \dot{m}_f^{**} = \dot{m}_f^* + \dot{m}_f', p_C^* = p_C^{(n)} + \lambda^p p_C' \tag{4-42}$$

其中，利用式(4-41) 更新质量通量场的结果相当于在方程 (4-36) 中忽略了含有 $\overline{H_f}(\boldsymbol{v}')$ 的项。将式(4-40) 与式(4-27) 相加，可得 $\boldsymbol{v}_C^{**}$ 的表达式：

$$\boldsymbol{v}_C^{**} = B_C^v - H_C(\boldsymbol{v}^*) - D_C^v (\nabla p)_C \tag{4-43}$$

如果两相邻迭代步的压力修正量太大，则求解压力修正方程时容易出现发散现象，尤其是当与精确值相差较远时，因此，式(4-42) 中在更新压力场时应用了显式欠松弛，λ^p 为松弛因子。

SIMPLEC(SIMPLE-Consistent) 算法与 SIMPLE 算法的主要区别是，修正速度的表达式不同。SIMPLEC 算法中令单元 C 质心上的速度修正值为其相邻单元质心上速度修正值的加权平均，表示为

$$\boldsymbol{v}'_C \approx \frac{\sum\limits_{F\sim NB(C)} (a_F^v \boldsymbol{v}'_F)}{\sum\limits_{F\sim NB(C)} a_F^v}$$

由该式得

$$\sum_{F\sim NB(C)} (a_F^v \boldsymbol{v}'_F) \approx \boldsymbol{v}'_C \sum_{F\sim NB(C)} a_F^v$$

将该式两端同时除以 a_C^v 后，并结合方程 (4-13) 中系数 $H_C(\boldsymbol{v})$ 的定义，有

$$H_C(\boldsymbol{v}') \approx \boldsymbol{v}'_C H_C(1)$$

将其代入方程 (4-28)，得

$$\boldsymbol{v}'_C = \frac{-D_C^v}{1+H_C(1)}(\nabla p)'_C \tag{4-44}$$

式(4-44) 即 SIMPLEC 算法中的速度修正式。比较 SIMPLE 算法和 SIMPLEC 中的速度修正表达式可知，它们的压力梯度项的系数不同。

为了比较速度修正式(4-44) 与速度的精确表达式间的区别，在方程 (4-12) 等号左端加上再减去项 $\sum\limits_{F\sim NB(C)} a_F^v \cdot \boldsymbol{v}_C$，并整理得

$$\boldsymbol{v}_C + \underbrace{\frac{\sum\limits_{F\sim NB(C)} a_F^v(\boldsymbol{v}_F - \boldsymbol{v}_C)}{a_C^v + \sum\limits_{F\sim NB(C)} a_F^v}}_{\widetilde{H}_C(\boldsymbol{v}-\boldsymbol{v}_C)} = -\underbrace{\frac{1}{a_C^v + \sum\limits_{F\sim NB(C)} a_F^v}}_{\widetilde{D}_C^v}(\nabla p)_C + \underbrace{\frac{b_C^v}{a_C^v + \sum\limits_{F\sim NB(C)} a_F^v}}_{\widetilde{B}_C^v}$$

同样，可写出关于这一方程的求解格式，将该方程与其求解格式相减，得到速度修正方程为

$$\boldsymbol{v}'_C = -\widetilde{H}_C(\boldsymbol{v}' - \boldsymbol{v}'_C) - \widetilde{D}_C^v(\nabla p)'_C \tag{4-45}$$

由式(4-45) 可知

$$\widetilde{D}_C^v = \frac{D_C^v}{1+H_C(1)}$$

可见，SIMPLEC 算法中的速度修正式(4-43) 相当于忽略了式(4-45) 中的 $\widetilde{H}_C(\boldsymbol{v}'-\boldsymbol{v}'_C)$ 项。与 SIMPLE 算法中的速度修正表达式(4-40) 相比，式(4-44) 忽略的项 $\widetilde{H}_C(\boldsymbol{v}'-\boldsymbol{v}'_C)$ 小于式(4-40) 忽略的项 $H_C(\boldsymbol{v}')$，因为后者为相邻单元质心上的速度修正量，它与中心单元质心上的速度修正量具有相同量级。因此，忽略项 $\widetilde{H}_C(\boldsymbol{v}'-\boldsymbol{v}'_C)$ 带来的影响小于忽略项 $H_C(\boldsymbol{v}')$ 的影响，SIMPLEC 算法中的修正速度能更好地满足动量方程，使得这种算法也具有更好的收敛性，且不需要对压力进行松弛处理。但如果控制方程无源项，

式(4-44)中的分母将为零，此时需要对速度修正式应用欠松弛方法使其分母不为零。

将式(4-44)与式(4-27)相加，可得SIMPLEC算法中$\boldsymbol{v}_C^{**}$的表达式为

$$\boldsymbol{v}_C^{**}=B_C^v-H_C(\boldsymbol{v}^*)-\widetilde{D}_C^v(\nabla p)_C-(D_C^v-\widetilde{D}_C^v)(\nabla p)_C^{(n)} \tag{4-46}$$

4.2.4 PISO算法

PISO(Pressure-Implicit Split Operator)算法由一个预测步骤和两个校正步骤组成，可看作在SIMPLE算法的基础上增加了另一个校正步骤。PISO算法的预测步骤和第一个校正步骤与SIMPLE算法完全相同，即包括隐式求解动量方程（4-27)、应用式(4-39)更新质量通量、求解压力修正方程（4-37）和应用式(4-42)更新各变量场，其结果是，对于计算域内的某一个单元质心而言，得到$\boldsymbol{v}_C^{**}$、$\dot{m}_f^{**}$、p_C^*。

在PISO算法的第二个校正步骤中，首先显式求解动量方程，得新的速度$\boldsymbol{v}_C^{***}$，它满足

$$\boldsymbol{v}_C^{***}+H_C(\boldsymbol{v}^{**})=-D_C^v(\nabla p)_C^*+B_C^v \tag{4-47}$$

其中，求解$\boldsymbol{v}_C^{***}$时该方程中的系数应用变量场$\boldsymbol{v}_C^{**}$、$\dot{m}_f^{**}$、p_C^*计算得到。

为了获得第二次校正步骤的压力修正方程，将方程（4-47）与方程（4-13）相减，得修正速度

$$\boldsymbol{v}_C''+H_C(\boldsymbol{v}'')=-D_C^v(\nabla p)_C'' \tag{4-48}$$

其中，$\boldsymbol{v}_C''=\boldsymbol{v}_C-\boldsymbol{v}_C^{***}$，$H_C(\boldsymbol{v}'')=H_C(\boldsymbol{v})-H_C(\boldsymbol{v}^{**})$，$(\nabla p)_C''=(\nabla p)_C-(\nabla p)_C^*$。

与推导方程（4-34）的过程类似，由方程（4-48）推得单元面上的速度修正值为

$$\boldsymbol{v}_f''=-\overline{H_f}(\boldsymbol{v}'')-\overline{D_f^v}\cdot(\nabla p)_f'' \tag{4-49}$$

将其代入质量守恒方程（4-14）中，得压力修正方程

$$\sum_{f\sim \mathrm{nb}(C)}[-\rho_f\overline{D_f^v}\cdot(\nabla p)_f''\cdot\boldsymbol{S}_f]=-\sum_{f\sim \mathrm{nb}(C)}\dot{m}_f^{***}+\sum_{f\sim \mathrm{nb}(C)}[\rho_f\overline{H_f}(\boldsymbol{v}'')\cdot\boldsymbol{S}_f] \tag{4-50}$$

其中

$$\dot{m}_f^{***}=\rho_f\boldsymbol{v}_f^{***}\cdot\boldsymbol{S}_f \tag{4-51}$$

采用与推导方程（4-37）时相似的表示方法，将压力修正方程写为

$$\underbrace{\sum_{f\sim \mathrm{nb}(C)}(\rho_f\mathcal{D}_f)}_{a_C^{p''}}p_C''+\sum_{F\sim \mathrm{NB}(C)}(\underbrace{\rho_f\mathcal{D}_f}_{a_F^{p''}}p_F'')=\underbrace{-\sum_{f\sim \mathrm{nb}(C)}\dot{m}_f^{***}+\sum_{f\sim \mathrm{nb}(C)}[\rho_f\overline{H_f}(\boldsymbol{v}'')\cdot\boldsymbol{S}_f]}_{b_C^{p''}} \tag{4-52}$$

求解压力修正方程（4-52）得到p_C''后，即可用来再次更新各变量场，得到

$$\boldsymbol{v}_C^{****}=\boldsymbol{v}_C^{***}+\boldsymbol{v}_C'',\dot{m}_f^{****}=\dot{m}_f^{***}+\dot{m}_f'',p_C^{**}=p_C^*+\lambda^{p'}p_C'' \tag{4-53}$$

其中

$$\dot{m}_f''=\rho_f\boldsymbol{v}_C''\cdot\boldsymbol{S}_f$$

修正单元质心上的速度时，可采用式(4-43)或式(4-46)的方法，但需应用最新的变量场。

PISO算法的一般求解流程如图4-3所示。可以看出，PISO算法需多次求解压力修正方程，但与SIMPLE算法相比，对某些流动问题的求解，应用PISO算法更加高效。

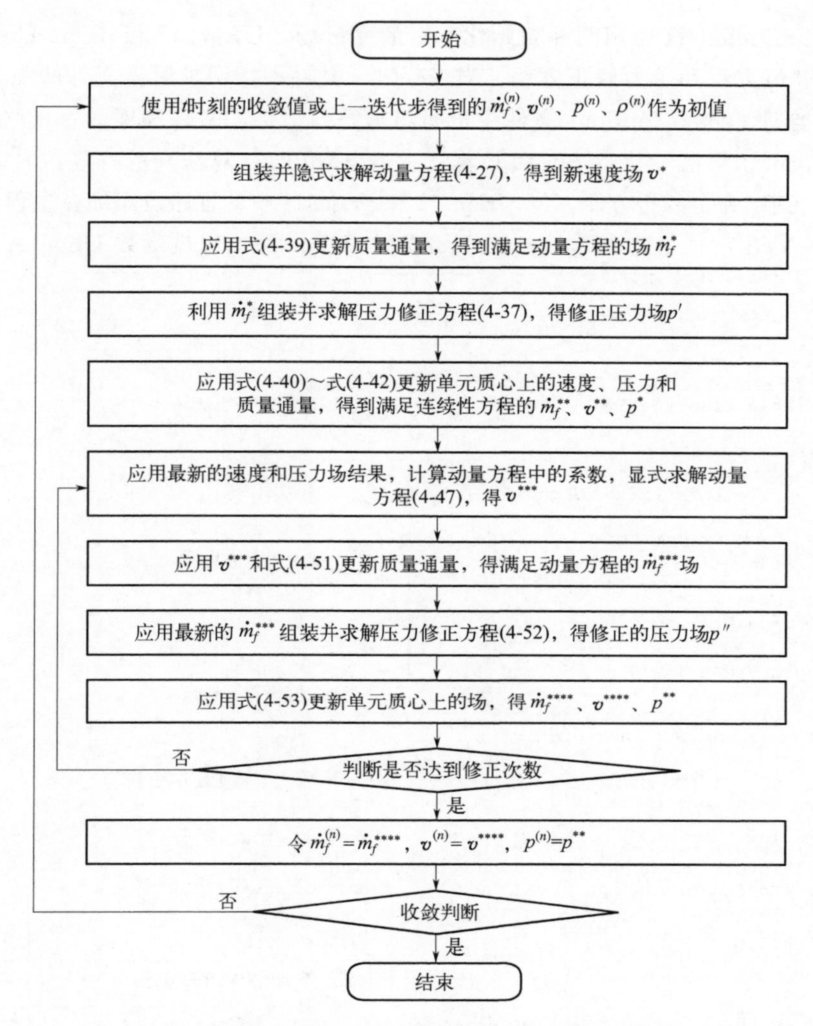

图 4-3　PISO 算法一般求解流程（一个时间步内）

4.3 流场的 OpenFOAM 求解器

OpenFOAM 开源库中内置了多个可用于流场求解计算的标准求解器，如 simpleFoam、icoFoam、pimpleFoam、pisoFoam 等，其中 simpleFoam 和 icoFoam 分别为实现 4.2 节所述 SIMPLEC 和 PISO 算法的求解器，本节主要针对这两种求解器分析其算法实现方法。

4.3.1 simpleFoam 求解器

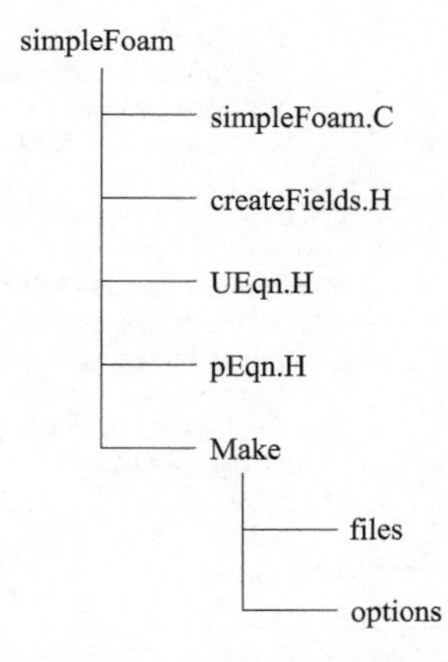

图 4-4　simpleFoam 求解器组成

OpenFOAM 中的 simpleFoam 求解器为应用 SIMPLE 或 SIMPLEC 算法的不可压缩流动求解器。组成该求解器的目录文件如图 4-4 所示。其中，simpleFoam.C 为主程序文件，createFields. H 中声明并初始化所有的变量场，UEqn. H 和 pEqn. H 中分别定义并求解动量守恒方程和压力修正方程，Make/files 文件中指明求解器文件的完整列表和求解器的编译类型，Make/options 文件中指明与求解器链接的文件和库的目录路径。

simpleFoam 求解器中执行 SIMPLE 算法（或 SIMPLEC 算法）的程序段及求解过程如图 4-5 所示，其中为了分析方便，将 UEqn. H 和 pEqn. H 中的程序段添加在主程序的相应位置。该程序中，在定义了类 fvVectorMatrix 的对象 UEqn 后，成员函数 UEqn. A（）返回系

```
......
int main(int argc, char*argv[])
{
    ......
    #include"createFields.H"
    while(simple.loop(runTime))
    {
        fvModels.correct();
        MRF.correctBoundaryVelocity(U);
        tmp<fvVectorMatrix> tUEqn
        (
            fvm::div(phi, U)
            + MRF.DDt(U)
            + turbulence->divDevReff(U)
            ==
            fvOptions(U)
        );
        fvVectorMatrix& UEqn = tUEqn.ref();
        UEqn.relax();
        fvOptions.constrain(UEqn);
        if(simple.momentumPredictor())
        {
            solve(UEqn == -fvc::grad(p));
            fvOptions.correct(U);
        }
        volScalarField rAU(1.0/UEqn.A());
        volVectorField HbyA(constrainHbyA(rAU*UEqn.H(), U, p));
        surfaceScalarField phiHbyA("phiHbyA", fvc::flux(HbyA));
        MRF.makeRelative(phiHbyA);
        adjustPhi(phiHbyA, U, p);
        tmp<volScalarField> rAtU(rAU);
        if(simple.consistent())
        {
            rAtU = 1.0/(1.0/rAU - UEqn.H1());
            phiHbyA += fvc::interpolate(rAtU() - rAU)*fvc::snGrad(p)*mesh.magSf();
            HbyA -= (rAU - rAtU())*fvc::grad(p);
        }
        tUEqn.clear();
        constrainPressure(p, U, phiHbyA, rAtU(), MRF);
        while(simple.correctNonOrthogonal())
        {
            fvScalarMatrix pEqn(fvm::laplacian(rAtU(), p) == fvc::div(phiHbyA); );
            pEqn.setReference(pRefCell, pRefValue);
            pEqn.solve();
            if(simple.finalNonOrthogonalIter()){phi = phiHbyA - pEqn.flux(); }
        }
        #include"continuityErrs.H"
        p.relax();
        U = HbyA - rAtU()*fvc::grad(p);
        U.correctBoundaryConditions();
        fvConstraints.constrain(U);
        viscosity->correct();
        turbulence->correct();
        runTime.write();
        ......
    }
    return0;
}
```

UEqn.H

pEqn.H

时间步开始

定义动量方程(除压力梯度项)

动量方程欠松弛

隐式求解动量方程(4-27)

判断是否采用SIMPLEC算法

定义压力修正方程(4-64)

求解压力修正方程(4-64)

压力欠松弛

更新速度(4-62)

时间步结束

图 4-5　simpleFoam 求解器程序分析

数矩阵的对角线部分，即

$$\text{UEqn.A}() = a_C^v \tag{4-54}$$

成员函数 UEqn. H() 返回

$$\text{UEqn.H}() = b_C^v - \sum_{F\sim \text{NB}(C)} (a_F^v \cdot \boldsymbol{v}_F^*) \tag{4-55}$$

成员函数 UEqn. H1() 返回

$$\text{UEqn.H1}() = -\sum_{F\sim \text{NB}(C)} a_F^v \tag{4-56}$$

并定义变量场

$$\text{rAU} = \frac{1}{\text{UEqn.A}()} = \frac{1}{a_C^v} = D_C^v \tag{4-57}$$

如果应用 SIMPLE 算法，定义

$$\text{rAtU} = \text{rAU} = \frac{1}{a_C^v} = D_C^v \tag{4-58}$$

$$\text{HbyA} = \text{rAU} \cdot \text{UEqn.H}() = \frac{b_C^v - \sum\limits_{F\sim \text{NB}(C)} (a_F^v \cdot \boldsymbol{v}_F^*)}{a_C^v} = B_C^v - H_C(\boldsymbol{v}^*) \tag{4-59}$$

而如果应用 SIMPLEC 算法，定义

$$\text{rAtU} = \frac{1}{\dfrac{1}{\text{rAU}} - \text{UEqn.H1}()} = \frac{1}{a_C^v + \sum\limits_{F\sim \text{NB}(C)} a_F^v} = \widetilde{D}_C^v \tag{4-60}$$

$$\begin{aligned}\text{HbyA} &= \text{rAU} \cdot \text{UEqn.H}() - (\text{rAU} - \text{rAtU}) \cdot (\nabla p)_C^{(n)} \\ &= \frac{b_C^v - \sum\limits_{F\sim \text{NB}(C)} (a_F^v \cdot \boldsymbol{v}_F^*)}{a_C^v} - \left(\frac{1}{a_C^v} - \frac{1}{a_C^v + \sum\limits_{F\sim \text{NB}(C)} a_F^v}\right)(\nabla p)_C^{(n)} \\ &= B_C^v - H_C(\boldsymbol{v}^*) - (D_C^v - \widetilde{D}_C^v)(\nabla p)_C^{(n)}\end{aligned} \tag{4-61}$$

根据式(4-58)、式(4-59) 和式(4-60)、式(4-61) 的定义，可将 SIMPLE 和 SIMPLEC 算法中的更新速度式(4-43) 和式(4-46) 分别表示为

$$\boldsymbol{v}_C^{**} = \text{HbyA} - \text{rAtU} \cdot (\nabla p)_C \tag{4-62}$$

图 4-5 中程序的总体求解过程与图 4-2 的流程一致，但构造的压力修正方程与方程 (4-37) 不同。由式(4-62) 得到采用 Rhie-Chow 插值法的单元面上的速度为

$$\boldsymbol{v}_f = \text{HbyA}_f - \text{rAU}_f \cdot (\nabla p)_f \tag{4-63}$$

将其代入离散格式的质量守恒方程 (4-14)，得

$$\sum_{f\sim \text{nb}(C)} (\text{HbyA}_f \cdot \boldsymbol{S}_f) = \sum_{f\sim \text{nb}(C)} (\text{rAU}_f \cdot (\nabla p)_f \cdot \boldsymbol{S}_f)$$

与该方程对应的离散前的方程为

$$\nabla \cdot \text{HbyA}^* = \nabla \cdot (\text{rAU} \cdot \nabla p) \tag{4-64}$$

采用这种表示后，可避免直接应用 Rhie-Chow 插值计算单元面上速度的过程，但对方程 (4-64) 等号左端的项，需应用新近得到的速度场显式计算。

simpleFoam 求解器中默认应用 SIMPLE 算法，可在算例的 fvSolution 字典文件中 SIMPLE 子字典内通过关键字 consistent 的值确定是否应用 SIMPLEC 算法。从图 4-5 可

以看出，应用 SIMPLEC 算法提高了每次迭代的计算成本，但收敛速度变快，从而可减少迭代次数。而且应用 SIMPLEC 算法可使方程的收敛性变好，此时对动量方程无须施加较强的欠松弛。

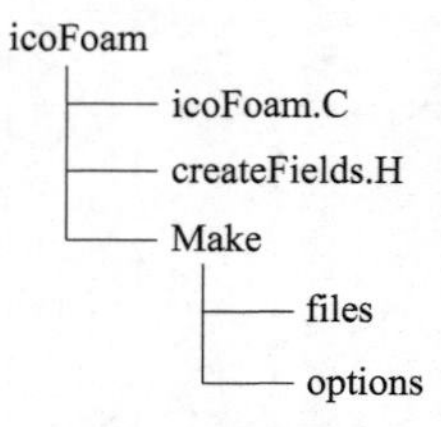

图 4-6 icoFoam 求解器组成

4.3.2 icoFoam 求解器

OpenFOAM 中的 icoFoam 求解器为应用 PISO 算法的不可压缩牛顿流体瞬态层流求解器。组成该求解器的目录文件如图 4-6 所示，各文件完成的功能与 simpleFoam 求解器中的类似。

icoFoam 求解器中执行 PISO 算法的程序段及求解过程如图 4-7 所示。该程序中，与

```
......
int main(int argc, char *argv[])
{
    ......
    #include"createFields.H"
    while (runTime.loop())
    {
        ......
        fvVectorMatrix UEqn
        (
            fvm::ddt(U)
            + fvm::div(phi, U)
            - fvm::laplacian(nu, U)
        );
        if(piso.momentumPredictor())
        {
            solve(UEqn == -fvc::grad(p));
        }
        while(piso.correct())
        {
            volScalarField rAU(1.0/UEqn.A());
            volVectorField HbyA(constrainHbyA(rAU*UEqn.H(), U, p));
            surfaceScalarField phiHbyA
            (
                "phiHbyA",
                fvc::flux(HbyA)
                + fvc::interpolate(rAU)*fvc::ddtCorr(U, phi)
            );
            adjustPhi(phiHbyA, U, p);
            constrainPressure(p, U, phiHbyA, rAU);
            while(piso.correctNonOrthogonal())
            {
                fvScalarMatrix pEqn
                (
                    fvm::laplacian(rAU, p) == fvc::div(phiHbyA)
                );
                pEqn.setReference(pRefCell, pRefValue);
                pEqn.solve();
                if(piso.finalNonOrthogonalIter())
                {
                    phi = phiHbyA - pEqn.flux();
                }
            }
            #include "continuityErrs.H"
            U = HbyA - rAU*fvc::grad(p);
            U.correctBoundaryConditions();
        }
        runTime.write();
    }
    Info<<"End\n" << endl;
    return0;
}
```

时间步循环
时间步开始
定义动量方程(除压力梯度项)
隐式求解动量方程(4-27)
PISO修正
PISO循环
定义压力修正方程(4-64)
非正交修正
求解压力修正方程(4-64)
更新速度(4-62)
时间步结束

图 4-7 icoFoam 求解器程序分析

simpleFoam 求解器中具有相同名称的变量，它们的含义和表达式也相同。图 4-7 中程序的总体求解过程与图 4-3 的流程一致，但其中的预测步骤是可选的，可通过在算例的 fvSolution 字典文件中 PISO 子字典内指定关键字 momentumPredictor 的值开启或关闭预测步，求解器中默认为开启，只有在低雷诺数流动或蠕动流计算中可关闭预测步。图 4-7 的程序中应用了 SIMPLE 算法中的压力修正方程，对应的 rAtU＝rAU。与 simpleFoam 求解器相比，icoFoam 求解器程序中通过图 4-7 中的 PISO 循环多次求解压力修正方程并更新速度和其他变量场。这里的修正次数在算例的 fvSolution 字典文件中 PISO 子字典内通过指定关键字 nCorrections 的值给定。

4.4 不可压缩流体流场求解实例

4.4.1 问题描述

顶盖驱动方腔流动是一种常见的流体力学现象，例如，在化工领域，利用顶盖驱动流动进行材料混合、搅拌等工艺操作。这种流动一般发生在一个封闭容器中，如图 4-8 所示，顶盖驱动方腔形容器内的流体形成流场。本节以图 4-8 所示的几何模型为例介绍应用 OpenFOAM 求解器计算不可压缩流体流场的方法。

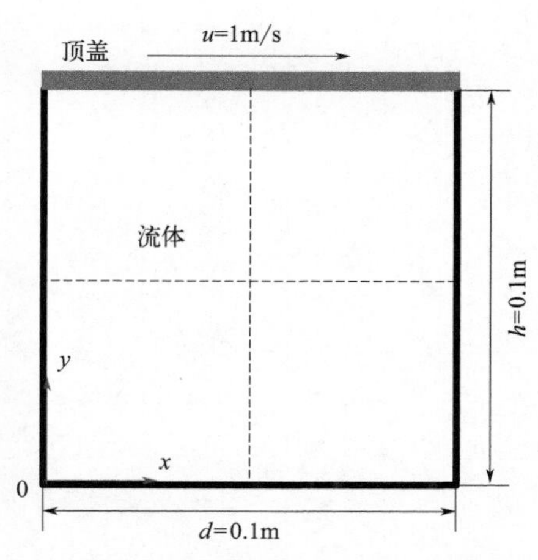

图 4-8　二维顶盖驱动方腔流几何模型

假设图 4-8 中的顶盖驱动速度为 1m/s，方腔的宽度和高度均为 0.1m。认为其中的流体不可压缩且黏度恒定，如果忽略温度的影响，则描述该流动的控制方程为由方程（1-10）和方程（1-20）表示的质量守恒方程和动量守恒方程组成。方腔内流体的所有边界均为壁面，其中顶部边界条件为沿 x 方向的恒定流速，其他三个固定壁面上采用无滑移边界条件。此外，所有壁面上的压力均采用法向压力梯度为零的边界条件。

假设流体处于层流状态，则上述顶盖驱动方腔流动可以采用 icoFoam 求解器计算。通过计算，研究方腔内流体的流速分布和压力分布。

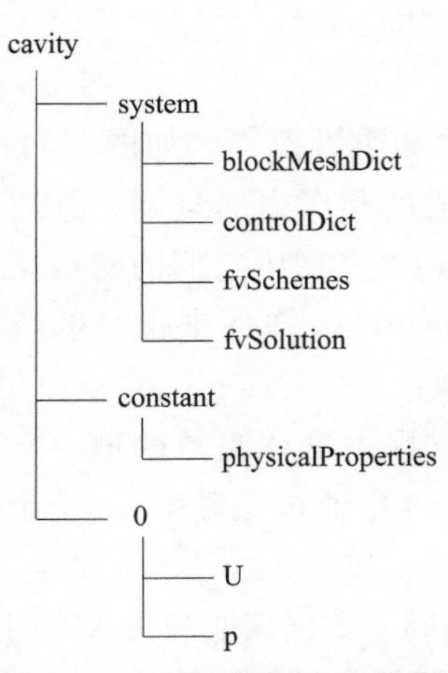

图 4-9　二维顶盖驱动方腔流 OpenFOAM 算例组成

4.4.2 OpenFOAM 算例程序

求解图 4-8 所示顶盖驱动方腔流动问题的 OpenFOAM 算例程序由如图 4-9 所示的目录文件组成，在名称为 cavity 的文件夹中分别在三个子文件夹内共定义七个文件。下面简述每一个文件完成的功能。

system/blockMeshDict 文件中的内容用于定义计算域、划分网格和定义边界面，如图 4-10 所示。该文件中首先将计算域划分为块（block），指定各个块的顶点坐标，并由顶点编号定义块。该算例中计算域只有一个块，并将该块划分为

40×40 个均匀网格。将计算域的四个边界面定义为 moving wall 和 fixed wall 两种 patch，前者对应顶面，后者为其他三个固定面。由于 OpenFOAM 默认在三维坐标系中求解算例，对于本算例的二维问题，通过指定前、后端面的类型为“empty”表示在它们所在维度上不进行计算。

```
FoamFile
{
  format    ascii;
  class     dictionary;
  object    blockMeshDict;
}
convertToMeters 0.1;-------→ 与单位m间的换算关系
vertices
(
    (0 0 0)
    (1 0 0)
    (1 1 0)
    (0 1 0)
    (0 0 0.1)                 -------→ 定义顶点
    (1 0 0.1)
    (1 1 0.1)
    (0 1 0.1)
);
blocks
(
    hex(0 1 2 3 4 5 6 7)(40 40 1) simpleGrading(1 1 1)  定义块
);
boundary
(
    movingWall
    {
          type wall;             -----→ 定义顶面
          faces((3 7 6 2));
    }
    fixedWalls
    {
          type wall;                                      定义三个固定
          faces((0 4 7 3)(2 6 5 1)(1 5 4 0));             壁面
    }
    frontAndBack
    {
          type empty;              定义前、后端面
          faces((0 3 2 1)(4 5 6 7));
    }
);
```

图 4-10 system/blockMeshDict 文件内容及说明

文件 0/U 和 0/p 中的内容分别用于给定速度和压力的初值和边界条件，如图 4-11 和图 4-12 所示。该两文件中首先分别由 dimensions 关键字指明速度和压力的量纲，其后通过关键字 internalField 分别给定计算域内部速度和压力的初值，本算例中它们的初值均为零。最后通过关键字 boundaryField 分别给定 system/blockMeshDict 文件中定义的三种 patch 上的边界条件，各边界条件的含义与 4.4.1 节描述的一致。

文件 constant/physicalProperties 中的内容用于给定控制方程中物理参数的值，本算例中唯一需要给定的参数是运动黏度，用“nu”表示，如图 4-13 中通过关键字 nu 给定运动黏度的单位和数值 0.01。

求解过程中应用的求解器、时间步、计算结果的输入输出时间、数据读取和写入时间点等的控制在文件 system/controlDict 中给出，如图 4-14 所示。本算例中设置计算从 0 时刻开始（需在名称为“0”的文件夹内给定初始和边界条件），终止时刻为 1s。根据计算稳定性的

```
FoamFile
{
  format   ascii;
  class    volVectorField;---------→ 速度场类型
  object   U;
}
dimensions          [0 1 -1 0 0 0 0];  --→ 速度的量纲
internalField       uniform(0 0 0); --→ 内部场初始值
boundaryField
{
  movingWall
  {
    type            fixedValue;
    value           uniform(1 0 0);     } 顶部边界条件
  }
  fixedWalls
  {
    type            noSlip;             } 固定壁面处边界条件
  }
  frontAndBack
  {
    type            empty;
  }
}
```

图 4-11　0/U 文件内容及说明

```
FoamFile
{
  format   ascii;
  class    volScalarField; --------→ 压力场类型
  object   p;
}
dimensions          [0 2 -2 0 0 0 0];  --→ 压力的量纲
internalField       uniform 0;  -----→ 内部场初始值
boundaryField
{
  movingWall
  {
    type            zeroGradient;       } 顶部边界条件
  }
  fixedWalls
  {
    type            zeroGradient;       } 固定壁面处边界条件
  }
  frontAndBack
  {
    type            empty;
  }
}
```

图 4-12　0/p 文件内容及说明

CFL 条件（2-124），由网格尺寸 0.1/40m，特征速度 1m/s，计算得时间步进值需小于等于 0.0025s，本算例选择 0.002s。在计算过程中，每 20 个时间步输出一次计算结果。

控制方程的离散方法和代数方程组的求解方法分别在文件 system/fvSchemes 和 system/fvSolution 中指定，分别如图 4-15 和图 4-16 所示。其中，在 system/fvSolution 中还指明了 PISO 迭代步的循环次数和非正交修正次数。

```
FoamFile
{
  format   ascii;
  class    dictionary;
  location "constant";
  object   physicalProperties;
}
nu         [0 2 -1 0 0 0 0] 0.01; ---→ 给定黏度的单位和数值
```

图 4-13 constant/physicalProperties 文件内容及说明

```
FoamFile
{
 format      ascii;
 class       dictionary;
 location    "system";
 object      controlDict;
}
application        icoFoam;  -----→ 应用的求解器
startFrom          startTime;-----→ 计算起始时间
startTime          0;
stopAt             endTime;  -----→ 计算终止时间
endTime            1;
deltaT             0.002;  --------→ 时间步进值
writeControl       timeStep; -----→ 结果输出的时间点
writeInterval      20;
purgeWrite         0;    -----------→ 覆盖输出结果的循环周期
writeFormat        ascii;
writePrecision     6;    -----------→ 数据精度
writeCompression   off;  -----------→ 指定输出数据是否压缩
timeFormat         general;
timePrecision      6;
runTimeModifiable  true;  ---------  设置是否在时间步开始时重新读入数据
```

图 4-14 system/controlDict 文件内容及说明

```
FoamFile
{
   format        ascii;
   class         dictionary;
   location      "system";
   object        fvSchemes;
}
ddtSchemes
{
   default       Euler;                 } 一阶隐式Euler法离散瞬态项
}
gradSchemes
{
   default       Gauss linear;          } Gauss梯度法计算梯度，线性插值得到单元面上的梯度
   grad(p)       Gauss linear;
}
divSchemes
{
   default       none;                  } Gauss积分和一阶迎风法离散对流项
   div(phi, U)   Gauss upwind;
}
laplacianSchemes
{
   default       Gauss linear;          } Gauss积分和线性插值法离散扩散项
}
interpolationSchemes
{
   default       linear;                } 由线性插值得到单元面上的系数和变量值
}
snGradSchemes
{
   default       orthogonal;            } 计算法向梯度时无须非正交修正
}
```

图 4-15 system/fvSchemes 文件内容及说明

```
FoamFile
{
    format      ascii;
    class       dictionary;
    location    "system";
    object      fvSolution;
}
solvers
{
    p
    {
        solver    PCG;
        preconditioner    DIC;
        tolerance         1e-06;
        relTol    0.05;
    }
    pFinal
    {
        $p;
        relTol    0;
    }
    U
    {
        solver    smoothSolver;
        smoother  symGaussSeidel;
        tolerance 1e-05;
        relTol    0;
    }
}
PISO
{
    nCorrectors    2;
    nNonOrthogonalCorrectors 1;
    pRefCell       0;
    pRefValue      0;
}
```

对角不完全Cholesky分解的共轭梯度法求解关于压力的代数方程组

求解关于压力的代数方程组时最后一个迭代步的求解方法和相对残差

平滑求解器求解关于速度的代数方程组

关于PISO修正步的设置：迭代2次，非正交修正1次

图 4-16 system/fvSolution 文件内容及说明

4.4.3 计算结果

应用 icoFoam 求解器完成计算后，得到方腔内流体的流速和压力分布，图 4-17 和图 4-18 分别给出流速分布云图和流线分布图，可见，除方腔中央上方附近的尺寸较大漩

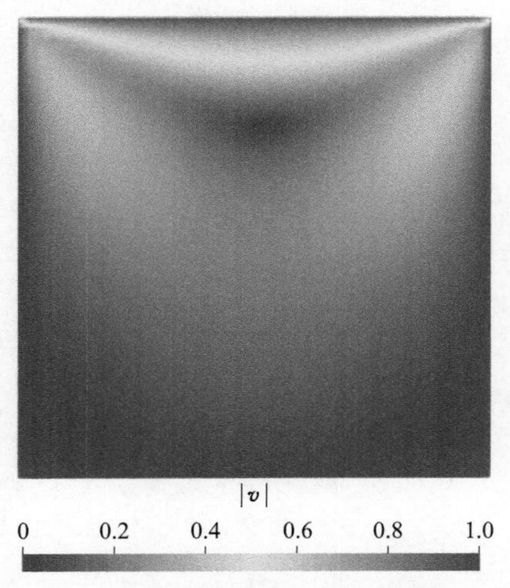

图 4-17 二维顶盖驱动方腔流的流速分布
（见书后彩插）

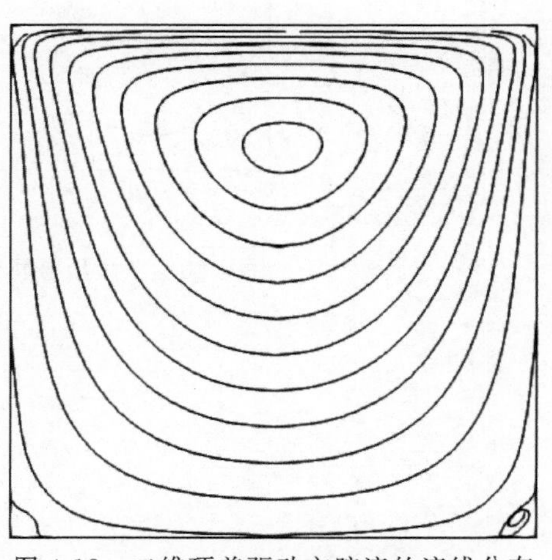

图 4-18 二维顶盖驱动方腔流的流线分布

涡外，在底部两拐角位置还存在两尺寸较小的漩涡。为了定量分析流速和压力在方腔内随位置的变化规律，分别绘制图 4-8 中方腔内沿 x 和 y 方向中线位置处的流速大小和压力分布，结果分别如图 4-19 和图 4-20 所示。可以看出，在高度方向上，由于顶盖的驱动作用，流体在顶盖附近速度较大，压力较低，而在方腔底部，流体速度较小，压力较高。

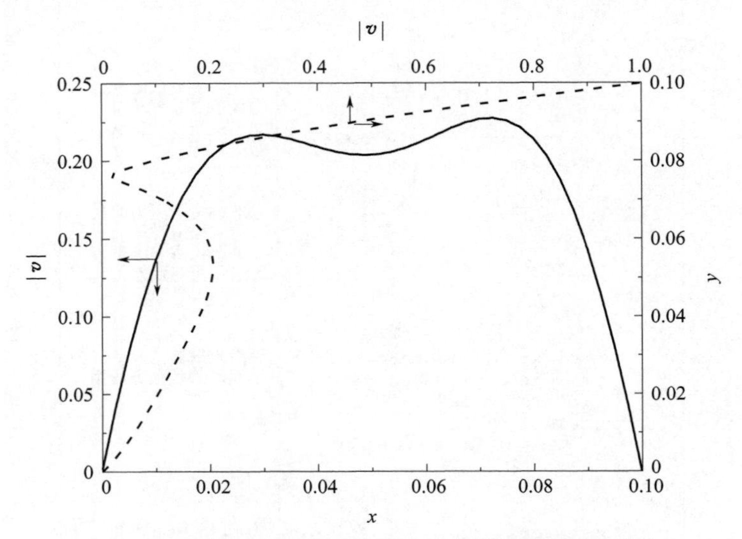

图 4-19　二维顶盖驱动方腔流内沿中线的流速大小分布

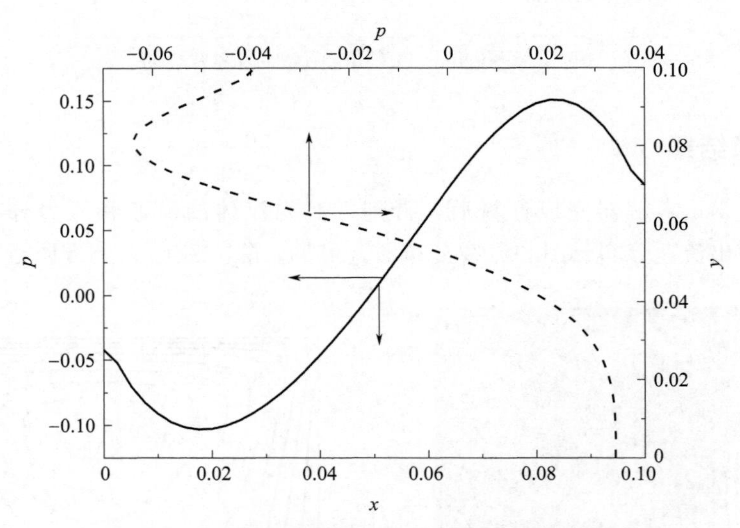

图 4-20　二维顶盖驱动方腔流内沿中线的压力分布

第5章 静磁场的求解计算

本章针对无自由电流时的静磁场，说明其求解方法。描述这种磁场的控制方程由方程（1-57）、方程（1-58）和本构方程（1-46）组成，待求未知量为磁感应强度或磁场强度。与方程（1-58）不同的是，如果计算域中存在永磁体，它所在区域的本构方程为

$$\boldsymbol{B}=\mu_0\mu_r\boldsymbol{H}+\boldsymbol{B}_r \tag{5-1}$$

其中，$\boldsymbol{B}_r$ 为永磁体的剩余磁感应强度。由方程（1-42）和方程（1-56）可得永磁体区域中磁场的控制方程为

$$\nabla\cdot\left(\frac{1}{\bar{\mu}}\nabla\varphi_m\right)=\frac{1}{\mu_0}\nabla\cdot\boldsymbol{B}_r \tag{5-2}$$

其中，$\bar{\mu}=\frac{1}{\mu_r}$。此外，对于非磁性介质，有 $\boldsymbol{M}=\boldsymbol{0}$，方程（1-58）简化为

$$\nabla^2\varphi_m=0 \tag{5-3}$$

对于一般的磁性介质，均可用方程（1-58）描述其中静磁场的变化。

5.1 静磁场的求解算法

5.1.1 静磁场控制方程的有限体积法离散

在静磁场的控制方程（1-58）、方程（5-2）或方程（5-3）中，等号左端的项为扩散项，右端的项为源项，可应用第2章介绍的相应离散方法离散这些控制方程。本小节以控制方程（5-2）为例介绍其有限体积离散方法。

将方程（5-2）在如图4-1所示的网格单元 C 上积分，有

$$\int_{V_C}\nabla\cdot\left(\frac{1}{\bar{\mu}}\nabla\varphi_m\right)\mathrm{d}V=\frac{1}{\mu_0}\int_{V_C}\nabla\cdot\boldsymbol{B}_r\,\mathrm{d}V \tag{5-4}$$

应用散度定理，将该方程中的体积分转换为面积分，得

$$\int_{\partial V_C}\left(\frac{1}{\bar{\mu}}\nabla\varphi_m\right)\cdot\mathrm{d}\boldsymbol{S}=\frac{1}{\mu_0}\int_{\partial V_C}\boldsymbol{B}_r\cdot\mathrm{d}\boldsymbol{S} \tag{5-5}$$

将其中被积函数的值用面质心上的值近似代替，上式成为

$$\sum_{f\sim \mathrm{nb}(C)}\left(\frac{1}{\overline{\mu}}\nabla\varphi_m\right)_f\cdot \boldsymbol{S}_f=\frac{1}{\mu_0}\sum_{f\sim \mathrm{nb}(C)}(\boldsymbol{B}_r)_f\cdot \boldsymbol{S}_f \tag{5-6}$$

对于方程（5-6）中的扩散项，考虑网格非正交的情况，根据式(2-44)，可进一步离散为

$$\begin{aligned}\sum_{f\sim \mathrm{nb}(C)}\left(\frac{1}{\overline{\mu}}\nabla\varphi_m\right)_f\cdot \boldsymbol{S}_f&=\sum_{f\sim \mathrm{nb}(C)}\frac{1}{\overline{\mu}_f}(\nabla\varphi_m)_f\cdot \boldsymbol{E}_f+\sum_{f\sim \mathrm{nb}(C)}\frac{1}{\overline{\mu}_f}(\nabla\varphi_m)_f\cdot \boldsymbol{T}_f\\&=\sum_{F\sim \mathrm{NB}(C)}\frac{1}{\overline{\mu}_f}\times\frac{\varphi_{m,F}-\varphi_{m,C}}{d_{CF}}E_f+\sum_{f\sim \mathrm{nb}(C)}\frac{1}{\overline{\mu}_f}(\nabla\varphi_m)_f\cdot \boldsymbol{T}_f\\&=-\left(\sum_{f\sim \mathrm{nb}(C)}\frac{1}{\overline{\mu}_f}\times\frac{E_f}{d_{CF}}\right)\varphi_{m,C}+\sum_{F\sim \mathrm{NB}(C)}\left(\frac{1}{\overline{\mu}_f}\times\frac{E_f}{d_{CF}}\varphi_{m,F}\right)\\&\quad+\sum_{f\sim \mathrm{nb}(C)}\left[\frac{1}{\overline{\mu}_f}(\nabla\varphi_m)_f\cdot \boldsymbol{T}_f\right]\end{aligned} \tag{5-7}$$

其中，$\boldsymbol{S}_f=\boldsymbol{E}_f+\boldsymbol{T}_f$，$\boldsymbol{E}_f$ 沿两相邻单元 C 和 F 的质心连线方向，$\boldsymbol{T}_f$ 沿单元面的切线方向。

对于方程（5-6）中的源项，用相邻单元质心上的 $\boldsymbol{B}_r$ 值经线性插值得到单元面上的 $\boldsymbol{B}_r$ 值，表示为

$$\sum_{f\sim \mathrm{nb}(C)}(\boldsymbol{B}_r)_f\cdot \boldsymbol{S}_f=\sum_{f\sim \mathrm{nb}(C)}[g_C(\boldsymbol{B}_r)_C+g_F(\boldsymbol{B}_r)_F]\cdot \boldsymbol{S}_f \tag{5-8}$$

其中，g_C 和 g_F 为插值因子。

将式(5-7) 和式(5-8) 的结果代入方程（5-6），得静磁场控制方程的离散格式：

$$\begin{aligned}&\left(\sum_{f\sim \mathrm{nb}(C)}\frac{1}{\overline{\mu}_f}\times\frac{E_f}{d_{CF}}\right)\varphi_{m,C}-\sum_{F\sim \mathrm{NB}(C)}\left(\frac{1}{\overline{\mu}_f}\times\frac{E_f}{d_{CF}}\varphi_{m,F}\right)\\&=\sum_{f\sim \mathrm{nb}(C)}\left[\frac{1}{\overline{\mu}_f}(\nabla\varphi_m)_f\cdot \boldsymbol{T}_f\right]-\sum_{f\sim \mathrm{nb}(C)}[g_C(\boldsymbol{B}_r)_C+g_F(\boldsymbol{B}_r)_F]\cdot \boldsymbol{S}_f\end{aligned} \tag{5-9}$$

令

$$a_C^{\varphi_m}=\left(\sum_{f\sim \mathrm{nb}(C)}\frac{1}{\overline{\mu}_f}\times\frac{E_f}{d_{CF}}\right)$$

$$a_F^{\varphi_m}=-\frac{1}{\overline{\mu}_f}\times\frac{E_f}{d_{CF}}$$

$$b_C^{\varphi_m}=\sum_{f\sim \mathrm{nb}(C)}\left[\frac{1}{\overline{\mu}_f}(\nabla\varphi_m)_f\cdot \boldsymbol{T}_f\right]-\sum_{f\sim \mathrm{nb}(C)}\{[g_C(\boldsymbol{B}_r)_C+g_F(\boldsymbol{B}_r)_F]\cdot \boldsymbol{S}_f\}$$

则控制方程离散后的代数方程成为

$$a_C^{\varphi_m}\varphi_{m,C}+\sum_{F\sim \mathrm{NB}(C)}a_F^{\varphi_m}\varphi_{m,F}=b_C^{\varphi_m} \tag{5-10}$$

分析方程（5-10）中的各系数可知，离散格式满足 2.2.3 节中的第（2）～（4）项原则，第（1）项原则需通过表示单元间界面上的相对磁导率来满足。5.1.2 节和 5.1.3 节将介绍这些表示。

5.1.2 同种磁介质内网格单元面上相对磁导率的表示

静磁场控制方程经离散后得到的代数方程（5-9）中，各项的系数中除单元面上的相

对磁导率$\frac{1}{\bar{\mu}_f}=\mu_{r,f}$外，其他均为已知参数。如果磁导率在介质内非均匀变化，需确定计算单元面上相对磁导率的方法，且该方法还需满足2.2.3节中介绍的基本原则。

为了满足2.2.3节中的第（1）项基本原则，单元面上的磁通量需连续，由于磁感应强度表示通量密度，所以在同一单元面上，磁感应强度需满足连续性原则。以图5-1所示的单元C和E之间的单元面e为例，根据式(1-57)和式(1-46)，将面e上的磁感应强度表示为

$$\boldsymbol{B}_e=-\mu_0\mu_{r,e}(\nabla\varphi_m)_e$$

其中，$\mu_{r,e}$为单元面e上的相对磁导率。利用相邻单元质心上标量磁位的线性插值结果表示该式中的梯度项，得

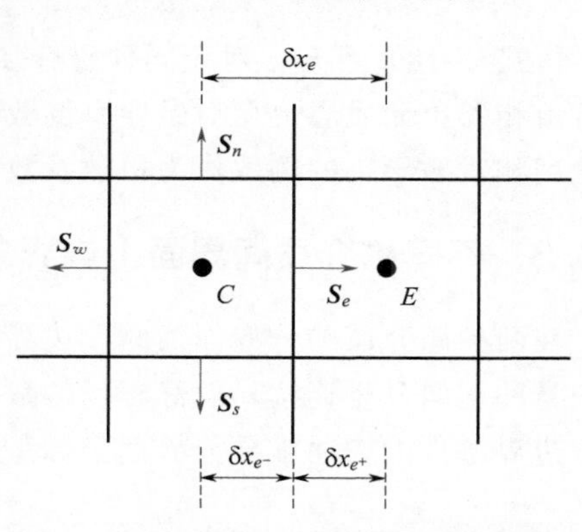

图5-1　推导单元面上磁导率时的网格单元

$$B_e=-\mu_0\mu_{r,e}\frac{\varphi_{m,E}-\varphi_{m,C}}{\delta x_e} \tag{5-11}$$

令单元面e两侧的磁感应强度连续，即

$$B_e=B_{e,C}=B_{e,E} \tag{5-12}$$

将单元C和单元E内磁介质的磁导率分别用它们质心上的磁导率$\mu_{r,C}$和$\mu_{r,E}$表示，则有

$$B_{e,C}=-\mu_0\mu_{r,C}(\nabla\varphi_m)_e=-\mu_0\mu_{r,C}\frac{\varphi_{m,e}-\varphi_{m,C}}{\delta x_{e^-}} \tag{5-13}$$

$$B_{e,E}=-\mu_0\mu_{r,E}(\nabla\varphi_m)_e=-\mu_0\mu_{r,E}\frac{\varphi_{m,E}-\varphi_{m,e}}{\delta x_{e^+}} \tag{5-14}$$

其中，δx_{e^-}和δx_{e^+}分别为单元面e到单元质心C和E间的距离。将式(5-13)、式(5-14)代入式(5-12)后，经整理得

$$\varphi_{m,e}=\frac{\dfrac{\mu_{r,C}}{\delta x_{e^-}}\varphi_{m,C}+\dfrac{\mu_{r,E}}{\delta x_{e^+}}\varphi_{m,E}}{\dfrac{\mu_{r,C}}{\delta x_{e^-}}+\dfrac{\mu_{r,E}}{\delta x_{e^+}}} \tag{5-15}$$

将这一结果代回至$B_{e,C}$的表达式(5-13)中，得

$$B_{e,C}=-\mu_0\frac{\mu_{r,C}}{\delta x_{e^-}}\left(\frac{\dfrac{\mu_{r,C}}{\delta x_{e^-}}\varphi_{m,C}+\dfrac{\mu_{r,E}}{\delta x_{e^+}}\varphi_{m,E}}{\dfrac{\mu_{r,C}}{\delta x_{e^-}}+\dfrac{\mu_{r,E}}{\delta x_{e^+}}}-\varphi_{m,C}\right)=-\mu_0\frac{\mu_{r,C}\mu_{r,E}}{\delta x_{e^-}\delta x_{e^+}}\left(\frac{\varphi_{m,E}-\varphi_{m,C}}{\dfrac{\mu_{r,C}}{\delta x_{e^-}}+\dfrac{\mu_{r,E}}{\delta x_{e^+}}}\right) \tag{5-16}$$

联立式(5-11)和式(5-12)，并利用式(5-16)中$B_{e,C}$的表达式，得单元面e上的相对磁导率

$$\mu_{r,e}=\frac{\delta x_e\mu_{r,C}\mu_{r,E}}{\mu_{r,C}\delta x_{e^+}+\mu_{r,E}\delta x_{e^-}} \tag{5-17}$$

经整理得

$$\frac{1}{\mu_{r,e}}=\frac{\delta x_{e^+}}{\delta x_e}\times\frac{1}{\mu_{r,E}}+\frac{\delta x_{e^-}}{\delta x_e}\times\frac{1}{\mu_{r,C}} \tag{5-18}$$

由式(5-18) 可知，对于同种磁介质，如果磁导率不均匀，单元面上相对磁导率的倒数可由相邻单元质心上相对磁导率倒数经反线性插值计算得到，这也是在静磁场控制方程中使用相对磁导率的倒数作为扩散系数的原因。

5.1.3 不同磁介质间界面上边界条件的表示

在两种磁介质的分界面两侧，边界条件为：磁感应强度矢量的法向分量连续，磁场强度矢量的切向分量连续，但静磁场的数学模型中直接求解的变量为标量磁位，所以需根据这一边界条件的表述推导分界面上标量磁位满足的条件。

为了得到普适性标量磁位边界条件表达式，以图 5-2 所示的分界面 b 为例，假设面 b 的单元 1 侧为永磁体，单元 2 侧为非永磁体介质，其中非永磁体介质内的剩余磁感应强度 $\boldsymbol{B}_r$ 为零，但为了表示方便，同样也写出该介质内的剩余磁感应强度表示，永磁体侧单元 1 的质心与面 b 的距离为 Δ_1，非永磁体侧单元 2 的质心与面 b 的距离为 Δ_2，d_2 为单元 2 质心与分界面上单元面质心间的距离。

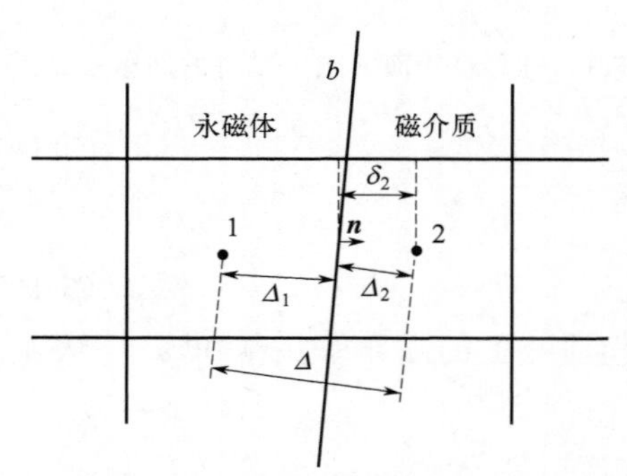

图 5-2 不同磁介质之间的分界面

根据磁场的边界条件，在分界面 b 两侧，磁感应强度的法向分量和标量磁位分别满足

$$B_{b1n}=B_{b2n} \tag{5-19}$$

$$\varphi_{m,b1}=\varphi_{m,b2}=\varphi_{m,b} \tag{5-20}$$

其中，下标 $b1$ 和 $b2$ 分别表示在分界面 b 的单元 1 和单元 2 一侧，下标 n 表示法向分量。根据式(5-1)，磁感应强度的法向分量可线性化表示为

$$B_{b1n}=-\mu_0\mu_{r,1}\left(\frac{\partial\varphi_{m,1}}{\partial n}\right)_b+B_{r,1n}=-\mu_0\mu_{r,1}\frac{\varphi_{m,b1}-\varphi_{m,1}}{\Delta_1}+B_{r,1n} \tag{5-21}$$

$$B_{b2n}=-\mu_0\mu_{r,2}\left(\frac{\partial\varphi_{m,2}}{\partial n}\right)_b+B_{r,2n}=-\mu_0\mu_{r,2}\frac{\varphi_{m,2}-\varphi_{m,b2}}{\Delta_2}+B_{r,2n} \tag{5-22}$$

其中，$B_{r,1n}=\boldsymbol{B}_{r,1}\cdot\boldsymbol{n}$，$B_{r,2n}=\boldsymbol{B}_{r,2}\cdot(-\boldsymbol{n})$，$\varphi_{m,b1}$ 和 $\varphi_{m,b2}$ 分别为分界面处位于单元 1 一侧和单元 2 一侧的标量磁位，$\varphi_{m,1}$ 和 $\varphi_{m,2}$ 分别为位于单元 1 和单元 2 质心处的标量磁位。

将式(5-21) 和式(5-22) 分别代入式(5-19) 中，并应用式(5-20)，得

$$\varphi_{m,b}=\frac{\dfrac{\mu_{r,1}}{\Delta_1}}{\dfrac{\mu_{r,1}}{\Delta_1}+\dfrac{\mu_{r,2}}{\Delta_2}}\varphi_{m,1}+\frac{\dfrac{\mu_{r,2}}{\Delta_2}}{\dfrac{\mu_{r,1}}{\Delta_1}+\dfrac{\mu_{r,2}}{\Delta_2}}\varphi_{m,2}+\frac{1}{\mu_0}\times\frac{1}{\dfrac{\mu_{r,1}}{\Delta_1}+\dfrac{\mu_{r,2}}{\Delta_2}}(B_{r,1n}+B_{r,2n}) \tag{5-23}$$

令

$$K=\frac{\dfrac{\mu_{r,1}}{\Delta_1}}{\dfrac{\mu_{r,1}}{\Delta_1}+\dfrac{\mu_{r,2}}{\Delta_2}}$$

式(5-23) 成为

$$\varphi_{m,b}=K\varphi_{m,1}+(1-K)\varphi_{m,2}+\frac{1}{\mu_0}\times\frac{1}{\dfrac{\mu_{r,1}}{\Delta_1}+\dfrac{\mu_{r,2}}{\Delta_2}}(B_{r,1n}+B_{r,2n}) \tag{5-24}$$

在求解静磁场的过程中，需应用不同磁介质分界面上标量磁位的梯度。而在推导这一梯度的表达式时，需应用磁场强度切向分量连续的边界条件。其中，磁场强度切向分量矢量可利用法向分量矢量表示为

$$\boldsymbol{H}_t=\boldsymbol{H}-(\boldsymbol{H}\cdot\boldsymbol{n})\boldsymbol{n} \tag{5-25}$$

则图 5-2 中分界面 b 上单元 1 一侧和单元 2 一侧的磁场强度可分别表示为

$$\boldsymbol{H}_{b1t}=\boldsymbol{H}_{b1}-(\boldsymbol{H}_{b1}\cdot\boldsymbol{n})\boldsymbol{n}=-(\nabla\varphi_{m,1})_b+\left(\frac{\partial\varphi_{m,1}}{\partial n}\right)_b\boldsymbol{n}\approx-(\nabla\varphi_{m,1})_b+\frac{\varphi_{m,b1}-\varphi_{m,1}}{\Delta_1}\boldsymbol{n} \tag{5-26}$$

$$\boldsymbol{H}_{b2t}=\boldsymbol{H}_{b2}-(\boldsymbol{H}_{b2}\cdot\boldsymbol{n})\boldsymbol{n}=-(\nabla\varphi_{m,2})_b+\left(\frac{\partial\varphi_{m,2}}{\partial n}\right)_b\boldsymbol{n}\approx-(\nabla\varphi_{m,2})_b+\frac{\varphi_{m,b2}-\varphi_{m,2}}{\Delta_2}\boldsymbol{n} \tag{5-27}$$

将式(5-26) 和式(5-27) 代入边界条件

$$\boldsymbol{H}_{b1t}=\boldsymbol{H}_{b2t}$$

并利用式(5-20)，可得

$$(\nabla\varphi_{m,1})_b=-\frac{\boldsymbol{n}}{\Delta_1}\varphi_{m,1}+\frac{\boldsymbol{n}}{\Delta_2}\varphi_{m,2}+\left(\frac{1}{\Delta_1}-\frac{1}{\Delta_2}\right)\boldsymbol{n}\varphi_{m,b}+(\nabla\varphi_{m,2})_b \tag{5-28}$$

其中，$(\nabla\varphi_{m,2})_b$ 在二维笛卡儿网格中可线性化计算为

$$\begin{aligned}(\nabla\varphi_{m,2})_b&=\left(\frac{\partial\varphi_{m,2}}{\partial x}\right)_b\boldsymbol{e}_i+\left(\frac{\partial\varphi_{m,2}}{\partial y}\right)_b\boldsymbol{e}_j\approx\frac{\varphi_{m,2}-\varphi_{m,b}}{\delta_{2,x}}\boldsymbol{e}_i+\frac{\varphi_{m,2}-\varphi_{m,b}}{\delta_{2,y}}\boldsymbol{e}_j\\&=\left(\frac{1}{\delta_{2,x}}\boldsymbol{e}_i+\frac{1}{\delta_{2,y}}\boldsymbol{e}_j\right)\varphi_{m,2}-\left(\frac{1}{\delta_{2,x}}\boldsymbol{e}_i+\frac{1}{\delta_{2,y}}\boldsymbol{e}_j\right)\varphi_{m,b}\end{aligned}$$

其中，$\delta_{2,x}$ 和 $\delta_{2,y}$ 分别为 δ_2 对应矢量在 x 和 y 方向上的分量大小。令

$$\boldsymbol{r}_v=\frac{1}{\delta_{2,x}}\boldsymbol{e}_i+\frac{1}{\delta_{2,y}}\boldsymbol{e}_j$$

有

$$(\nabla\varphi_{m,2})_b\approx\boldsymbol{r}_v\varphi_{m,2}-\boldsymbol{r}_v\varphi_{m,b} \tag{5-29}$$

另外，分界面的单位法矢 $\boldsymbol{n}$ 可表示为

$$\boldsymbol{n}=n_x\boldsymbol{e}_i+n_y\boldsymbol{e}_j$$

将该式和式(5-29) 代入式(5-28) 中，得

$$(\nabla\varphi_{m,1})_b=-\frac{\boldsymbol{n}}{\Delta_1}\varphi_{m,1}+\left(\frac{\boldsymbol{n}}{\Delta_2}+\boldsymbol{r}_v\right)\varphi_{m,2}+\left[\left(\frac{1}{\Delta_1}-\frac{1}{\Delta_2}\right)\boldsymbol{n}-\boldsymbol{r}_v\right]\varphi_{m,b} \tag{5-30}$$

或展开式

$$(\nabla\varphi_{m,1})_b=\left\{-\frac{n_x}{\Delta_1}\varphi_{m,1}+\left(\frac{n_x}{\Delta_2}+\frac{1}{\delta_{2,x}}\right)\varphi_{m,2}+\left[\left(\frac{1}{\Delta_1}-\frac{1}{\Delta_2}\right)n_x-\frac{1}{\delta_{2,x}}\right]\varphi_{m,b}\right\}\boldsymbol{e}_i$$
$$+\left\{-\frac{n_y}{\Delta_1}\varphi_{m,1}+\left(\frac{n_y}{\Delta_2}+\frac{1}{\delta_{2,y}}\right)\varphi_{m,2}+\left[\left(\frac{1}{\Delta_1}-\frac{1}{\Delta_2}\right)n_y-\frac{1}{\delta_{2,y}}\right]\varphi_{m,b}\right\}\boldsymbol{e}_j \quad (5\text{-}31)$$

由于待求变量标量磁位为标量场，而由式(5-31) 表示的场为矢量场，故这里用 $(\nabla\varphi_{m,1})_b$ 的法向分量近似代替其本身，即

$$(\nabla\varphi_{m,1})_b\approx(\nabla\varphi_{m,1})_{b,n}=(\nabla\varphi_{m,1})_b\cdot\boldsymbol{n}$$
$$=-\frac{1}{\Delta_1}\varphi_{m,1}+\left(\frac{1}{\Delta_2}+\boldsymbol{r}_v\cdot\boldsymbol{n}\right)\varphi_{m,2}+\left[\left(\frac{1}{\Delta_1}-\frac{1}{\Delta_2}\right)-\boldsymbol{r}_v\cdot\boldsymbol{n}\right]\varphi_{m,b} \quad (5\text{-}32)$$

在网格线与坐标线平行的规则笛卡儿网格中，这一近似是精确的。

5.2 静磁场的 OpenFOAM 求解器

OpenFOAM 中用于求解磁场的标准求解器 magneticFoam 只适用于永磁体的磁场计算，且只针对位于永磁体外单一介质的磁场分布的求解。本节基于 5.1 节的算法编制更加通用的求解器 magenticMultiRegionFoam，它可用于求解包含多种磁介质的计算域内的静磁场分布。

5.2.1 magenticMultiRegionFoam 求解器的总体组成

对于计算域由多种磁介质组成时的静磁场计算问题，由于不同磁介质中描述静磁场的方程和输入条件不同，所以这里采用如下求解方案：使用分离求解策略，顺序求解每一种磁介质区域内的标量磁位方程，依靠不同磁介质分界面上的标量磁位关系，实现每两个相邻区域间的磁场耦合。例如，对于由外向内分别为空气、铁磁流体、永磁体组成的计算域，求解这一问题的磁场分布时，首先利用施加在空气区域最外侧边界面上的边界条件，计算得到空气区域的内部场，其后应用式(5-24) 和式(5-32)，计算空气与铁磁流体区域间的边界场，根据该边界场计算结果求解铁磁流体区域内的静磁场控制方程，最后利用铁磁流体区域内的磁场分布结果计算铁磁流体与永磁体区域间的边界场，以此类推，直到完成所有磁介质区域内磁场的计算。

基于以上求解策略，需要分别建立每一个磁介质区域的网格、变量场以及方程等属性，以上述空气、铁磁流体、永磁体组成的计算域为例，相应的求解器需至少包含如图 5-3 所示的几个部分。其中，regionProperties 为自定义类，用来描述每一种磁介质区域的名称、数量等属性；create ** Meshes 和 create ** Fields ** 代表区域名称分别用于为每一种磁介质创建网格和声明并初始化变量场，可分别由头文件定义。考虑到同一种磁介质可能包含多个子区域的情况，在 create ** Fields 中将同种磁介质对应的各子区域上的各参数和变量场分别组装为 1D 链表，也即每个链表存储某一磁介质同一种变量在不同子区域上的值。例如，定义矢量场链表 BFerrofluid

```
PtrList< volVectorField> BFerrofluid(ferrofluidRegions.size())
```

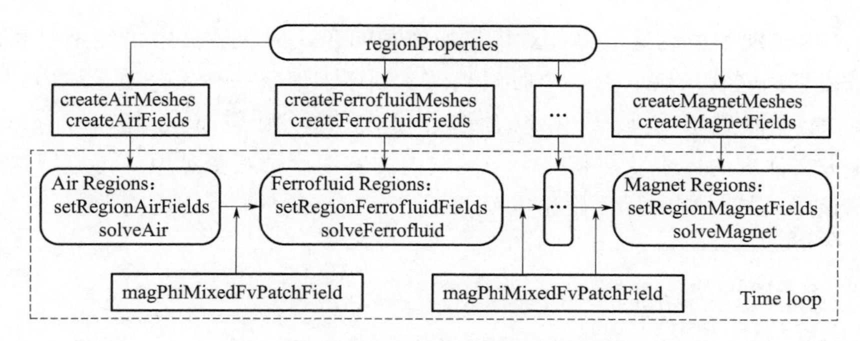

图 5-3　多介质区域静磁场求解器的主要组成部分

表示介质为铁磁流体的各子区域上的磁感应强度组成的链表。由于同种磁介质的不同子区域上的参数或变量值可能不同，所以即使是同一种磁介质，也需针对其不同子区域分别求解标量磁位方程，这就需要在求解前通过 setRegion ** Fields 从链表中抽取某一个子区域上的物理参数和变量值。solve ** 为定义离散各个区域上控制方程的头文件。magPhiMixedFvPatchField 为自定义类，用于定义和计算 5.1.3 节所述的边界条件。

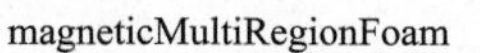

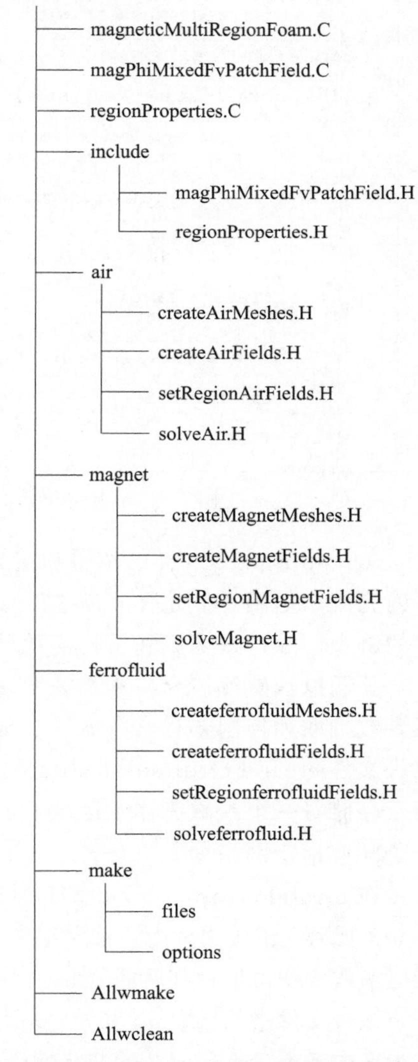

图 5-4　求解空气-铁磁流体-永磁体组成区域内静磁场的 magenticMultiRegionFoam 求解器的组成

下面仍以空气-铁磁流体-永磁体组成的多介质区域为例，说明求解器的编制方法，将该求解器命名为 magenticMultiRegionFoam，其具体组成如图 5-4 所示。其中，magenticMultiRegionFoam. C 为主文件，Make/files 文件和 Make/options 文件的功能与 4.3.1 节流场求解器中对应文件的功能相同。include 文件夹中的两个文件分别用于声明类 regionProperties 和 magPhiMixedFvPatchField，regionProperties. C 和 magPhiMixedFvPatchField. C 则是这两个类的定义。

5.2.2　magenticMultiRegionFoam 求解器说明

如图 5-5 为 magenticMultiRegionFoam 求解器主程序的主要程序段。其中，首先定义 regionProperties 类的对象 rp，这样可以通过 rp 访问每一种区域的信息。其次构建各区域的网格、声明和初始化各区域上的变量场，分别在头文件 create ** Meshes. H 和 create

** Fields. H 内实现。虽然这里只针对稳态静磁场问题，但求解器中仍使用时间循环迭代实现各区域磁场的迭代求解。每一个时间步内，顺序求解每一种磁介质区域内的标量磁位方程，但如果某种磁介质区域内包含多个子区域，则需事先由 setRegionMagneticFields. H 头文件中的内容获取每一个子区域内的物理参数和变量值，再应用这些参数和变量值求解该子区域对应的标量磁位方程。

```
……
#include "regionProperties.H"
#include "magPhiMixedFvPatchField.H"
int main(int argc, char *argv[])
{
    ……
    regionProperties rp(runTime);  ----------> 定义regionProperties对象rp
    #include "createAirMeshes.H"
    #include "createMagnetMeshes.H"
    #include "createFerrofluidMeshes.H"        构建各磁介质区域
    #include "createAirFields.H"               的网格，声明和初
    #include "createMagnetFields.H"            始化各磁介质区域
    #include "createFerrofluidFields.H"        的变量场
    while(runTime.loop())                      时间步开始
    {
        forAll(magnetRegions.i)
        {
            #include "setRegionMagnetFields.H"   ----> 求解永磁体区域的磁场
            #include "solveMagnet.H"
        }
        forAll(ferrofluidRegions, i)
        {
            #include "setRegionFerrofluidFields.H"   ----> 求解铁磁流体区域的磁场
            #include "solveFerrofluid.H"
        }
        forAll(airRegions, i)
        {
            #include "setRegionAirFields.H"   ----> 求解空气区域的磁场
            #include "solveAir.H"
        }
        runTime.write();
    }                                          时间步结束
    return 0;
}
```

图 5-5 magenticMultiRegionFoam 求解器主程序的主要程序段

regionProperties 类的声明和定义分别在 regionProperties. H 和 regionProperties. C 文件内完成，如图 5-6 所示，其主要的私有数据成员为 airRegionNames_ 等三个区域种类名称的链表，除构造函数和析构函数外，其他成员函数用于访问三种区域的名称。

下面以铁磁流体介质为例说明在每一种磁介质区域上的网格划分、变量场定义、子区域参数抽取和控制方程求解方法。如图 5-7 所示为铁磁流体介质区域上的网格划分程序，在头文件 createFerrofluidMeshes. H 内实现，该文件中定义了 1D 链表 ferrofluidRegions，用于存储每一个铁磁流体子区域上的网格信息，并应用 PtrList<>的 set（）函数为每一个子区域指定网格划分方法。

在 createFerrofluidFields. H 头文件内声明和定义铁磁流体介质区域上的变量场，如图 5-8 所示。该头文件中，首先定义了各物理参数和变量的链表，用于存储不同子区域上的相应参数或变量值；其后通过 forAll 循环分别给定各子区域上每一个参数和变量的初始化方法。该头文件中的参数 a_1 和 b_1 分别为控制铁磁流体饱和磁化强度和初始磁化率的系数，也即程序中考虑了铁磁流体的非线性磁化特性，将磁化强度与磁场强度的关系表示为

$$M=a_1\arctan(b_1 H) \tag{5-33}$$

其中，系数 a_1 和 b_1 通过实验测量铁磁流体的磁化曲线后得到。

```
#ifndef regionProperties_H
#define regionProperties_H
#include"IOdictionary.H"
#include"Time.H"
namespace Foam
{
class regionProperties : public IOdictionary
{

    List<word> airRegionNames_;
    List<word> magnetRegionNames_;
    List<word> ferrofluidRegionNames_;
    regionProperties(const regionProperties&);
    void operator=(const regionProperties&);
public:
    regionProperties(const Time& runTime);
    ~regionProperties();
    const List<word>& airRegionNames() const;
    const List<word>& magnetRegionNames() const;
    const List<word>& ferrofluidRegionNames() const;
};
}#endif
```

声明：私有数据和成员函数；声明构造函数；声明析构函数；成员函数

```
#include "regionProperties.H"
Foam::regionProperties::regionProperties(const Time& runTime)
:
  IOdictionary
  (
  IOobject
    (
     "regionProperties",
     runTime.time().constant(),
     runTime.db(),
     IOobject::MUST_READ_IF_MODIFIED,
     IOobject::NO_WRITE
    )
  ),
  airRegionNames_(lookup("airRegionNames")),
  magnetRegionNames_(lookup("magnetRegionNames")),
  ferrofluidRegionNames_(lookup("ferrofluidRegionNames"))
{}
Foam::regionProperties::~regionProperties(){}
const Foam::List<Foam::word>& Foam::regionProperties::airRegionNames() const
{
  returnairRegionNames_;
}
const Foam::List<Foam::word>& Foam::regionProperties::magnetRegionNames() const
{
  return magnetRegionNames_;
}
const Foam::List<Foam::word>& Foam::regionProperties::ferrofluidRegionNames() const
{
  return ferrofluidRegionNames_;
}
```

定义：定义构造函数；定义析构函数；定义成员函数

图 5-6　regionProperties 类的声明和定义

```
PtrList<fvMesh> ferrofluidRegions(rp.ferrofluidRegionNames().size());
forAll(rp.ferrofluidRegionNames(), i)
{
    ferrofluidRegions.set
    (
         i,
         new fvMesh
         (
             IOobject
             (
                  rp.ferrofluidRegionNames()[i],
                  runTime.timeName(),
                  runTime,
                  IOobject::MUST_READ
             )
         )
    );
}
```

图 5-7　createFerrofluidMeshes. H 头文件中的内容

```
PtrList<volVectorField> BrDivMu0Ferrofluid(ferrofluidRegions.size());
PtrList<volScalarField> phiFerrofluid(ferrofluidRegions.size());
PtrList<volVectorField> BFerrofluid(ferrofluidRegions.size());
PtrList<volVectorField> HFerrofluid(ferrofluidRegions.size());
PtrList<volVectorField> MFerrofluid(ferrofluidRegions.size());
PtrList<volScalarField> mubFerrofluid(ferrofluidRegions.size());
PtrList<uniformDimensionedScalarField> a1Ferrofluid(ferrofluidRegions.size());
PtrList<uniformDimensionedScalarField> b1Ferrofluid(ferrofluidRegions.size());
forAll(ferrofluidRegions, i)
{
    IOdictionary magneticProperties
    (
        IOobject
        (
            "magneticProperties",
            runTime.constant(),
            magnetRegions[i],
            IOobject::MUST_READ_IF_MODIFIED,
            IOobject::NO_WRITE
        )
    );
    dimensionedScalar a1(magneticProperties.lookup("a1"));
    dimensionedScalar b1(magneticProperties.lookup("b1"));
    a1Ferrofluid.set
    (
        i,
        new uniformDimensionedScalarField
        (
            IOobject
            (
                "a1",
                runTime.constant(),
                ferrofluidRegions[i],
                IOobject::MUST_READ,
                IOobject::NO_WRITE
            )
        )
    );
    b1Ferrofluid.set
    (
        ......
    );
    phiFerrofluid.set
    (
        ......
    );
    BFerrofluid.set
    (
        i,
        new volVectorField
        (
            IOobject
            (
                "B",
                runTime.timeName(),
                ferrofluidRegions[i],
                IOobject::MUST_READ,
                IOobject::AUTO_WRITE
            ),
            ferrofluidRegions[i]
        )
    );
    HFerrofluid.set
    (
        ......
    );
    MFerrofluid.set
    (
        ......
    );
    BrDivMu0Ferrofluid.set
    (
        ......
    );
    mubFerrofluid.set
    (
        ......
    );
}
```


图 5-8 createFerrofluidFields.H 头文件中的内容

setRegionFerrofluidFields. H 头文件的内容用于从 createFerrofluidFields. H 头文件内定义的链表中取出每一个铁磁流体子区域上的参数和变量值，如图 5-9 所示。

```
const dimensionedScalar& a1 = a1Ferrofluid[i];
const dimensionedScalar& b1 = b1Ferrofluid[i];
volVectorField& BrDivMu0 = BrDivMu0Ferrofluid[i];
volScalarField& phi = phiFerrofluid[i];
volVectorField& B = BFerrofluid[i];
volVectorField& H = HFerrofluid[i];
volVectorField& M = MFerrofluid[i];
volScalarField& mub = mubFerrofluid[i];
```

从链表中取出相应的值

图 5-9　setRegionFerrofluidFields. H 头文件中的内容

在头文件 solveFerrofluid. H 中，组装并求解每一个铁磁流体子区域上的控制方程，如图 5-10 所示。这里使用 SIMPLE 循环求解标量磁位，变量场 $\boldsymbol{B}$、$\boldsymbol{H}$ 和 $\boldsymbol{M}$ 可由求解得到的标量磁位显式计算，程序中 phi 为标量磁位，mub 为 $\tilde{\mu}$。

```
#include "simpleControl.H"
forAll(ferrofluidRegions, i)
{
    simpleControl simple(ferrofluidRegions[i]);
    while(simple.correctNonOrthogonal())
    {
        solve(fvm::laplacian(mub, phi) == fvc::div(M));
        M = a1*Foam::atan(b1*mag(fvc::grad(phi)))
            *fvc::grad(phi)/mag(fvc::grad(phi));
    }
    phi.correctBoundaryConditions();
    volVectorField tem
    (
        IOobject
        (
            "tem",
            runTime.timeName(),
            ferrofluidRegions[i]
        ),
        fvc::reconstruct(fvc::snGrad(phi)*ferrofluidRegions[i].magSf()*(-1.0))
    );
    B = constant::electromagnetic::mu0*tem + constant::electromagnetic::mu0*M;
    H = B/constant::electromagnetic::mu0 - M;
    mub = 1.0/(mag(M)/mag(H)+1.0);
}
```

求解控制方程

显式计算其他变量

图 5-10　solveFerrofluid. H 头文件中的内容

5.2.3　定义边界条件类

自定义的边界条件类 magPhiMixedFvPatchField 用于表示 5.1.3 节介绍的不同磁介质区域间界面上的边界条件，并在该类中实现每两个相邻区域间的磁场耦合。定义类 magPhiMixedFvPatchField 时需解决的核心问题是根据界面上的标量磁位和标量磁位梯度的表达式(5-24) 和式(5-32) 定义组成 OpenFOAM 中边界条件的五个函数：updateCoeffs()、valueInternalCoeffs()、valueBoundaryCoeffs()、gradientInternalCoeffs() 和 gradientBoundaryCoeffs()。

如图 5-11 所示为类 magPhiMixedFvPatchField 的声明文件，它继承自 OpenFOAM 中的已有类 mixedFvPatchScalarField，但需重新定义上述五个函数。将 magPhiMixedFvPatchField 类对应的边界条件名称定义为“magPhiMixed”，这样可在算例中使用该名称指定相应的边界条件。从类声明文件中还可以看出，上述五个函数将分别作为类的成员函数进行定义，且均为虚函数。定义类 magPhiMixedFvPatchField 的文件内容分别在

图 5-12～图 5-15 中给出，其中图 5-12 为构造函数的定义。

```
#ifndef magPhiMixedFvPatchField_H
#define magPhiMixedFvPatchField_H
#include "mixedFvPatchFields.H"
#include "scalarField.H"
namespace Foam
{
    class magPhiMixedFvPatchField:public mixedFvPatchScalarField
    {
    public:
      TypeName("magPhiMixed"); ------> 边界条件名称
      magPhiMixedFvPatchField(const fvPatch&, const DimensionedField<scalar, volMesh>&);
      magPhiMixedFvPatchField(const fvPatch&, const DimensionedField<scalar, volMesh>&,
        const dictionary&);
      magPhiMixedFvPatchField(const magPhiMixedFvPatchField&, const fvPatch&,
        const DimensionedField<scalar, volMesh>&, const fvPatchFieldMapper&);
      virtual tmp<fvPatchScalarField> clone() const
      {
        return tmp<fvPatchScalarField> (new magPhiMixedFvPatchField(*this));
      }
      magPhiMixedFvPatchField (const magPhiMixedFvPatchField&,
        const DimensionedField<scalar, volMesh>&);
      virtual tmp<fvPatchScalarField> clone
      (const DimensionedField<scalar, volMesh>& iF)const
      {
        return tmp<fvPatchScalarField>
        (
            new magPhiMixedFvPatchField (*this, iF)
        );
      }
      virtual tmp<scalarField> snGrad() const;
      virtual tmp<scalarField> valueInternalCoeffs(const tmp<scalarField>& )const;
      virtual tmp<scalarField> valueBoundaryCoeffs(const tmp<scalarField>&)const;
      virtual tmp<scalarField> gradientInternalCoeffs()const;
      virtual tmp<scalarField> gradientBoundaryCoeffs()const;
      virtual void updateCoeffs();
      virtual void write(Ostream&) const;
    };
}
#endif
```

（右侧标注：声明构造函数；声明成员函数）

图 5-11 magPhiMixedFvPatchField 类声明

根据 OpenFOAM 中的表示，如果当前的中心单元为单元 1，则边界面上的标量磁位表示为

$$\varphi_{m,b}=\text{valueInternalCoeffs}()\varphi_{m,1}+\text{valueBoundaryCoeffs}() \tag{5-34}$$

将其与式(5-24) 对比可得函数

$$\text{valueInternalCoeffs}()=K \tag{5-35}$$

$$\text{valueBoundaryCoeffs}()=(1-K)\varphi_{m,2}+\frac{1}{\mu_0}\times\frac{1}{\dfrac{\mu_{r,1}}{\Delta_1}+\dfrac{\mu_{r,2}}{\Delta_2}}(B_{r,1n}+B_{r,2n}) \tag{5-36}$$

图 5-13 分别给出了这两个函数的定义，其中 nbrIntFld、nbrBrnDivMu0 和 mubNbr 分别为相邻单元上的 φ_m、$\dfrac{B_{r,n}}{\mu_0}$和 $\bar{\mu}$ 场。在定义函数 valueInternalCoeffs() 的程序段中，定义 K 的语句之前的所有语句用来寻找相邻单元上的 $\bar{\mu}$（程序中表示为 mubNbr)。对于式(5-35) 和式(5-36) 中与网格单元尺寸相关的参数，在 OpenFOAM 中分别表示为

$$\Delta_1 \rightarrow 1/\text{this}->\text{patch}().\text{deltaCoeffs}()$$

$$\Delta_2 \rightarrow 1/\text{nbrPatch}().\text{deltaCoeffs}()$$

$$\Delta \rightarrow \text{nbrPatch}().\text{delta}()$$

```
#include "magPhiMixedFvPatchField.H"
#include "addToRunTimeSelectionTable.H"
#include "fvPatchFieldMapper.H"
#include "volFields.H"
#include "mappedPatchBase.H"
#include "surfaceFields.H"
namespace Foam
{
    magPhiMixedFvPatchField::magPhiMixedFvPatchField
    (const fvPatch& p, const DimensionedField<scalar, volMesh>& iF)
    : mixedFvPatchScalarField(p, iF)
    {
         this->refValue() = 0.0;
         this->refGrad() = 0.0;
         this->valueFraction() = 1.0;
    }
    magPhiMixedFvPatchField::magPhiMixedFvPatchField
    (const fvPatch& p, const DimensionedField<scalar, volMesh>& iF,
         const dictionary& dict ) : mixedFvPatchScalarField(p, iF)
    {
         if (!isA<mappedPatchBase>(this->patch().patch()))
         {
             FatalErrorIn
             (
                  "magPhiMixedFvPatchField::"
                  "magPhiMixedFvPatchField\n"
                  "(\n"
                  "   const fvPatch& p, \n"
                  "   const DimensionedField<scalar, volMesh>& iF, \n"
                  "   const dictionary& dict\n"
                  ")\n"
             )
             << "\n  patch type '" << p.type()
             << "' not type '" << mappedPatchBase::typeName << "'"
             << "\n  for patch " << p.name()
             << exit(FatalError);
         }
         fvPatchScalarField::operator = (scalarField("value", dict, p.size()));
         if(dict.found("refValue"))
         {
             refValue() = scalarField("refValue", dict, p.size());
             refGrad() = scalarField("refGradient", dict, p.size());
             valueFraction() = scalarField("valueFraction", dict, p.size());
         }
         else
         {
             refValue() = *this;
             refGrad() = 0.0;
             valueFraction() = 1.0;
         }
    }
    magPhiMixedFvPatchField::magPhiMixedFvPatchField
    (const magPhiMixedFvPatchField& ptf, const fvPatch& p,
         const DimensionedField<scalar, volMesh>& iF, const fvPatchFieldMapper& mapper
    )
    : mixedFvPatchScalarField(ptf, p, iF, mapper)
    {}
    magPhiMixedFvPatchField::magPhiMixedFvPatchField
    (
         const magPhiMixedFvPatchField& wtcsf,
         const DimensionedField<scalar, volMesh>& iF
    )
    : mixedFvPatchScalarField(wtcsf, iF)
    {}
```

由patch和内部场构造

由patch、内部场和字典构造

通过镜像给定patch场构造

通过复制给定内部场构造

图 5-12　magPhiMixedFvPatchField 类定义（构造函数的定义）

其中，nbrPatch（）为与当前的中心单元 1 相邻的单元 2 一侧的 patch 面。式(5-36）中的 $B_{r,1n}$ 和 $B_{r,2n}$ 分别表示为

$$B_{r,1n} \rightarrow \text{Br \& this->patch().nf()}$$

$$B_{r,2n} \rightarrow \text{Br \& nbrPatch.nf()}$$

```
tmp<scalarField>magPhiMixedFvPatchField::snGrad() const
{
    return
    this->patch().deltaCoeffs()*(*this - this->patchInternalField());
}                                                         计算单元面上法向梯度的函数
tmp<scalarField>magPhiMixedFvPatchField::valueInternalCoeffs   //定义valueInternalCoeffs函数
(const tmp<scalarField>&) const
{
    const mappedPatchBase& mpp =
        refCast<const mappedPatchBase> (this->patch().patch());
    const polyMesh& nbrMesh = mpp.sampleMesh();
    const fvPatch& nbrPatch =
        refCast<const fvMesh>(nbrMesh).boundary()[mpp.samplePolyPatch().index()];
    const distributionMap& distMap = mpp.map();
    const scalarField& nbrMub =
      refCast<const scalarField>(nbrPatch.lookupPatchField<volScalarField, scalar>("mub"));
    scalarField mubNbr(nbrMub);
    distMap.distribute(mubNbr);
    scalarField mub = patch().lookupPatchField<volScalarField, scalar>("mub");
    scalarField K
    (
        (this->patch().deltaCoeffs()/mub) /
            (this->patch().deltaCoeffs()/mub + nbrPatch.deltaCoeffs()/mubNbr)
    );
    return scalar(pTraits<scalar>::one)*K;
}
tmp<scalarField> magPhiMixedFvPatchField::valueBoundaryCoeffs //定义valueBoundaryCoeffs函数
(const tmp<scalarField>&) const
{
    const mappedPatchBase& mpp =
        refCast<const mappedPatchBase> (this->patch().patch());
    const polyMesh& nbrMesh = mpp.sampleMesh();
    const fvPatch& nbrPatch =
        refCast<const fvMesh>(nbrMesh).boundary()[mpp.samplePolyPatch().index()];
    const distributionMap& distMap = mpp.map();
    const magPhiMixedFvPatchField& nbrField =
        refCast<const magPhiMixedFvPatchField>(nbrPatch.
            lookupPatchField<volScalarField,scalar>("phi"));
    scalarField nbrIntFld(nbrField.patchInternalField());
    distMap.distribute(nbrIntFld);
    const scalarField& nbrMub =
       refCast<const scalarField>(nbrPatch.lookupPatchField<volScalarField, scalar>("mub"));
    scalarField mubNbr(nbrMub);
    distMap.distribute(mubNbr);
    const vectorField& nbrBrDivMu0 =
        refCast<const vectorField>(nbrPatch.
            lookupPatchField<volVectorField,vector>("BrDivMu0"));
    vectorField BrNbrDivMu0(nbrBrDivMu0);
    distMap.distribute(BrNbrDivMu0);
    scalarField mub = patch().lookupPatchField<volScalarField, scalar>("mub");
    vectorField BrDivMu0 = patch().lookupPatchField<volVectorField, vector>("BrDivMu0");
    scalarField K
    (
        (this ->patch().deltaCoeffs()/mub) /
             (this->patch().deltaCoeffs()/mub + nbrPatch.deltaCoeffs()/mubNbr)
    );
    scalarField BrnDivMu0(BrDivMu0 & this->patch().nf());
    scalarField nbrBrnDivMu0(BrNbrDivMu0 & nbrPatch.nf());
    return (1.0 - K)*nbrIntFld  + (BrnDivMu0 + nbrBrnDivMu0) /
        (patch().deltaCoeffs()/mub + nbrPatch.deltaCoeffs()/mubNbr);
}
```

图 5-13 magPhiMixedFvPatchField 类定义（函数 snGrad ()、valueInternalCoeffs () 和 valueBoundaryCoeffs () 的定义）

在 OpenFOAM 的 fvPatch 类中，将 $(\nabla\varphi_{m,1})_b$ 表示为

$$(\nabla\varphi_{m,1})_b = \text{gradientInternalCoeffs}()\varphi_{m,1} + \text{gradientBoundaryCoeffs}() \tag{5-37}$$

将其与式(5-32) 对比可得

$$\text{gradientInternalCoeffs}()=-\frac{1}{\Delta_1} \tag{5-38}$$

$$\text{gradientBoundaryCoeffs}()=\left(\frac{1}{\Delta_2}+\boldsymbol{r}_v\cdot\boldsymbol{n}\right)\varphi_{m,2}+\left[\left(\frac{1}{\Delta_1}-\frac{1}{\Delta_2}\right)-\boldsymbol{r}_v\cdot\boldsymbol{n}\right]\varphi_{m,b} \tag{5-39}$$

magPhiMixedFvPatchField 类中定义这两个函数的内容在图 5-14 中给出。在 OpenFOAM 中，$\boldsymbol{r}_v$ 的各分量可分别表示为

$$\boldsymbol{r}_{v,x}\rightarrow\text{scalar(1.0)/nbrField.patch().delta()[faceI][0]}$$

$$\boldsymbol{r}_{v,y}\rightarrow\text{scalar(1.0)/nbrField.patch().delta()[faceI][1]}$$

$$\boldsymbol{r}_{v,y}\rightarrow\text{scalar(1.0)/nbrField.patch().delta()[faceI][2]}$$

程序中将 $\boldsymbol{r}_v$ 表示为 revDisCenterVector。

```
tmp<scalarField>magPhiMixedFvPatchField::gradientInternalCoeffs() const    定义 gradientInternalCoeffs 函数
{
    return -pTraits<scalar>::one * this->patch().deltaCoeffs();
}
tmp<scalarField> magPhiMixedFvPatchField::gradientBoundaryCoeffs() const   // 定义 gradientBoundaryCoeffs 函数
{
    vectorField normal = this->patch().nf();
    vectorField revDisCenterVector(this->size(), pTraits<vector>::zero);
    const mappedPatchBase& mpp =
        refCast<const mappedPatchBase> (this->patch().patch());
    const polyMesh& nbrMesh = mpp.sampleMesh();
    const fvPatch& nbrPatch =
        refCast<const fvMesh>(nbrMesh).boundary()[mpp.samplePolyPatch().index()];
    const distributionMap& distMap = mpp.map();
    const magPhiMixedFvPatchField& nbrField =
        refCast<const magPhiMixedFvPatchField>(nbrPatch
            .lookupPatchField<volScalarField, scalar>("phi"));
    scalarField nbrIntFld(nbrField.patchInternalField());
    distMap.distribute(nbrIntFld);
    vectorField disCenter=nbrField.patch().delta();
    forAll(disCenter, faceI)
    {
        if(disCenter[faceI][0] != 0.0)
            {revDisCenterVector[faceI][0] = scalar(1.0)/disCenter[faceI][0]; }
        if(disCenter[faceI][1] != 0.0)
            {revDisCenterVector[faceI][1] = scalar(1.0)/disCenter[faceI][1]; }
        if(disCenter[faceI][2] != 0.0)
            {revDisCenterVector[faceI][2] = scalar(1.0)/disCenter[faceI][2]; }
    }
    return (nbrPatch.deltaCoeffs() + (revDisCenterVector & normal)) * nbrIntFld +
        ((this ->patch().deltaCoeffs() - nbrPatch.deltaCoeffs()) -
        (revDisCenterVector & normal)) * (*this);
}
```

图 5-14　magPhiMixedFvPatchField 类定义（函数 gradientInternalCoeffs（）和 gradientBoundaryCoeffs（）的定义）

由于这里以类 mixedFvPatchScalarField 为基类构造表示磁介质分界面上磁特性的 patch 类，所以需重新定义函数 updateCoeffs()。将不同磁介质分界面上的标量磁位表示为

$$\varphi_{m,b}=\text{valueFunction}\times\text{refValue}+(1-\text{valueFunction})\times(\varphi_{m,1}+\text{refGrad}\cdot\Delta_1) \tag{5-40}$$

将其与式(5-24) 对比可得

$$\text{refValue}=\varphi_{m,2} \tag{5-41}$$

$$\text{valueFunction}=1-K \tag{5-42}$$

$$\text{refGrad}=\frac{1}{\mu_{r,1}}\left(\frac{B_{r,1n}}{\mu_0}+\frac{B_{r,2n}}{\mu_0}\right) \tag{5-43}$$

图 5-15 给出了函数 updateCoeffs() 的定义，其中将以上三个函数分别表示为

this－＞refValue()＝nbrIntFld

this－＞refGrad()＝(BrnDivMu0＋nbrBrnDivMu0) * mub

this－＞valueFraction()＝(1. 0－K)

```
void magPhiMixedFvPatchField::updateCoeffs()  //定义updateCoeffs函数
{
    if(updated()){return; }
    int oldTag = UPstream::msgType();
    UPstream::msgType() = oldTag+1;
    const mappedPatchBase& mpp =
        refCast<const mappedPatchBase> (this->patch().patch());
    const polyMesh& nbrMesh = mpp.sampleMesh();
    const fvPatch& nbrPatch
        = refCast<const fvMesh>(nbrMesh).boundary()[mpp.samplePolyPatch().index()];
    const distributionMap& distMap = mpp.map();
    const magPhiMixedFvPatchField& nbrField =
        refCast<const magPhiMixedFvPatchField>(nbrPatch.
            lookupPatchField<volScalarField, scalar>("phi"));
    scalarField nbrIntFld(nbrField.patchInternalField());
    distMap.distribute(nbrIntFld);
    const scalarField& nbrMub =
        refCast<const scalarField>(nbrPatch.
            lookupPatchField<volScalarField, scalar>("mub"));
    scalarField mubNbr(nbrMub);
    distMap.distribute(mubNbr);
    const vectorField& nbrBrDivMu0 =
        refCast<const vectorField>(nbrPatch.
            lookupPatchField<volVectorField, vector>("BrDivMu0"));
    vectorField BrNbrDivMu0(nbrBrDivMu0);
    distMap.distribute(BrNbrDivMu0);
    scalarField mub = patch().lookupPatchField<volScalarField, scalar>("mub");
    vectorField BrDivMu0 = patch().lookupPatchField<volVectorField, vector>("BrDivMu0");
    scalarField K
    (
        (this->patch().deltaCoeffs()/mub)/
            (this->patch().deltaCoeffs()/mub + nbrPatch.deltaCoeffs()/mubNbr)
    );
    scalarField BrnDivMu0(BrDivMu0 & this->patch().nf());
    scalarField nbrBrnDivMu0(BrNbrDivMu0 & nbrPatch.nf());
    this->refValue() = nbrIntFld;
    this->refGrad() = (BrnDivMu0 + nbrBrnDivMu0) * mub;
    this->valueFraction() = (1.0 - K);
    mixedFvPatchScalarField::updateCoeffs();
    UPstream::msgType() = oldTag;
}
void magPhiMixedFvPatchField::write (Ostream& os ) const
{
    mixedFvPatchScalarField::write(os);
}
makePatchTypeField(fvPatchScalarField, magPhiMixedFvPatchField);
}
```

图 5-15 magPhiMixedFvPatchField 类定义（函数 updateCoeffs () 的定义）

5.3 静磁场求解计算实例

5.3.1 问题描述

本节以圆柱形永磁体在与其同轴的柱形空气区域中产生的磁场为例，介绍应用

magenticMultiRegionFoam 求解器计算静磁场的方法。由于计算域的柱对称性，将实际的三维空间区域简化为二维区域，并根据镜像反对称性进一步简化为只针对一半的区域计算，如图 5-16 所示。假设图中的永磁体半长为 5mm，半径为 2.5mm，空气区域半长为 25mm，半径为 20mm。永磁体剩余磁感应强度为 1.23T，相对磁导率为 1.03。这一问题的边界条件也在图 5-16 中给出。

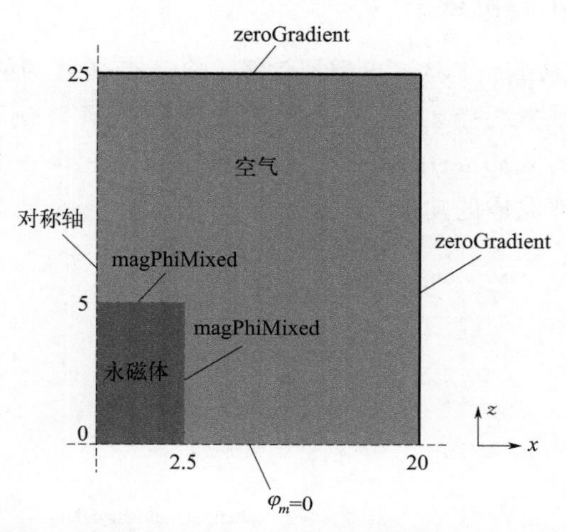

图 5-16 计算圆柱形永磁体在柱形边界的空气区域中所产生磁场时的几何模型

对于上述静磁场问题，其磁场分布存在解析解，它可用来验证 magenticMultiRegion-Foam 求解器的计算结果。在柱坐标系 (ρ,θ,z) 中，磁场的磁感应强度在径向和轴向的分量分别为

$$B_\rho=\frac{\mu_0 MR}{\pi}\left[\alpha_+ P_1(k_+)-\alpha_- P_1(k_-)\right] \tag{5-44}$$

$$B_z=\frac{\mu_0 MR}{\pi(\rho+R)}\left[\beta_+ P_2(k_+)-\beta_- P_2(k_-)\right] \tag{5-45}$$

其中的辅助函数分别定义为

$$P_1(k_\pm)=\mathcal{K}(k_\pm)-\frac{2}{1-k_\pm^2}(\mathcal{K}(k_\pm)-\mathcal{E}(k_\pm))$$

$$P_2(k_\pm)=-\frac{\gamma}{1-\gamma^2}(\mathcal{P}(k_\pm)-\mathcal{K}(k_\pm))-\frac{1}{1-\gamma^2}(\gamma^2\mathcal{P}(k_\pm)-\mathcal{K}(k_\pm))$$

下标±表示分别取 k_+ 和 k_- 时的值，符号 $\mathcal{K}$、$\mathcal{E}$ 和 $\mathcal{P}$ 分别表示第一、第二和第三完全椭圆积分，即

$$\mathcal{K}(k_\pm)=\int_0^{\pi/2}\frac{\mathrm{d}\theta}{\sqrt{1-(1-k_\pm^2)\sin^2\theta}}$$

$$\mathcal{E}(k_\pm)=\int_0^{\pi/2}\sqrt{1-(1-k_\pm^2)\sin^2\theta}\,\mathrm{d}\theta$$

$$\mathcal{P}(k_\pm)=\int_0^{\pi/2}\frac{\mathrm{d}\theta}{[1-(1-\gamma^2)\sin^2\theta]\sqrt{1-(1-k_\pm^2)\sin^2\theta}}$$

式(5-44)和式(5-44)中其他符号的含义为

$$\alpha_{\pm}=\frac{1}{\sqrt{\xi_{\pm}^{2}+(\rho+R)^{2}}}z\pm L,\beta_{\pm}=\xi_{\pm}\alpha_{\pm},\gamma=\frac{\rho-R}{\rho+R},k_{\pm}^{2}=\frac{\xi_{\pm}^{2}+(\rho-R)^{2}}{\xi_{\pm}^{2}+(\rho+R)^{2}},\xi_{\pm}=z\pm L$$

其中，R 和 L 分别为圆柱形永磁铁的半径和半长。

5.3.2 OpenFOAM 算例程序

应用 magenticMultiRegionFoam 求解器计算 5.3.1 节所述的静磁场问题时，需将求解器中的铁磁流体介质区域置为空。这一问题的 OpenFOAM 算例程序由如图 5-17 所示的目录文件组成，在名称为 magnetInAir 的文件夹内分别在三个子文件夹中共定义 20 个文件。下面简述每一个文件完成的功能。

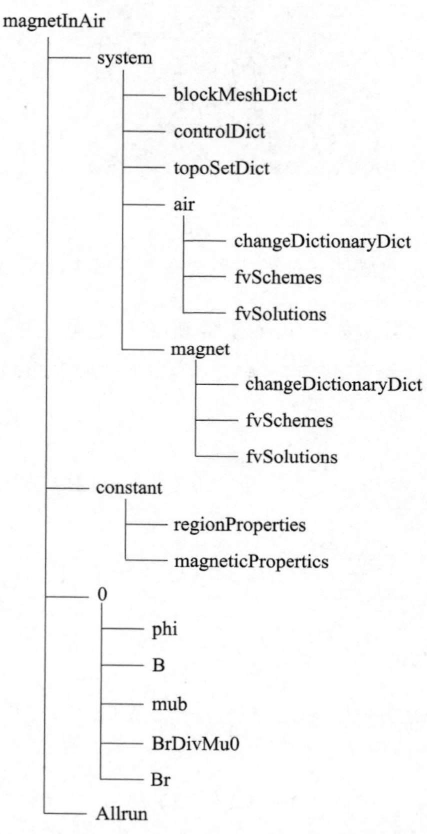

图 5-17　圆柱形永磁体在柱形空气区域中所产生磁场的 OpenFOAM 算例组成

system/blockMeshDict 文件中的内容如图 5-18 所示。由于原始计算域为轴对称区域，所以这里采用小角度楔形块表示这种对称性，并将该块沿 x 和 z 方向分别划分为 80 个和 120 个网格单元，其中 x 方向上的单元尺寸沿正向逐渐增大，增大比例（最后一个单元与第一个单元在 x 方向上的尺寸之比）为 40。另外，需将楔形块的前后端面指定为 wedge 类型。为了给整个楔形块区域加上内部边界以区分永磁体和空气区域，应用 OpenFOAM 的 topoSet 工具，这时需建立文件 system/topoSetDict，如图 5-19 所示，得到名称为 air 和 magnet 的子区域，网格划分结果见图 5-20。

```
FoamFile
{
    version        2.0;
    format         ascii;
    class          dictionary;
    object         blockMeshDict;
}
convertToMeters 0.001;
R       20;                                                    宏定义
H       25;
angle1   2.0;
angleRad1    #calc    "degToRad($angle1)";
px       #calc    "$R*cos($angleRad1)";
py1      #calc    "0.0-$R*sin($angleRad1)";
py2      #calc    "$R*sin($angleRad1)";
pz1     0;
pz2      #calc    "0.0+0.5*$H";
vertices                                                       定义顶点
(
    (0 0 $pz1)
    ($px $py1 $pz1)
    ($px $py2 $pz1)
    (0 0 $pz2)
    ($px $py1 $pz2)
    ($px $py2 $pz2)
);
blocks(hex(0 1 2 0 3 4 5 3)(80 1 120)simpleGrading(40 1 1));  ----→定义楔形块
boundary
(
    openAir                                                    定义空气外边界面
    {
        type wall;
        faces((1 2 5 4)(3 4 5 3));
    }
    sym                                                        定义反镜像对称面
    {
        type patch;
        faces((0 1 2 0));
    }
    front                                                      定义两周期性重复面
    {
        type wedge;
        faces((0 1 4 3));
    }
    back
    {
        type wedge;
        faces((0 3 5 2));
    }
    axis                                                       定义中心对称轴
    {
        type empty;
        faces((0 3 3 0));
    }
);
```

图 5-18　system/blockMeshDict 文件内容及说明

给定 5.3.1 节所述问题的边界条件时，一方面在“0”文件夹内由以变量名命名的文件给定初步边界条件，另一方面需在 system/air 和 system/magnet 文件夹内分别建立字典文件 changeDictionaryDict，分别重新给定 air 和 magnet 区域上的边界条件，替换“0”文件夹内各边界条件内容。例如，文件 0/phi 中指定标量磁位的边界条件，如图 5-21 所示，在 system/air/changeDictionaryDict 中对其进行了替换，如图 5-22 所示。在图 5-22 中，将“air_to_magnet”关键字的值指定为“magPhiMixed”，也即应用了类 magPhiMixedFvPatchField 定义的边界条件。

```
......
actions
(
    {
        name      magnetCellSet;
        type      cellSet;
        action    new;
        source    cylinderToCell;
        sourceInfo
        {
             p1  (0 0 -0.005);
             p2  (0 0 0.005);
             radius       0.0025;
        }
    }
    {
        name      magnet;
        type      cellZoneSet;
        action    new;
        source    setToCellZone;
        sourceInfo
        {
             setmagnetCellSet;
        }
    }

    {
        name      airCellSet;
        type      cellSet;
        action    new;
        source    cellToCell;
        sourceInfo
        {
             set magnetCellSet;
        }
    }
    {
        name      airCellSet;
        type      cellSet;
        action    invert;
    }
    {
        name      air;
        type      cellZoneSet;
        action    new;
        source    setToCellZone;
        sourceInfo
        {
             set airCellSet;
        }
    }
);
```

定义cell类型集合，大小为永磁体区域

定义cellZone类型集合(永磁体区域)

定义cellZone类型集合(空气区域)

定义cellZone类型集合(空气区域)

图 5-19 system/topoSetDict 文件内容及说明

文件 constant/magneticProperties 和 constant/regionProperties 中的内容分别用于指定永磁体的$\frac{\boldsymbol{B}_r}{\mu_0}$值和组成计算域的各子区域的名称，如图 5-23 和图 5-24 所示。

在单一计算域的问题中，指定控制方程离散方法和代数方程组求解方法的文件位于 system 文件夹内，但对于 5.3.1 节所述的多区域问题，需对各子区域分别指定对应控制方程和相应代数方程组的求解方法，所以将给定这些方法的文件分别置于 system/air 和 system/magnet 文件夹内。例如，对于空气区域，在 system/air/fvSchemes 文件中指定关于标量磁位和磁感应强度方程的离散方法，如图 5-25 所示。根据单元面上磁导率的表示结果［式(5-18)］，在离散扩散项时将单元面上扩散系数（静磁场问题中为磁导率）的计算方法指定为 reverseLinear。在 system/air/fvSolution 文件中指定关于标量磁位和磁感应强度方程的代数方程的求解方法，如图 5-26 所示，其中还指明了 SIMPLE 迭代步的循环次数和非正交修正次数。

图 5-20 网格划分结果

```
dimensions          [0 0 0 0 0 1 0];
internalField       uniform 0;
boundaryField
{
    ".*"
    {
        type        fixedValue;
        value       uniform 0;
    }
    back
    {
        type        wedge;
    }
    front
    {
        $back;
    }
}
```

图 5-21 0/phi 文件内容及说明

```
boundary
{
   openAir{type wall; }
   back{type wedge; }
   front {type wedge; }
}
phi
{
   internalField  uniform 0;
   boundaryField
   {
        ".*"{
           type           zeroGradient;
           valu           euniform 0;
        }
        "air_to_magnet"{type magPhiMixed; }
        sym {
           type           fixedValue;
           valueuniform 0;
        }
        back{type wedge; }
        front{type wedge; }
   }
}
BrDivMu0
{
   internalField uniform(0 0 0);
   boundaryField
   {
        ".*"{
           type         fixedValue;
           value        uniform(0 0 0);
        }
        back{type wedge; }
        front{type wedge; }
   }
}
```

定义标量磁位的边界条件

定义$\boldsymbol{B}_r/\mu_0$的边界条件

图 5-22

```
B
{
    internalField uniform(0 0 0);
    boundaryField
    {
        ".*"{type calculated; }
        back{type wedge; }
        front{type wedge; }
    }
}
mub
{
    internalField uniform 1;
    boundaryField
    {
        ".*"{
            type        fixedValue;
            value       uniform 1;
        }
        back{type wedge; }
        front{type wedge; }
    }
}
```

定义***B***的边界条件

定义$\hat{\mu}$的边界条件

图 5-22 system/air/changeDictionaryDict 文件内容及说明

```
FoamFile
{
    version     2.0;
    format      ascii;
    class       dictionary;
    location    "constant";
    object      magneticProperties;
}
BrDivMu0  BrDivMu0[0 -1 0 0 0 1 0](0 0 978800);
```

图 5-23 constant/magneticProperties 文件内容

```
FoamFile
{
    version         2.0;
    format          ascii;
    class           dictionary;
    location        "constant";
    object          regionProperties;
}
airRegionNames(air);
magnetRegionNames(magnet);
```

图 5-24 constant/regionProperties 文件内容

```
……
ddtSchemes
{
    default    steadyState;
}
gradSchemes
{
    default    Gauss linear;
}
divSchemes
{
    default    Gauss linear;
}
laplacianSchemes
{
    default    Gauss reverseLinear corrected;
}
curlSchemes
{
    default    Gauss linear;
}
interpolationSchemes
{
    default    linear;
}
```

设置时间导数为零

Gauss梯度法计算梯度，线性插值得到单元面上的值

Guass积分法离散对流项

Guass积分法离散扩散项，反线性插值法计算单元面上的扩散系数，非正交修正格式计算面法向梯度

Guass积分法计算旋度

由线性插值得到单元面上的系数和变量值

图 5-25 system/fvSchemes 文件内容

```
......
solvers
{
    B
    {
        solver              PCG;
        preconditioner      DIC;
        tolerance           1e-10;
        relTol              0;
    }
    phi
    {
        solver              PCG;
        preconditioner      DIC;
        tolerance           1e-10;
        relTol              0;
    }

}
SIMPLE
{
    nCorrectors             2;
    nNonOrthogonalCorrectors     2;
    tolerance               1e-10;
    relTol                  0;
}
```

对角不完全Cholesky分解的共轭梯度法求解关于B和phi的代数方程组

关于SIMPLE修正步的设置

图 5-26 system/air/fvSolution 文件内容

由于算例中涉及针对指定区域的操作，所以在运行 blockMesh 完成网格划分后，还需运行 topoSet 施加内部边界，运行 splitMeshRegions 将 air 区域和 magnet 区域的网格分开，并将各自的网格信息保存至 constant/air 和 constant/magnet 文件夹内，以及运行 changeDictionary 替换边界条件。为了操作方便，将这些命令整合为脚本文件 Allrun，这样可通过在 Linux 终端输入命令“./Allrun”顺次运行以上全部命令。Allrun 文件的内容如图 5-27 所示。

```
#!/bin/sh
cd ${0%/*} || exit 1  # run from this directory
# Source tutorial run functions
. $WM_PROJECT_DIR/bin/tools/RunFunctions
runApplication blockMesh
runApplication topoSet
runApplication splitMeshRegions -cellZones -overwrite
for i in air magnet
do
  runApplication -s $i changeDictionary -region $i
done
application=`getApplication`
echo
echo "creating files for paraview post-processing"
echo
paraFoam -touchAll
```

图 5-27 Allrun 脚本文件内容

5.3.3 计算结果

应用 magenticMultiRegionFoam 求解器计算完成后，得到 5.3.1 节所述问题的标量磁位和磁感应强度分布结果。如图 5-28 所示为计算得到的磁感应强度分布。图 5-29 给出了不同 z 位置处求解器计算得到的标量磁位结果，以及磁感应强度结果与解析结果的比较，可见，除永磁体边缘拐点处磁感应强度的结果偏大外，其他位置处的计算结果非常接近，最大相差约 4.7%，验证了求解器 magenticMultiRegionFoam 的正确性。

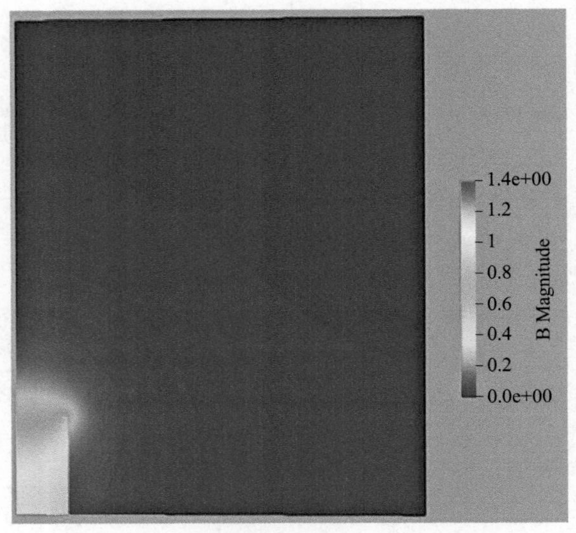

图 5-28 磁感应强度分布（单位：A）（见书后彩插）

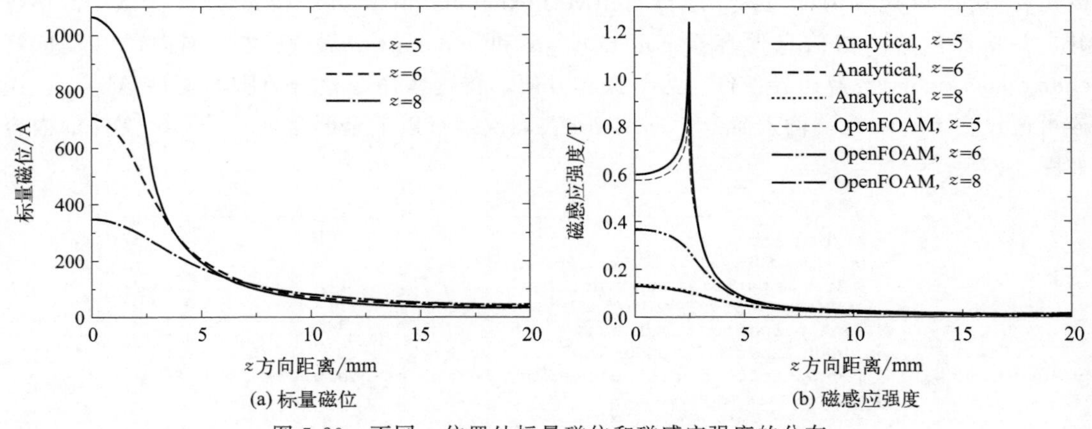

图 5-29 不同 z 位置处标量磁位和磁感应强度的分布

第6章 热场的求解计算

本章针对流动的可压缩气体与固体间的耦合传热问题，说明热场的求解方法。该问题中，假设流体的运动为层流，两种介质中的热场通过它们之间界面上的热交换相互影响。在不同介质的区域中，热场的控制方程不同。在气体区域，控制方程组由质量守恒方程(1-6)、动量守恒方程（1-15)、能量守恒方程（1-25)、组分守恒方程（1-34）以及气体状态方程组成。在固体区域，控制方程为导热方程（1-66)。待求解变量包括气体介质的流速、压力、温度、组分体积分数、密度等，以及固体介质的温度。

6.1 热场的求解算法

6.1.1 可压缩流体动量守恒方程的离散

以可压缩牛顿流体的动量守恒方程（1-17）为例介绍其离散方法。从方程形式上看，与不可压缩流体的动量守恒方程（1-18）相比，方程（1-17）中增加了项$\nabla[\eta(\nabla\cdot\boldsymbol{v})]$，所以这里首先单独离散这一项，其他项的离散结果与4.2.1节的结果相同。

在如图4-1所示的单元C上，应用散度定理将项$\nabla[\eta(\nabla\cdot\boldsymbol{v})]$的体积分转换为面积分，并进而转换为单元面上的通量和

$$\int_{V_C}\nabla[\eta(\nabla\cdot\boldsymbol{v})]\mathrm{d}V=\int_{\partial V_C}\eta(\nabla\cdot\boldsymbol{v})\mathrm{d}\boldsymbol{S}=\sum_{f\sim\mathrm{nb}(C)}\eta_f(\nabla\cdot\boldsymbol{v})_f\boldsymbol{S}_f \tag{6-1}$$

其中，单元面上的散度$(\nabla\cdot\boldsymbol{v})_f$由相邻单元质心上的散度经线性插值得到。

在方程（1-18）的离散结果（4-11）中增加式(6-1）的结果即可得到可压缩流体动量守恒方程（1-17）的离散格式：

$$\left[\frac{\rho_C V_C}{\Delta t}+\sum_{f\sim\mathrm{nb}(C)}\left(\|\dot{m}_f,0\|+\eta_f\frac{E_f}{d_{CF}}\right)\right]\boldsymbol{v}_C+\sum_{F\sim\mathrm{NB}(C)}\left[\left(-\|-\dot{m}_f,0\|-\eta_f\frac{E_f}{d_{CF}}\right)\cdot\boldsymbol{v}_F\right]$$

$$=-(\nabla p)_C V_C+\frac{\rho_C^0 V_C}{\Delta t}\boldsymbol{v}_C^0+(\boldsymbol{f}_b)_C V_C+\sum_{f\sim\mathrm{nb}(C)}[\eta_f(\nabla\boldsymbol{v})_f\cdot\boldsymbol{T}_f-\dot{m}_f(\boldsymbol{v}_f^{\mathrm{HO}}-\boldsymbol{v}_f^{\mathrm{U}})]$$

$$+\sum_{f\sim \mathrm{nb}(C)}\eta_f(\nabla \boldsymbol{v})_f^{\mathrm{T}}\cdot \boldsymbol{S}_f-\frac{2}{3}\sum_{f\sim \mathrm{nb}(C)}\eta_f(\nabla\cdot \boldsymbol{v})_f\boldsymbol{S}_f \tag{6-2}$$

令

$$b_C^v=\frac{\rho_C^0}{\Delta t}\boldsymbol{v}_C^0+(\boldsymbol{f}_b)_C+\frac{1}{V_C}\sum_{f\sim \mathrm{nb}(C)}\Big[\eta_f(\nabla \boldsymbol{v})_f\cdot \boldsymbol{T}_f$$
$$-\dot{m}_f(\boldsymbol{v}_f^{\mathrm{HO}}-\boldsymbol{v}_f^{\mathrm{U}})+\eta_f(\nabla \boldsymbol{v})_f^{\mathrm{T}}\cdot \boldsymbol{S}_f-\frac{2}{3}\eta_f(\nabla\cdot \boldsymbol{v})_f\boldsymbol{S}_f\Big]$$

同样将方程（6-2）表示为

$$a_C^v\boldsymbol{v}_C+\sum_{F\sim \mathrm{NB}(C)}a_F^v\cdot \boldsymbol{v}_F=-(\nabla p)_C+b_C^v \tag{6-3}$$

或

$$\boldsymbol{v}_C+H_C(\boldsymbol{v})=-D_C^v(\nabla p)_C+B_C^v \tag{6-4}$$

其中，各项的表达式与方程（4-13）中的相同，a_C^v 和 a_F^v 的表示与方程（4-11）的相同。对于方程（6-2）中质量流量 $\dot{m}_f$ 中单元面上的密度 ρ_f，由于在可压缩流动中并不恒定，需利用单元质心上的密度值通过插值得到，但为了保证求解过程稳定，插值时一般应用迎风格式而不是线性插值方法。

6.1.2 可压缩流体流动的压力修正方程

本章在求解流体区域的动量守恒方程时仍采用基于同位网格的方法，所以需构建可压缩流体流动的压力修正方程。与不可压缩流体流动的压力修正方程相比，这里需增加密度场的修正关系式。

将密度看作压力的函数，根据 Taylor 级数展开，密度的精确解可表示为

$$\rho=\rho^*+\frac{\partial \rho}{\partial p}p'$$

又由于

$$\rho=\rho^*+\rho'$$

可见

$$\rho'=\frac{\partial \rho}{\partial p}p' \tag{6-5}$$

另外，由理想气体状态方程

$$\rho=\frac{p}{RT} \tag{6-6}$$

得

$$\frac{\partial \rho}{\partial p}=\frac{1}{RT}$$

将其代入式(6-5）后得

$$\rho'=C_\rho p' \tag{6-7}$$

其中，$C_\rho=\dfrac{1}{RT}$。式(6-7）建立了密度修正值与压力修正值间的关系。

为了构建压力修正方程，写出方程（1-6）对应的离散格式的质量守恒方程

$$\frac{\rho_C^* + \rho'_C - \rho_C^0}{\Delta t} V_C + \sum_{f \sim nb(C)} (\dot{m}_f^* + \dot{m}'_f) = 0 \tag{6-8}$$

其中，质量流量可计算为

$$\begin{aligned} \dot{m}_f &= (\rho_f^* + \rho'_f)(\boldsymbol{v}_f^* + \boldsymbol{v}'_f) \cdot \boldsymbol{S}_f \\ &= \underbrace{\rho_f^* \boldsymbol{v}_f^* \cdot \boldsymbol{S}_f}_{\dot{m}_f^*} + \underbrace{\rho_f^* \boldsymbol{v}'_f \cdot \boldsymbol{S}_f + \rho'_f \boldsymbol{v}_f^* \cdot \boldsymbol{S}_f + \rho'_f \boldsymbol{v}'_f \cdot \boldsymbol{S}_f}_{\dot{m}'_f} \end{aligned} \tag{6-9}$$

为了表示其中的 $\boldsymbol{v}_f^*$ 和 $\boldsymbol{v}'_f$，根据 Rhie-Chow 插值法的结果[式(4-23)]，可得

$$\boldsymbol{v}_f^* = \overline{\boldsymbol{v}_f^*} - \overline{\boldsymbol{D}_f^v} \cdot [(\nabla p)_f^{(n)} - \overline{(\nabla p)_f^{(n)}}] \tag{6-10}$$

$$\boldsymbol{v}'_f = \overline{\boldsymbol{v}'_f} - \overline{\boldsymbol{D}_f^v} \cdot [(\nabla p)'_f - \overline{(\nabla p)'_f}] \tag{6-11}$$

将它们代入式(6-9) 中，有

$$\dot{m}_f^* = \rho_f^* \overline{\boldsymbol{v}_f^*} \cdot \boldsymbol{S}_f - \rho_f^* \overline{\boldsymbol{D}_f^v} [(\nabla p)_f^{(n)} - \overline{(\nabla p)_f^{(n)}}] \cdot \boldsymbol{S}_f \tag{6-12}$$

$$\begin{aligned} \dot{m}'_f &= \rho_f^* \overline{\boldsymbol{v}'_f} \cdot \boldsymbol{S}_f - \rho_f^* \overline{\boldsymbol{D}_f^v} \cdot [(\nabla p)'_f - \overline{(\nabla p)'_f}] \cdot \boldsymbol{S}_f + C_{\rho,f} p'_f \frac{\dot{m}_f^*}{\rho_f^*} \\ &= -\rho_f^* \overline{\boldsymbol{D}_f^v} \cdot (\nabla p)'_f \cdot \boldsymbol{S}_f + \frac{\dot{m}_f^*}{\rho_f^*} C_{\rho,f} p'_f + \rho_f^* \overline{\boldsymbol{v}'_f} \cdot \boldsymbol{S}_f + \rho_f^* \overline{\boldsymbol{D}_f^v} \cdot \overline{(\nabla p)'_f} \cdot \boldsymbol{S}_f \end{aligned} \tag{6-13}$$

其中，应用了式(6-7) 和 $\dot{m}_f^* = \rho_f^* \boldsymbol{v}_f^* \cdot \boldsymbol{S}_f$，并忽略了式(6-9) 中的最后一项。根据式(4-22) 的结果，可得

$$\overline{\boldsymbol{H}_f}(\boldsymbol{v}') = -\overline{\boldsymbol{v}'_f} - \overline{\boldsymbol{D}_f^v} \cdot \overline{(\nabla p)'_f}$$

根据该式可将式(6-13) 表示为

$$\dot{m}'_f = -\rho_f^* \overline{\boldsymbol{D}_f^v} \cdot (\nabla p)'_f \cdot \boldsymbol{S}_f + \frac{\dot{m}_f^*}{\rho_f^*} C_{\rho,f} p'_f - \rho_f^* \overline{\boldsymbol{H}_f}(\boldsymbol{v}') \cdot \boldsymbol{S}_f \tag{6-14}$$

如果忽略该式中的最后一项，与不可压缩流体的压力修正方程（4-36）相比，修正式(6-14) 增加了其等号右端的第二项，它是由密度修正量引起的，在 Mach 数较大时，该项不能忽略。

将式(6-14) 代入质量守恒方程（6-8）中，得到可压缩流体流动的压力修正方程：

$$\begin{aligned} &\frac{C_{\rho,C} V_C}{\Delta t} p'_C - \sum_{f \sim nb(C)} (\rho_f^* \overline{\boldsymbol{D}_f^v} (\nabla p)'_f \cdot \boldsymbol{S}_f) + \sum_{f \sim nb(C)} \left(\frac{\dot{m}_f^*}{\rho_f^*} C_{\rho,f} p'_f \right) \\ &= -\frac{\rho_C^* - \rho_C^0}{\Delta t} V_C - \sum_{f \sim nb(C)} \dot{m}_f^* + \sum_{f \sim nb(C)} (\rho_f^* \overline{\boldsymbol{H}_f}(\boldsymbol{v}') \cdot \boldsymbol{S}_f) \end{aligned} \tag{6-15}$$

方程（6-15）中等号左端的第二项和第三项分别类似于关于压力修正值的扩散项和对流项的半离散格式，将它们进一步表示为关于单元质心上压力值的关系式：

$$\begin{aligned} &\sum_{f \sim nb(C)} (\rho_f^* \overline{\boldsymbol{D}_f^v} (\nabla p)'_f \cdot \boldsymbol{S}_f) \\ &= \sum_{f \sim nb(C)} \left(\rho_f^* \overline{\boldsymbol{D}_f^v} \frac{p'_F - p'_C}{d_{CF}} E_f \right) + \sum_{f \sim nb(C)} (\rho_f^* \overline{\boldsymbol{D}_f^v} (\nabla p)'_f \cdot \boldsymbol{T}_f) \\ &= \sum_{f \sim nb(C)} [\rho_f^* \overline{\boldsymbol{D}_f^v} (p'_F - p'_C) \mathcal{D}_f] + \sum_{f \sim nb(C)} (\rho_f^* \overline{\boldsymbol{D}_f^v} (\nabla p)'_f \cdot \boldsymbol{T}_f) \end{aligned}$$

$$\sum_{f\sim \mathrm{nb}(C)}\left(\frac{\dot m_f^*}{\rho_f^*}C_{\rho,f}p'_f\right)=\sum_{f\sim \mathrm{nb}(C)}\left[\frac{C_{\rho,f}}{\rho_f^*}(\|\dot m_f,0\|p'_C-\|-\dot m_f,0\|p'_F)\right]$$
$$=\sum_{f\sim \mathrm{nb}(C)}\left(\frac{C_{\rho,f}}{\rho_f^*}\|\dot m_f,0\|\right)p'_C-\sum_{f\sim \mathrm{nb}(C)}\left(\frac{C_{\rho,f}}{\rho_f^*}\|-\dot m_f,0\|p'_F\right)$$

将这两式的结果代回至方程（6-15），得压力修正方程的另一种形式：

$$\underbrace{\left[\frac{C_{\rho,C}V_C}{\Delta t}+\sum_{f\sim \mathrm{nb}(C)}\left(\frac{C_{\rho,f}}{\rho_f^*}\|\dot m_f,0\|\right)+\sum_{f\sim \mathrm{nb}(C)}(\rho_f^*\overline{D_f^v}\mathcal{D}_f)\right]}_{a_C^{p'}}p'_C$$
$$+\sum_{F\sim \mathrm{NB}(C)}\underbrace{\left(-\rho_f^*\overline{D_f^v}\mathcal{D}_f-\frac{C_{\rho,f}}{\rho_f^*}\|-\dot m_f,0\|\right)}_{a_F^{p'}}p'_F$$
$$=\underbrace{-\frac{\rho_C^*-\rho_C^0}{\Delta t}V_C-\sum_{f\sim \mathrm{nb}(C)}\dot m_f^*+\sum_{f\sim \mathrm{nb}(C)}(\rho_f^*\overline{D_f^v}(\nabla p)'_f\cdot \boldsymbol{T}_f)+\sum_{f\sim \mathrm{nb}(C)}(\rho_f^*\overline{H_f}(\boldsymbol{v}')\cdot \boldsymbol{S}_f)}_{b_C^{p'}}\tag{6-16}$$

该方程同样可写为方程（4-38）的形式。

求解压力修正方程得到修正压力 p' 后，其他变量场的修正关系式为

$$\boldsymbol{v}_C^{**}=\boldsymbol{v}_C^*+\boldsymbol{v}'_C,\ \boldsymbol{v}'_C=-D_C^v(\nabla p)'_C$$
$$p_C^*=p_C^{(n)}+\lambda^p p'_C,\ \rho_C^{**}=\rho_C^*+\lambda^\rho C_\rho p'_C$$
$$\dot m_f^{**}=\dot m_f^*+\dot m'_f,\ \dot m'_f=-\rho_f^{**}\overline{D_f^v}\cdot(\nabla p)'_f\cdot \boldsymbol{S}_f+\frac{\dot m_f^*}{\rho_f^{**}}C_{\rho,f}p'_f\tag{6-17}$$

其中，在修正速度时忽略了 $H_C(\boldsymbol{v}')$，修正质量通量时忽略了式(6-14）中等号右端的最后一项。

6.1.3 流体能量守恒方程的离散

以牛顿流体的能量守恒方程（1-29）为例介绍其离散方法。为了表示方便，将该方程写为

$$\frac{\partial(C_p\rho T)}{\partial t}+\nabla\cdot(C_p\rho T\boldsymbol{v})=\nabla\cdot(k\ \nabla T)+\boldsymbol{Q}^T\tag{6-18}$$

其中，$\boldsymbol{Q}^T$ 表示源项，且

$$\boldsymbol{Q}^T=\rho\dot q_V-\frac{\partial\ln\rho}{\partial\ln T}\times\frac{\mathrm{D}p}{\mathrm{D}t}+\lambda\Psi+\eta\Phi$$

下面说明方程（6-18）中各项的离散方法。瞬态项的离散采用一阶 Euler 格式，在如图 4-1 所示的单元 C 上积分后，有

$$\int_{V_C}\frac{\partial(C_p\rho T)}{\partial t}\mathrm{d}V=\frac{\partial(C_{p,C}\rho_C T_C)}{\partial t}V_C=\frac{C_{p,C}\rho_C T_C-C_{p,C}^0\rho_C^0 T_C^0}{\Delta t}V_C\tag{6-19}$$

对流项采用一阶迎风格式的迁延修正法，根据式(2-89)，有

$$\begin{aligned}\int_{V_C}\nabla\cdot(C_p\rho T\boldsymbol{v})\mathrm{d}V&=\int_{\partial V_C}(C_p\rho T\boldsymbol{v})\cdot\mathrm{d}\boldsymbol{S}=\sum_{f\sim\mathrm{nb}(C)}(C_p\rho T\boldsymbol{v})_f\cdot\boldsymbol{S}_f=\sum_{f\sim\mathrm{nb}(C)}(C_{p,f}\dot{m}_fT_f)\\&=\sum_{f\sim\mathrm{nb}(C)}[C_{p,f}(\|\dot{m}_f,0\|T_C-\|-\dot{m}_f,0\|T_F)]\\&\quad+\sum_{f\sim\mathrm{nb}(C)}[C_{p,f}\dot{m}_f(T_f^{\mathrm{HO}}-T_f^{\mathrm{U}})]\end{aligned}\tag{6-20}$$

对扩散项进行非正交修正，根据式(2-44)，有

$$\begin{aligned}\int_{V_C}\nabla\cdot(k\,\nabla T)\mathrm{d}V&=\int_{\partial V_C}(k\,\nabla T)\cdot\mathrm{d}\boldsymbol{S}=\sum_{f\sim\mathrm{nb}(C)}(k\,\nabla T)_f\cdot\boldsymbol{S}_f\\&=\sum_{f\sim\mathrm{nb}(C)}k_f\frac{T_F-T_C}{d_{CF}}E_f+\sum_{f\sim\mathrm{nb}(C)}k_f(\nabla T)_f\cdot\boldsymbol{T}_f\\&=-\sum_{f\sim\mathrm{nb}(C)}k_f\frac{E_f}{d_{CF}}T_C+\sum_{F\sim\mathrm{NB}(C)}k_f\frac{E_f}{d_{CF}}T_F+\sum_{f\sim\mathrm{nb}(C)}k_f(\nabla T)_f\cdot\boldsymbol{T}_f\end{aligned}\tag{6-21}$$

将源项在单元 C 上积分后，用单元质心上的变量值代替被积函数，有

$$\int_{V_C}Q^T\mathrm{d}V=Q_C^TV_C\tag{6-22}$$

在显式计算 Q_C^T 中的各项时，应用新近更新的变量值或上一步迭代的计算值。例如，其中的温度和比热容应用上一步迭代得到的值 $T_C^{(n)}$ 和 $C_{p,C}^{(n)}$，压强、速度和密度用本次迭代的新近计算值 p_C^*、$\boldsymbol{v}_C^{**}$ 和 ρ_C^{**}。

将式(6-19)～式(6-22)的结果分别代入方程（6-18）的半离散格式中，得能量守恒方程的离散格式：

$$\begin{aligned}&\underbrace{\left[\frac{V_CC_{p,C}\rho_C}{\Delta t}+\sum_{f\sim\mathrm{nb}(C)}\left(C_{p,f}\|\dot{m}_f,0\|+k_f\frac{E_f}{d_{CF}}\right)\right]}_{a_C^T}T_C+\sum_{F\sim\mathrm{NB}(C)}\underbrace{\left(-C_{p,f}\|-\dot{m}_f,0\|-k_f\frac{E_f}{d_{CF}}\right)}_{a_F^T}T_F\\&=\underbrace{\frac{V_CC_{p,C}^0\rho_C^0}{\Delta t}T_C^0-\sum_{f\sim\mathrm{nb}(C)}\{[C_{p,f}\dot{m}_f(T_f^{\mathrm{HO}}-T_f^{\mathrm{U}})]-k_f(\nabla T)_f\cdot\boldsymbol{T}_f\}+Q_C^TV_C}_{b_C^T}\end{aligned}\tag{6-23}$$

6.1.4 总体求解过程

对于流体区域的组分守恒方程（1-34）和固体区域的导热方程（1-66），应用与离散能量守恒方程（6-18）类似的方法，均可将它们离散为形如式(6-23)的代数方程组。

采用分离式方法求解流动的可压缩气体与固体间的耦合传热问题，也即顺序求解每一个控制方程，后求解方程采用已求解方程的求解结果，求解过程迭代执行直到收敛为止。一个时间步内的总体求解过程如图 6-1 所示。

由于温度场是传热问题中的主要变量，而且不同种类介质的相邻区域间存在温度场的耦合，所以在图 6-1 所示的求解过程中，一个迭代步内多次求解和修正能量守恒方程。同

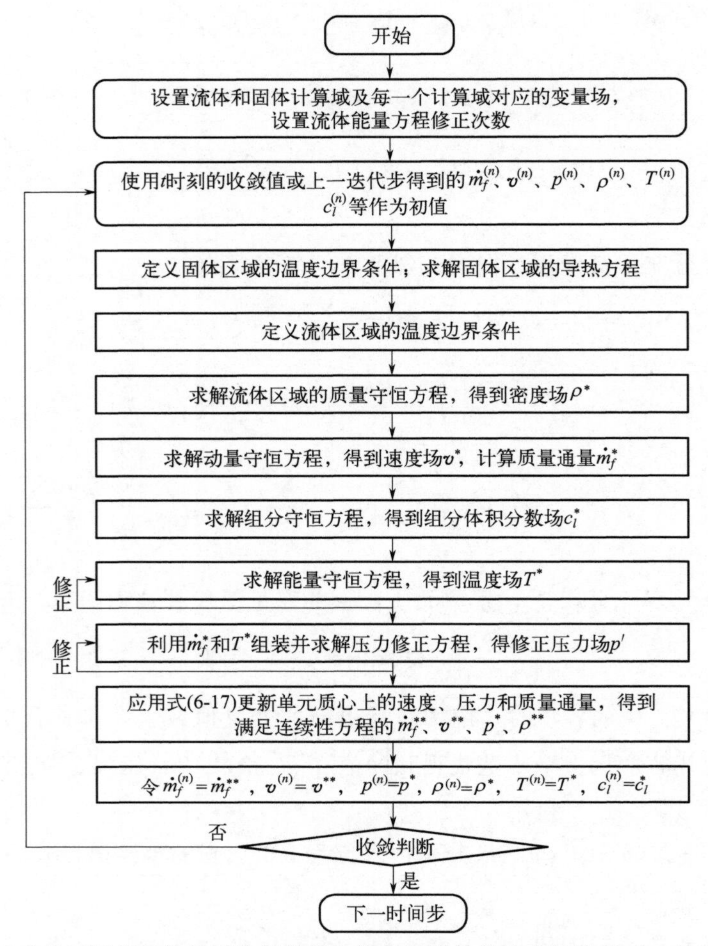

图 6-1　流动的可压缩气体与固体间的耦合传热问题的总体求解过程（一个时间步内）

样，类似于求解不可压缩流体流动的 PISO 算法，这里在一个迭代步内也多次求解压力修正方程。

流-固耦合传热问题中实现不同种类介质间热场耦合的方法为：首先，利用上一迭代步得到的流体的热场定义固体区域的热场边界条件，进而用来求解固体区域的控制方程；其后，利用新近计算得到的固体区域内的热场，定义流体区域的热场边界条件，并用来求解流体区域的控制方程，这一过程迭代进行直到最终收敛。在两种介质的分界面上，热场的边界条件为：两种介质的温度相同，即

$$T_f=T_s \tag{6-24}$$

同时，从界面上进入固体区域的热通量 Q_s 等于经该界面离开流体区域的热通量 Q_f，表示为

$$Q_f=-Q_s \tag{6-25}$$

如果忽略分界面上的热辐射，该方程可进一步写为

$$\kappa_f\frac{\mathrm{d}T_f}{\mathrm{d}n}=-\kappa_s\frac{\mathrm{d}T_s}{\mathrm{d}n} \tag{6-26}$$

其中，n 表示垂直于边界的单位矢量的大小，κ_f 和 κ_s 分别为流体和固体的热导率。

6.2 热场的 OpenFOAM 求解器 chtMultiRegionFoam

OpenFOAM 中的 chtMultiRegionFoam 求解器可用来执行 6.1 节所述算法，本节介绍该求解器中实现这些算法的方法。

6.2.1 chtMultiRegionFoam 求解器的总体组成

在流-固体耦合传热问题中，由于两种介质区域对应的控制方程不同，所以对两种区域需分别求解对应的方程。当采用分离式求解算法时，需分别建立每一种介质区域上的网格、变量场以及方程等。这里采用与第 5 章中多磁介质区域静磁场计算中类似的方法，将计算域分为两大类，即 Fliud Regions 和 Solid Regions，如图 6-2 所示，由类 regionProperties 的对象描述每一种介质区域的名称、数量等属性。由 create ** Meshes 文件和 create ** Fields 文件为每一种介质对应的区域创建网格、声明和初始化变量场，其中 ** 代表 Fluid 或 Solid，分别表示流体和固体区域。同时，在 create ** Fields 文件中将同种介质对应的各子区域上的各参数和变量场分别组装为 1D 链表，每个链表存储某一种介质对应的同一种变量在不同子区域上的值，并应用 setRegion ** Fields 文件从链表中抽取某一个子区域上的物理参数和变量值。在 solve ** 文件中定义和离散各子区域上的控制方程。

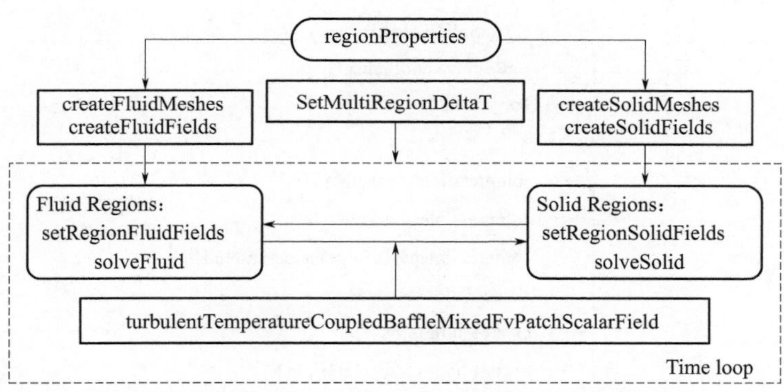

图 6-2　chtMultiRegionFoam 求解器的主要组成部分

流-固耦合传热问题中不同介质的区域间通过热场边界条件耦合，该边界条件由类 turbulentTemperatureCoupledBaffleMixedFvPatchScalarField 定义，对应的边界条件名称为“turbulentTemperatureCoupledBaffleMixed”，它执行式(6-24) 和式(6-25) 的运算。计算过程中的每一个迭代步内，在读入变量初始值时，由该类计算并确定固体区域或流体区域的边界条件。

本章针对的耦合传热问题涉及流体和固体，为了保证计算稳定，瞬态计算时需同时满足控制流体部分计算的 Courant 数和控制固体部分计算的扩散数不超过它们对应的最大值。而求解器中需在同一时间步内先后执行流体部分的计算和固体部分计算，所以为了改进计算效率，在不同时刻根据该时刻的计算结果重设时间步进值，而不是使用固定时间步进值。时间步进值的计算在文件 SetMultiRegionDeltaT 中实现。

chtMultiRegionFoam 求解器中完成上述功能的各文件以及求解器的组成如图 6-3 所示。其中，chtMultiRegionFoam. C 为主文件，Make/files 文件和 Make/options 文件的功能与 4.3.1 节中流场求解器中的对应文件的功能相同。边界条件类 turbulentTemperatureCoupledBaffleMixedFvPatchScalarField 的定义、流体区域的质量守恒方程的定义和离散，分别通过调用库文件 turbulentTemperatureCoupledBaffleMixedFvPatchScalarField. H 和 rho. H 实现。

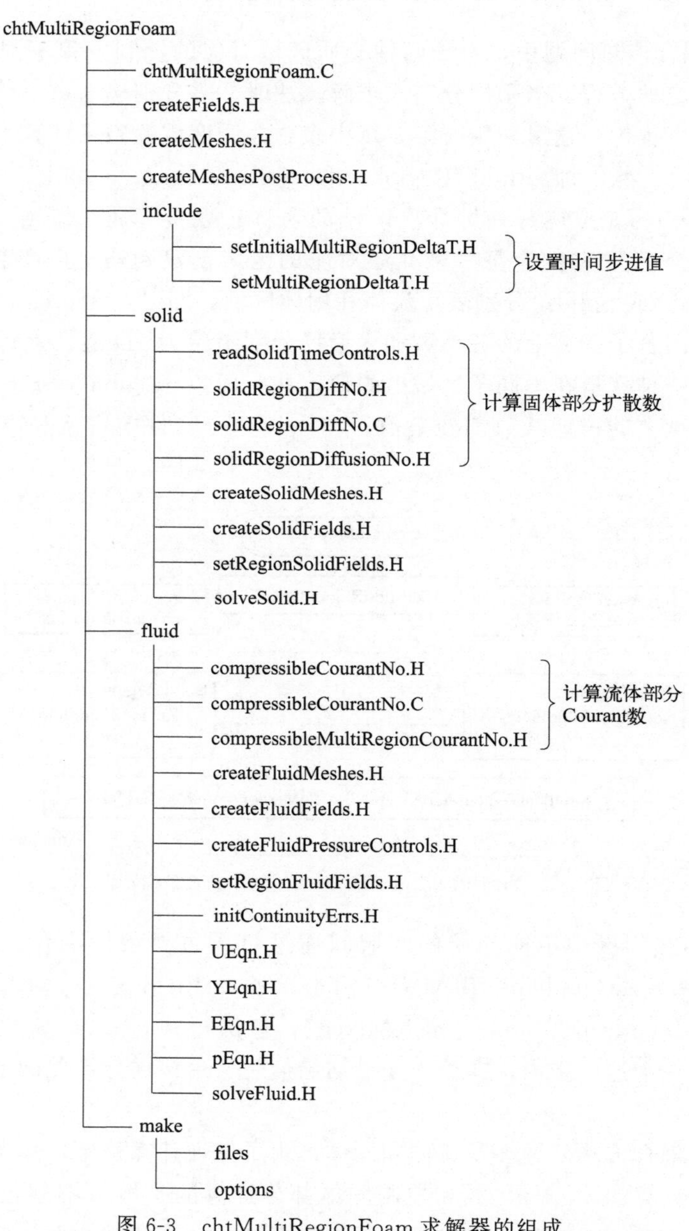

图 6-3 chtMultiRegionFoam 求解器的组成

6.2.2　chtMultiRegionFoam 求解器的主程序

从 chtMultiRegionFoam 求解器的主程序 chtMultiRegionFoam.C 中可以看出图 6-1 计算流程的执行过程，如图 6-4 所示。在主函数内，首先由文件 createMeshes.H 定义 regionProperties 类的对象 rp，通过 rp 访问每一种介质区域的信息。同时，在文件 createMeshes.H 内通过包含头文件 createSolidMeshes.H 和 createFluidMeshes.H 分别构建各区域的网格。在文件 createFields.H 内通过包含头文件 createSolidFields.H 和

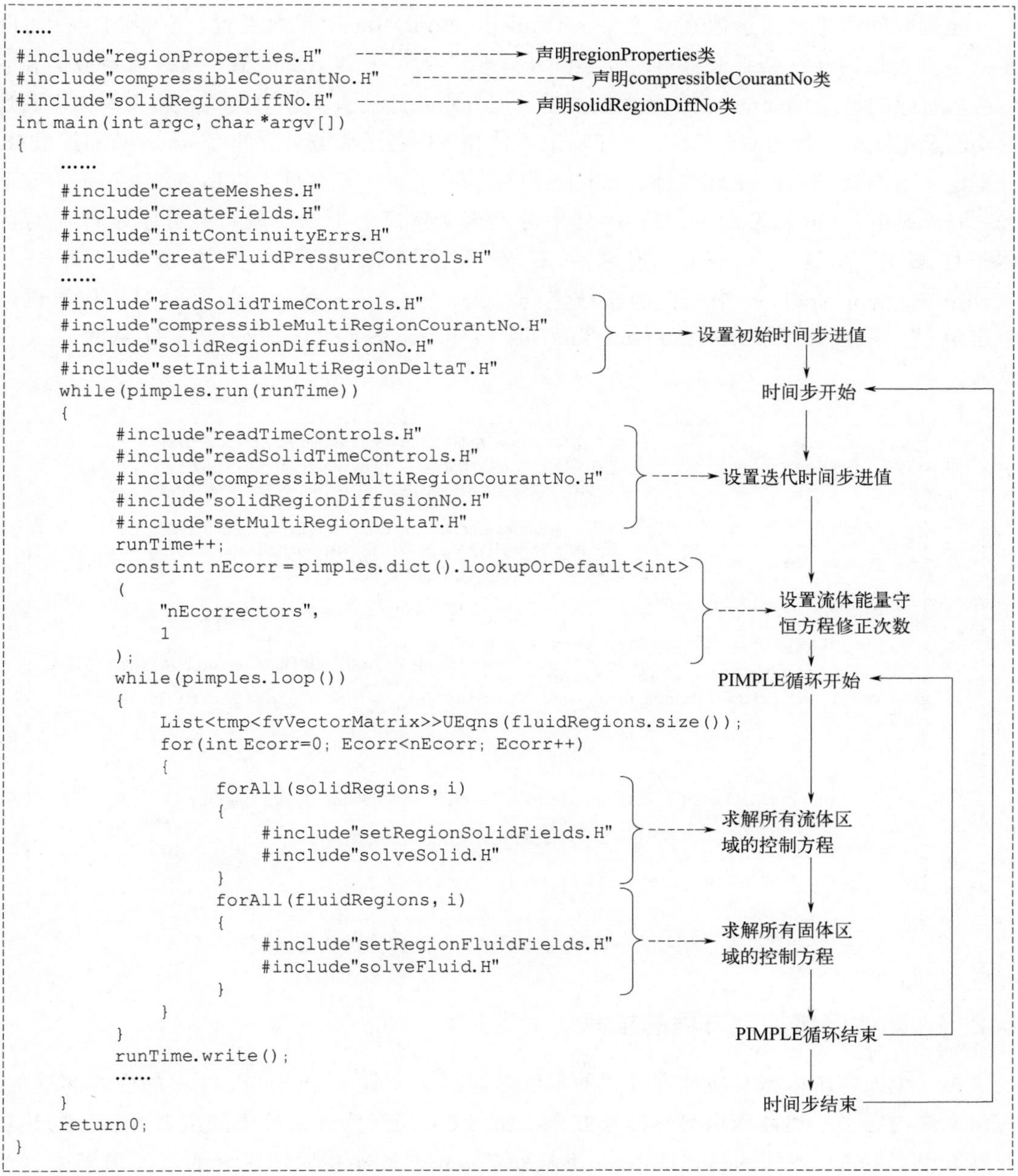

```
......
#include"regionProperties.H"            -----------> 声明regionProperties类
#include"compressibleCourantNo.H"       -----------> 声明compressibleCourantNo类
#include"solidRegionDiffNo.H"           -----------> 声明solidRegionDiffNo类
int main(int argc, char *argv[])
{
    ......
    #include"createMeshes.H"
    #include"createFields.H"
    #include"initContinuityErrs.H"
    #include"createFluidPressureControls.H"
    ......
    #include"readSolidTimeControls.H"
    #include"compressibleMultiRegionCourantNo.H"
    #include"solidRegionDiffusionNo.H"
    #include"setInitialMultiRegionDeltaT.H"       -----> 设置初始时间步进值
    while(pimples.run(runTime))                         时间步开始
    {
        #include"readTimeControls.H"
        #include"readSolidTimeControls.H"
        #include"compressibleMultiRegionCourantNo.H"
        #include"solidRegionDiffusionNo.H"
        #include"setMultiRegionDeltaT.H"          -----> 设置迭代时间步进值
        runTime++;
        constint nEcorr = pimples.dict().lookupOrDefault<int>
        (
            "nEcorrectors",
            1
        );                                        -----> 设置流体能量守恒方程修正次数
        while(pimples.loop())                           PIMPLE循环开始
        {
            List<tmp<fvVectorMatrix>>UEqns(fluidRegions.size());
            for(int Ecorr=0; Ecorr<nEcorr; Ecorr++)
            {
                forAll(solidRegions, i)
                {
                    #include"setRegionSolidFields.H"
                    #include"solveSolid.H"
                }                                 -----> 求解所有流体区域的控制方程
                forAll(fluidRegions, i)
                {
                    #include"setRegionFluidFields.H"
                    #include"solveFluid.H"
                }                                 -----> 求解所有固体区域的控制方程
            }
        }                                               PIMPLE循环结束
        runTime.write();
        ......
    }                                                   时间步结束
    return 0;
}
```

图 6-4　chtMultiRegionFoam 求解器主程序主要内容及说明

createFluidFields. H 分别声明和初始化各区域上的变量场，并将同种介质对应的各子区域上的各参数和变量场分别组装为 1D 链表。在求解每个子区域对应的控制方程之前，通过文件 setRegionSolidFields. H 和 setRegionFluidFields. H 从链表中抽取该子区域对应的物理参数和变量值，以便分别在 solveSolid. H 和 SolveFluid. H 文件中应用这些量离散和求解相应子区域上的控制方程。

每一个时间步内，顺序求解固体区域（及其子区域）和流体区域（及其子区域）对应的控制方程。通过 PIMPLE 循环控制一个时间步内执行方程求解的次数，由变量 nEcorr 控制每一个 PIMPLE 循环内流体能量守恒方程的求解次数。

控制时间步进的步进值在头文件 setMultiRegionDeltaT. H 内设置，它根据上一时间步内各变量场的计算结果调整本时间步的步进值。为了得到该步进值，需求取各流体和固体区域对应的最大 Courant 数和最大扩散数，这分别在其他头文件中实现，相关头文件实现的功能及组织形式如图 6-5 所示。为了求取固体和流体各子区域对应的 Courant 数和扩散数，分别定义了类 solidRegionDiffNo 和 compressibleCourantNo。在文件 solidRegionDiffusionNo. H 和 compressibleMultiRegionCourantNo. H 中分别定义这两个类的对象，并分别求取所有固体子区域中的最大 Courant 数和所有流体子区域中的最大扩散数。头文件 setMultiRegionDeltaT. H 中用到的参数值 maxCo、maxDelta 和 maxDi 为针对具体算例的指定值，分别通过头文件 readTimeControls. H 和 readSolidTimeControls. H 从算例文件读入。

```
if(adjustTimeStep)
{
    if(CoNum == -great)
    {
        CoNum = small;
    }
    if(DiNum == -great)
    {
        DiNum = small;
    }
    scalarmaxDeltaTFluid = maxCo/(CoNum + small);
    scalarmaxDeltaTSolid = maxDi/(DiNum + small);
    scalardeltaTFluid = min(min(maxDeltaTFluid, 1.0 + 0.1*maxDeltaTFluid), 1.2);
    runTime.setDeltaT
    (
        min
        (
            min(deltaTFluid, maxDeltaTSolid)*runTime.deltaT().value(),
            maxDeltaT
        )
    );
    Info<<"deltaT = " << runTime.deltaT().value() << endl;
}
```

在头文件compressibleMultiRegionCourantNo.H中选取所有流体区域的最大Courant数作为CoNum的值，其中由类compressibleCourantNo求取每一个流体子区域的Courant数

在头文件solidRegionDiffusionNo.H中求取所有固体区域的最大扩散数作为DiNum的值，其中由类solidRegionDiffNo求解每一个固体子区域的扩散数

通过头文件readTimeControls.H从算例文件读入

由文件readSolidTimeControls.H从算例文件读入

通过头文件readTimeControls.H从算例文件读入

图 6-5　头文件 setMultiRegionDeltaT. H 中的内容及说明

6.2.3 固体区域控制方程的求解

每一个固体子区域对应控制方程的求解是通过头文件 solveSolid. H 中的内容实现的，在该文件内定义、离散和求解热传导方程，如图 6-6 所示为该文件中的主要内容。与热场控制方程（1-66）不同的是，chtMultiRegionFoam 求解器在固体区域的直接求解变量为比焓 $\widehat{h}$，它满足方程

$$\frac{\partial(\rho\widehat{h})}{\partial t}=\nabla\cdot(\alpha\nabla\widehat{h})+\rho\dot{q}_V \tag{6-27}$$

$\widehat{h}$ 在图 6-6 的程序中由“e”表示。方程（6-27）中等号右端的扩散项由图 6-6 程序中的项 thermo. divq(e)定义，源项的定义则在 fvModels. source(rho,e)内。根据变量场 $\widehat{h}$ 的分布计算温度场的分布则由 solidThermo 类的继承类 basicThermo 自动完成。

```
{
    while(pimple.correctNonOrthogonal())
    {
          fvScalarMatrix eEqn
          (
              fvm::ddt(rho, e)
              + thermo.divq(e)
              ==
              fvModels.source(rho, e)
          );                                   定义控制方程
          eEqn.relax();
          fvConstraints.constrain(eEqn);
          eEqn.solve(); ------------------→ 控制方程求解
          fvConstraints.constrain(e);
    }
}
thermo.correct();----------------→ 更新热参数和变量场
```

图 6-6　头文件 solveSolid. H 中的内容及说明

图 6-6 所示程序中涉及的各变量在头文件 setRegionSolidFields. H 中进行声明和初始化，如图 6-7 所示。文件 setRegionSolidFields. H 中首先分别从固体区域网格链表 solidRegions 和固体区域参数集合链表 thermoSolid 中抽取当前计算的固体子区域对应的网格、参数及变量集合，进而可以从这些集合中提取各变量和参数，如比焓 thermo. he()等。链表 solidRegions 和 thermoSolid 分别在头文件 createSolidMeshes. H 和 createSolidFields. H 中定义。

```
const fvMesh& mesh = solidRegions[i]; ----------------→ 抽取第i个固体子区域的网格
solidThermo& thermo = thermoSolid[i]; ----------------→ 抽取第i个固体子区域的参数集合
tmp<volScalarField> trho = thermo.rho();
const volScalarField& rho = trho();
volScalarField& e = thermo.he(); ----------------------------→ 声明和初始化焓
const Foam::fvModels& fvModels = fvModelsSolid[i]; --------------→ 声明和初始化源项
Foam::fvConstraints& fvConstraints = fvConstraintsSolid[i];
#include"checkRadiationModel.H"
solidNoLoopControl& pimple = pimples.solid(i);
```

图 6-7　头文件 setRegionSolidFields. H 中的内容及说明

6.2.4　流体区域控制方程的求解

各流体子区域控制方程的求解过程在头文件 solveSolid. H 中执行，如图 6-8 所示，按照图 6-1 中的流程依序求解各方程。其中，能量守恒方程的求解次数由参数 nEcorr 指定，压力修正方程的求解次数由算例文件中的 PIMPLE 参数指定，无须非正交修正时其他方程只求解一次。

流体的质量守恒方程（1-6）的求解通过调用库文件 rhoEqn. H 实现，如图 6-9 所示，求解该方程得到流体的密度场。

求解动量守恒方程（1-15）的过程在头文件 UEqn. H 中执行，如图 6-10 所示。其中

```
if(!pimple.flow())
{
    ......
}
else
{
    if(Ecorr == 0)
    {
        if(!mesh.schemes().steady() && pimples.firstPimpleIter())
        {
            #include"rhoEqn.H"  ----------→ 求解质量守恒方程
        }
        if(pimple.models())
        {
            fvModels.correct();
        }
        #include"UEqn.H"  ----------→ 求解动量守恒方程
    }
    if(pimple.thermophysics())
    {
        tmp<fv::convectionScheme<scalar>> mvConvection(nullptr);
        if(Ecorr == 0)
        {
            #include"YEqn.H" ----------→ 求解组分守恒方程
        }
        #include"EEqn.H"  ----------→ 求解nEcorr次能量守恒方程
    }
    if(Ecorr == nEcorr - 1)
    {
        tmp<fvVectorMatrix>& tUEqn = UEqns[i];
        fvVectorMatrix& UEqn = tUEqn.ref();
        while(pimple.correct())
        {
            #include"../../buoyantFoam/pEqn.H" -----→ 组装并求解压力修正方程
        }
        if(pimples.pimpleTurbCorr(i))
        {
            turbulence.correct();
            thermophysicalTransport.correct();
        }
        if(!mesh.schemes().steady() && pimples.finalPimpleIter())
        {
            rho = thermo.rho();
        }
    }
}
```

图 6-8 头文件 solveFluid. H 中的内容及说明

```
{
    fvScalarMatrix rhoEqn          ┐
    (                              │
        fvm::ddt(rho)              │
        + fvc::div(phi)            │ 组装质量守恒方程
        ==                         │
        fvModels.source(rho)       │
    );                             ┘
    fvConstraints.constrain(rhoEqn);
    rhoEqn.solve(); ----------→ 求解质量守恒方程
    fvConstraints.constrain(rho);
}
```

图 6-9 头文件 rhoEqn. H 中的内容及说明

在组装动量守恒方程时，明显地表示出了瞬态项和对流项，黏性应力张量的散度项则通过函数 turbulence. divDevTau(U)调用。对于方程（1-15）中的压力项，将绝对压力写为相对压力和流体静压力的和：

$$p = p_{\mathrm{rgh}} + \rho \boldsymbol{g} \cdot \boldsymbol{h} \tag{6-28}$$

其中，$\boldsymbol{g}$ 为重力加速度，$\boldsymbol{h}$ 为相对于参考点的位置矢量。对式(6-28) 两端求梯度后得

$$\nabla p=\nabla p_{\mathrm{rgh}}+\boldsymbol{g}\cdot\boldsymbol{h}\,\nabla\rho \tag{6-29}$$

图 6-10 所示的程序中应用了该式等号右端的表示，并在后续构建和求解压力修正方程时针对 p_{rgh} 进行，它在程序中由“p_rhg”表示。$\boldsymbol{g}\cdot\boldsymbol{h}$ 在程序中表示为“ghf”，其值在头文件 createFluidFields. H 中进行了定义和初始化，如图 6-11 所示。

```
MRF.correctBoundaryVelocity(U);
UEqns[i] =
    (
        fvm::ddt(rho, U) + fvm::div(phi, U)
        + MRF.DDt(rho, U)
        + turbulence.divDevTau(U)
        ==
        fvModels.source(rho, U)
    );                                          } 组装动量守恒方程
fvVectorMatrix& UEqn = UEqns[i].ref();
UEqn.relax();
fvConstraints.constrain(UEqn);
if(pimple.momentumPredictor())
{
    solve
    (
        UEqn
        ==
        fvc::reconstruct((-ghf*fvc::snGrad(rho)-fvc::snGrad(p_rgh))*mesh.magSf())
    );                                          } 求解动量守恒方程
    fvConstraints.constrain(U);
    K=0.5*magSqr(U);       ----------→ 显式更新动能
}
fvConstraints.constrain(U);
```

图 6-10 头文件 UEqn. H 中的内容及说明

```
dimensionedScalar ghRef(- mag(gFluid[i])*hRefFluid[i]);
ghfFluid.set
(
    i,
    new surfaceScalarField
    (
        "ghf",
        (gFluid[i] & fluidRegions[i].Cf()) - ghRef
    )
);
```

图 6-11 头文件 createFluidFields. H 中定义和初始化参数 ghf 的程序段

求解组分守恒方程（1-34）的过程在头文件 YEqn. H 中执行，如图 6-12 所示。其中，将当前计算子区域内一种组分的质量分数表示为“Yi”，同一个流体子区域内所有组分的质量分数场存储在 1D 链表 Y 中。Y 的定义和初始化分别在头文件 createFluidFields. H 和 setRegionFluidFields. H 内实现，相关程序段见图 6-13。在 createFluidFields. H 内定义 fieldTable 类型的指针链表 fieldsFluid，fieldsFluid 中的每一个 fieldTable 存储一个流体子区域上的所有质量分数场，在 setRegionFluidFields. H 内抽取 fieldsFluid 的其中一个 fieldTable 定义链表 Y。在图 6-12 中组装一种组分的质量分数满足的守恒方程时，由 mvConvection－＞fvmDiv(phi, Yi)引入对流项，扩散项则并入 thermophysicalTransport. divj (Yi)。

求解能量守恒方程（1-25）的过程在头文件 EEqn. H 中执行，如图 6-14 所示。chtMultiRegionFoam 求解器的直接求解对象为比焓 $\widehat{h}$，所以直接求解的为方程（1-25）的另一种形式。将比内能与比焓间的关系

```
if(Y.size())
{
    mvConvection = tmp<fv::convectionScheme<scalar>>
    (
        fv::convectionScheme<scalar>::New
        (
            mesh,
            fields,
            phi,
            mesh.schemes().div("div(phi, Yi_h)")
        )
    );
}
reaction.correct();  ----------→ 更新燃烧速率
forAll(Y, i)
{
    if(composition.solve(i))
    {
        volScalarField& Yi = Y[i];                                    ┐
        fvScalarMatrix YiEqn                                          │
        (                                                             │
            fvm::ddt(rho, Yi) + mvConvection->fvmDiv(phi, Yi)         │
            + thermophysicalTransport.divj(Yi)                        ├ 组装组分守恒方程
            ==                                                        │
            reaction.R(Yi)                                            │
            + fvModels.source(rho, Yi)                                │
        );                                                            ┘
        YiEqn.relax();
        fvConstraints.constrain(YiEqn);
        YiEqn.solve("Yi");  ----------→ 求解组分守恒方程
        fvConstraints.constrain(Yi);
    }
}
```

图 6-12　头文件 YEqn. H 中的内容及说明

```
PtrList<fluidReactionThermo>thermoFluid(fluidRegions.size());                      ┐
PtrList<multivariateSurfaceInterpolationScheme<scalar>::fieldTable>                │
    fieldsFluid(fluidRegions.size());                                              │
fieldsFluid.set                                                                    │
(                                                                                  │
    i,                                                                             ├ createFluidFields.H
    new multivariateSurfaceInterpolationScheme<scalar>::fieldTable                 │ 中的程序段
);                                                                                 │
forAll(thermoFluid[i].composition().Y(), j)                                        │
{                                                                                  │
    fieldsFluid[i].add(thermoFluid[i].composition().Y()[j]);                       │
}                                                                                  ┘

fluidReactionThermo& thermo = thermoFluid[i];                   ┐ setRegionFluidFields.H
basicSpecieMixture& composition = thermo.composition();         │ 中的程序段
PtrList<volScalarField>& Y = composition.Y();                   ┘
```

图 6-13　组分质量分数场链表的定义和初始化

$$\hat{u}=\hat{h}-\frac{p}{\rho} \tag{6-30}$$

代入方程（1-25）可得

$$\frac{\mathrm{D}}{\mathrm{D}t}\left(\rho\hat{h}+\frac{1}{2}\rho\boldsymbol{v}\cdot\boldsymbol{v}\right)-\frac{\mathrm{D}p}{\mathrm{D}t}=\rho\dot{q}_V+\nabla\cdot(k\nabla T)+\nabla\cdot[(-p\mathbf{I}+\boldsymbol{\tau})\cdot\boldsymbol{v}]+\rho\boldsymbol{f}_b\cdot\boldsymbol{v} \tag{6-31}$$

其中，等号左右两端的压力相关项可分别展开为

$$\frac{\mathrm{D}p}{\mathrm{D}t}=\frac{\partial p}{\partial t}+\boldsymbol{v}\cdot\nabla p$$

$$\nabla\cdot(-p\mathbf{I}\cdot\boldsymbol{v})=-\nabla\cdot(p\boldsymbol{v})=-p\ \nabla\cdot\boldsymbol{v}-\boldsymbol{v}\cdot\nabla p$$

将它们分别代入方程（6-31）后，得流体能量守恒方程的另一种形式：

$$\frac{\mathrm{D}}{\mathrm{D}t}\left(\rho\widehat{h}+\frac{1}{2}\rho\boldsymbol{v}\cdot\boldsymbol{v}\right)-\frac{\partial p}{\partial t}+p\ \nabla\cdot\boldsymbol{v}=\rho\dot{q}_V+\nabla\cdot(k\ \nabla T)+\nabla\cdot(\boldsymbol{\tau}\cdot\boldsymbol{v})+\rho\boldsymbol{f}_b\cdot\boldsymbol{v} \tag{6-32}$$

该方程是图6-14所示程序中直接求解的方程。程序中“he”表示比焓 $\widehat{h}$，“K”表示比动能 $\frac{1}{2}\rho\boldsymbol{v}\cdot\boldsymbol{v}$，由 thermophysicalTransport. divq（he）引入热传导和表面力做功引起的热源。

```
{
    volScalarField& he = thermo.he();
    fvScalarMatrix EEqn
    (
        fvm::ddt(rho, he)
        + (mvConvection.valid()
          ? mvConvection->fvmDiv(phi, he)          } 对流项
          : fvm::div(phi, he)
          )
        + fvc::ddt(rho, K) + fvc::div(phi, K)------→ 显式离散动能部分
        + (he.name() == "e"
          ? mvConvection.valid()
          ? mvConvection->fvcDiv(fvc::absolute(phi, rho, U), p/rho)   } 显式离散压力相关项
          : fvc::div(fvc::absolute(phi, rho, U), p/rho)
          : -dpdt
          )
        + thermophysicalTransport.divq(he)  ------→ 扩散项
        ==
        rho*(U&g)     ------→ 重力做功
        + reaction.Qdot()
        + fvModels.source(rho, he)     } 其他源项
    );                                                              } 组装能量守恒方程
    EEqn.relax();
    fvConstraints.constrain(EEqn);
    EEqn.solve();  ------------→ 求解能量守恒方程
    fvConstraints.constrain(he);
    thermo.correct();
}
```

图6-14　头文件 EEqn. H 中的内容及说明

在头文件 pEqn. H 中组装并求解压力修正方程，如图6-15所示为该文件中的主要内容。该文件中对 rAU、HbyA 的定义与式(4-57）和式(4-59）相同，同时另外定义

$$\mathrm{rhorAUf}=\rho_f\times\mathrm{rAU}_f \tag{6-33}$$

$$\mathrm{phiHbyA}=\rho_f\times\mathrm{HbyA}_f-\mathrm{rhorAUf}\times\mathrm{ghf}\times(\nabla\rho)_f \tag{6-34}$$

6.1.1节将可压缩流体的动量守恒方程的离散格式写为与4.2节中不可压缩流体的动量守恒方程相同的形式，这样由 Rhie-Chow 插值计算得到的单元面上的速度同样具有式(4-63）的形式。将式(4-63）代入离散格式的质量守恒方程（6-8）中，有

$$\frac{\rho_C^*+\rho'_C-\rho_C^0}{\Delta t}V_C+\sum_{f\sim\mathrm{nb}(C)}[\rho_f\cdot(\mathrm{HbyA}_f-\mathrm{rAU}_f\cdot(\nabla p)_f)\cdot\boldsymbol{S}_f]=0 \tag{6-35}$$

利用式(6-28）展开其中的（$\nabla p)_f$ 后，该方程成为

$$\frac{\rho_C^*+\rho'_C-\rho_C^0}{\Delta t}V_C+\sum_{f\sim\mathrm{nb}(C)}(\rho_f\mathrm{HbyA}_f\cdot\boldsymbol{S}_f)-\sum_{f\sim\mathrm{nb}(C)}[\rho_f\mathrm{rAU}_f\cdot\boldsymbol{g}\cdot\boldsymbol{h}(\nabla\rho)_f\cdot\boldsymbol{S}_f]-\sum_{f\sim\mathrm{nb}(C)}[\rho_f\mathrm{rAU}_f\cdot(\nabla p_{\mathrm{rgh}})_f\cdot\boldsymbol{S}_f]=0 \tag{6-36}$$

将式(6-33）和式(6-34）代入该方程，有

```
rho = thermo.rho();
rho.relax();
const volScalarField psip0(psi*p);
const volScalarField rAU("rAU", 1.0/UEqn.A());
const surfaceScalarField rhorAUf("rhorAUf", fvc::interpolate(rho*rAU));
volVectorField HbyA(constrainHbyA(rAU*UEqn.H(), U, p_rgh));
......
surfaceScalarField phiHbyA
(
    "phiHbyA",
    fvc::interpolate(rho)*fvc::flux(HbyA)
    + MRF.zeroFilter(rhorAUf*fvc::ddtCorr(rho, U, phi, rhoUf))
);
......
const surfaceScalarField phig(-rhorAUf*ghf*fvc::snGrad(rho)*mesh.magSf());
phiHbyA += phig;
......
if(pimple.transonic())
{
    ......
}
else
{
    fvScalarMatrix p_rghDDtEqn                                              ┐
    (                                                                       │
          fvc::ddt(rho) + psi*correction(fvm::ddt(p_rgh))                   │
          + fvc::div(phiHbyA)                                               │
          ==                                                                │
          fvModels.source(psi, p_rgh, rho.name())                           │
    );                                                                      │  组装和求
    while(pimple.correctNonOrthogonal())                                    │  解压力修
    {                                                                       │  正方程
          p_rghEqn = p_rghDDtEqn - fvm::laplacian(rhorAUf, p_rgh);          │  (6-38)
          p_rghEqn.setReference                                             │
          (                                                                 │
              pressureReference.refCell(),                                  │
              pressureReference.refValue()                                  │
          );                                                                │
          p_rghEqn.solve();                                                 │
    }                                                                       │
}                                                                           ┘
phi = phiHbyA + p_rghEqn.flux();
......
p_rgh.relax();
p = p_rgh + rho*gh + pRef;                                                   ┐
U = HbyA + rAU*fvc::reconstruct((phig + p_rghEqn.flux())/rhorAUf);           │ 更新压力、速
U.correctBoundaryConditions();                                               │ 度和比动能
fvConstraints.constrain(U);                                                  │
K=0.5*magSqr(U);                                                             ┘
......
```

图 6-15 头文件 pEqn. H 中的主要内容及说明

$$\frac{\rho_C^* + \rho'_C - \rho_C^0}{\Delta t} V_C + \sum_{f \sim \mathrm{nb}(C)} (\mathrm{phiHbyA} \cdot \boldsymbol{S}_f) - \sum_{f \sim \mathrm{nb}(C)} [\mathrm{rhorAUf} \cdot (\nabla p_{\mathrm{rgh}})_f \cdot \boldsymbol{S}_f] = 0 \tag{6-37}$$

它对应的离散前的方程为

$$\frac{\partial \rho}{\partial t} + \nabla \cdot \mathrm{phiHbyA}^* - \nabla \cdot (\mathrm{rhorAUf} \cdot \nabla p_{\mathrm{rgh}}) = 0 \tag{6-38}$$

对于方程（6-38）中的瞬态项，根据式(6-7）将其写为

$$\frac{\partial \rho}{\partial t} = \frac{\partial \rho^*}{\partial t} + \frac{\partial \rho'}{\partial t} = \frac{\partial \rho^*}{\partial t} + C_\rho \frac{\partial p'}{\partial t}$$

用 p'_{rgh} 近似代替其中的 p'，将得到的结果代入方程（6-38），得压力修正方程

$$\frac{\partial \rho^*}{\partial t}+C_\rho \frac{\partial p'_{\mathrm{rgh}}}{\partial t}+\nabla \cdot \mathrm{phiHbyA}^* - \nabla \cdot (\mathrm{rhorAUf} \cdot \nabla p_{\mathrm{rgh}})=0 \tag{6-39}$$

图 6-15 中求解的压力修正方程即这种形式的方程，其中上标“*”表示应用上一步迭代结果显示计算。程序中用“psi”表示 C_ρ，函数 correction()返回修正值。

头文件 pEqn. H 中，在求得压力场后，应用最新的压力场根据式(6-17) 修正速度场和比动能场。

6.3 热场求解计算实例

6.3.1 问题描述

圆柱绕流对流换热是一个经典的流-固耦合传热问题，是换热器、冷凝器等工程应用中实现它们工作原理的核心数学模型。本节以如图 6-16 所示的几何模型为例介绍应用 chtMultiRegionFoam 求解器求解圆柱绕流对流换热问题的方法。

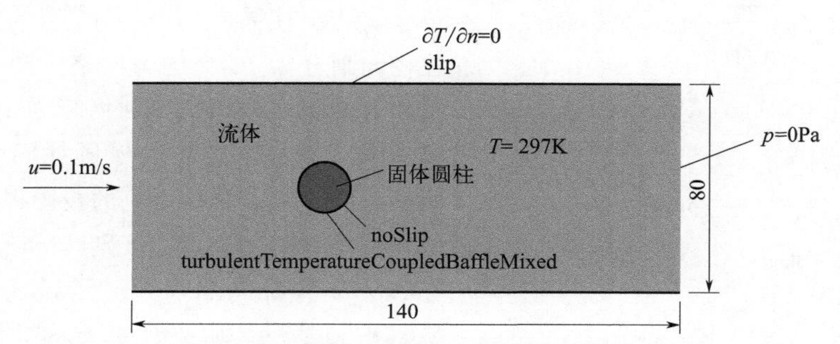

图 6-16 圆柱绕流对流换热问题几何模型及边界条件

本节中将实际三维问题简化为如图 6-16 所示的二维平面问题，其中圆柱半径为 5mm，流体区域的长度和高度分别为 140mm 和 80mm。假设流体可压缩且黏度恒定，其控制方程组由质量守恒方程（1-6)、动量守恒方程（1-15)、能量守恒方程（1-25)、组分守恒方程（1-34）以及气体状态方程组成。固体圆柱区域的控制方程为导热方程（1-66)。该问题的部分初始和边界条件在图 6-16 中给出，流体部分的入口处流速恒为 0.1m/s，出口处的相对压力为 0Pa，上、下边界处为滑移条件，在圆柱表面采用无滑移条件。流体和固体的初始温度均为 297K，上、下边界处的温度梯度为零，圆柱表面处的温度耦合条件由式(6-24) 和式(6-26) 表示，在 OpenFOAM 中表示为“turbulentTemperatureCoupled BaffleMixed”。

该问题的待求变量包括流体流速、压力、温度等物理场，以及固体圆柱的温度场。假设该问题中流体的流动为紊流，采用 SST k-omega 模型求解，所以计算时还需加入湍动能量 k 和特定尺度的湍流频率 omega 的方程。

6.3.2 OpenFOAM 算例程序

本节应用 OpenFOAM 算例库中的 coolingCylinder2D 算例，介绍 6.3.1 节所述圆柱绕流对流换热问题的求解方法。该算例程序的目录文件如图 6-17 所示，共包含 3 个文件夹、27 个文件。

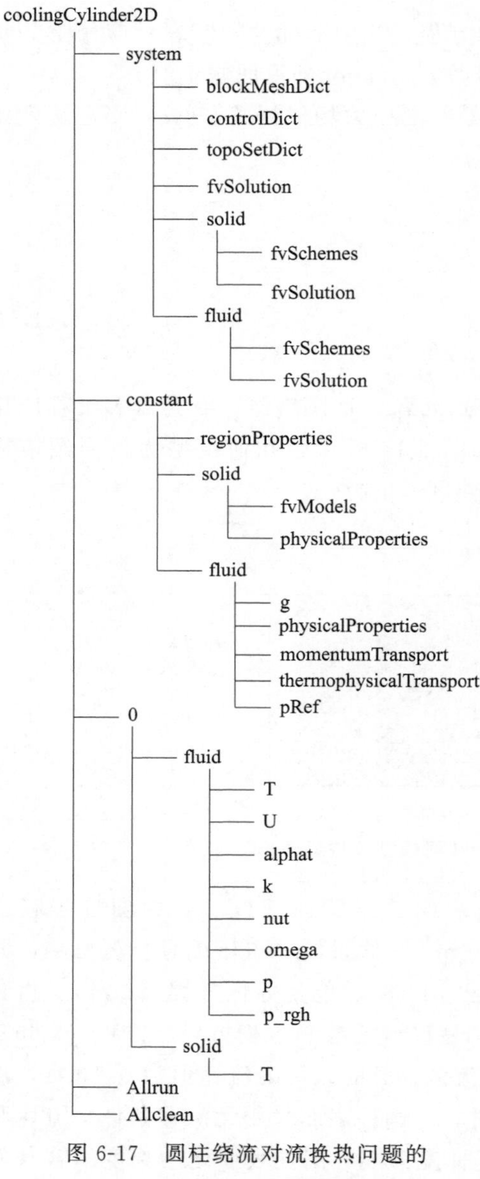

图 6-17　圆柱绕流对流换热问题的 coolingCylinder2D 算例组成

system/blockMeshDict 文件中的内容如图 6-18 和图 6-19 所示。其中，采用投影方法建立圆柱面上的网格点，首先，创建与实际圆柱面具有相同半径且共轴的圆柱形几何体；其次，将位于圆柱内立方体的顶点向圆柱面投影得到位于柱形面上的网格点，同时将该立方体的顶点也作为网格点。各顶点的定义如图 6-20 所示。

将整个计算域划分为 10 个块（block），其中分别将圆柱内（不包括其内的立方体内部）、外划分为 4 个块，圆柱内立方体和下游立方体分别为 1 个块。圆柱外的每个块沿圆柱周向划分为 15 个均匀网格，沿圆柱径向划分为 20 个网格，由内向外网格尺寸的变化比例为 20。圆柱内的每个块在圆柱周向划分为 15 个均匀网格，沿圆柱径向划分为 12 个均匀网格。圆柱内的立方体块和下游的立方体块分别划分为 15×15 和 20×15 个均匀网格。各块位于圆柱面上的边由相应网格点的连线在圆柱面上的投影得到。

计算域的边界分别被定义为“inlet”“outlet”“topAndBottom”和“frontAndBack”，如图 6-20 所示。由于计算域为二维区域，将前后端面 frontAndBack 的类型设置为 empty。

为了在圆柱面上施加内部边界，建立文件 system/topoSetDict，如图 6-21 所示，其中建立名称为“solid”的子区域，对应于圆柱体区域。最终划分完成的网格和子区域如图 6-22 所示。

在“0”文件夹中的“fluid”和“solid”子文件夹内分别给定流体和固体上各变量的初始和边界条件。在“fluid”子文件夹内，文件 fluid/k 和 fluid/omega 分别给定应用 SST k-omega 模型计算紊流场时关于湍动能量和紊流频率的边界条件，文件 fluid/alphat 和 fluid/nut 分别给定紊流热扩散率和紊流黏度的边界条件。文件 fluid/U 用于按图 6-16 所示条件指定流体流速的边界条件，如图 6-23 所示。其中，在 outlet 边界上，由于压力已知，采用 pressureInletOutletVelocity 条件，表示对于流入边界的情况，给定速度的切向分量已知的条件，即 fixedValue，此时边界上的流速为零，其他情况的边界条件为 zeroGradient。同理，在 inlet 边界上，由于流速已知，对压力采用 fixedFluxPressure 条件，该条件调整压力梯度使得边界上的压力通量与指定的速度边界条件一致，如图 6-24 所示。流体和固体区域上均需给定温度场的初始条件和边界条件，分别在文件 fluid/T 和 solid/T 内指定，如图 6-25 和图 6-26 所示。其中，在流体和固体的交界面 wall 上，应用 turbulentTemperatureCoupledBaffleMixed，执行式(6-24)和式(6-26) 表示的耦合边界条件。

```
convertToMeters        1;
cylinderRadius         0.005;
halfWidth              0.04;
halfThickness          0.0025;
xMax                   0.1;
cylinderBox            0.002;
cylinderBoxCells       15;
cylinderRadialCells    12;
upstreamCells          30;
downstreamCells        20;
radialGrading          20;
negHalfWidth           #neg $halfWidth;
negHalfThickness       #neg $halfThickness;
negSphereBox           #neg $cylinderBox;
geometry {                                              ┐
    cylinder {                                          │
          type         searchableCylinder;              │ 创建与圆柱具有相同半
          point1       (0 0 -100);                      │ 径的柱形几何体
          point2       (0 0 100);                       │
          radius       $cylinderRadius; }}              ┘
vertices
(
    project($negSphereBox $negSphereBox $negHalfThickness)(cylinder)   ┐
    project($cylinderBox $negSphereBox $negHalfThickness)(cylinder)    │
    project($negSphereBox $negSphereBox $halfThickness)(cylinder)      │ 将顶点投影
    project($cylinderBox $negSphereBox $halfThickness)(cylinder)       │ 至柱形几何
    project($negSphereBox $cylinderBox $negHalfThickness)(cylinder)    │ 体表面形成
    project($cylinderBox $cylinderBox $negHalfThickness)(cylinder)     │ 新的顶点
    project($negSphereBox $cylinderBox $halfThickness)(cylinder)       │
    project($cylinderBox $cylinderBox $halfThickness)(cylinder)        ┘
    ($negHalfWidth $negHalfWidth $negHalfThickness)
    ($halfWidth  $negHalfWidth $negHalfThickness)
    ($negHalfWidth $negHalfWidth $halfThickness)
    ($halfWidth  $negHalfWidth $halfThickness)
    ($negHalfWidth $halfWidth $negHalfThickness)
    ($halfWidth  $halfWidth $negHalfThickness)
    ($negHalfWidth $halfWidth $halfThickness)
    ($halfWidth  $halfWidth $halfThickness)
    ($xMax $negHalfWidth $negHalfThickness)
    ($xMax $negHalfWidth $halfThickness)
    ($xMax $halfWidth  $negHalfThickness)
    ($xMax $halfWidth  $halfThickness)
    ($negSphereBox $negSphereBox $negHalfThickness)
    ($cylinderBox $negSphereBox $negHalfThickness)
    ($cylinderBox $negSphereBox $halfThickness)
    ($negSphereBox $negSphereBox $halfThickness)
    ($negSphereBox $cylinderBox $negHalfThickness)
    ($cylinderBox $cylinderBox $negHalfThickness)
    ($cylinderBox $cylinderBox $halfThickness)
    ($negSphereBox $cylinderBox $halfThickness)
);
expandBlock       simpleGrading(1 $radialGrading 1);
reg       simpleGrading(1 1 1);
blocks
(
    hex(4 6 14 12 0 2 10 8)(1 $upstreamCells $cylinderBoxCells)$expandBlock    ┐
    hex(7 5 13 15 3 1 9 11)(1 $upstreamCells $cylinderBoxCells)$expandBlock    │
    hex(2 3 11 10 0 1 9 8)($cylinderBoxCells $upstreamCells 1)$expandBlock     │
    hex(7 6 14 15 5 4 12 13)($cylinderBoxCells $upstreamCells 1)$expandBlock   │ 将计算
    hex(13 18 19 15 9 16 17 11)($downstreamCells 1 $cylinderBoxCells)$reg      │ 域划分
    hex(24 25 26 27 20 21 22 23)($cylinderBoxCells 1 $cylinderBoxCells)$reg    │ 为10
    hex(0 2 23 20 4 6 27 24)(1 $cylinderRadialCells $cylinderBoxCells)$reg     │ 个块
    hex(21 22 3 1 25 26 7 5)(1 $cylinderRadialCells $cylinderBoxCells)$reg     │
    hex(0 2 3 1 20 23 22 21)(1 $cylinderBoxCells $cylinderRadialCells)$reg     │
    hex(4 5 7 6 24 25 26 27)($cylinderBoxCells 1 $cylinderRadialCells)$reg     ┘
);
......
```

图 6-18 system/blockMeshDict 文件内容及说明

```
......
edges
(
    project 0 2(cylinder)
    project 2 3(cylinder)
    project 3 1(cylinder)
    project 1 0(cylinder)
    project 4 6(cylinder)
    project 6 7(cylinder)      由圆柱面上的投影点
    project 7 5(cylinder)      连线得到新的边
    project 5 4(cylinder)
    project 0 4(cylinder)
    project 2 6(cylinder)
    project 3 7(cylinder)
    project 1 5(cylinder)
);
boundary
(
    inlet
    {
        type patch;
        faces((8 10 14 12));
    }
    outlet
    {
        type patch ;
        faces((16 17 19 18));
    }
    topAndBottom
    {
        type patch ;
        faces((8 9 11 10) (12 13 15 14) (9 16 17 11) (13 18 19 15));
    }
    frontAndBack
    {
        type empty ;
        faces
        (
            (10 14 6 2) (14 6 7 15) (15 7 3 11) (3 11 10 2) (15 11 17 19)
            (67 27 26) (27 6 2 23) (2 23 22 3) (3 22 26 7) (26 27 23 22)
            (12 13 5 4) (8 12 4 0) (9 8 0 1) (13 9 1 5) (4 5 25 24)
            (0 4 24 20) (1 0 20 21) (5 1 21 25) (21 20 24 25) (18 16 9 13)
        );
    }
);
```

图 6-19 system/blockMeshDict 文件内容及说明（续）

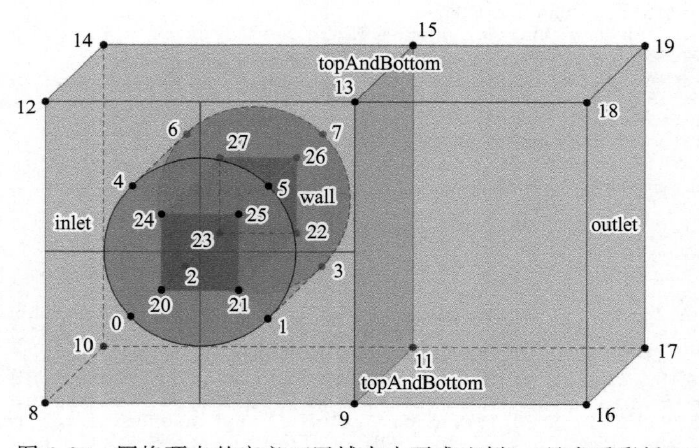

图 6-20 网格顶点的定义（区域大小不成比例）（见书后彩插）

```
……
#include "$FOAM_CASE/system/blockMeshDict"
actions
(
    {
        name    cs;
        type    cellSet;
        action  new;
        source  cylinderToCell;
        point1  (0 0 -100);
        point2  (0 0 100);
        centre  (0 0 0);
        radius  $cylinderRadius;
    }
    {
        name    solid;
        type    cellZoneSet;
        action  new;
        source  setToCellZone;
        set     cs;
    }
);
```

定义cell类型集合，大小为圆柱区域

定义cellZone类型集合(圆柱区域)

图 6-21　system/topoSetDict 文件内容及说明

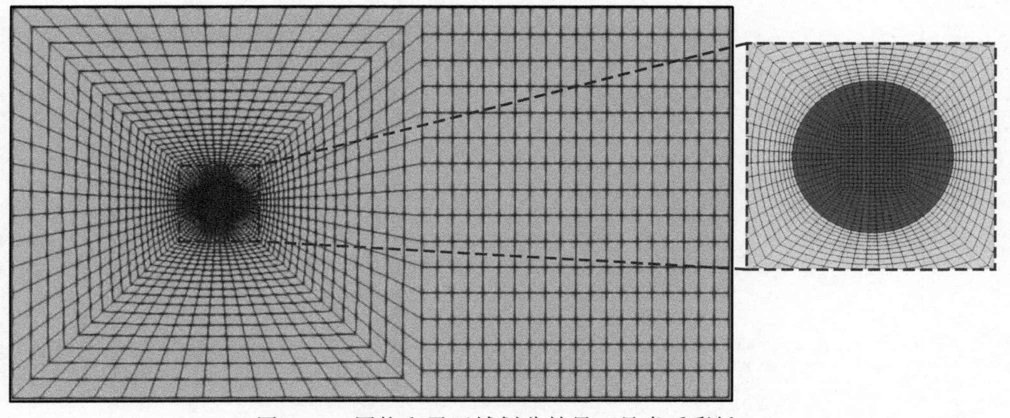

图 6-22　网格和子区域划分结果（见书后彩插）

```
Uinlet   (0.1 0 0);
dimensions       [0 1 -1 0 0 0 0];
internalField    uniform (0 0 0);
boundaryField
{
    inlet
    {
        type     fixedValue;
        value    uniform $Uinlet;
    }
    outlet
    {
        type     pressureInletOutletVelocity;
        value    $internalField;
    }
    topAndBottom
    {
        type     slip;
    }
    wall
    {
        type     noSlip;
    }
    #includeEtc "caseDicts/setConstraintTypes"
}
```

图 6-23　0/fluid/U 文件内容

```
dimensions        [1 -1 -2 0 0 0 0];
internalField     uniform 0;
boundaryField
{
    inlet
    {
        type      fixedFluxPressure;
        value     uniform 0;
    }
    outlet
    {
        type      fixedValue;
        value     uniform 0;
    }
    topAndBottom
    {
        type      zeroGradient;
    }
    wall
    {
        $inlet;
    }
    #includeEtc "caseDicts/setConstraintTypes"
}
```

图 6-24 0/fluid/p_rgh 文件内容

```
dimensions        [0 0 0 1 0 0 0];
internalField     uniform 297;
boundaryField
{
    inlet
    {
        type      fixedValue;
        value     $internalField;
    }
    outlet
    {
        type      inletOutlet;
        inletValue          $internalField;
        value     $internalField;
    }
    topAndBottom
    {
        type      zeroGradient;
    }
    wall
    {
        type      compressible::turbulentTemperatureCoupledBaffleMixed;
        kappa     kappa;
        Tnbr      T;
        value     $internalField;
    }
    #includeEtc "caseDicts/setConstraintTypes"
}
```

图 6-25 0/fluid/T 文件内容

```
dimensions        [0 0 0 1 0 0 0 ];
internalField     uniform 297;
boundaryField
{
    wall
    {
        type      compressible::turbulentTemperatureCoupledBaffleMixed;
        kappa     kappa;
        Tnbr      T;
        value     $internalField;
    }
}
```

图 6-26 0/solid/T 文件内容

在文件夹 constant 内给定各子区域的属性和物理参数。其中文件 constant/regionProperties 用于指定子区域的名称，如图 6-27 所示。文件 constant/fluid/g、constant/fluid/pRef 内的内容分别指定重力加速度和参考压力的值，文件 constant/fluid/momentumTransport 和 constant/fluid/thermophysicalTransport 内的内容分别指定紊流计算时所采用的紊流模型和热通量模型，如图 6-28 所示。constant/fluid/physicalProperties 中的内容用于定义热参数模型并给定模型对应的参数值，如图 6-29 所示，本算例由比焓方程求解温度，以内能作为能量方程的变量，流体部分只包含一种气体，它具有恒定的摩尔质量、运动黏度、密度和比热容，由关键字 mixture 内的内容分别给定这些参数的值。对于固体子区域，也有与图 6-29 类似内容的 physicalProperties 文件，这里不再赘述。为了指定固体子区域对应控制方程中的热源模型，在文件夹 constant/solid 内建立 fvModels 文件，其内容如图 6-30 所示，其中由关键字 q 的值给定单位体积的功率。

```
……
regions
(
   fluid(fluid)
   solid(solid)
);
```

图 6-27　constant/regionProperties 文件内容

```
dimensions          [0 1 -2 0 0 0 0];   } 文件g中的内容，给
value     (0 -9.81 0);                  } 定重力加速度的值

dimensions         [1 -1 -2 0 0 0 0];   } 文件pRef中的内容，
value     1e5;                          } 给定参考压力的值

simulationType   RAS;
RAS
{
   model          kOmegaSST;     文件momentumTransport
   turbulence     on;            中的内容，指定紊流模型
   printCoeffs    on;
}

RAS
{
   model          eddyDiffusivity;   文件thermophysicalTransport
   Prt            0.85;              中的内容，指定热通量模型
}
```

图 6-28　constant/fluid 文件夹中的部分文件内容及说明

文件 system/controlDict 中的内容用于求解过程控制，如流体部分的最大 Courant 数和固体部分的最大扩散数，如图 6-31 所示。同时，还可以在该文件内定义用于变量监控的函数，在 functions 关键字内指定。图 6-31 中定义了 cylinderT 和 inletU 两个函数，分别用于计算圆柱面边界上的温度场平均值和入口边界处的速度场平均值。正因为有这些函数定义，当求解完成后，在算例目录的子文件夹 postProcessing/fluid 内自动创建了文件 cylinderT/0/surfaceFieldValue. dat 和 inletU/0/surfaceFieldValue. dat，分别给出每一计算时刻这些 patch 上的温度和速度平均值。

```
thermoType
{
   type          heRhoThermo;
   mixture       pureMixture;
   transport     const;
   thermo        eConst;
   equationOfState      rhoConst;
   specie        specie;
   energy        sensibleInternalEnergy;
}

mixture
{
   specie
   {
      nMoles     1;
      molWeight     18;
   }
   equationOfState
   {
      rho        998.19;
   }
   thermodynamics
   {
      Cv         4150;
      Hf         0;
   }
   transport
   {
      mu         1.0005e-3;
      Pr         6.31;
   }
}
```

给定热参数模型（thermoType）

给定热参数模型对应的参数值（mixture）

图 6-29 constant/fluid/physicalProperties 文件内容及说明

```
cylinderHeat
{
     type          heatSource;
     selectionMode all;
     q             5e7;
}
```

给定热源模型

图 6-30 constant/solid/fvModels 文件内容及说明

```
......
adjustTimeStep   no;
maxCo     5;
maxDi   200;
maxDeltaT        1;
functions
{
    #includeFunc patchAverage
    (
         funcName=cylinderT,
         region=fluid,
         patch=fluid_to_solid,
         field=T
    )
    #includeFunc patchAverage
    (
         funcName=inletU,
         region=fluid,
         patch=inlet,
         field=U
    )
}
```

计算“fluid_to_soid”边界上物理场T的平均值（第一个 #includeFunc patchAverage）

计算“inlet”边界上物理场U的平均值（第二个 #includeFunc patchAverage）

图 6-31 system/controlDict 文件部分内容及说明

与 5.3.2 节中指定控制方程离散方法和代数方程组求解方法类似，对于流体部分和固体部分共有的内容，可在 system 文件夹内的相应文件中给定。例如，本算例在 system/fvSolution 文件内给定 PIMPLE 和 PISO 循环的修正次数，如图 6-32 所示。

```
"(PIMPLE|PISO)"
{
    nOuterCorrectors 1;
}
```

图 6-32　system/fvSolution 文件内容

而对于各子区域独有的部分，则需分别在 system/fluid 和 system/solid 文件夹内指定。例如，对于流体区域，分别在 system/fluid/fvSchemes 和 system/fluid/fvSolution 文件中给定流体控制方程的离散方法和相应代数方程组的求解方法，分别如图 6-33 和图 6-34 所示。由于本算例几何模型的网格存在非正交性，所以在指定控制方程离散方法时应用较大（值为 1）的限制系数来增加求解过程的稳定性。

```
ddtSchemes
{
    default          Euler;
}
gradSchemes
{
    default          Gauss linear;
    limited          cellLimited Gauss linear 1;
    grad(U)          $limited;
    grad(k)          $limited;
    grad(omega)      $limited;
}
divSchemes
{
    default          none;
    div(phi, U)      Gauss linearUpwind limited;
    turbulence       Gauss limitedLinear 1;
    div(phi, k)      $turbulence;
    div(phi, omega)  $turbulence;
    div(phi, e)      $turbulence;
    div(phi, K)      $turbulence;
    div(phi, (p|rho))        $turbulence;
    div(((rho*nuEff)*dev2(T(grad(U)))))Gauss linear;
}
laplacianSchemes
{
    default          Gauss linear corrected;
}
interpolationSchemes
{
    default          linear;
}
snGradSchemes
{
    default          corrected;
}
fluxRequired
{
    default          no;
    p                ;
}
wallDist
{
    method           meshWave;
}
```

- ddtSchemes：一阶隐式Euler法离散瞬态项
- gradSchemes：Gauss梯度法计算梯度，线性插值得到单元面上的梯度，部分梯度应用值为1的限制因子
- div(phi, U)：动量方程的对流项采用含有限制器的迎风格式离散
- turbulence … div(phi, (p|rho))：沿迎风方向采用限制系数为1的线性格式离散
- laplacianSchemes：Gauss积分和线性插值法离散扩散项
- interpolationSchemes：由线性插值得到单元面上的系数和变量值
- snGradSchemes：计算法向梯度时需进行非正交修正
- fluxRequired：需计算压力p的通量
- wallDist：指定计算壁面距离的方法

图 6-33　system/fluid/fvSchemes 文件内容

```
solvers
{
    "(rho|rhoFinal)"
    {
        solver    PCG
        preconditioner    DIC;
        tolerance         1e-7;
        relTol    0;
    }
    p_rgh
    {
        solver    GAMG;
        tolerance         1e-7;
        relTol    0.01;
        smoother          GaussSeidel;
        maxIter   100;
    }
    "(U|e|k|omega)"
    {
        solver    PBiCGStab;
        preconditioner    DILU;
        tolerance         1e-6;
        relTol    0.1;
    }
    p_rghFinal
    {
        $p_rgh;
        relTol    0;
    }
    "(U|e|k|omega)Final"
    {
        $U;
        relTol    0;
    }
}
PIMPLE
{
    nCorrectors    2;
    nNonOrthogonalCorrectors   1;
    pRefCell       0;
    pRefValue      0;
}
relaxationFactors
{
    equations
    {
        ".*"   1;
    }
}
```

对角不完全Cholesky分解的共轭梯度法求解关于密度的代数方程组

应用施加Gauss-Seidel平滑器的几何-代数多重网格法求解关于压力的代数方程组

应用对角不完全LU预处理的共轭梯度法求解关于流速、内能、k和omega的代数方程组

流体区域计算时的PIMPLE循环设置

指定所有代数方程组的松弛因子

图 6-34　system/fluid/fvSolution 文件内容

6.3.3 计算结果

应用 chtMultiRegionFoam 求解器完成前两小节所述圆柱绕流对流换热问题在 0～40s 内的求解计算后，得到温度分布、流速分布和压力分布等，如图 6-35～图 6-37 所示分别为第 35s 时这些分布的结果。从这些结果中可以明显观察到圆柱下游的流体漩涡和漩涡脱落后形成的涡阵，而且在圆柱下游出现了负压区域。同时，由于圆柱内存在热源，流体流动促使圆柱热量向周围散失，而且在漩涡出现的区域相应的温度也较周围其他区域高。

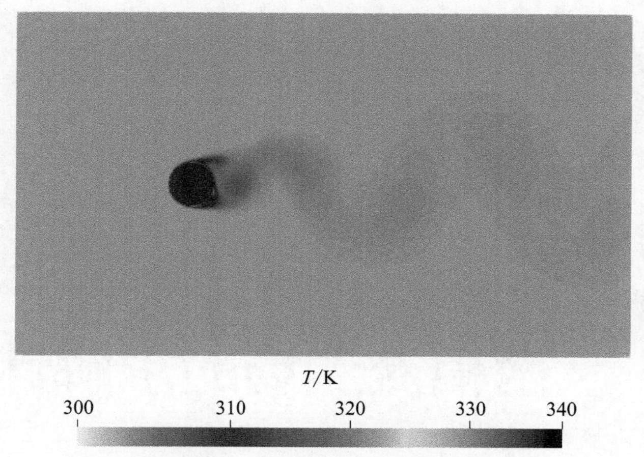

图 6-35　时间 35s 时的温度分布（见书后彩插）

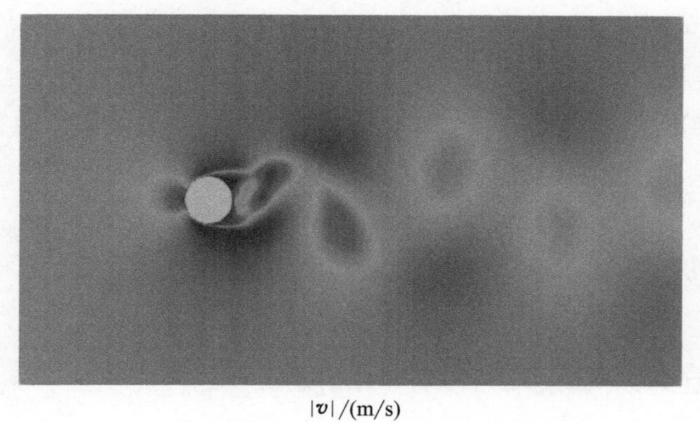

图 6-36　时间 35s 时的流速分布（见书后彩插）

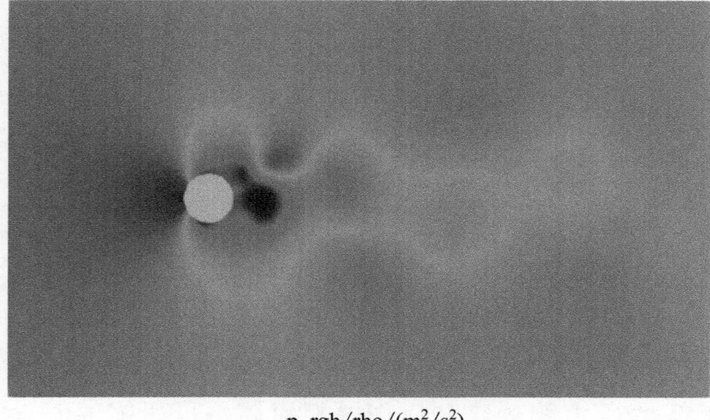

图 6-37　时间 35s 时的压力分布（见书后彩插）

第7章

两相流流场的求解计算

本章针对恒温不可压缩两相流的流场，说明基于 VOF 界面模型的求解方法。恒温不可压缩两相流的控制方程由质量守恒方程（1-10）、动量守恒方程（1-72）、相函数方程（1-76）以及物性参数关系式(1-77)、式(1-78）组成，待求未知量为两相流体的体积分数、速度和压力等。

7.1 两相流流场的求解算法

7.1.1 相体积分数方程及其有限体积法离散

对于如图 1-2 所示的由流体相 1 和相 2 组成的物理区域 Ω，当采用 VOF 界面模型时，使用相函数 F 区分两相：

$$F(\boldsymbol{x},t)=\begin{cases}1, & \text{时间 } t \text{ 时 } \boldsymbol{x} \text{ 位于相 } 1\\ 0, & \text{时间 } t \text{ 时 } \boldsymbol{x} \text{ 位于相 } 2\end{cases} \tag{7-1}$$

其中，$\boldsymbol{x}$ 表示计算域Ω 内某一点的空间位置矢量。为了在求解两相流流场时避免相函数 F 的奇异性，定义相 1 在将计算域离散后的某一单元 C 上的体积分数为

$$\alpha(\boldsymbol{x}_C,t)=\frac{1}{V_C}\int_{V_C}F(\boldsymbol{x},t)\mathrm{d}V \tag{7-2}$$

可见，如果某一时刻某一单元完全被相 1 或相 2 占据，α 分别为 1 或 0。

为了推得关于 α 的控制方程，将密度关系式(1-77）代入质量守恒方程（1-6）中，得

$$(\rho_1-\rho_2)\frac{\partial F}{\partial t}+\nabla\cdot[(\rho_1-\rho_2)F\boldsymbol{v}]+\rho_2\nabla\cdot\boldsymbol{v}=0$$

对该方程两端在单元 C 上积分，并应用两相流体不可压缩的假设，有

$$\int_{V_C}(\rho_1-\rho_2)\frac{\partial F}{\partial t}\mathrm{d}V+\int_{V_C}\nabla\cdot[(\rho_1-\rho_2)F\boldsymbol{v}]\mathrm{d}V=0 \tag{7-3}$$

应用 Leibniz 积分法则，互换该方程中的积分与求导次序，并应用式(7-2）的定义，得

$$\frac{\partial \alpha}{\partial t}+\nabla \cdot (\boldsymbol{v}\alpha)=0 \tag{7-4}$$

方程（7-4）即相 1 的体积分数 α 满足的控制方程，它与速度场相互耦合。

相 1 的体积分数 α 同样可用于表示两相流的密度和黏度，分别为

$$\rho=\alpha\rho_1+(1-\alpha)\rho_2 \tag{7-5}$$

$$\eta=\alpha\eta_1+(1-\alpha)\eta_2 \tag{7-6}$$

为了离散方程（7-4），将其在图 4-1 所示的单元 C 上积分，并对其中被积函数为散度的项应用高斯定理，有

$$\int_{V_C}\frac{\partial \alpha}{\partial t}\mathrm{d}V+\int_{\partial V_C}\alpha\boldsymbol{v}\cdot \mathrm{d}\boldsymbol{S}=0 \tag{7-7}$$

应用平均值积分法和一点高斯积分，将该方程进一步写为

$$\frac{\partial \alpha_C}{\partial t}V_C+\sum_{f\sim \mathrm{nb}(C)}(\alpha\boldsymbol{v})_f\cdot \boldsymbol{S}_f=0 \tag{7-8}$$

对于方程（7-8）中的瞬态项，采用一阶隐式 Euler 格式[式(2-140)]将其离散为

$$\frac{\partial \alpha_C}{\partial t}V_C=\frac{V_C}{\Delta t}\alpha_C-\frac{V_C}{\Delta t}\alpha_C^0 \tag{7-9}$$

其中，上标“0”表示前一时刻的变量值。

为了保持体积分数场 α 的尖锐特性，在离散方程（7-8）中的对流项时，对两相的界面区域和界面以外的区域采用不同的处理方法。在界面以外的区域上，采用迎风格式离散对流项，即

$$\sum_{f\sim \mathrm{nb}(C)}(\alpha\boldsymbol{v})_f\cdot \boldsymbol{S}_f=\sum_{f\sim \mathrm{nb}(C)}\dot{q}_f\alpha_f^{\mathrm{U}}=\Big(\sum_{f\sim \mathrm{nb}(C)}\|\dot{q}_f,0\|\Big)\alpha_C-\sum_{F\sim \mathrm{NB}(C)}(\|-\dot{q}_f,0\|\cdot \alpha_F) \tag{7-10}$$

其中，α_f^{U} 表示 α 的迎风格式，下标“f”表示单元 C 与 F 之间的公共面，$\dot{q}_f$ 为体积通量，即

$$\dot{q}_f=\boldsymbol{v}_f\cdot \boldsymbol{S}_f \tag{7-11}$$

对于界面区域，采用对流项离散的高精度格式，有

$$\sum_{f\sim \mathrm{nb}(C)}(\alpha\boldsymbol{v})_f\cdot \boldsymbol{S}_f=\sum_{f\sim \mathrm{nb}(C)}\dot{q}_f\alpha_f^{\mathrm{HR}} \tag{7-12}$$

根据式(2-102)，将其中 α 的高精度格式 α_f^{HR} 写为中心差分格式和迎风格式的混合格式：

$$\alpha_f^{\mathrm{HR}}=(1-\psi_{\alpha,f})\alpha_f^{\mathrm{U}}+\psi_{\alpha,f}\alpha_f^{\mathrm{CD}} \tag{7-13}$$

其中，α_f^{CD} 表示 α 的中心差分格式；ψ_α 为限制函数，其值取决于所采用的离散格式，可由式(2-106) 确定。将迎风格式和中心差分格式的表达式代入式(7-13)，其后将所得结果代回至式(7-12)，得对流项离散的高精度格式为

$$\begin{aligned}\sum_{f\sim \mathrm{nb}(C)}\dot{q}_f\alpha_f^{\mathrm{HR}}=&\Big[\sum_{f\sim \mathrm{nb}(C)}\|\dot{q}_f,0\|(1-\psi_{\alpha,f})\Big]\alpha_C-\sum_{F\sim \mathrm{NB}(C)}[\|-\dot{q}_f,0\|(1-\psi_{\alpha,f})\alpha_F]\\&+\sum_{f\sim \mathrm{nb}(C)}\left(\psi_{\alpha,f}\dot{q}_f\frac{\alpha_C+\alpha_F}{2}\right)\\=&\left[\sum_{f\sim \mathrm{nb}(C)}\|\dot{q}_f,0\|(1-\psi_{\alpha,f})+\frac{\psi_{\alpha,f}\dot{q}_f}{2}\right]\alpha_C\end{aligned}$$

$$-\sum_{F\sim \mathrm{NB}(C)}\left[\left\| -\dot{q}_f,0\right\|(1-\psi_{\alpha,f})-\frac{\psi_{\alpha,f}\dot{q}_f}{2}\right]\alpha_F \tag{7-14}$$

为了将式(7-10)和式(7-14)的结果统一表示为一个表达式，引入系数 λ_M，其值为

$$\lambda_M=\begin{cases}1, & \text{界面区域}\\ 0, & \text{其他区域}\end{cases} \tag{7-15}$$

这样，对流项离散结果可表示为

$$\sum_{f\sim \mathrm{nb}(C)}(\alpha \boldsymbol{v})_f\cdot \boldsymbol{S}_f=\sum_{f\sim \mathrm{nb}(C)}[\dot{q}_f\alpha_f^{\mathrm{U}}+\lambda_M\dot{q}_f(\alpha_f^{\mathrm{HR}}-\alpha_f^{\mathrm{U}})] \tag{7-16}$$

将式(7-9)和式(7-16)代入方程(7-8)，得体积分数场控制方程(7-4)的离散格式：

$$\frac{V_C}{\Delta t}\alpha_C-\frac{V_C}{\Delta t}\alpha_C^0+\sum_{f\sim \mathrm{nb}(C)}[\dot{q}_f\alpha_f^{\mathrm{U}}+\lambda_M\dot{q}_f(\alpha_f^{\mathrm{HR}}-\alpha_f^{\mathrm{U}})]=0 \tag{7-17}$$

其中，$\dot{q}_f\alpha_f^{\mathrm{U}}$ 和 $\dot{q}_f\alpha_f^{\mathrm{HR}}$ 分别由式(7-10)和式(7-14)计算得到。

7.1.2　动量守恒方程的有限体积法离散

与普通不可压缩流体的动量守恒方程(1-18)相比，两相流的动量守恒方程(1-72)中增加了表面张力项，离散过程中应用连续表面力模型处理该项。将表面张力项在单元 C 上积分，有

$$\int_{V_C}\int_{\Gamma}\gamma\kappa\delta(\boldsymbol{x}-\boldsymbol{x}_s)\boldsymbol{n}\,\mathrm{d}\Gamma(\boldsymbol{x}_s)\mathrm{d}V=\int_{\Gamma\cap V_C}\gamma\kappa\boldsymbol{n}\,\mathrm{d}\Gamma(\boldsymbol{x}_s)=\int_{V_C}\gamma\kappa\,\nabla\alpha\,\mathrm{d}V \tag{7-18}$$

其中，$\Gamma\cap V_C$ 为单元 C 与界面的交截面。

为了离散方程(1-72)，首先将其在如图4-1所示的单元 C 上积分，并应用式(7-18)的结果，有

$$\begin{aligned}\int_{V_C}\frac{\partial(\rho\boldsymbol{v})}{\partial t}\mathrm{d}V+\int_{V_C}\nabla\cdot(\rho\boldsymbol{v}\boldsymbol{v})\mathrm{d}V=&\int_{V_C}-\nabla p\,\mathrm{d}V+\int_{V_C}\nabla\cdot[\eta(\nabla\boldsymbol{v})]\mathrm{d}V\\&+\int_{V_C}\nabla\cdot[\eta(\nabla\boldsymbol{v})^{\mathrm{T}}]\mathrm{d}V+\int_{V_C}\rho\boldsymbol{f}_b\,\mathrm{d}V+\int_{V_C}\gamma\kappa\,\nabla\alpha\,\mathrm{d}V\end{aligned}$$

对该方程应用与推导方程(4-2)时相同的方法，得方程(1-72)的半离散格式：

$$\begin{aligned}\int_{V_C}\frac{\partial(\rho\boldsymbol{v})}{\partial t}\mathrm{d}V+\sum_{f\sim \mathrm{nb}(C)}\dot{m}_f\boldsymbol{v}_f=&\int_{V_C}-\nabla p\,\mathrm{d}V+\sum_{f\sim \mathrm{nb}(C)}\eta_f(\nabla\boldsymbol{v})_f\cdot\boldsymbol{S}_f\\&+\sum_{f\sim \mathrm{nb}(C)}\eta_f(\nabla\boldsymbol{v})_f^{\mathrm{T}}\cdot\boldsymbol{S}_f+\int_{V_C}\rho\boldsymbol{f}_b\,\mathrm{d}V+\int_{V_C}\gamma\kappa\,\nabla\alpha\,\mathrm{d}V\end{aligned} \tag{7-19}$$

采用高精度格式离散方程(7-19)中的对流项，根据式(2-102)，将该项中单元面上的速度表示为

$$\boldsymbol{v}_f=\begin{cases}\left(1-\dfrac{1}{2}\psi_{v,f}\right)\boldsymbol{v}_C+\dfrac{1}{2}\psi_{v,f}\boldsymbol{v}_F, & \dot{q}_f\geqslant 0\\[2ex] \dfrac{1}{2}\psi_{v,f}\boldsymbol{v}_C+\left(1-\dfrac{1}{2}\psi_{v,f}\right)\boldsymbol{v}_F, & \dot{q}_f<0\end{cases} \tag{7-20}$$

其中，$\psi_{v,f}$ 为限制函数，可根据式(2-106)确定各种高精度格式的 $\psi_{v,f}$ 值。为了将式(7-20)

写为统一的形式，定义函数

$$\zeta(\dot{q}_f)=\begin{cases}1, & \dot{q}_f\geqslant 0\\ -1, & \dot{q}_f<0\end{cases} \tag{7-21}$$

这样，式(7-20) 可写为

$$\boldsymbol{v}_f=\frac{1}{2}[1+\zeta(\dot{q}_f)(1-\psi_{v,f})]\boldsymbol{v}_C+\frac{1}{2}[1-\zeta(\dot{q}_f)(1-\psi_{v,f})]\boldsymbol{v}_F \tag{7-22}$$

从而将对流项表示为

$$\begin{aligned}\sum_{f\sim \mathrm{nb}(C)}\dot{m}_f\boldsymbol{v}_f=&\left\{\sum_{f\sim \mathrm{nb}(C)}\frac{1}{2}\dot{m}_f[1+\zeta(\dot{q}_f)(1-\psi_{v,f})]\right\}\boldsymbol{v}_C\\&+\sum_{F\sim \mathrm{NB}(C)}\left\{\frac{1}{2}\dot{m}_f[1-\zeta(\dot{q}_f)(1-\psi_{v,f})]\boldsymbol{v}_F\right\}\end{aligned} \tag{7-23}$$

方程（7-19）中的扩散项可离散为

$$\sum_{f\sim \mathrm{nb}(C)}\eta_f(\nabla\boldsymbol{v})_f\cdot\boldsymbol{S}_f=\sum_{f\sim \mathrm{nb}(C)}\eta_f\frac{\boldsymbol{v}_F-\boldsymbol{v}_C}{d_{CF}}\boldsymbol{e}_{CF}\cdot\boldsymbol{S}_f \tag{7-24}$$

其中，d_{CF} 为单元 C 和 F 质心间距，$\boldsymbol{e}_{CF}$ 为单元 C 和 F 质心连线方向上的单位矢量。

采用一阶隐式 Euler 离散格式离散瞬态项，有

$$\int_{V_C}\frac{\partial(\rho\boldsymbol{v})}{\partial t}\mathrm{d}V=\frac{\rho_C V_C}{\Delta t}\boldsymbol{v}_C-\frac{\rho_C^0 V_C}{\Delta t}\boldsymbol{v}_C^0 \tag{7-25}$$

对于方程（7-19）中的其他项，用单元质心上的变量值代替被积函数，分别将相应的结果及式(7-23)～式(7-25) 代入方程（7-19），得动量守恒方程的离散格式：

$$\begin{aligned}&\left\{\frac{\rho_C}{\Delta t}+\frac{1}{V_C}\sum_{f\sim \mathrm{nb}(C)}\left[\frac{1}{2}\dot{m}_f[1+\zeta(\dot{q}_f)(1-\psi_{v,f})]+\eta_f\frac{\boldsymbol{e}_{CF}\cdot\boldsymbol{S}_f}{d_{CF}}\right]\right\}\boldsymbol{v}_C\\&+\frac{1}{V_C}\sum_{F\sim \mathrm{NB}(C)}\left\{\frac{1}{2}\dot{m}_f[1-\zeta(\dot{q}_f)(1-\psi_{v,f})]-\eta_f\frac{\boldsymbol{e}_{CF}\cdot\boldsymbol{S}_f}{d_{CF}}\right\}\cdot\boldsymbol{v}_F\\&=\frac{\rho_C^0}{\Delta t}\boldsymbol{v}_C^0+\frac{1}{V_C}\sum_{f\sim \mathrm{nb}(C)}\eta_f(\nabla\boldsymbol{v})_f^{\mathrm{T}}\cdot\boldsymbol{S}_f+\rho_C\boldsymbol{f}_{b,C}+(\gamma\kappa)_C(\nabla\alpha)_C-(\nabla p)_C\end{aligned} \tag{7-26}$$

令

$$a_C^v=\frac{\rho_C}{\Delta t}+\frac{1}{V_C}\sum_{f\sim \mathrm{nb}(C)}\left[\frac{1}{2}\dot{m}_f[1+\zeta(\dot{q}_f)(1-\psi_{v,f})]+\eta_f\frac{\boldsymbol{e}_{CF}\cdot\boldsymbol{S}_f}{d_{CF}}\right]$$

$$a_F^v=\frac{1}{V_C}\left\{\frac{1}{2}\dot{m}_f[1-\zeta(\dot{q}_f)(1-\psi_{v,f})]-\eta_f\frac{\boldsymbol{e}_{CF}\cdot\boldsymbol{S}_f}{d_{CF}}\right\}$$

$$b_C^v=\frac{\rho_C^0}{\Delta t}\boldsymbol{v}_C^0+\frac{1}{V_C}\sum_{f\sim \mathrm{nb}(C)}\eta_f(\nabla\boldsymbol{v})_f^{\mathrm{T}}\cdot\boldsymbol{S}_f+\rho_C\boldsymbol{f}_{b,C}$$

从而可将方程（7-26）写为

$$a_C^v\boldsymbol{v}_C+\sum_{F\sim \mathrm{NB}(C)}a_F^v\cdot\boldsymbol{v}_F=b_C^v+(\gamma\kappa)_C(\nabla\alpha)_C-(\nabla p)_C \tag{7-27}$$

或者对该方程两端同时除以 a_C^v，得

$$\boldsymbol{v}_C+H_C(\boldsymbol{v})=B_C^v+D_C^v(\gamma\kappa)_C(\nabla\alpha)_C-D_C^v(\nabla p)_C \tag{7-28}$$

其中

$$H_C(\boldsymbol{v}) = \sum_{F \sim \mathrm{NB}(C)} \frac{a_F^v}{a_C^v} \cdot \boldsymbol{v}_F, D_C^v = \frac{1}{a_C^v}, B_C^v = \frac{b_C^v}{a_C^v}$$

对于质量守恒方程（1-10），同样可将其离散为

$$\sum_{f \sim \mathrm{nb}(C)} \dot{q}_f = 0 \tag{7-29}$$

在求解动量守恒方程和质量守恒方程时，仍需构建压力修正方程，按照4.2.2节的方法，根据方程（7-28）构建虚动量方程：

$$\boldsymbol{v}_f = -H_f(\boldsymbol{v}) + B_f^v + D_f^v(\gamma\kappa)_f(\nabla\alpha)_f - D_f^v(\nabla p)_f \tag{7-30}$$

其中，各系数根据式(4-18)～式(4-20)由两相邻单元质心上的变量值线性插值得到。将式(7-30)代入式(7-11)，得单元面上的体积通量为

$$\dot{q}_f = -H_f(\boldsymbol{v}) \cdot \boldsymbol{S}_f + B_f^v \cdot \boldsymbol{S}_f + D_f^v(\gamma\kappa)_f(\nabla\alpha)_f \cdot \boldsymbol{S}_f - D_f^v(\nabla p)_f \cdot \boldsymbol{S}_f \tag{7-31}$$

该式的求解格式为

$$\dot{q}_f = -H_f^{(n)}(\boldsymbol{v}) \cdot \boldsymbol{S}_f + (B_f^v)^{(n)} \cdot \boldsymbol{S}_f + D_f^v(\gamma\kappa)_f^{(k+1)}(\nabla\alpha)_f^{(k+1)} \cdot \boldsymbol{S}_f - D_f^v(\nabla p)_f \cdot \boldsymbol{S}_f \tag{7-32}$$

其中，上标（n）表示上一迭代步计算得到的值，上标（$k+1$）表示本时间步计算得到的值。将式(7-32)代入质量守恒方程（7-29），得压力修正方程

$$\sum_{f \sim \mathrm{nb}(C)} [D_f^v(\nabla p)_f \cdot \boldsymbol{S}_f] = \sum_{f \sim \mathrm{nb}(C)} [-H_f^{(n)}(\boldsymbol{v}) \cdot \boldsymbol{S}_f + (B_f^v)^{(n)} \cdot \boldsymbol{S}_f + D_f^v(\gamma\kappa)_f^{(k+1)}(\nabla\alpha)_f^{(k+1)} \cdot \boldsymbol{S}_f] \tag{7-33}$$

7.1.3 总体求解过程

应用VOF方法求解两相流问题的总体过程如图7-1所示，整体采用分离求解法。其中在求解动量守恒方程和质量守恒方程时，应用了PISO算法。在PISO循环内，由压力修正方程（7-33）求得新压力场p^*_C后，分别根据式(7-30)和式(7-32)更新速度场和体积通量场，得到$\boldsymbol{v}_C^{**}$和$\dot{q}_f^{**}$。

7.2 两相流流场的OpenFOAM求解器interFoam

OpenFOAM中的interFoam求解器可用来执行7.1节所述算法，它应用VOF方法求解恒温不可压缩不互溶流体的两相流问题。本节介绍interFoam求解器中实现7.1节所述算法的方法。

7.2.1 interFoam求解器的总体组成

组成interFoam求解器的目录文件如图7-2所示，其中，interFoam.C为主程序文件，createFields.H和createFieldRefs.H头文件中声明并初始化所有的变量场，alphaEqnSubCycle.H、alphaEqn.H和alphaSuSp.H头文件用于定义和求解相1的体积分数方程，UEqn.H和pEqn.H中分别定义并求解动量守恒方程和压力修正方程，make/files文件和make/options文件的功能与4.3.1节中流场求解器中的对应文件的功能相同。

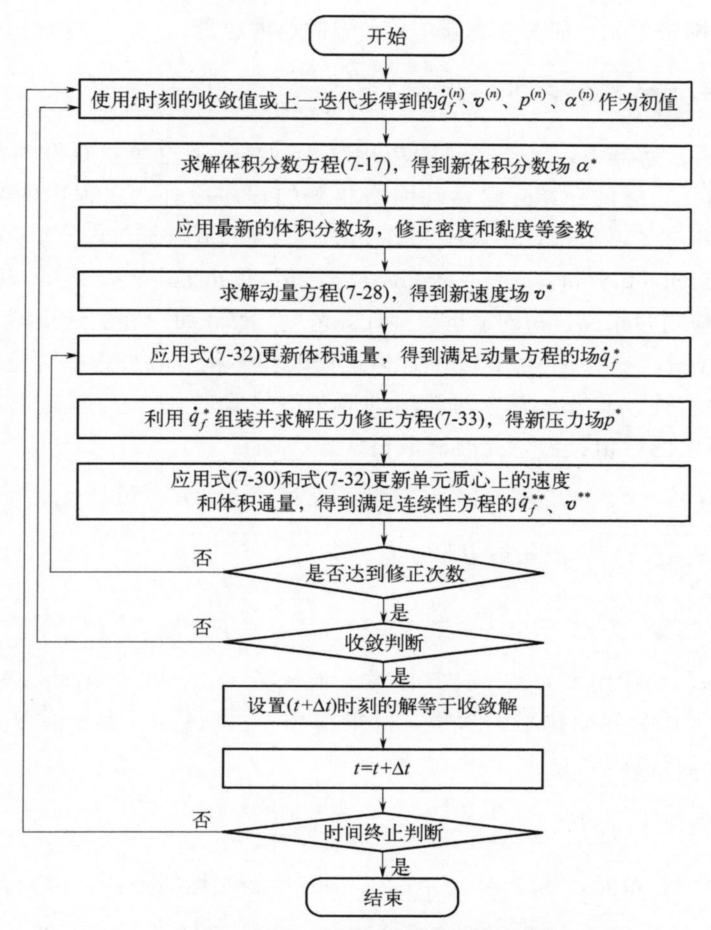

图 7-1　应用 VOF 方法求解两相流问题的总体过程

在图 7-2 所示的目录中，文件夹 incompressibleInterPhaseTransportModel 内声明和定义了类 incompressibleInterPhaseTransportModel，它用于求解多相流问题时选择输运模型。默认选择“twoPhaseMixture”，这种模型只用一个动量守恒方程描述两相流体组成的混合物的动量输运过程，还可以选择“twoPhaseTransport”，它应用 Eulerian-Eulerian 方法为两相流体分别建立输运模型。在算例文件 constant/momentumTransport 中，通过关键字 simulationType 设置输运模型的种类。

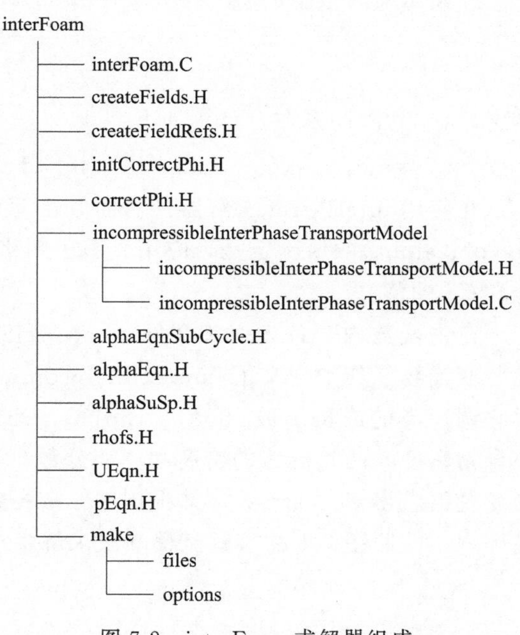

图 7-2　interFoam 求解器组成

头文件 initCorrectPhi. H 和 correctPhi. H 中的内容用于在应用移动网格时，在网格重建后，利用新的网格单元几何参数更新单元面上的速度通量。

7.2.2 interFoam 求解器的主程序

在 interFoam 求解器中，可选择是否应用移动网格，但这里重点针对如何求解控制方程，所以略去这一功能的介绍。除移动网格相关的程序段外，主程序的其他主要内容如图 7-3 所示。其中在主函数前，引入头文件 interfaceCompression. H 是为了应用压缩差分格式，引入类 immiscibleIncompressibleTwoPhaseMixture 和 incompressibleInterPhaseTransportModel 分别用于应用两相混合物的输运模型计算密度、修正每一相的通量等。

头文件 interfaceCompression. H 中，通过修改相体积分数方程中对流项的离散格式来保持界面的尖锐特性，其方法是在对流项的原离散格式(7-16) 的基础上，加入界面压缩通量，减弱界面上的数值扩散，此时离散格式成为

$$\sum_{f\sim \mathrm{nb}(C)} (\alpha \boldsymbol{v})_f \cdot \boldsymbol{S}_f = \sum_{f\sim \mathrm{nb}(C)} [\dot{q}_f \alpha_f^{\mathrm{U}} + \lambda_M [\dot{q}_f \alpha_f^{\mathrm{HR}} + \dot{q}_{rf} \alpha_{rf}(1-\alpha_{rf}) - \dot{q}_f \alpha_f^{\mathrm{U}}]] \tag{7-34}$$

其中，$\dot{q}_{rf}\alpha_{rf}(1-\alpha_{rf})$为界面压缩通量，且

$$\dot{q}_{rf} = \min\left(C_\alpha \frac{|\dot{q}_f|}{|\boldsymbol{S}_f|}, \max\left(\frac{|\dot{q}_f|}{|\boldsymbol{S}_f|}\right)\right)(\boldsymbol{n}_f \cdot \boldsymbol{S}_f) \tag{7-35}$$

其中，函数 max()的作用域为整个计算区域，而函数 min()的作用域只包含单元 C 的单元面，常数 C_α 为限制界面抹平的参数，这里使用 $C_\alpha = 1$；$\boldsymbol{n}_f$ 为界面单元面上的法向矢量，它由体积分数计算：

$$\boldsymbol{n}_f = \frac{(\nabla\alpha)_f}{|(\nabla\alpha)_f|} \tag{7-36}$$

其中，$(\nabla\alpha)_f$ 由相邻单元 C 和 F 质心上的 $(\nabla\alpha)$ 值经线性插值计算得到，即

$$(\nabla\alpha)_f = g_C(\nabla\alpha)_C + g_F(\nabla\alpha)_F$$

界面压缩通量中的 α_{rf} 在头文件 interfaceCompression. H 中计算为

$$\alpha_{rf} = \alpha_C + \frac{\alpha_F - \alpha_C}{2}[1 - \zeta(\dot{q}_f)(1-\lambda_{\alpha r})] \tag{7-37}$$

其中，$\lambda_{\alpha r}$ 为限制系数，计算如下：

$$\lambda_{\alpha r} = \min\{\max(1 - \max[(1-(4\alpha_C(1-\alpha_C)))^2, (1-(4\alpha_F(1-\alpha_F)))^2], 0), 1\} \tag{7-38}$$

在应用 interFoam 求解器计算时，由算例的 fvSchemes 文件内关键字 divSchemes 中 div(phi,alpha)的值确定是否应用界面压缩格式，并在应用该格式时给定限制函数 $\psi_{\alpha,f}$ 的值和 C_α 的值。

在主函数内，首先由头文件 createFields. H 和 createFieldRefs. H 中的内容声明和定义各变量场，其中定义了 immiscibleIncompressibleTwoPhaseMixture 类对象 mixture，通过它调用类的成员函数 rho()、rho1()、rho1()、alpha1()、alpha2()，分别用来初始化混合物密度、两相流体的密度和体积分数。在每一时间步内，首先由上一时间步计算得到的变量值求得 Courant 数，并根据 Courant 数的最大允许值重设时间步进值。在 PIMPLE 循环内，按照图 7-1 的求解流程顺次求解各控制方程。

```
……
#include"interfaceCompression.H"
#include"CMULES.H"
#include"immiscibleIncompressibleTwoPhaseMixture.H"
#include"incompressibleInterPhaseTransportModel.H"
intmain(intargc,char*argv[])
{
    ……
    #include"createFields.H"
    #include"createFieldRefs.H"
    #include"initCorrectPhi.H"
    ……
    while(pimple.run(runTime))                          时间步开始
    {
        if(LTS)
        {
            #include"setRDeltaT.H"
        }
        else                                            设置迭代时间步进值
        {
            #include"CourantNo.H"
            #include"alphaCourantNo.H"
            #include"setDeltaT.H"
        }
        ……
        runTime++;
        while(pimple.loop())                            PIMPLE循环开始
        {
            ……
            fvModels.correct();
            surfaceScalarField  rhoPhi
            (
                IOobject
                (
                    "rhoPhi",
                    runTime.timeName(),                 重新初始化质量通量
                    mesh
                ),
                mesh,
                dimensionedScalar(dimMass/dimTime,0)
            );
            #include"alphaControls.H"
            #include"alphaEqnSubCycle.H"                求解相1体积分数方程
            turbulence.correctPhasePhi();
            mixture.correct();                          修正物理参数
            #include"UEqn.H"                            求解动量守恒方程
            while(pimple.correct())
            {
                #include"pEqn.H"                        求解压力修正方程
            }
            if(pimple.turbCorr())
            {
                turbulence.correct();
            }
        }                                               PIMPLE循环结束
        runTime.write();
        ……
    }                                                   时间步结束
    return0;
}
```

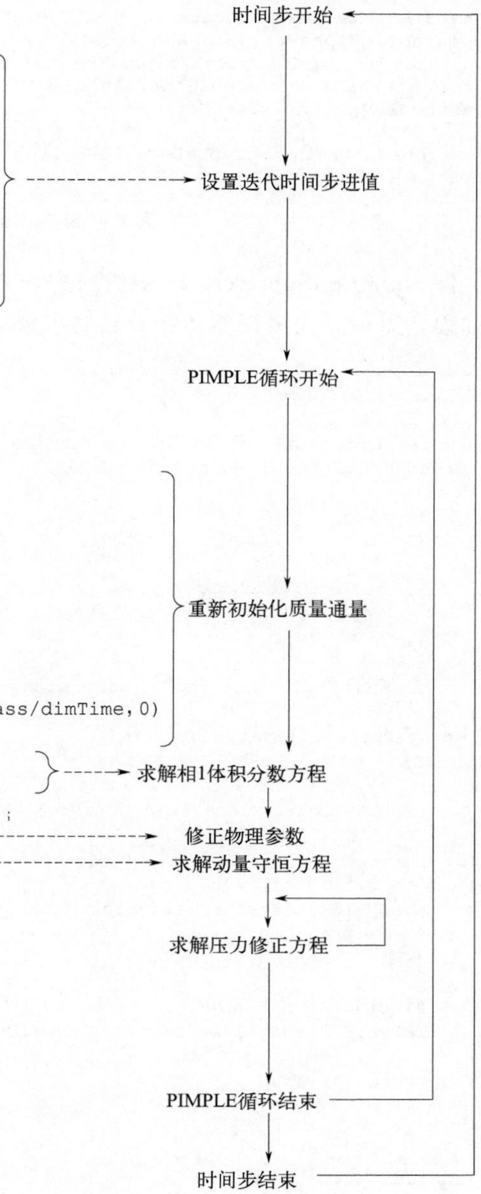

图 7-3　interFoam 求解器主程序主要内容及说明

7.2.3 相体积分数方程的求解

图 7-3 所示的主程序中通过调用头文件 alphaControls. H 和 alphaEqnSubCycle. H 完成相体积分数方程的求解。其中，头文件 alphaControls. H 中的内容如图 7-4 所示，该文件中分别定义了控制求解过程的相体积分数修正次数 nAlphaCorr 和每一迭代步内的方程求解次数 nAlphaSubCycles 等，计算过程中它们的值在算例的 system/fvSchemes 文件内通过相应关键字指定。

```
constdictionary&alphaControls =mesh.solution().solverDict(alpha1.name());
constlabelnAlphaCorr(alphaControls.lookup<label>("nAlphaCorr"));
constlabelnAlphaSubCycles(alphaControls.lookup<label>("nAlphaSubCycles"));
constbool MULESCorr(alphaControls.lookupOrDefault<Switch>("MULESCorr", false));
constbool alphaApplyPrevCorr
(
    alphaControls.lookupOrDefault<Switch>("alphaApplyPrevCorr", false)
);
```

图 7-4 头文件 alphaControls. H 中的内容

头文件 alphaEqnSubCycle. H 中的内容一方面通过调用头文件 alphaEqn. H 求解相体积分数方程，另一方面根据相体积分数的求解结果计算混合物的密度，如图 7-5 所示。头

```
if(nAlphaSubCycles>1)
{
    dimensionedScalar totalDeltaT = runTime.deltaT();
    surfaceScalarField rhoPhiSum
    (
        IOobject
        (
            "rhoPhiSum",
            runTime.timeName(),
            mesh
        ),
        mesh,
        dimensionedScalar(rhoPhi.dimensions(), 0)
    );
    tmp<volScalarField>trSubDeltaT;
    if(LTS)
    {
        trSubDeltaT=fv::localEulerDdt::localRSubDeltaT(mesh, nAlphaSubCycles);
    }
    for
    (
        subCycle<volScalarField>alphaSubCycle(alpha1, nAlphaSubCycles);
        !(++alphaSubCycle).end();
    )
    {
        #include"alphaEqn.H"
        rhoPhiSum+= (runTime.deltaT()/totalDeltaT)*rhoPhi;
    }
    rhoPhi=rhoPhiSum;
}
else
{
    #include "alphaEqn.H"--------------> 定义和求解相体积分数场
}
rho==mixture.rho(); -------------> 计算混合物密度
```

（if 分支注释：若通过多次不同时间步的子循环求解相体积分数场，需重新计算质量通量）

图 7-5 头文件 alphaEqnSubCycle. H 中的内容及说明

文件 alphaEqn. H 的主要内容如图 7-6 所示。其中，根据所选择的瞬态项离散格式，对体

```
#include "alphaScheme.H"
scalar ocCoeff = 0;
......
if(alphaRestart|| mesh.time().timeIndex()>mesh.time().startTimeIndex()+1)
{ ocCoeff = refCast<const fv::CrankNicolsonDdtScheme<scalar>>(ddtAlpha).ocCoeff();}   } 计算Crank-Nicolson格式的偏心系数
......
scalar cnCoeff = 1.0/(1.0 + ocCoeff); ------------------→ 计算时间混合系数
tmp<surfaceScalarField>phiCN(phi);
if(ocCoeff> 0)
{ phiCN = surfaceScalarField::New("phiCN", cnCoeff*phi + (1.0 - cnCoeff)*phi.oldTime());}   } 计算Crank-Nicolson格式时的体积通量
#include "alphaSuSp.H"
if(MULESCorr)
{
    fvScalarMatrix alpha1Eqn
    (
        (LTS ? fv::localEulerDdtScheme<scalar>(mesh).fvmDdt(alpha1)
           :fv::EulerDdtScheme<scalar>(mesh).fvmDdt(alpha1))
        + fv::gaussConvectionScheme<scalar>
        (   mesh,
            phiCN,
            upwind<scalar>(mesh, phiCN)
        ).fvmDiv(phiCN, alpha1)
    );                                                  } 定义相1体积分数方程
    alpha1Eqn.solve(); -------------------→ 求解相1体积分数方程
    ......
    alpha2 = 1.0 - alpha1; -------------------→ 计算相2体积分数场
    mixture.correct(); -------------------→ 修正混合物物理参数
}
for (int aCorr=0; aCorr<nAlphaCorr; aCorr++)
{
    if(MULESCorr){......}
    else
    {
        alphaPhi1 = talphaPhi1Un;
        if(divU.valid()){......}
        else
        {
            MULES::explicitSolve
            (geometricOneField(), alpha1, phiCN, alphaPhi1, oneField(), zeroField());
        }
    }
    alpha2 = 1.0 - alpha1;
    mixture.correct();
}                                                       } 修正体积分数场和混合物物理参数
......
#include "rhofs.H"
if(word(mesh.schemes().ddt("ddt(rho, U)"))== fv::EulerDdtScheme<vector>::typeName
   || word(mesh.schemes().ddt("ddt(rho, U)"))== fv::localEulerDdtScheme<vector>::typeName)
{ rhoPhi = alphaPhi1*(rho1f -rho2f) + phiCN*rho2f; } -------------------→ 计算Euler格式时的质量通量
else
{
    if(ocCoeff> 0)
    { alphaPhi1 =  (alphaPhi1 - (1.0 -cnCoeff)*alphaPhi1.oldTime())/cnCoeff;}
    rhoPhi = alphaPhi1*(rho1f -rho2f) + phi*rho2f; -------------------→ 计算Crank-Nicolson格式时的质量通量
}
......
```

图 7-6　头文件 alphaEqn. H 中的主要内容及说明

积通量有不同的计算方法。如果选择 Euler 格式，体积通量的计算方法与一般的计算方法相同。如果选择 Crank-Nicolson 格式，为了稳定计算过程，通过应用偏心系数限制体积通量，使得离散结果偏离原本的中心差分格式。偏心系数在程序中由“ocCoeff”表示，其值位于 0～1 范围内，计算过程中在算例的 system/fvSchemes 文件内通过关键字 ddtSchemes 给定。根据偏心系数计算体积通量的方法为

$$\dot{q}=\frac{1}{1+\mathrm{ocCoeff}}\dot{q}^{(k+1)}+\frac{\mathrm{ocCoeff}}{1+\mathrm{ocCoeff}}\dot{q}^{(k)} \tag{7-39}$$

其中，上标（k）表示前一时间步，上标（$k+1$）表示当前时间步。

7.2.4 动量守恒方程的求解

动量守恒方程（7-26）的求解在头文件 UEqn. H 内完成，如图 7-7 所示。在定义方程时，通过函数 divDevTau()调用 OpenFOAM 内置的应力张力模型并表示方程中的黏性力，函数 surfaceTensonForce()返回表面张力。求解器中应用了式(6-28) 和式(6-29) 的压力和压力梯度表示，这时离散格式的动量守恒方程成为

$$\boldsymbol{v}_C+H_C(\boldsymbol{v})=B_C^v+D_C^v(\gamma\boldsymbol{\kappa})_C(\nabla\alpha)_C-D_C^v(\nabla p_{\mathrm{rgh}})_C-D_C^v(\boldsymbol{g}\cdot\boldsymbol{h}\,\nabla\rho)_C \tag{7-40}$$

```
MRF.correctBoundaryVelocity(U);
fvVectorMatrix UEqn
(
    fvm::ddt(rho, U) + fvm::div(rhoPhi, U)
    + MRF.DDt(rho, U)
    + turbulence.divDevTau(rho, U)
    ==
    phaseChange.SU(rho, rhoPhi, U)
    +fvModels.source(rho, U)
);
UEqn.relax();
fvConstraints.constrain(UEqn);
if(pimple.momentumPredictor())
{
    solve
    (
          UEqn
          ==
          fvc::reconstruct
          (
              (
              mixture.surfaceTensionForce()
               -ghf*fvc::snGrad(rho)
               -fvc::snGrad(p_rgh)
              )*mesh.magSf()
          )
    );
    fvConstraints.constrain(U);
}
```

定义和离散动量守恒方程中的部分项

求解动量守恒方程

图 7-7 头文件 UEqn. H 中的内容及说明

组装和求解压力修正方程（7-33）在头文件 pEqn. H 中实现，如图 7-8 所示。该文件中 rAU、HbyA 的定义与式(4-57) 和式(4-59) 相同，另外定义

$$\mathrm{phiHbyA}=\mathrm{HbyA}_f\cdot\boldsymbol{S}_f+\mathrm{rAU}_f(\gamma\kappa)_f(\nabla\alpha)_f\cdot\boldsymbol{S}_f-\mathrm{rAU}_f*\mathrm{ghf}*(\nabla\rho)_f\cdot\boldsymbol{S}_f \tag{7-41}$$

其中，ghf 表示 $\boldsymbol{g}\cdot\boldsymbol{h}$，根据方程（7-33）和式(6-29) 的表示，可得压力修正方程的表

达式

$$\sum_{f\sim \mathrm{nb}(C)}[\mathrm{HbyA}_f\cdot(p_{\mathrm{rgh}})_f\cdot \boldsymbol{S}_f]=\sum_{f\sim \mathrm{nb}(C)}\mathrm{phiHbyA} \tag{7-42}$$

与该方程对应的离散前的方程为

$$\nabla\cdot[\mathrm{HbyA}\cdot p_{\mathrm{rgh}}]=\nabla\cdot\mathrm{phiHbyA} \tag{7-43}$$

图 7-8 所示程序中求解的压力修正方程即该方程。

```
......
surfaceScalarField rAUf("rAUf", fvc::interpolate(rAU()));
volVectorField HbyA(constrainHbyA(rAU()*UEqn.H(), U, p_rgh));
surfaceScalarField phiHbyA
(
    "phiHbyA",
    fvc::flux(HbyA)
   + MRF.zeroFilter(fvc::interpolate(rho*rAU())*fvc::ddtCorr(U, phi, Uf))
);
......
surfaceScalarField phig
(
    (
        mixture.surfaceTensionForce()
        -ghf*fvc::snGrad(rho)
    )*rAUf*mesh.magSf()
);
phiHbyA += phig;
constrainPressure(p_rgh, U, phiHbyA, rAUf, MRF);
fvScalarMatrix Sp_rgh(phaseChange.Sp_rgh(rho, gh, p_rgh));
while(pimple.correctNonOrthogonal())
{
    fvScalarMatrix p_rghEqn
    (
        fvc::div(phiHbyA) - fvm::laplacian(rAUf, p_rgh)
        == Sp_rgh
    );
    p_rghEqn.setReference
    (
        pressureReference.refCell(),
        getRefCellValue(p_rgh, pressureReference.refCell())
    );
    p_rghEqn.solve();
    if(pimple.finalNonOrthogonalIter())
    {
        phi = phiHbyA + p_rghEqn.flux();
        p_rgh.relax();
        U = HbyA + rAU()*fvc::reconstruct((phig + p_rghEqn.flux())/rAUf);
        U.correctBoundaryConditions();
        fvConstraints.constrain(U);
    }
}
#include"continuityErrs.H"
......
p == p_rgh + rho*gh;
......
```

组装和求解压力修正方程(7-43)（注：对应 surfaceScalarField rAUf 至 p_rghEqn.solve(); 部分）

更新体积通量、速度等（注：对应 if(pimple.finalNonOrthogonalIter()) 块）

图 7-8　头文件 pEqn. H 中的主要内容及说明

求解方程（7-43）得到 p_{rgh} 后，应用式(7-32）更新体积通量，程序中表示为“phi”。在更新单元质心上的速度时，应用了函数 fvc::reconstruct()，相当于应用如下表达式：

$$\boldsymbol{v}_C^{**}=\boldsymbol{v}_C^r+\left(\frac{1}{a_C^v}\right)\left(\sum_{f\sim \text{nb}(C)}\frac{\boldsymbol{S}_f\boldsymbol{S}_f}{|\boldsymbol{S}_f|}\right)^{-1}\sum_{f\sim \text{nb}(C)}\left(\frac{\dot{q}_f^{**}-(\boldsymbol{v}_C^r)_f\cdot\boldsymbol{S}_f}{\left(\frac{1}{a_C^v}\right)_f}\times\frac{\boldsymbol{S}_f}{|\boldsymbol{S}_f|}\right) \quad (7\text{-}44)$$

其中，$\boldsymbol{v}_C^r$ 为在方程（7-28）中忽略等号右端的最后两项后求得的速度，$\dot{q}_f^{**}$ 为新近更新的体积通量。

7.3 两相流流场求解实例

7.3.1 问题描述

液体在毛细管中的上升流动是一种典型的两相流，该流动中表面张力起到重要作用，液体的多孔介质流动、土壤中的流动以及植物体内的流动等都是毛细管流动的表现形式。毛细上升流动一般发生在直径小于毫米量级的管道内，如图 7-9 所示，宏观来看，液体在表面张力的驱动下向上爬升，挤出毛细管中原本存在的气体，在管内形成气-液两相流。本节以图 7-9 所示的几何模型为例介绍应用 interFoam 求解器计算两相流流场的方法。

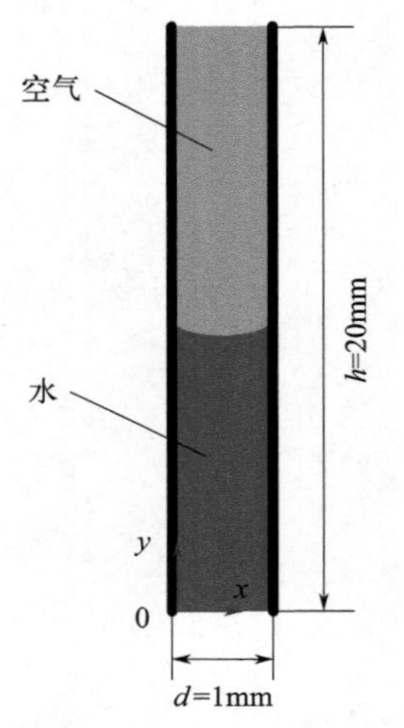

图 7-9 毛细上升流几何模型

假设图 7-9 中的毛细管直径为 1mm，长度为 20mm，毛细管底端为水的入口，顶端与大气环境相通。认为毛细管中的气体和液体均不可压缩且黏度恒定，忽略温度的影响，且两种流体的流动均为层流，则描述毛细管中两相流动的控制方程由质量守恒方程（1-10）、动量守恒方程（1-72）、液体相体积分数方程（7-4）以及物性参数关系式(7-5)、式(7-6）组成。在毛细管两侧壁面上，两种流体的流速均采用无滑移边界条件，液体与壁面的静态接触角为 45°。在毛细管的顶部和底部，假设相对压力均为 0。

上述毛细上升流动可以采用 interFoam 求解器计算。通过计算，研究毛细管内两相的体积分数分布和上升过程中液体的流速分布。

7.3.2 OpenFOAM 算例程序

求解图 7-9 所示毛细上升流动问题的 OpenFOAM 算例程序由如图 7-10 所示的目录文件组成，在名称为 capillaryRise 的文件夹中分别在三个子文件夹内共定义 13 个文件。下面简述每一个文件完成的功能。

system/blockMeshDict 文件中的内容如图 7-11 所示。该算例中计算域只有一个块，并将该块划分为 20×400 个均匀网格。将计算域中毛细管的顶端边界面和底端边界面分别定义为“atmosphere”和“inlet”，它们均为 patch 类型，两侧端面定义为“walls”，其类型为 wall。

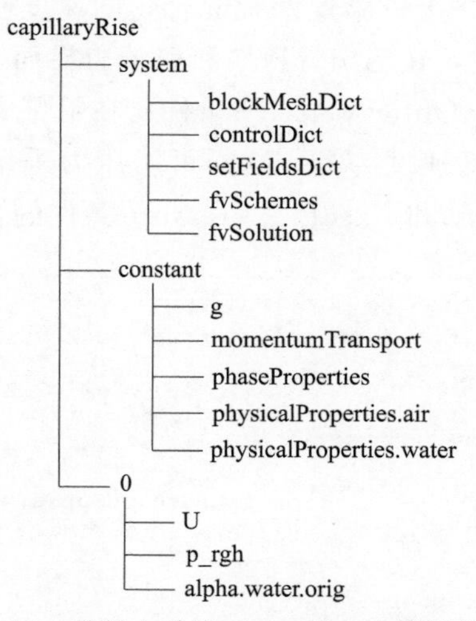

图 7-10　毛细上升流 OpenFOAM 算例组成

```
convertToMeters 1e-3;
vertices
(
     (0 0 0)
     (1 0 0)
     (1 20 0)
     (0 20 0)
     (0 0 1)                    定义顶点
     (1 0 1)
     (1 20 1)
     (0 20 1)
);
blocks
(
     hex(0 1 2 3 4 5 6 7)(20 400 1)simpleGrading(1 1 1)    定义块
);
boundary
(
     inlet
     {
          type patch;                     毛细管底端面边界
          faces((1 5 4 0));
     }
     atmosphere
     {
          type patch;                     毛细管顶端面边界
          faces((3 7 6 2));
     }
     walls
     {
          type wall;                      毛细管侧壁面边界
          faces((0 4 7 3)(2 6 5 1));
     }
     frontAndBack
     {
          type empty;                     毛细管前、后端面
          faces((0 3 2 1)(4 5 6 7));
     }
);
```

图 7-11　system/blockMeshDict 文件内容及说明

在文件 0/U 和 0/p_rgh 中分别给定两相混合物的速度和压力的边界和初始条件，如图 7-12 和图 7-13 所示。其中，在毛细管顶端和底端边界面上，给定恒定相对压力值，这样对速度可采用 pressureInletOutletVelocity 条件；在毛细管两侧壁面上，给定速度边界条件 noSlip，意味着壁面上的速度为零，这样可对压力采用 fixedFluxPressure 条件。这里 pressureInletOutletVelocity 和 fixedFluxPressure 条件的含义与 6.3.2 节的相同。

```
dimensions     [0 1 -1 0 0 0 0];
internalField uniform(0 0 0);
boundaryField
{
    inlet
    {
        type       pressureInletOutletVelocity;
        value      uniform(0 0 0);
    }
    atmosphere
    {
        type       pressureInletOutletVelocity;
        value      uniform(0 0 0);
    }
    walls
    {
        type       noSlip;
    }
    defaultFaces
    {
        type       empty;
    }
}
```

图 7-12　0/U 文件内容

```
dimensions     [1 -1 -2 0 0 0 0];
internalField uniform 0;
boundaryField
{
    inlet
    {
        type       fixedValue;
        value      uniform 0;
    }
    atmosphere
    {
        type       fixedValue;
        value      uniform 0;
    }
    walls
    {
        type       fixedFluxPressure;
    }
    defaultFaces
    {
        type       empty;
    }
}
```

图 7-13　0/p_rgh 文件内容

在0/alpha. water. orig文件内给定液体相体积分数的初始和边界条件，如图7-14所示。在毛细管底端边界面上，采用inletOutlet条件，表示当流体从该面上流出计算域时，应用法向梯度为零的条件zeroGradient，当流入计算域时，应用恒定体积分数的条件fixedValue，相应的体积分数值由关键字inletValue的值给定。同时，在毛细管底端边界面上，相体积分数的初始值由关键字value的值给定。在毛细管顶端边界面上，采用法向梯度为零的条件zeroGradient。在毛细管两侧壁面上，应用constantAlphaContactAngle条件，表示壁面上的体积分数和接触角均为恒定值，其中体积分数值由关键字value的值给定，关键字theta0给定静态接触角的值，关键字limit的值gradient表示限制壁面上相体积分数的梯度的方法，使相体积分数在壁面上保持有界。

```
dimensions     [0 0 0 0 0 0 0];
internalField uniform 0;
boundaryField
{
    inlet
    {
        type          inletOutlet;
        value         uniform 1;
        inletValue    uniform 1;
    }
    atmosphere
    {
        type          zeroGradient;
    }
    walls
    {
        type          constantAlphaContactAngle;
        theta0        45;
        limit         gradient;
        value         uniform 0;
    }
    defaultFaces
    {
        type          empty;
    }
}
```

图7-14　0/alpha. water. orig文件内容

在system/setFieldsDict文件内设置相体积分数的非均匀初始条件，如图7-15所示。文件中首先由defaultFieldValues关键字设置整个区域上体积分数场的默认值为0，其后在regions子字典中，通过定义向量创建box，并指定该box内单元集合上的液体相体积分数为1。完成这些设置后，需要在划分网格后运行setFields工具从setFieldsDict文件内读取设置的体积分数场，并覆盖0/alpha. water. orig文件内的相应初始值（关键字internalField指定的内容）。

文件夹constant中的各文件用于给定控制方程中物理参数的值及计算中应用的两相流输运模型，如图7-16所示。其中，在momentumTransport文件中指定输运模型，本问题中假设流动为层流，选择模型liminar。

```
defaultFieldValues
(
    volScalarFieldValue  alpha.water  0
);
regions
(
     boxToCell
     {
          box(0 0 -1)(1 8e-3 1);
          fieldValues
          (
               volScalarFieldValue alpha.water   1
          );
     }
);
```

图 7-15　system/setFieldsDict 文件内容

```
dimensions        [0 1 -2 0 0 0 0];     } 文件g中的内容，给定重
value       (0 -9.81  0);               } 力加速度的值

viscosityModel        constant;         } 文件physicalProperties.air中的
nu         1.48e-05                     } 内容，指定空气相的黏度模型
rho        1;                           } 和参数

viscosityModel        constant;         } 文件physicalProperties.water中
nu1        1e-06;                       } 的内容，指定水相的黏度模型
rho        1000;                        } 和参数

phases     (water air);   } 文件phaseProperties中的内容，给定
sigma      0.0707106;     } 两相的名称和表面张力系数值

simulationType        laminar;  --> 文件momentumTransport中的内容，
                                    给定两相流输运模型的种类
```

图 7-16　constant 文件夹中各文件的内容及说明

```
application           interFoam;
……
runTimeModifiable     yes;
adjustTimeStep        yes;
maxCo                 0.2;
maxAlphaCo            0.2;
maxDeltaT             1;
```

图 7-17　system/controlDict 文件中的部分内容

在文件 system/controlDict 中进行求解过程控制的设置，如图 7-17 所示。由于界面追踪算法比普通流体算法对 Courant 数更加敏感，所以这里需应用更小的 Courant 数。本算例允许求解器在计算过程中自动调整时间步长，但需满足最大 Courant 数为 0.2 和相体积分数场最大 Courant 数为 0.2，而且时间步长的上限为 1s。

分别在文件 system/fvSchemes 和 system/fvSolution 中指定控制方程的离散方法和相应代数方程组的求解方法，如图 7-18 和图 7-19 所示。其中，在指定相体积分数方程的离散格式时，选用“interfaceCompression”，表示应用了式(7-34) 中的界面压缩通量，并指定限制函数 $\psi_{\alpha,f}$ 的格式为 vanLeer，系数 C_α 的值为 1。在 system/fvSolution 中的子字典 alpha. water 内给定相体积分数的修正次数 nAlphaCorr 和每一迭代步内方程求解次数 nAlphaSubCycles 的值。此外，该文件内还指明了 PIMPLE 循环的修正次数。

```
ddtSchemes
{
    default   Euler;          一阶隐式Euler法离散瞬态项
}
gradSchemes
{
    default   Gauss linear;   Gauss梯度法计算梯度，线性插值得到单元面上的梯度
}
divSchemes
{
    div(rhoPhi, U)      Gauss upwind;        ---> 动量方程的对流项采用迎风格式离散
    div(phi, alpha)     Gauss interfaceCompression vanLeer 1;   ---> 相体积分数方程对流项离散方法
    div(((rho*nuEff)*dev2(T(grad(U)))))   Gauss linear;
}
laplacianSchemes
{
    default   Gauss linear corrected;   Gauss积分和线性插值法离散扩散项
}
interpolationSchemes
{
    default   linear;         由线性插值得到单元面上的系数和变量值
}
snGradSchemes
{
    default   corrected;      计算法向梯度时需进行非正交修正
}
```

图 7-18　system/fvSchemes 文件内容及说明

7.3.3 计算结果

应用 interFoam 求解器计算完成后，得到毛细管内流体的相、流速和压力分布，图 7-20、图 7-21 和图 7-22 分别给出不同时刻毛细管内两相流体的相分布、速度分布和压力分布，从中可以明显看出液体相在管内随时间的爬升现象。在爬升过程中，气-液界面上靠近管壁处的液体流速大于中间位置的流速，而且在界面后方出现了明显的压力真空区域。图 7-23 给出了沿毛细管纵向中线的压力变化，可见，在气-液界面处压力发生突变，从最大负压值突变为大气压，而在界面下方，液体内压力从最大负压值线性升高至毛细管底端入口处的零（相对）压力值。

```
solvers
{
    alpha.water
    {
        nAlphaCorr       1;
        nAlphaSubCycles  2;
    }
    "pcorr.*"
    {
        solver   PCG;
        preconditioner   DIC;
        tolerance        1e-10;
        relTol   0;
    }
    p_rgh
    {
        solver   PCG;
        preconditioner   DIC;
        tolerance        1e-07;
        relTol   0.05;
    }
    p_rghFinal
    {
        $p_rgh;
        tolerance        1e-07;
        relTol   0;
    }
    U
    {
        solver   smoothSolver;
        smoother         symGaussSeidel;
        tolerance        1e-06;
        relTo    0;
    }
}
PIMPLE
{
    momentumPredictor     no;
    nCorrectors   3;
    nNonOrthogonalCorrectors   0;
}
```

给定相体积分数方程修正次数和每一迭代步内的求解次数

对角不完全Cholesky分解的共轭梯度法求解关于压力的代数方程组

平滑求解器求解关于速度的代数方程组

关于PIMPLE循环的设置

图 7-19 system/fvSolution 文件内容及说明

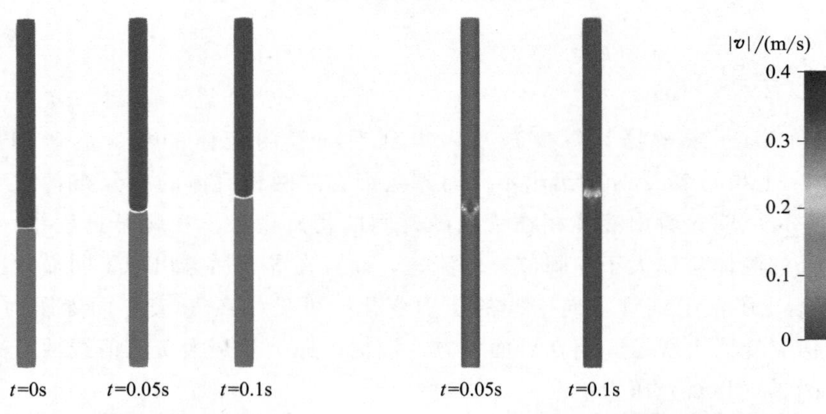

图 7-20 不同时刻毛细管内两相流体的相分布（见书后彩插）

图 7-21 不同时刻毛细管内两相流体的流速分布（见书后彩插）

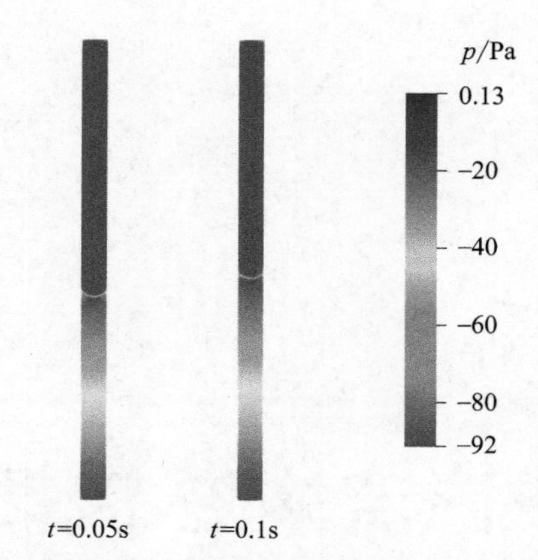

图 7-22　不同时刻毛细管内两相流体的压力分布（见书后彩插）

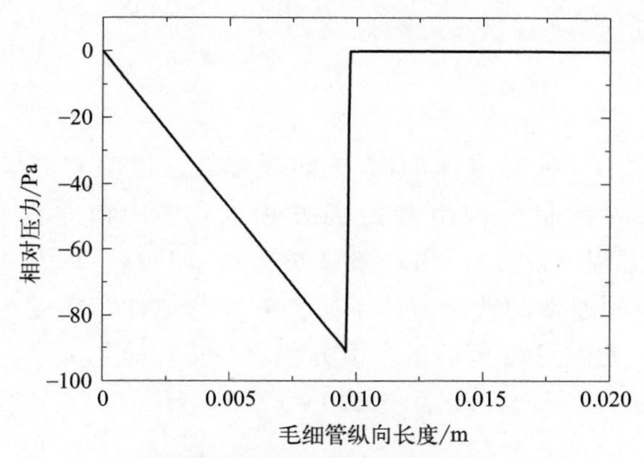

图 7-23　沿毛细管纵向中线的压力变化（t＝0.1s）

第8章

铁磁流体磁-流耦合流动流场的求解计算

本章针对静磁场作用下铁磁流体的磁-流耦合流动，说明其流场的求解方法。描述铁磁流体磁-流耦合流动的控制方程由静磁场方程（1-46）和方程（1-58）、质量守恒方程（1-10）、动量守恒方程（1-91）、角动量守恒方程（1-93）以及磁化方程（1-94）或方程（1-96）组成。考虑到通常的铁磁流体中磁性颗粒的惯性矩密度和剪切黏度系数均非常小，这里将它们忽略，此时可将角动量守恒方程（1-93）简化为

$$4\zeta(\boldsymbol{\omega}_{\mathrm{p}}-\boldsymbol{\Omega})=\mu_0\boldsymbol{M}\times\boldsymbol{H} \tag{8-1}$$

8.1 铁磁流体磁-流耦合流动的求解算法

由于组成铁磁流体磁-流耦合流动的控制方程较多，且方程间通过多个变量相互耦合，所以需对每一个控制方程分别进行有限体积法离散。离散时首先将计算域划分为有限体积网格，并基于网格定义控制体。以二维计算域为例，假设其中某一个控制体如图 8-1 所

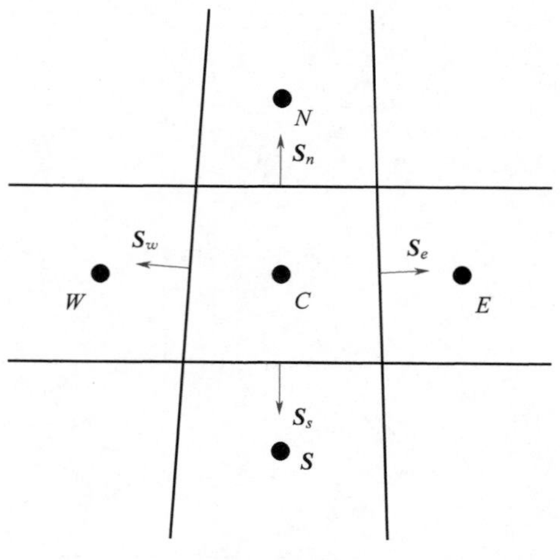

图 8-1　二维计算域网格中的一个控制体

示，图中 C 为控制体的质心，$\boldsymbol{S}_f(f=n,w,e,s)$为该控制体的任一表面积矢量。同时，将时间域离散为均匀的时间区间$[t_n,t_{n+1}]$，时间步长为 Δt。下面针对每一个控制方程，介绍其有限体积离散方法。

8.1.1　磁场方程的有限体积法离散

在静磁场的控制方程（1-58）中，等号左端的项为扩散项，右端的项为源项。将方程（1-58）在控制体 C 上取积分，并应用散度定理，得

$$\int_{\partial V_C} \nabla\varphi_m \cdot \mathrm{d}\boldsymbol{S}=\int_{\partial V_C}\boldsymbol{M}\cdot \mathrm{d}\boldsymbol{S}$$

将其中在包围控制体的整个面上的面积分解为控制体各表面上的积分，并应用平均值积分法，取面质心为积分点，得到半离散形式的方程：

$$\sum_{f\sim \mathrm{nb}(C)}(\nabla\varphi_m)_f\cdot\boldsymbol{S}_f=\sum_{f\sim \mathrm{nb}(C)}\boldsymbol{M}_f\cdot\boldsymbol{S}_f \tag{8-2}$$

在铁磁流体中，当外磁场变化时，其内部的磁化强度变化量远小于磁场强度的变化量，所以在迭代求解过程中，方程（8-2）中的源项 $\sum\limits_{f\sim \mathrm{nb}(C)}\boldsymbol{M}_f\cdot\boldsymbol{S}_f$ 可由上一迭代步得到的磁化强度场显式计算，定义在单元面上的 $\boldsymbol{M}_f$ 可由相邻单元质心上的值线性插值表示：

$$\boldsymbol{M}_f=g_C\boldsymbol{M}_C+g_F\boldsymbol{M}_F \tag{8-3}$$

其中，g_C 和 g_F 分别为几何插值因子。

对于方程（8-2）中的扩散项，如果网格非正交，面积矢量 $\boldsymbol{S}_f$ 与连接相邻单元质心的矢量 $\overrightarrow{CF}$ 不共线。将 $\boldsymbol{S}_f$ 分别沿 $\overrightarrow{CF}$ 和平行单元面方向进行矢量分解，得到 $\boldsymbol{S}_f=\boldsymbol{E}_f+\boldsymbol{T}_f$，如图 8-2 所示。采用正交修正法，根据式(2-40)，将矢量 $\boldsymbol{E}_f$ 近似表示为 $\boldsymbol{E}_f=S_f\mathbf{e}$，其中 $\mathbf{e}$ 为沿 $\overrightarrow{CF}$ 方向上的单位矢量，从而可将 $\boldsymbol{T}_f$ 表示为

$$\boldsymbol{T}_f=\boldsymbol{S}_f-\boldsymbol{E}_f=S_f(\boldsymbol{n}-\mathbf{e})$$

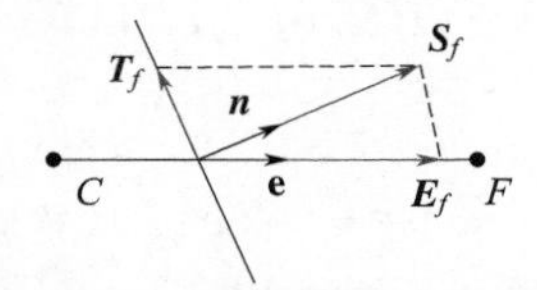

图 8-2　网格非正交引起的面积矢量与相邻单元质心连线不共线

这样，扩散项成为

$$\sum_{f\sim \mathrm{nb}(C)}(\nabla\varphi_m)_f\cdot\boldsymbol{S}_f=\sum_{f\sim \mathrm{nb}(C)}(\nabla\varphi_m)_f\cdot\boldsymbol{E}_f+\sum_{f\sim \mathrm{nb}(C)}(\nabla\varphi_m)_f\cdot(\boldsymbol{n}-\mathbf{e})S_f \tag{8-4}$$

对于该式等号右端的第一项，将单元面上的梯度$(\nabla\varphi_m)_f$ 线性化为

$$(\nabla\varphi_m)_f=\frac{(\varphi_m)_F-(\varphi_m)_C}{d_{CF}}\mathbf{e} \tag{8-5}$$

其中，d_{CF} 为连接两相邻单元质心 C 和 F 的距离。式(8-4）中等号右端的第二项可根据单元质心上的梯度$\nabla\varphi_m$ 显式表示：

$$(\nabla\varphi_m)_f=g_C(\nabla\varphi_m)_C+g_F(\nabla\varphi_m)_F \tag{8-6}$$

将式(8-5）和式(8-6）代入式(8-4)，最终将扩散项离散为

$$\sum_{f\sim \mathrm{nb}(C)}(\nabla\varphi_m)_f\cdot \boldsymbol{S}_f=\sum_{F\sim \mathrm{NB}(C)}\frac{(\varphi_m)_F-(\varphi_m)_C}{d_{CF}}E_f+\sum_{f\sim \mathrm{nb}(C)}[g_C(\nabla\varphi_m)_C+g_F(\nabla\varphi_m)_F]\cdot(\boldsymbol{n}-\mathbf{e})S_f \tag{8-7}$$

将式(8-3)和式(8-7)的结果代入方程(8-2)中，经整理得到静磁场控制方程在单元 C 上离散格式：

$$\begin{aligned}&\left(\sum_{F\sim \mathrm{NB}(C)}\frac{E_f}{d_{CF}}\right)(\varphi_m)_C-\sum_{F\sim \mathrm{NB}(C)}\left[\frac{E_f}{d_{CF}}(\varphi_m)_F\right]\\&=\sum_{f\sim \mathrm{NB}(C)}\{[g_C(\nabla\varphi_m)_C+g_F(\nabla\varphi_m)_F]\cdot(\boldsymbol{n}-\mathbf{e})S_f\\&\quad-(g_C\boldsymbol{M}_C+g_F\boldsymbol{M}_F)\cdot\boldsymbol{S}_f\}\end{aligned} \tag{8-8}$$

其中，等号右端的所有项为离散后的源项，均使用当前值显式计算。

8.1.2 动量守恒方程的有限体积法离散

为方便离散动量守恒方程（1-91），利用矢量恒等式

$$\nabla\times(\boldsymbol{M}\times\boldsymbol{H})=\boldsymbol{M}(\nabla\cdot\boldsymbol{H})-\boldsymbol{H}(\nabla\cdot\boldsymbol{M})+\boldsymbol{H}\cdot\nabla\boldsymbol{M}-\boldsymbol{M}\cdot\nabla\boldsymbol{H}$$

和

$$\nabla\cdot(\boldsymbol{MH})=\boldsymbol{M}\cdot\nabla\boldsymbol{H}+\boldsymbol{H}(\nabla\cdot\boldsymbol{M}),\nabla\cdot(\boldsymbol{HM})=\boldsymbol{H}\cdot\nabla\boldsymbol{M}+\boldsymbol{M}(\nabla\cdot\boldsymbol{H})$$

将方程（1-91）中等号右端的最后两项化简为

$$\begin{aligned}&\mu_0\boldsymbol{M}\cdot\nabla\boldsymbol{H}+\frac{\mu_0}{2}\nabla\times(\boldsymbol{M}\times\boldsymbol{H})\\&=\frac{\mu_0}{2}[\boldsymbol{M}(\nabla\cdot\boldsymbol{H})-\boldsymbol{H}(\nabla\cdot\boldsymbol{M})+\boldsymbol{H}\cdot\nabla\boldsymbol{M}-\boldsymbol{M}\cdot\nabla\boldsymbol{H}]+\mu_0\boldsymbol{M}\cdot\nabla\boldsymbol{H}\\&=\frac{\mu_0}{2}[\nabla\cdot(\boldsymbol{MH})+\nabla\cdot(\boldsymbol{HM})]-\mu_0\boldsymbol{H}(\nabla\cdot\boldsymbol{M})\end{aligned} \tag{8-9}$$

同时，利用矢量恒等式

$$\nabla\cdot(\boldsymbol{vv})=\boldsymbol{v}\cdot\nabla\boldsymbol{v}+\boldsymbol{v}(\nabla\cdot\boldsymbol{v})$$

和不可压缩流体质量守恒方程（1-10），将方程（1-91）左端第二项转换为

$$(\boldsymbol{v}\cdot\nabla)\boldsymbol{v}=\nabla\cdot(\boldsymbol{vv}) \tag{8-10}$$

将式(8-9)和式(8-10)代入方程（1-91），从而将原动量方程转换为

$$\rho\left[\frac{\partial\boldsymbol{v}}{\partial t}+\nabla\cdot(\boldsymbol{vv})\right]=-\nabla p+\eta\nabla^2\boldsymbol{v}+\frac{\mu_0}{2}[\nabla\cdot(\boldsymbol{MH})+\nabla\cdot(\boldsymbol{HM})]-\mu_0\boldsymbol{H}(\nabla\cdot\boldsymbol{M}) \tag{8-11}$$

下面说明该方程的离散方法。

对动量方程（8-11）两端在如图 8-1 所示的控制体 C 上取积分，得

$$\begin{aligned}&\int_{V_C}\rho\frac{\partial\boldsymbol{v}}{\partial t}\mathrm{d}V+\int_{V_C}\rho\,\nabla\cdot(\boldsymbol{vv})\mathrm{d}V\\&=\int_{V_C}-\nabla p\,\mathrm{d}V+\int_{V_C}\eta\nabla^2\boldsymbol{v}\,\mathrm{d}V-\int_{V_C}\mu_0\boldsymbol{H}(\nabla\cdot\boldsymbol{M})\mathrm{d}V\\&\quad+\int_{V_C}\frac{\mu_0}{2}[\nabla\cdot(\boldsymbol{MH})+\nabla\cdot(\boldsymbol{HM})]\mathrm{d}V\end{aligned}$$

应用散度定理，将其中被积函数为散度的项转换为面积分，得

$$\int_{V_C}\rho\frac{\partial \boldsymbol{v}}{\partial t}\mathrm{d}V+\int_{\partial V_C}\rho(\boldsymbol{vv})\cdot\mathrm{d}\boldsymbol{S}$$
$$=\int_{V_C}-\nabla p\,\mathrm{d}V+\int_{\partial V_C}\eta\,\nabla\boldsymbol{v}\cdot\mathrm{d}\boldsymbol{S}-\int_{V_C}\mu_0\boldsymbol{H}(\nabla\cdot\boldsymbol{M})\mathrm{d}V$$
$$+\int_{\partial V_C}\frac{\mu_0}{2}[(\boldsymbol{MH})+(\boldsymbol{HM})]\cdot\mathrm{d}\boldsymbol{S}$$

将其中包围单元面上的积分分解为各单元面上的积分和：

$$\int_{V_C}\rho\frac{\partial \boldsymbol{v}}{\partial t}\mathrm{d}V+\sum_{f\sim\mathrm{face}(C)}\int_f\rho(\boldsymbol{vv})\cdot\mathrm{d}\boldsymbol{S}$$
$$=\int_{V_C}-\nabla p\,\mathrm{d}V+\sum_{f\sim\mathrm{face}(C)}\int_f\eta\,\nabla\boldsymbol{v}\cdot\mathrm{d}\boldsymbol{S}+\int_{V_C}\mu_0\boldsymbol{H}(\nabla\cdot\boldsymbol{M})\mathrm{d}V$$
$$+\sum_{f\sim\mathrm{face}(C)}\int_f\frac{\mu_0}{2}[(\boldsymbol{MH})+(\boldsymbol{HM})]\cdot\mathrm{d}\boldsymbol{S}$$

其中，下标 face(C)表示单元 C 的各单元面。采用平均值积分法，用被积函数在面质心上的值代替积分值，得到半离散形式的动量方程：

$$\int_{V_C}\rho\frac{\partial \boldsymbol{v}}{\partial t}\mathrm{d}V+\sum_{f\sim\mathrm{nb}(C)}\rho_f(\boldsymbol{vv})_f\cdot\boldsymbol{S}_f$$
$$=\int_{V_C}-\nabla p\,\mathrm{d}V+\sum_{f\sim\mathrm{nb}(C)}\eta_f(\nabla\boldsymbol{v})_f\cdot\boldsymbol{S}_f+\int_{V_C}\mu_0\boldsymbol{H}(\nabla\cdot\boldsymbol{M})\mathrm{d}V \tag{8-12}$$
$$+\frac{\mu_0}{2}\sum_{f\sim\mathrm{nb}(C)}[(\boldsymbol{MH})_f+(\boldsymbol{HM})_f]\cdot\boldsymbol{S}_f$$

对于方程（8-12）中的对流项（等号左端的第二项），将其进一步表示为

$$\sum_{f\sim\mathrm{nb}(C)}\rho_f(\boldsymbol{vv})_f\cdot\boldsymbol{S}_f=\sum_{f\sim\mathrm{nb}(C)}\dot{m}_f\boldsymbol{v}_f \tag{8-13}$$

其中，$\dot{m}_f=\rho_f\boldsymbol{v}_f\cdot\boldsymbol{S}_f$ 为质量通量。

采用二阶迎风格式的改进格式离散对流项，在如图 8-3 所示的单元面 f 上，将速度表示为

$$\boldsymbol{v}_f=\boldsymbol{v}_C+(\nabla\boldsymbol{v})_f\cdot|\boldsymbol{d}_{Cf}| \tag{8-14}$$

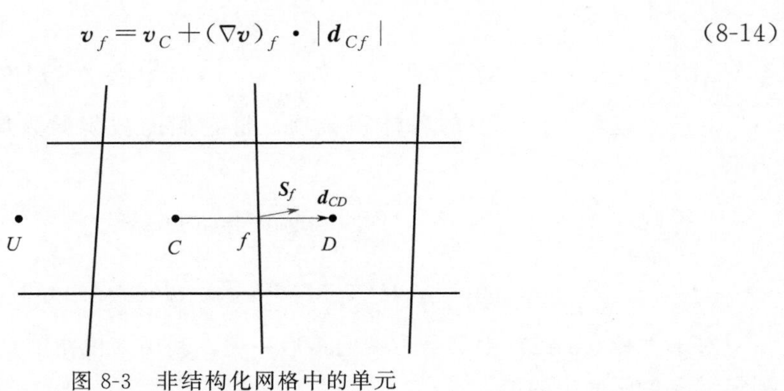

图 8-3　非结构化网格中的单元

其中，单元面 f 上的速度梯度为

$$(\nabla \boldsymbol{v})_f=\frac{\boldsymbol{v}_D-\boldsymbol{v}_C}{|\boldsymbol{d}_{CD}|} \tag{8-15}$$

根据式(8-14) 的表示，对于图 8-2 中的面 $\boldsymbol{S}_e$，有

$$\dot{m}_e\boldsymbol{v}_e=\|\dot{m}_e,0\|\cdot[\boldsymbol{v}_C+(\nabla \boldsymbol{v})_e\cdot|\boldsymbol{d}_{Ce}|]-\|-\dot{m}_e,0\|\cdot[\boldsymbol{v}_E+(\nabla \boldsymbol{v})_e\cdot|\boldsymbol{d}_{Ee}|]$$

控制体 C 的其他面上也有类似的表示，将它们代入式(8-13)，得对流项的展开式

$$\begin{aligned}\sum_{f\sim \mathrm{nb}(C)}\rho_f(\boldsymbol{vv})_f\cdot\boldsymbol{S}_f=&\Big(\sum_{f\sim \mathrm{nb}(C)}\|\dot{m}_f,0\|\Big)\boldsymbol{v}_C-\sum_{F\sim \mathrm{NB}(C)}(\|-\dot{m}_f,0\|\cdot\boldsymbol{v}_F)\\&+\sum_{f\sim \mathrm{nb}(C)}[\|\dot{m}_f,0\|\cdot(\nabla \boldsymbol{v})_f\cdot|\boldsymbol{d}_{Cf}|]\\&-\sum_{F\sim \mathrm{NB}(C)}[\|-\dot{m}_f,0\|\cdot(\nabla \boldsymbol{v})_f\cdot|\boldsymbol{d}_{Ff}|]\end{aligned} \tag{8-16}$$

式(8-16) 中定义在单元面上的梯度项 $(\nabla \boldsymbol{v})_f$ 可根据式(2-61)，由单元质心上的梯度经线性插值得到，即

$$(\nabla \boldsymbol{v})_f=g_C(\nabla \boldsymbol{v})_C+(1-g_C)(\nabla \boldsymbol{v})_F$$

对于其中单元质心上的速度梯度，根据 Green-Gauss 理论[式(2-50)]，计算为

$$(\nabla \boldsymbol{v})_C=\frac{1}{V_C}\sum_{f\sim \mathrm{nb}(C)}\boldsymbol{v}_f\boldsymbol{S}_f$$

并利用两相邻单元质心上 $\boldsymbol{v}$ 值的加权平均值计算其中单元面上的 $\boldsymbol{v}_f$：

$$\boldsymbol{v}_f=g_C\boldsymbol{v}_C+(1-g_C)\boldsymbol{v}_F$$

其中，g_C 为几何插值因子，$g_C=\dfrac{|\boldsymbol{d}_{Ff}|}{|\boldsymbol{d}_{FC}|}$。

对于方程 (8-12) 中的扩散项（等号右端第二项)，将其中定义在单元面上的梯度 $(\nabla \boldsymbol{v})_f$ 线性化为

$$(\nabla \boldsymbol{v})_f=\frac{\boldsymbol{v}_F-\boldsymbol{v}_C}{d_{CF}}$$

如果网格非正交，采用正交修正法，将面矢量同样按图 8-2 进行分解，类似于式(8-4) 的推导过程，得到扩散项的离散格式：

$$\begin{aligned}\sum_{f\sim \mathrm{nb}(C)}\eta_f(\nabla \boldsymbol{v})_f\cdot\boldsymbol{S}_f=&-\Big(\sum_{f\sim \mathrm{nb}(C)}\eta_f\frac{E_f}{d_{CF}}\Big)\boldsymbol{v}_C+\sum_{F\sim \mathrm{NB}(C)}\Big(\eta_f\frac{E_f}{d_{CF}}\cdot\boldsymbol{v}_F\Big)\\&+\sum_{f\sim \mathrm{nb}(C)}[\eta_f(\nabla \boldsymbol{v})_f\cdot S_f(\boldsymbol{n}-\boldsymbol{e})]\end{aligned} \tag{8-17}$$

对于方程 (8-12) 中的各体积分项，将它们的被积函数值用单元质心上的值近似表示：

$$\int_{V_C}\nabla p\,\mathrm{d}V=(\nabla p)_C V_C \tag{8-18}$$

$$\int_{V_C}\mu_0\boldsymbol{H}(\nabla\cdot\boldsymbol{M})\mathrm{d}V=\mu_0(\boldsymbol{H}(\nabla\cdot\boldsymbol{M}))_C V_C \tag{8-19}$$

对于方程 (8-12) 中等号右端的最后一项，利用变量在单元质心上的值经线性插值得到定义在单元面上的值，有

$$\sum_{f\sim \mathrm{nb}(C)}[(\boldsymbol{MH})_f+(\boldsymbol{HM})_f]\cdot\boldsymbol{S}_f=\sum_{f\sim \mathrm{nb}(C)}[\boldsymbol{M}_f(\boldsymbol{H}_f\cdot\boldsymbol{S}_f)+\boldsymbol{H}_f(\boldsymbol{M}_f\cdot\boldsymbol{S}_f)] \tag{8-20}$$

其中

$$\boldsymbol{M}_f = g_C \boldsymbol{M}_C + (1-g_C)\boldsymbol{M}_F, \boldsymbol{H}_f = g_C \boldsymbol{H}_C + (1-g_C)\boldsymbol{H}_F$$

应用一阶隐式 Euler 格式离散方程（8-12）中的瞬态项（等号左端的第一项）。首先将该项的被积函数用单元质心上的值表示，有

$$\int_{V_C} \rho \frac{\partial \boldsymbol{v}}{\partial t} \mathrm{d}V = \rho_C \frac{\partial \boldsymbol{v}_C}{\partial t} V_C$$

对方程（8-12）两端在时间区间 $\left[t-\frac{\Delta t}{2}, t+\frac{\Delta t}{2}\right]$ 上积分后，将所得结果中的瞬态项表示为

$$\frac{(\rho_C \boldsymbol{v}_C)^{(t+\frac{\Delta t}{2})} - (\rho_C \boldsymbol{v}_C)^{(t-\frac{\Delta t}{2})}}{\Delta t} V_C$$

应用一阶隐式 Euler 格式，该式可进一步表示为

$$\frac{(\rho_C \boldsymbol{v}_C)^{(t+\frac{\Delta t}{2})} - (\rho_C v_C)^{(t-\frac{\Delta t}{2})}}{\Delta t} V_C = \frac{(\rho_C \phi_C)^{(t)} - (\rho_C \phi_C)^{(t-\Delta t)}}{\Delta t} V_C \tag{8-21}$$

根据方程（2-140），将式(8-16)～式(8-21)的结果代入方程（8-12），经整理最终得到动量守恒方程的有限体积离散格式

$$\begin{aligned}
&\left[\frac{\rho_C V_C}{\Delta t} + \sum_{f\sim \mathrm{nb}(C)} \left(\| \dot{m}_f, 0 \| + \eta_f \frac{E_f}{d_{CF}}\right)\right] \boldsymbol{v}_C + \sum_{F\sim \mathrm{NB}(C)} \left[\left(-\| -\dot{m}_f, 0 \| - \eta_f \frac{E_f}{d_{CF}}\right) \cdot \boldsymbol{v}_F\right] \\
&= \frac{V_C}{\Delta t} (\rho_C \boldsymbol{v}_C)^{(t-\Delta t)} - (\nabla p)_C V_C \\
&\quad + \sum_{f\sim \mathrm{nb}(C)} \{-[\| \dot{m}_f, 0 \| \cdot (\nabla \boldsymbol{v})_f \cdot |\boldsymbol{d}_{Cf}|] + \eta_f (\nabla \boldsymbol{v})_f \cdot S_f (\boldsymbol{n} - \boldsymbol{e})\} \\
&\quad + \sum_{F\sim \mathrm{NB}(C)} [\| -\dot{m}_f, 0 \| \cdot (\nabla \boldsymbol{v})_f \cdot |\boldsymbol{d}_{Ff}|] + \mu_0 (\boldsymbol{H}(\nabla \cdot \boldsymbol{M}))_C V_C \\
&\quad + \frac{\mu_0}{2} \sum_{f\sim \mathrm{nb}(C)} [\boldsymbol{M}_f (\boldsymbol{H}_f \cdot \boldsymbol{S}_f) + \boldsymbol{H}_f (\boldsymbol{M}_f \cdot \boldsymbol{S}_f)]
\end{aligned} \tag{8-22}$$

令

$$a_C^v = \frac{\rho_C V_C}{\Delta t} + \sum_{f\sim \mathrm{nb}(C)} \left(\| \dot{m}_f, 0 \| + \eta_f \frac{E_f}{d_{CF}}\right)$$

$$a_F^v = -\| -\dot{m}_f, 0 \| - \eta_f \frac{E_f}{d_{CF}}$$

$$\begin{aligned}
b_C^v = &\frac{V_C}{\Delta t} (\rho_C \boldsymbol{v}_C)^{(t-\Delta t)} + \sum_{f\sim \mathrm{nb}(C)} \{-[\| \dot{m}_f, 0 \| \cdot (\nabla \boldsymbol{v})_f \cdot |\boldsymbol{d}_{Cf}|] + \eta_f (\nabla \boldsymbol{v})_f \cdot S_f (\boldsymbol{n} - \boldsymbol{e})\} \\
&+ \sum_{F\sim \mathrm{NB}(C)} [\| -\dot{m}_f, 0 \| \cdot (\nabla \boldsymbol{v})_f \cdot |\boldsymbol{d}_{Ff}|] + \mu_0 (\boldsymbol{H}(\nabla \cdot \boldsymbol{M}))_C V_C \\
&+ \frac{\mu_0}{2} \sum_{f\sim \mathrm{nb}(C)} [\boldsymbol{M}_f (\boldsymbol{H}_f \cdot \boldsymbol{S}_f) + \boldsymbol{H}_f (\boldsymbol{M}_f \cdot \boldsymbol{S}_f)]
\end{aligned}$$

当将计算区域划分为网格后，并用上一步迭代结果或初始值代替其中的变量值，则这

三个系数均为确定值，这样方程（8-22）可写为与方程（4-12）相同的形式：

$$a_C^v \boldsymbol{v}_C + \sum_{F \sim \mathrm{NB}(C)} a_F^v \cdot \boldsymbol{v}_F = -(\nabla p)_C V_C + b_C^v$$

或者可进一步写为

$$\boldsymbol{v}_C + H_C(\boldsymbol{v}) = -D_C^v (\nabla p)_C + B_C^v \tag{8-23}$$

其中，各项的表达式与方程（4-13）中的相同。

得到动量守恒方程的离散格式后，应用与 4.2 节类似的方法，推得压力修正方程并计算质量通量，从而可采用基于同位网格的 SIMPLE 类算法求解铁磁流体的动量守恒方程。

8.1.3　磁化方程的有限体积法离散

磁化方程（1-96）中等号左端的项分别为瞬态项和对流项，等号右端的各项均可看作源项，为了表示方便，将等号右端的项表示为 $\mathcal{R}(\boldsymbol{M})$。根据矢量恒等式将方程中等号右端的最后一项写为

$$\boldsymbol{M} \times (\boldsymbol{M} \times \boldsymbol{H}) = \boldsymbol{M}(\boldsymbol{M} \cdot \boldsymbol{H}) - \boldsymbol{H} M^2$$

同时，利用式(1-95) 中 α 的定义，可将源项展开为

$$\begin{aligned}\mathcal{R}(\boldsymbol{M}) = &\boldsymbol{\Omega} \times \boldsymbol{M} - \frac{1}{\tau_B}\boldsymbol{M} + \frac{M_S}{\tau_B} \times \frac{\mu_0 \overline{m}}{k_B T} \times \frac{L(\zeta)}{\zeta}\boldsymbol{H} - \frac{\mu_0}{6\eta\phi} \times \frac{1}{L(\zeta)} \times \left(\frac{1}{L(\zeta)} - \frac{3}{\zeta}\right)(\boldsymbol{M} \cdot \boldsymbol{H})\boldsymbol{M} \\ &+ \frac{\mu_0}{6\eta\phi} \times \frac{1}{L(\zeta)} \times \left(\frac{1}{L(\zeta)} - \frac{3}{\zeta}\right) M^2 \boldsymbol{H}\end{aligned} \tag{8-24}$$

根据矢量恒等式

$$\nabla \cdot (\boldsymbol{v}\boldsymbol{M}) = \boldsymbol{v} \cdot \nabla \boldsymbol{M} + \boldsymbol{M}(\nabla \cdot \boldsymbol{v})$$

和质量守恒方程（1-10），将扩散项表示为

$$\boldsymbol{v} \cdot \nabla \boldsymbol{M} = \nabla \cdot (\boldsymbol{v}\boldsymbol{M})$$

这样磁化方程成为

$$\frac{\partial \boldsymbol{M}}{\partial t} + \nabla \cdot (\boldsymbol{v}\boldsymbol{M}) = \mathcal{R}(\boldsymbol{M}) \tag{8-25}$$

将方程（8-25）两端同时在图 8-1 所示的单元 C 上积分，有

$$\int_{V_C} \frac{\partial \boldsymbol{M}}{\partial t} \mathrm{d}V + \int_{V_C} \nabla \cdot (\boldsymbol{v}\boldsymbol{M}) \mathrm{d}V = \int_{V_C} \mathcal{R}(\boldsymbol{M}) \mathrm{d}V$$

对其中等号左端第二项应用散度定理，其他项的被积函数用其单元质心上的值表示，得

$$\frac{\partial \boldsymbol{M}_C}{\partial t} V_C + \int_{\partial V_C} \mathrm{d}\boldsymbol{S} \cdot (\boldsymbol{v}\boldsymbol{M}) = \mathcal{R}(\boldsymbol{M}_C) V_C$$

对该式采用平均值积分，用被积函数在单元面质心上的值代替函数值，有

$$\frac{\partial \boldsymbol{M}_C}{\partial t} V_C + \sum_{f \sim \mathrm{nb}(C)} \boldsymbol{S}_f \cdot (\boldsymbol{v}\boldsymbol{M})_f = \mathcal{R}(\boldsymbol{M}_C) V_C \tag{8-26}$$

对于式(8-26) 中的对流项（等号左端的第二项），采用一阶迎风格式的迁延修正法离散，根据式(2-88)，有

$$\sum_{f\sim \mathrm{nb}(C)} \boldsymbol{S}_f \cdot (\boldsymbol{vM})_f = \left(\sum_{f\sim \mathrm{nb}(C)} \|\boldsymbol{v}_f \cdot \boldsymbol{S}_f, 0\|\right)\boldsymbol{M}_C - \sum_{F\sim \mathrm{NB}(C)} (\|-\boldsymbol{v}_f \cdot \boldsymbol{S}_f, 0\| \cdot \boldsymbol{M}_F) + \sum_{f\sim \mathrm{nb}(C)} (\boldsymbol{v}_f \cdot \boldsymbol{S}_f)(\boldsymbol{M}_f^{\mathrm{HO}} - \boldsymbol{M}_f^{\mathrm{U}}) \tag{8-27}$$

对于式(8-26) 中的瞬态项，应用与 8.1.2 节类似的方法进行离散，得

$$\int_{t-\frac{\Delta t}{2}}^{t+\frac{\Delta t}{2}} \frac{\partial \boldsymbol{M}_C}{\partial t} V_C \,\mathrm{d}t = \frac{V_C}{\Delta t}\boldsymbol{M}_C^{(t)} - \frac{V_C}{\Delta t}\boldsymbol{M}_C^{(t-\Delta t)} \tag{8-28}$$

将式(8-27) 和式(8-28) 的结果代入方程 (8-26)，经整理得磁化强度方程的离散格式：

$$\left[\frac{V_C}{\Delta t} + \left(\sum_{f\sim \mathrm{nb}(C)} \|\boldsymbol{v}_f \cdot \boldsymbol{S}_f, 0\|\right)\right]\boldsymbol{M}_C + \sum_{F\sim \mathrm{NB}(C)} (-\|-\boldsymbol{v}_f \cdot \boldsymbol{S}_f, 0\| \cdot \boldsymbol{M}_F) = \frac{V_C}{\Delta t}\boldsymbol{M}_C^{(t-\Delta t)} - \sum_{f\sim \mathrm{nb}(C)} [(\boldsymbol{v}_f \cdot \boldsymbol{S}_f)(\boldsymbol{M}_f^{\mathrm{HO}} - \boldsymbol{M}_f^{\mathrm{U}})] + \mathcal{R}(\boldsymbol{M}_C)V_C \tag{8-29}$$

对于源项 (8-24)，在求解过程中根据上一迭代步的结果显式计算。

8.1.4 总体求解过程

铁磁流体动力学方程组的总体求解过程如图 8-4 所示，整体采用分离求解法解耦各方

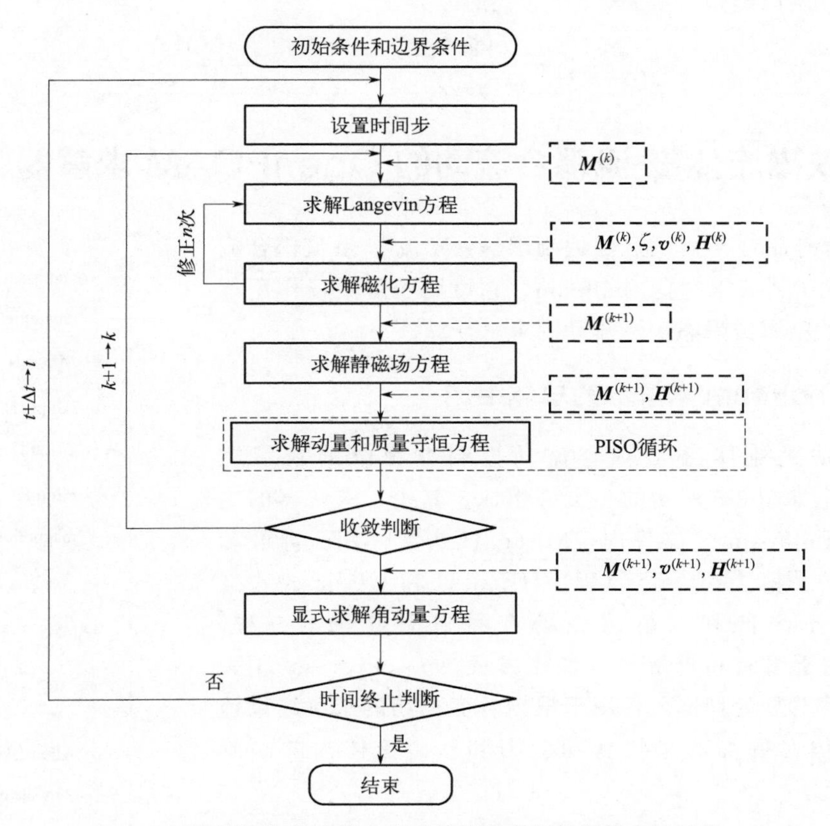

图 8-4　铁磁流体磁-流耦合流动控制方程组的总体求解过程

程。在每一个时间步内，首先利用初值或上一迭代步结果中的磁化强度 $\boldsymbol{M}^{(k)}$ 求解 Langevin 方程，得到无量纲有效场 $\boldsymbol{\zeta}$；其次利用该有效场，和上一迭代步结果中的 $\boldsymbol{M}^{(k)}$、$\boldsymbol{v}^{(k)}$ 和 $\boldsymbol{H}^{(k)}$，求解磁化方程，得到磁化强度分布 $\boldsymbol{M}^{(k+1)}$；利用该磁化强度场，求解静磁场方程，得到磁标势和磁场强度分布 $\boldsymbol{H}^{(k+1)}$；利用该磁场强度分布和 $\boldsymbol{M}^{(k+1)}$，求解动量和质量守恒方程，得到速度分布 $\boldsymbol{v}^{(k+1)}$ 和压强分布 $p^{(k+1)}$；利用相邻两次迭代步的速度相对偏差进行收敛判断；收敛后显式求解角动量方程，得到角动量分布。

对于 Langevin 方程和磁化方程间的耦合关系，由于磁化方程的源项[式(8-24)]中含有磁化强度本身，需使用已知结果表示源项中的部分项，所以计算时对 Langevin 方程和磁化方程进行 n 次局部迭代计算后再进行后续方程的求解。对于动量和质量守恒方程中具有强耦合关系的压力 p 和流速 $\boldsymbol{v}$，采用与 4.2 节类似的方法构建压力修正方程，并应用基于同位网格的 PISO 算法求解，只不过这里需要在方程（4-12）的基础上修改其中的系数和源项，并在给定初值或上一步迭代值时需包括磁场强度 $\boldsymbol{H}$ 和磁化强度 $\boldsymbol{M}$ 的值。

在求解磁化方程前，需先求得源项[式(8-24)]中的参数 ζ。这里应用牛顿法求解 Langevin 方程（1-97）以求得 ζ。为此，令

$$f(\zeta)=L(\zeta)-M/M_S$$

对该式求导，得

$$f'(\zeta)=L'(\zeta)=1-\frac{1}{\tanh^2\zeta}+\frac{1}{\zeta^2}$$

由牛顿法原理知，第 $k+1$ 次迭代的根为

$$\zeta_{k+1}=\zeta_k-\frac{f(\zeta_k)}{f'(\zeta_k)}=\zeta_k-\frac{L(\zeta_k)-M/M_S}{f'(\zeta_k)} \tag{8-30}$$

8.2 铁磁流体磁-流耦合流动的 OpenFOAM 求解器

本节基于 8.1 节解的算法编制求解铁磁流体磁-流耦合流动的 OpenFOAM 求解器 fhdFoam，它可用于静磁场作用下铁磁流体的稳态或瞬态层流流动的求解计算。

8.2.1 fhdFoam 求解器的总体组成

求解铁磁流体磁-流耦合流动控制方程组的求解器 fhdFoam 由如图 8-5 所示的各文件组成。其中，求解器的主程序位于 fhdFoam.C 文件内，MEqn.H 头文件用于离散和求解磁化方程和 Langevin 方程，HEqn.H 和 UEqn.H 头文件分别用于离散和求解静磁场方程和动量守恒方程，pEqn.H 用于组装和求解压力修正方程，poseProcess.H 头文件中内容为后处理部分，用于根据各变量场的求解结果计算铁磁流体对壁面的平均剪切应力和铁磁流体内的涡旋强度。

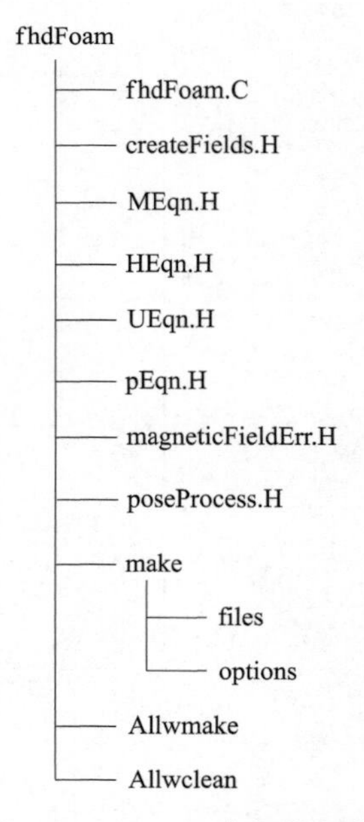

图 8-5 fhdFoam 求解器组成

8.2.2　fhdFoam 求解器说明

如图 8-6 所示为 fhdFoam 求解器主程序 fhdFoam.C 中的主要程序段。其中，pisoControl 类对象 piso 和 mpiso 分别用于求解动量和质量守恒方程、磁化方程和 Langevin 方程时的迭代控制。在每一个时间步内，按照图 8-4 所示的顺序顺次求解各方程，其中，在头文件 UEqn.H 中除了求解动量守恒方程外，还显式求解角动量方程。求解完成所有方程后，调用头文件 poseProcess.H 中的内容进行后处理。

```
......
#include "pisoControl.H"
int main(int argc, char *argv[])
{
    ......
    pisoControl piso(mesh);
    pisoControl mpiso(mesh, "MPISO");
    #include "createFields.H"
    #include "initContinuityErrs.H"
    while (runTime.loop())
    {
        #include "CourantNo.H"
        while (mpiso.correct())
        {
            #include "MEqn.H"
        }
        #include "HEqn.H"
        #include "UEqn.H"
        while (piso.correct())
        {
            #include "pEqn.H"
        }
        runTime.write();
        #include "poseProcess.H"
    }
    return 0;
}
```

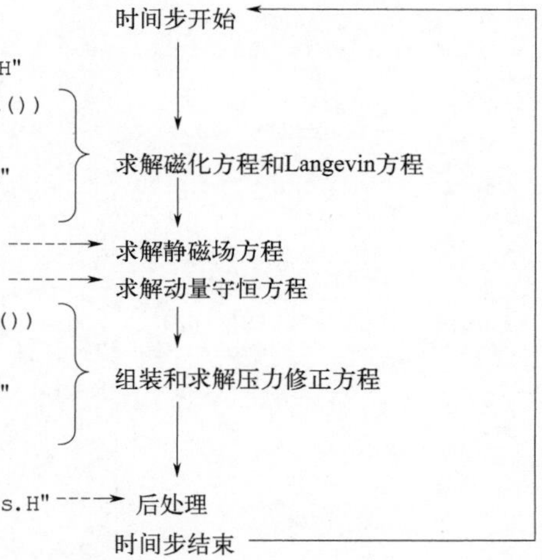

- 时间步开始
- 求解磁化方程和Langevin方程
- 求解静磁场方程
- 求解动量守恒方程
- 组装和求解压力修正方程
- 后处理
- 时间步结束

图 8-6　fhdFoam 求解器主程序的部分程序段

头文件 MEqn.H 中的内容用于求解磁化方程和 Langevin 方程，如图 8-7 所示。其中，将与无量纲有效场相关的参数 ζ、$\dfrac{L(\zeta)}{\zeta}$和$\dfrac{1}{L(\zeta)}\left(\dfrac{1}{L(\zeta)}-\dfrac{3}{\zeta}\right)$分别定义为 scalarField 类型和 volScalarField 类型变量 scalarSigma2、tempCoeff1 和 tempCoeff2。在计算系数$\dfrac{L(\zeta)}{\zeta}$时，为了避免当 ζ 接近于零时（此时 $L(\zeta)=\dfrac{1}{\tanh\zeta}-\dfrac{1}{\zeta}$的数值结果为 0）出现的不收敛，计算时预先判断 $L(\zeta)$的值是否为零，如果满足零值条件，应用 $\zeta\ll1$ 时的近似值 $L(\zeta)/\zeta\sim1/3$。同样，在计算系数$\dfrac{1}{L(\zeta)}\left(\dfrac{1}{L(\zeta)}-\dfrac{3}{\zeta}\right)$时，应用相同的近似，当 $L(\zeta)\to0$ 时，有

$\dfrac{1}{L(\zeta)}\left(\dfrac{1}{L(\zeta)}-\dfrac{3}{\zeta}\right)\to 0$。图 8-7 中其他系数与方程（1-96）中系数的对应关系为

$$\text{gamma}\to\frac{\pi\mu_0 M_d d_p^3}{6k_B T}$$

$$\text{DM}\to\frac{\mu_0}{6\eta\phi}$$

```
scalarField scalarSigma2 = mag(M).ref()/Ms;
volScalarField tempCoeff1= mag(M).ref()/Ms;
volScalarField tempCoeff2= mag(M).ref()/Ms;
label k = 10;
forAll(M, i)
{
    scalarSigma2[i] = 2.0;
    if(mag(M).ref()[i] == 0.0){ k = 5; }
    else { k = 10; }
    for(label j=0; j<k; j++)
    {
        scalarSigma2[i] = scalarSigma2[i] - (((1.0/Foam::tanh(scalarSigma2[i])-1.0/
            scalarSigma2[i]) - mag(M).ref()[i]/Ms.value())/
            (1.0 - 1.0/(Foam::tanh(scalarSigma2[i]) * Foam::tanh(scalarSigma2[i]))+
            1.0/(scalarSigma2[i]*scalarSigma2[i])));
    }
}
scalarField L = 1.0/Foam::tanh(scalarSigma2) - 1.0/scalarSigma2;
forAll(M, i)
{
    if(L[i] == 0.0){ tempCoeff2[i] = 0.0; }
    else{
        tempCoeff2[i] = (1.0/L[i]) * (1.0/L[i] - 3.0/scalarSigma2[i]);
    }
}
forAll(M, i)
{
    if(L[i] == 0.0){ tempCoeff1[i] = 0.33; }
    else { tempCoeff1[i] = L[i]/scalarSigma2[i]; }
}
fvVectorMatrix MEqn
(
    fvm::ddt(M)
    +fvm::div(phi, M)
    ==
    (Omega ^ M)
    -(M - tempCoeff1 *Ms*gamma *H)/tau
    -DM * tempCoeff2 * (M&H)*M
    + DM *tempCoeff2 * magSqr(M) * H
);
MEqn.solve();
```

（第一个 forAll 循环：牛顿法迭代求解 ζ；第二个 forAll 循环：计算系数 $\dfrac{1}{L(\zeta)}\left(\dfrac{1}{L(\zeta)}-\dfrac{3}{\zeta}\right)$；第三个 forAll 循环：计算系数 $\dfrac{L(\zeta)}{\zeta}$；fvVectorMatrix MEqn 至 MEqn.solve()：求解磁化方程）

图 8-7　MEqn. H 头文件中的内容

头文件 HEqn. H 中的内容用于求解静磁场方程，如图 8-8 所示，同时根据求得的标量磁位，计算磁场强度。其中，potenH 表示标量磁位 φ_m。

```
solve(fvm::laplacian(potenH) == fvc::div(M)); ------→ 求解静磁场方程
H = (-1.0)*fvc::grad(potenH); ------→ 计算磁场强度
#include "magneticFieldErr.H"
```

图 8-8　HEqn. H 头文件中的内容

头文件 UEqn. H 中的内容用于求解动量守恒方程，如图 8-9 所示，其中，DB 代表

μ_0/ρ，phiH 和 phiM 分别表示磁场强度和磁化强度在单元面上的通量。在该头文件中还进行涡量的计算和显式求解角动量方程。压力修正方程的构建及求解在头文件 pEqn. H 中完成，该文件中的内容与图 4-7 中 PISO 循环部分中的内容相同。

```
fvVectorMatrix UEqn
(
    fvm::ddt(U)
    +fvm::div(phi, U)
    -fvm::laplacian(nu, U)
    -fvc::div(phiH, (0.5*DB*M))
    -fvc::div(phiM, (0.5*DB*H))
    + DB * fvc::div(M)* H
);                                          } 求解动量守恒方程
UEqn.relax();
if(piso.momentumPredictor())
{
    solve(UEqn == -fvc::grad(p));
    fvOptions.correct(U);
}
Omega = 0.5*fvc::curl(U);   -------> 计算涡量
w = 0.25*constant::electromagnetic::mu0*(M^H)
    /(1.5*fai*rho*nu)+0.5*fvc::curl(U);   -------> 计算自旋速度
```

图 8-9　UEqn. H 头文件中的内容

8.2.3　后处理程序说明

铁磁流体磁-流耦合流动控制方程组求解完成后，一般还需要对计算结果进行后处理得到所需的各种物理量。这里以铁磁流体对壁面的平均剪切应力和铁磁流体内涡旋强度的计算为例说明后处理程序的编制方法。

当有磁场作用时，流体对邻近壁面的作用力包括黏性剪切应力和磁化强度突变引起的磁应力两部分，表示为

$$f_\tau=\eta\frac{\partial v_\tau}{\partial x_n}+\frac{\mu_0}{2}(M_\tau H_n-M_n H_\tau) \tag{8-31}$$

其中，下标 τ 和 n 分别表示壁面的切向和法向。假设长度为 L 的壁面沿 x 方向，且壁面附近的网格划分均匀，壁面沿 x 方向的运动速度为 U，当计算域被离散为网格单元后，单位长度壁面上的应力成为

$$\Gamma=\frac{1}{L}\int_0^L f_\tau \mathrm{d}x=\frac{1}{L}\sum_k^{CM}\left(\eta\frac{U-v_{x,k}}{(\Delta y)_k/2}+\frac{\mu_0}{2}M_{x,k}H_{y,k}+\frac{\mu_0}{2}M_{y,k}H_{x,k}\right)\Delta x \tag{8-32}$$

其中，CM 表示与壁面相邻的单层网格数量，下标 k 表示第 k 个单元，Δx 为每一个单元在 x 方向上的长度。

为了研究铁磁流体中涡旋强度随各物理参数的变化规律，需计算整个流体区域内的平均涡量，表示为

$$\Omega_{\mathrm{rms}}=\left[\frac{1}{CN\times CM}\sum_{(i,j)=(1,1)}^{(CN,CM)}\left(\frac{1}{2}\nabla\times\boldsymbol{v}\right)_{i,j}^2\right]^{1/2} \tag{8-33}$$

其中，CN 为某一纵向截面内的单元总数，CM 为横向流体层包含的单元数量。

后处理程序在头文件 poseProcess. H 中实现，如图 8-10 所示。其中，假设需要计算平均应力的壁面 patch 名为“upWall”。在计算黏性剪切应力（程序中表示为 aveShearStress）的程序段中，patchCellI 代表单元编号，mesh. boundary()["upWall"].

index()给出 patch "upWall" 的编号，成员函数 component(0)()给出 x 方向分量。成员函数 mesh. boundary()["upWall"]返回 fvPatch 类，该类的成员函数 delta()给出单元质心至面质心的长度矢量。类 GeometricField 的成员函数 U. boundaryField()返回 Boundary 类，该类的成员函数 boundaryInternalField()给出与壁面相邻的单元上变量场的值。应用类似的方法计算磁应力。在计算平均涡量的程序段中，"rmsOmega" 代表 Ω_{rms}。

```
scalar Lx(mesh.boundary()["upWall"].size() * (mesh.boundary()["upWall"].Cf().component(0)()[1]
        -mesh.boundary()["upWall"].Cf().component(0)()[0]));              ------> 计算边界长度
scalar aveShearStress(0.0);
scalar aveMagStress(0.0);
scalar aveMagStress2(0.0);
for(label patchCellI(0); patchCellI <=mesh.boundary()["upWall"].size()-1; patchCellI++)------> 计算应力
{
    aveShearStress = aveShearStress + ((
        U.boundaryField()[mesh.boundary()["upWall"].index()].component(0)()[patchCellI]-
        U.boundaryField().boundaryInternalField()[mesh.boundary()["upWall"].index()].
        component(0)()[patchCellI])/mesh.boundary()["upWall"].delta()().component(1)()[patchCellI]);
    aveMagStress = aveMagStress + (0.5e-7*4.0*Foam::constant::mathematical::pi* M.boundaryField().
        boundaryInternalField()[mesh.boundary()["upWall"].index()].component(0)()[patchCellI]*
        H.boundaryField().boundaryInternalField()[mesh.boundary()["upWall"].index()].
        component(1)()[patchCellI]
    aveMagStress2 = aveMagStress2 + (0.5e-7*4.0*Foam::constant::mathematical::pi*
        M.boundaryField().boundaryInternalField()[mesh.boundary()["upWall"].index()].
        component(0)()[patchCellI] *H.boundaryField()[mesh.boundary()["upWall"].index()].
        component(1)()[patchCellI];
}
aveShearStress = rho.value()*nu.value()*aveShearStress/mesh.boundary()["upWall"].size();
aveMagStress = aveMagStress/mesh.boundary()["upWall"].size();
aveMagStress2 = aveMagStress2/mesh.boundary()["upWall"].size();
Info<< "the average shear stress at the top wall is: "<< aveShearStress<< endl;
Info<< "the average Magnetic stress at the top wall is: "<< aveMagStress<< endl;
Info<< "the average Magnetic stress at the top wall is (use boundary H): "<< aveMagStress2<< endl;
Info<< "Mx = "<< M.boundaryField().boundaryInternalField()[mesh.boundary()["upWall"].
    index()].component(0)()[0.5 * mesh.boundary()["upWall"].size()]<< endl;
scalarrmsOmega(0.0);                                              ┐
for(label cellI(0); cellI <= Omega.size()-1; cellI++)             │
{                                                                 │
  rmsOmega = rmsOmega + pow(mag(Omega[cellI]),2);                 ├ 计算平均涡量
}                                                                 │
rmsOmega = rmsOmega/Omega.size();                                 │
rmsOmega = Foam::sqrt(rmsOmega);                                  ┘
Info<< "the root-mean-squared vorticity over the domain is: "<< rmsOmega<< endl;
```

图 8-10 poseProcess. H 头文件中的内容

8.3 铁磁流体磁-流耦合流动求解计算实例

8.3.1 问题描述

平面 Couette-Poiseuille 流是铁磁流体在诸如密封、轴承等应用中的流动模型。这种流动属于平行流，通常发生在两无限长的平行平板间，如图 8-11 所示。本节以恒定均匀外磁场作用下铁磁流体的平面 Couette-Poiseuille 流为例，介绍应用 fhdFoam 求解器计算

铁磁流体磁-流耦合流动流场的方法。

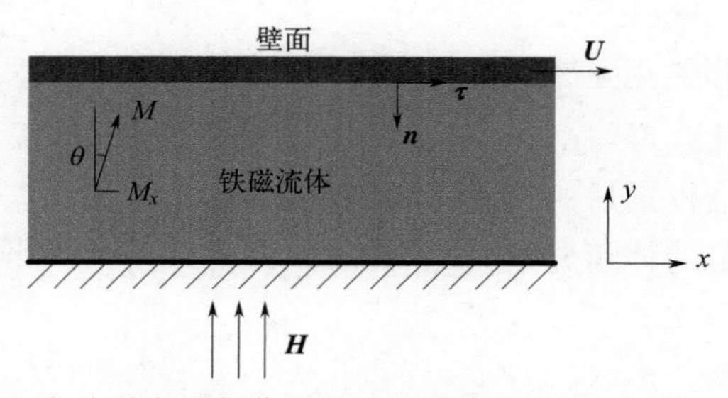

图 8-11　恒定均匀磁场作用下铁磁流体的 Couette-Poiseuille 流

在如图 8-11 所示的铁磁流体流动中，恒定均匀磁场垂直于流动方向，流体出口和入口间存在压力差。假设两平板间距离为 h，流体在 x 方向受到压力梯度 $\partial p/\partial x$，且上平板以速度 U 沿 x 方向平动。在温度恒定的条件下，图 8-11 所示的铁磁流体流动由 1.1.6 节给出的控制方程和边界条件描述。

为了与无磁场作用时的流动相比较，这里给出普通流体的 Couette-Poisseuille 流解析解，其流速分布为

$$\frac{v_x}{U}=\frac{y}{h}+P\,\frac{y}{h}\left(1-\frac{y}{h}\right) \tag{8-34}$$

其中

$$P=-\frac{h^2}{2\eta U}\times\frac{\mathrm{d}p}{\mathrm{d}x}$$

当有磁场作用但磁场较弱，满足 $\Omega\tau_B\ll 1$ 时，图 6-11 所示的铁磁流体 Couette-Poiseuille 流存在正则摄动解，表示为

$$\begin{aligned}v_x^* =&\left[-\frac{\gamma}{2}y^2+\left(1+\frac{\gamma}{2}\right)y\right]\\&+\varepsilon\left[\frac{\gamma^2}{12}y^4-\frac{\gamma}{6}(2+\gamma)y^3+\frac{1}{2}\left(1+\frac{\gamma}{2}\right)^2y^2+\left(-\frac{\gamma^2}{24}-\frac{\gamma}{6}+\frac{1}{2}\right)y\right]\\&+\varepsilon^2\left[\begin{aligned}&-\frac{\gamma^3}{180}y^6+\frac{\gamma^2}{60}(2+\gamma)y^5-\frac{\gamma}{48}(2+\gamma)^2y^4+\left(\frac{\gamma^3}{72}+\frac{11}{114}\gamma^2+\frac{\gamma}{12}+\frac{1}{12}\right)y^3\\&+\left(-\frac{\gamma^3}{192}-\frac{\gamma^2}{32}+\frac{\gamma}{48}+\frac{1}{8}\right)y^2-\left(\frac{7}{960}\gamma^3-\frac{7}{1440}\gamma^2+\frac{\gamma}{48}-\frac{9}{24}\right)y\end{aligned}\right]\end{aligned} \tag{8-35}$$

其中

$$\varepsilon=\frac{3\phi Mn_f M_0^*\,Pe^2}{8}\times\frac{\partial H_x^*}{\partial y^*}$$

$$\gamma=\frac{3\phi Mn_f M_0^*}{2}\times\frac{\partial H_x^*}{\partial y^*}-\frac{\partial p^*}{\partial x^*}$$

$$Mn_f=\frac{\mu_0 H_0^2}{\zeta U/h},Pe=\frac{\tau_B}{h/U},M_0^*=\frac{M_0}{H_0},v_x^*=\frac{v_x}{U}$$

$$p^*=\frac{p}{U\eta/h},x^*=\frac{x}{h},y^*=\frac{y}{h},H_x^*=\frac{H_x}{H_0}$$

本节针对的铁磁流体流动中，各参数值分别为：

铁磁流体密度：$\rho=1600\text{kg/m}^3$；

磁性颗粒块材的饱和磁化强度：$M_d=4.46\times10^5\text{A/m}$；

铁磁流体的饱和磁化强度：$M_S=5.25\times10^4\text{A/m}$；

磁性颗粒包覆表面活性剂后的尺寸：$d_p=12\text{nm}$；

铁磁流体中磁性颗粒的体积分数：$\phi=0.118$；

热力学温度：$T=300\text{K}$；

铁磁流体的动力黏度：$\eta=0.01\text{Pa}\cdot\text{s}$；

磁场强度：$H_0=470\text{A/m}$；

平板间距：$h=0.2\text{mm}$；

平板长度：1mm；

上平板平移速度：$U=0.03125\text{m/s}$；

磁化弛豫时间：$\tau_B=6.5564\times10^{-6}\text{s}$。

在这些条件下，平板间铁磁流体的涡量为 78.125/s，满足条件 $\Omega\tau_B=5.12\times10^{-4}\ll1$。

8.3.2 OpenFOAM 算例程序

求解图 8-11 所示铁磁流体磁-流耦合流动问题的 OpenFOAM 算例程序由如图 8-12 所示的目录文件组成，在名称为 fhdTut 的文件夹内共定义了 9 个文件。下面简述每一个文件完成的功能。

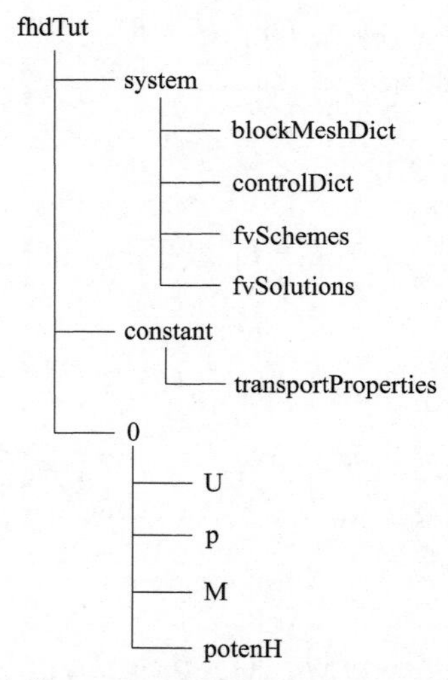

图 8-12 铁磁流体 Couette-Poiseuille 流 OpenFOAM 算例组成

system/blockMeshDict 文件内容如图 8-13 所示。为了在计算域内实现网格从壁面边界附近到中心附近由细到粗的过渡，将整个计算域划分为上、下两个块，在定义上面的块时采用关键字 simpleGrading(1 0.5 1)，得到沿 y 方向变化比例为 0.5（最后一个网格和第一个网格在 y 方向上尺寸的比值）的网格，在定义下面的块时采用关键字 simpleGrading(1 2 1)，得到沿 y 方向变化比例为 2 的网格。

文件 0/U、0/p、0/M、0/potenH 中的内容分别用于给定速度、压力、磁化强度和标

```
……
convertToMeters   1.0e-4;
d          2;
L          #calc     "5.0*$d";
halfd      #calc     "0.5*$d";          宏定义
z          #calc     "0.025*$d";
vertices
(
    (0 0 0)
    ($L 0 0)
    ($L $halfd 0)
    (0 $halfd 0)
    ($L $d 0)
    (0 $d 0)                 定义顶点
    (0 0 $z)
    ($L 0 $z)
    ($L $halfd $z)
    (0 $halfd $z)
    ($L $d $z)
    (0 $d $z)
);
blocks
(
    hex(0 1 2 3 6 7 8 9)(100 10 1)simpleGrading(1 2 1)          定义块
    hex(3 2 4 5 9 8 10 11)(100 10 1)simpleGrading(1 0.5 1)
);
boundary
(
    inlet
    {
        type wall;                                定义入口边界面
        faces((0 6 9 3)(3 9 11 5));
    }
    outlet
    {
        type wall;                                定义出口边界面
        faces((1 2 8 7)(2 4 10 8));
    }
    upWall
    {
        type wall;                                定义上表面
        faces((5 11 10 4));
    }
    lowerWall
    {
        type wall;                                定义下表面
        faces((0 1 7 6));
    }
    frontAndBack
    {
        type empty;                                                    定义前后端面
        faces((03 2 1)(3 5 4 2)(6 7 8 9)(9 8 10 11));
    }
);
```

图 8-13　system/blockMeshDict 文件内容及说明

量磁位的初值和边界条件，如图 8-14～图 8-17 所示。对于速度，在入口和出口边界上分别施加 pressureInletOutletVelocity 边界条件，表示在入口和出口处给定压力，而边界上的流速等于与边界相邻的内部单元上的流速。相应地，在 0/p 文件内给定压力边界条件时使用关键字 fixedValue 指定入口和出口处的压力值。在 0/potenH 内给定标量磁位的边界条件时，通过指定上、下壁面处的恒定标量磁位值获得在区域内均匀的磁场强度。

```
......
dimensions        [0 1 -1 0 0 0 0];
internalField     uniform(0 0 0);
boundaryField
{
    inlet
    {
        type      pressureInletOutletVelocity;   入口处边界条件
        value     $internalField;
    }
    outlet
    {
        type      pressureInletOutletVelocity;   出口处边界条件
        value     $internalField;
    }
    upWall
    {
        type      fixedValue;                    驱动壁面处边界条件
        value     uniform(0.03125 0 0);
    }
    lowerWall
    {
        type      noSlip;                        固定壁面处边界条件
    }
    frontAndBack
    {
        type      empty;
    }
}
```

图 8-14　0/U 文件内容及说明

```
......
dimensions        [0 2 -2 0 0 0 0];
internalField     uniform 0;
boundaryField
{
    inlet
    {
        type      fixedValue;        入口处边界条件
        value     uniform 0;
    }
    outlet
    {
        type      fixedValue;        出口处边界条件
        value     uniform -0.01953;
    }
    upWall
    {
        type      zeroGradient;      驱动壁面处边界条件
    }
    lowerWall
    {
        type      zeroGradient;      固定壁面处边界条件
    }
    frontAndBack
    {
        type      empty;
    }
}
```

图 8-15　0/p 文件内容及说明

```
......
dimensions          [0 -1 0 0 0 1 0];
internalField       uniform(0 0 0);
boundaryField
{
    inlet
    {
        type        zeroGradient;
    }
    outlet
    {
        type        zeroGradient;
    }
    upWall
    {
        type        fixedValue;
        value       uniform(0 0 0);
    }
    lowerWall
    {
        type        fixedValue;
        value       uniform(0 0 0);
    }
    frontAndBack
    {
        type        empty;
    }
}
```

（inlet：入口处边界条件；outlet：出口处边界条件；upWall：驱动壁面处边界条件；lowerWall：固定壁面处边界条件）

图 8-16　0/M 文件内容及说明

```
......
dimensions          [0 0 0 0 0 1 0];
internalField       uniform 0;
boundaryField
{
    inlet
    {
        type        zeroGradient;
    }
    outlet
    {
        type        zeroGradient;
    }
    upWall
    {
        type        fixedValue;
        value       uniform   -0.2968;
    }
    lowerWall
    {
        type        fixedValue;
        value       uniform0;
    }
    frontAndBack
    {
        type        empty;
    }
}
```

（inlet：入口处边界条件；outlet：出口处边界条件；upWall：驱动壁面处边界条件；lowerWall：固定壁面处边界条件）

图 8-17　0/potenH 文件内容及说明

在 constant/transportProperties 文件中给定计算所需各物理常数的值，包括铁磁流体的密度 rho、运动黏度 nu、饱和磁化强度 Ms、磁性颗粒块材的饱和磁化强度 Md、磁性颗粒的体积分数 fai 和直径 d、温度 T，以及磁化弛豫时间 tau，如图 8-18 所示。

```
FoamFile
{
    version       2.0;
    format        ascii;
    class         dictionary;
    location      "constant";
    object        transportProperties;
}
rho      [1 -3 0 0 0 0 0]      1600;
nu       [0 2 -1 0 0 0 0]      6.25e-6;
Ms       [0 -1 0 0 0 1 0]      5.25e4;
Md       [0 -1 0 0 0 1 0]      446000;
fai      [0 0 0 0 0 0 0]       0.118;
T        [0 0 0 1 0 0 0]       300;
d        [0 1 0 0 0 0 0]       12e-9;
tau      [0 0 1 0 0 0 0]       6.5564e-6;
```

图 8-18 constant/transportProperties 文件内容及说明

求解过程中的控制参数在图 8-19 所示文件 system/controlDict 中给出，其中各关键字的含义与图 4-14 中的相同。本算例中实时跟踪 Courant 数，并为了保证计算过程稳定，指定 Courant 数的值小于 1。

```
FoamFile
{
    version        2.0;
    format         ascii;
    class          dictionary;
    location       "system";
    object         controlDict;
}
application        fhdFoam;      ----→ 应用的求解器
startFrom          startTime;    ----→ 计算起始时间
startTime          0;
stopAt             endTime;      ----→ 计算终止时间
endTime            0.8e-2;
deltaT             1.0e-6;       ----→ 时间步进值
writeControl       timeStep;     ----→ 结果输出的时间点
writeInterval      1000;
purgeWrite         0;            ----→ 覆盖输出结果的循环周期
writeFormat        ascii;
writePrecision     6;            ----→ 数据精度
writeCompression   off;          ----→ 指定输出数据是否压缩
timeFormat         general;
timePrecision      6;
runTimeModifiable  true;         ----→ 时间步开始时是否重读数据
maxCo              1;            ----→ 最大Courant数
adjustTimeStep     yes;          ----→ 计算过程中是否可调整时间步
```

图 8-19 system/controlDict 文件内容及说明

system/fvSchemes 文件和 system/fvSolution 文件中的内容分别用于指定控制方程的离散方法和代数方程组的求解方法，如图 8-20 和图 8-21 所示。其中，由于本算例中将计算域划分为正交网格，所以在求解动量和质量守恒方程时，无须进行非正交修正。为了实现磁化方程和 Langevin 方程的局部迭代计算，相应于图 8-6 的主程序中定义的 pisoControl 类对象 mpiso（名称为 MPISO），在 system/fvSolution 文件中指定关键字 MPISO 值，用来给定局部循环的次数。

```
......
ddtSchemes
{
    default         Euler;                          一阶隐式Euler法离散瞬态项
}
gradSchemes
{
    default         Gauss linear;                   Gauss梯度法计算梯度，线
    grad(p)         Gauss linear;                   性插值得到单元面上的值
}
divSchemes
{
    default         none;
    div(phi,U)      Gauss linear;
    div(phiH,(0.5*DB*M))      Gauss linear;
    div(phiM,(0.5*DB*H))      Gauss linear;
    div(M)          Gauss linear;                   Guass积分法离散各对流项
    div(phi,M)      Gauss linear;
    div(phiM)       Gauss linear;
    div(phiM,((0.5*DB)*H))    Gauss linear;
    div(phiH,((0.5*DB)*M))    Gauss linear;
}
laplacianSchemes
{                                                   Gauss积分和线性插值法离散
    default         Gauss linear corrected;         扩散项，非正交修正格式计
}                                                   算面法向梯度
interpolationSchemes
{
    default         linear;                         由线性插值得到单元
}                                                   面上的系数和变量值
snGradSchemes
{
    default         orthogonal;                     计算法向梯度时无须进行非
}                                                   正交修正
```

图 8-20 system/fvSchemes 文件内容及说明

8.3.3 计算结果

应用 fhdFoam 求解器求解不同 P 时 8.3.2 节的算例，得到恒定均匀磁场作用下铁磁流体 Couette-Poiseuille 流中的磁化强度分布、流速分布和颗粒自旋速度分布。如图 8-22 所示为 $P=2$ 时磁场强度和磁化强度分布的结果，可以看出，由于磁化弛豫效应，磁化强度矢量线偏离了磁场强度矢量线。

如图 8-23 所示为铁磁流体 Couette-Poiseuille 流中某一横截面上的流速分布，可以看出，磁场的作用导致铁磁流体的流型偏离了相同条件下普通流体的流型，恒定均匀磁场对铁磁流体 Couette-Poiseuille 的流动具有阻滞作用。如图 8-24 所示为 $P=2$ 时某一横截面上流速分布的求解器计算结果与相应条件下正则摄动渐进解的比较，可以看出，两者的误差小于 5%，一致性较好。

```
......
solvers
{
    p
    {
        solver      PCG;
        preconditioner      DIC;
        tolerance 1e-06;
        relTol      0.05;
    }
    pFinal
    {
        $p;
        relTol      0;
    }
    "(U|M)"
    {
        solver      smoothSolver;
        smoother            symGaussSeidel;
        tolerance           1e-05;
        relTol      0;
    }
    potenH
    {
        solver      PCG;
        preconditioner      DIC;
        tolerance           1e-6;
        relTol      0;
    }
}
PISO
{
    nCorrectors     2;
    nNonOrthogonalCorrectors        0;
    pRefCell        0;
    pRefValue       0;
}
MPISO
{
    nCorrectors     3;
}
```

说明：

- solvers 中 p、pFinal：对角不完全Cholesky分解的共轭梯度法求解关于压力的代数方程组
- "(U|M)"：平滑求解器求解关于速度和磁化强度的代数方程组
- potenH：对角不完全Cholesky分解的共轭梯度法求解关于标量磁位的代数方程组
- PISO：关于PISO修正步的设置：迭代两次，无非正交修正
- MPISO：求解磁化方程和Langevin方程时的迭代次数设置

图 8-21 system/fvSolution 文件内容及说明

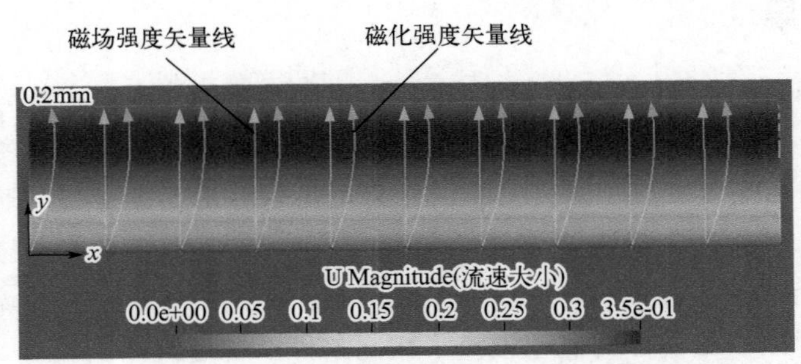

图 8-22 铁磁流体 Couette-Poisseuille 流中的磁场强度和磁化强度（见书后彩插）

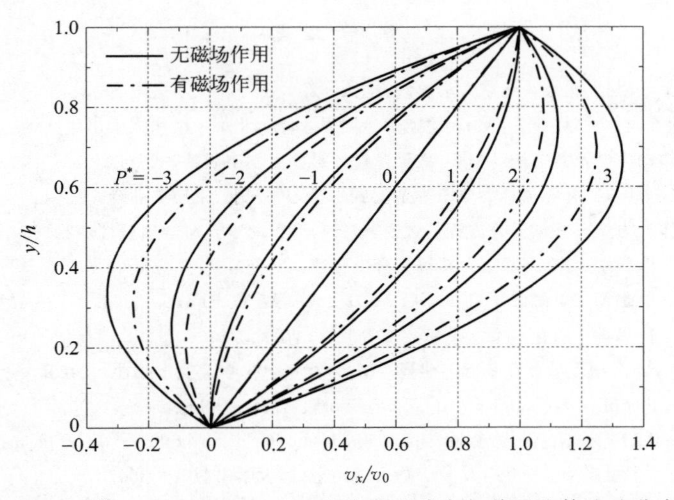

图 8-23　铁磁流体 Couette-Poisseuille 流中流速分布与普通流体流速分布的比较

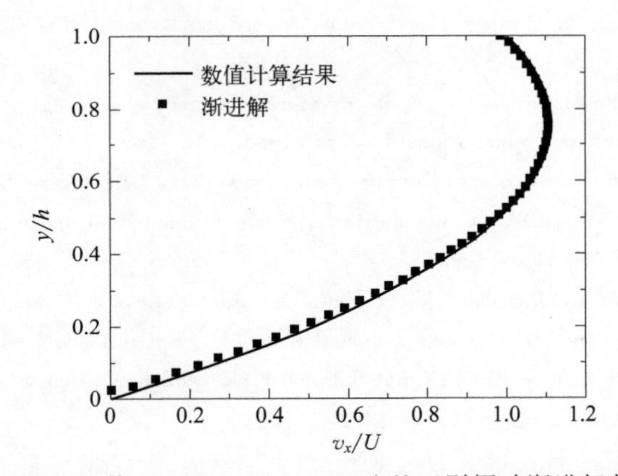

图 8-24　均匀磁场作用下铁磁流体 Couette-Poisseuille 流的正则摄动渐进解与求解器计算结果的比较

参考文献

[1] 吴望一．流体力学［M］．北京：北京大学出版社，1982.

[2] Anderson J D. 计算流体力学入门［M］．姚朝辉，周强，译．北京：清华大学出版社，2010.

[3] 张师帅．计算流体动力学及其应用［M］．武汉：华中科技大学出版社，2011.

[4] Tu J，Yeoh G H，Liu C. 计算流体力学——从实践中学习［M］．王晓冬，译．沈阳：东北大学出版社，2014.

[5] 程心一．计算流体动力学——偏微分方程的数值解法［M］．北京：科学出版社，2016.

[6] 赵凯华，陈熙谋．电磁学［M］．北京：高等教育出版社，2006.

[7] 谢处方，饶克谨．电磁场与电磁波［M］．3 版．北京：高等教育出版社，2008.

[8] 杨世铭，陶文铨．传热学［M］．4 版．北京：高等教育出版社，2006.

[9] 杨文明．OpenFOAM 多物理场计算基础与建模［M］．北京：化学工业出版社，2023.

[10] Rosensweig R E. Ferrohydrodynamics［M］．New York：Dover Publications，2002.

[11] Odenbach S. Ferrofluids，Magnetically Controllable Fluids and Their Applications［M］．Heidelberg：Springer，2002.

[12] 车得福，李会雄．多相流及其应用［M］．西安：西安交通大学出版社，2007.

[13] Bilger C，Aboukhedr M，Vogiatzaki K，et al. Evaluation of two-phase flow solvers using Level Set and Volume of Fluid methods［J］．Journal of Computational Physics，2017，345：665-686.

[14] Gibou F，Fedkiw R，Osher S. A review of level-set methods and some recent applications［J］．Journal of Computational Physics，2018，353：82-109.

[15] Osher S，Sethian J A. Fronts propagating with curvature dependent speed：algorithms based on Hamilton-Jacobi formulations［J］．Journal of Computational Physics，1988，79：12-49.

[16] Suhas V P. Numerical Heat Transfer and Fluid Flow［M］．New York：CRC Press，Taylor & Francis Group，1980.

[17] Versteeg H K，Malalasekera W. An introduction to computational fluid dynamics：the finite volume method［M］．New Jersey：Prentice Hall，1995.

[18] Moukalled F，Mangani L，Darwish M. The Finite Volume Method in Computational Fluid Dynamics，An Advanced Introduction with OpenFOAM® and Matlab®［M］．Switzerland：Springer，2016.

[19] Christopher J G，Henry G W. Notes on Computational Fluid Dynamics：General Principles［M］．Caversham：CFD Direct Limited，2022.

[20] 黄克智，薛明德，陆明万．张量分析［M］．北京：清华大学出版社，2003.

[21] 谢树艺．矢量分析与场论［M］．北京：高等教育出版社，2004.

[22] 李仁宪．有限体积法基础［M］．2 版．北京：国防工业出版社，2008.

[23] 李庆扬，王能超，易大义．数值分析［M］．4 版．北京：清华大学出版社，2001.

[24] 黄先北，郭嫱．OpenFOAM 从入门到精通［M］．北京：中国水利水电出版社，2021.

[25] Deshpande S S，Anumolu L，Trujillo M F. Evaluating the performance of the two-phase flow solver interFoam［J］．Computational Science & Discovery，2012，5：014016.

[26] Caciagli A，Baars R J，Philipse A P. Kuipers B W M. Exact expression for the magnetic field of a finite cylinder with arbitrary uniform magnetization［J］．Journal of Magnetism and Magnetic Materials，2018，456：423-432.

[27] Yang W，Liu B. Effects of magnetization relaxation in ferrofluid film flows under a uniform magnetic field［J］．Physics of Fluids，2020，32：062003.

[28] Yang W，Wang P，Hao R，et al. Experimental verification of radial magnetic levitation force on the cylindrical magnets in ferrofluid dampers［J］．Journal of Magnetism and Magnetic Materials，2017，426：334-339.

[29] Saravia M. A finite volume formulation for magnetostatics of discontinuous media within a multi-region OpenFOAM framework［J］．Journal of Computational Physics，2021，433：110089.

[30] Yang W. On the boundary conditions of magnetic field in OpenFOAM and a magnetic field solver for multi-region applications［J］．Computer Physics Communications. 2021，263：107883.

[31] Yang W. A finite volume solver for ferrohydrodynamics coupled with microscopic magnetization dynamics［J］．Applied Mathematics and Computation，2023，441：127704.

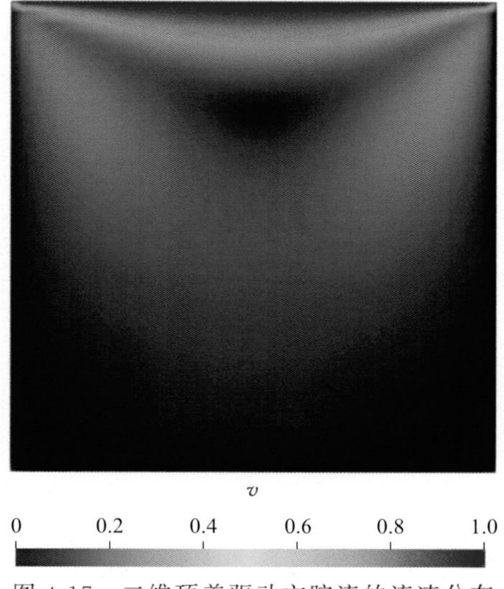

图 4-17　二维顶盖驱动方腔流的流速分布

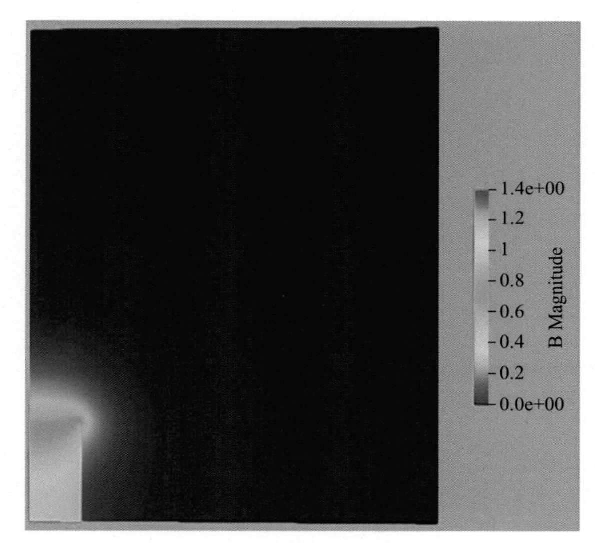

图 5-28　磁感应强度分布(单位:A)

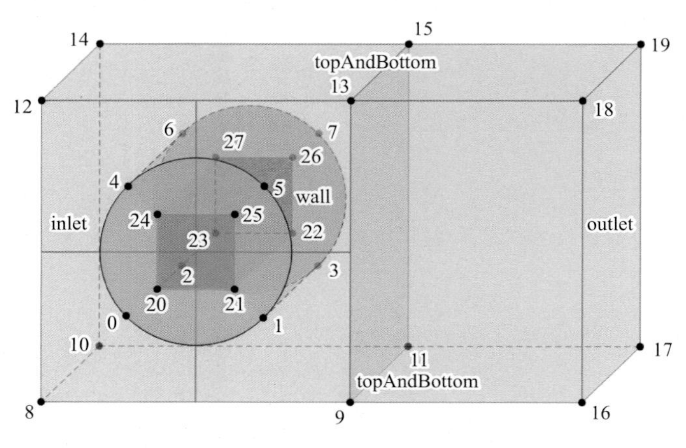

图 6-20　网格顶点的定义(区域大小不成比例)

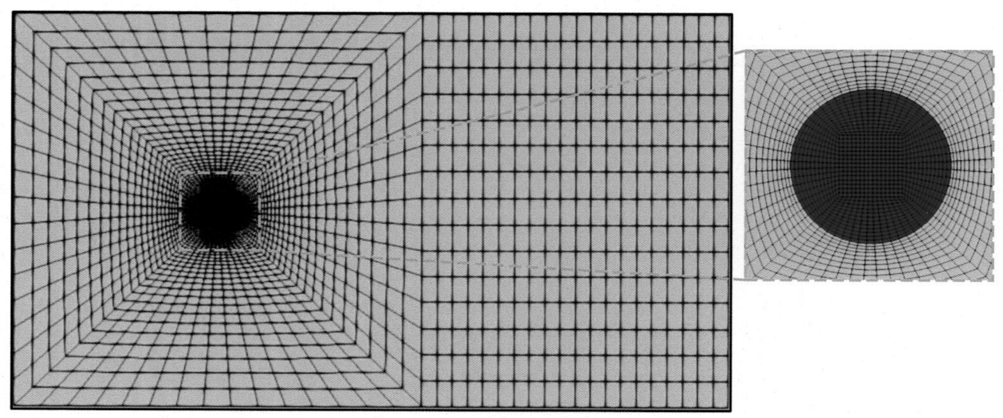

图 6-22　网格和子区域划分结果

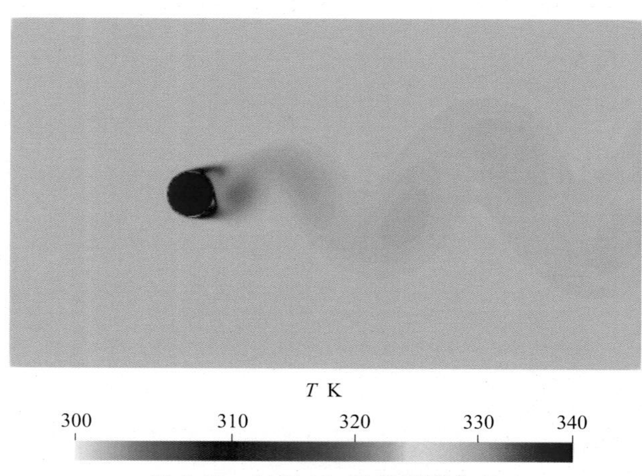

图 6-35　时间 35s 时的温度分布

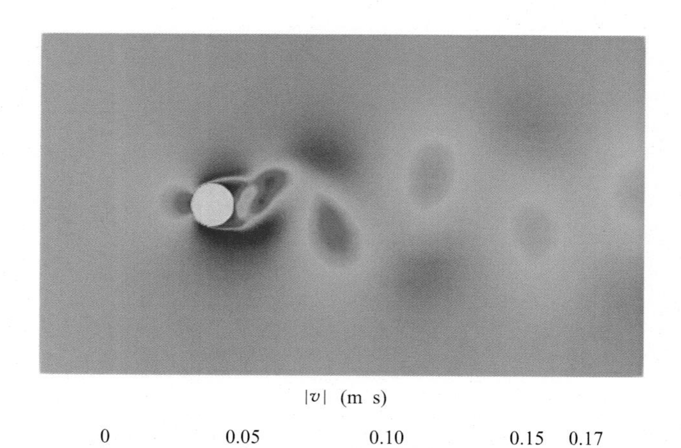

图 6-36　时间 35s 时的流速分布

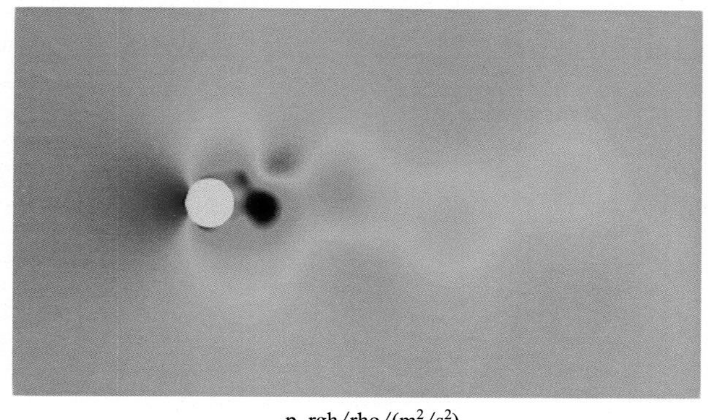

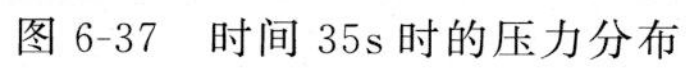

图 6-37　时间 35s 时的压力分布

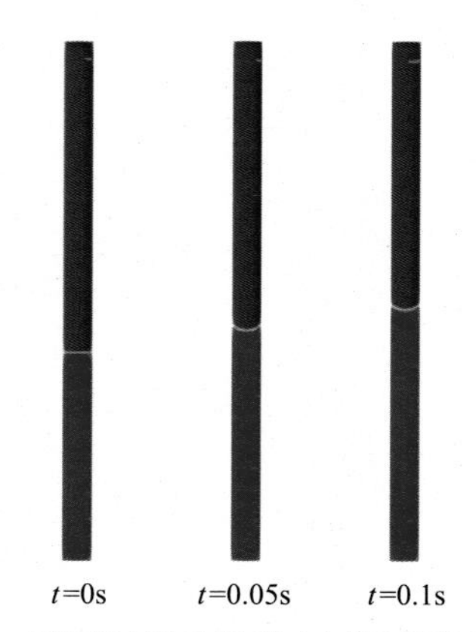

图 7-20　不同时刻毛细管内两相流体的相分布

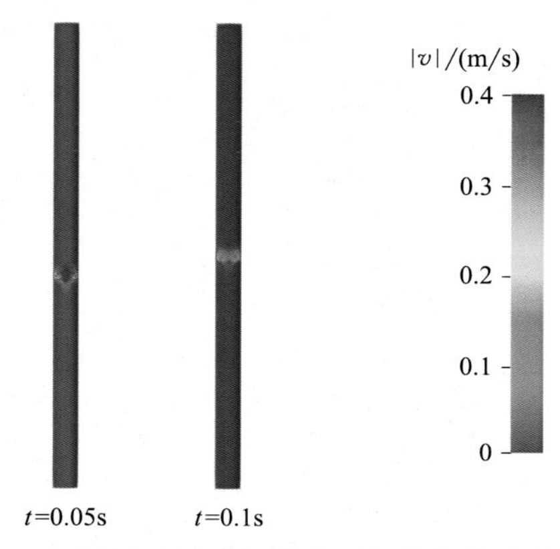

图 7-21　不同时刻毛细管内两相流体的流速分布

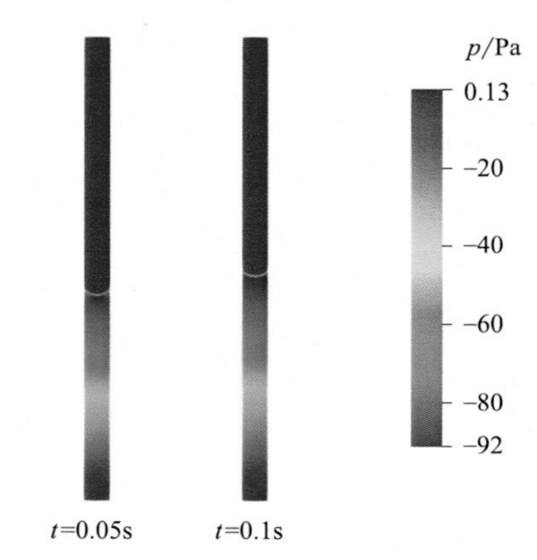

图 7-22　不同时刻毛细管内两相流体的压力分布

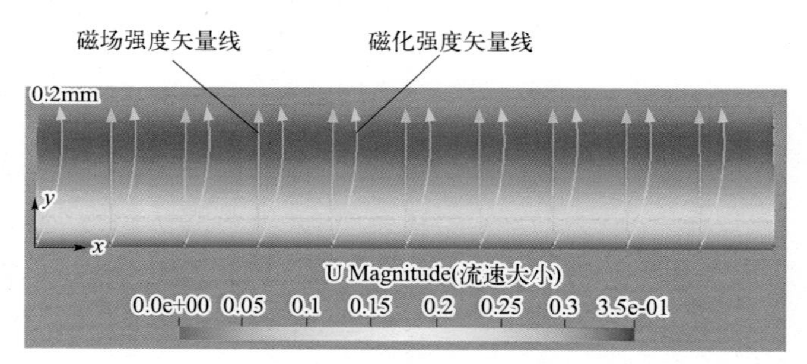

图 8-22　铁磁流体 Couette-Poisseuille 流中的磁场强度和磁化强度